高等学校电子信息类系列教材

网络工程设计与实践

(第三版)

夏靖波　杜华桦　段弢　编著

西安电子科技大学出版社

内 容 简 介

　　本书以计算机网络为基础，侧重于从实践的角度介绍网络工程和网络管理方面的知识。全书按内容可分为网络工程设计、设备管理、系统管理和网络管理四个部分，涵盖综合布线、网络规划、路由交换原理、网络服务建立、网络工具使用、网络管理平台使用、网络协议基础、网络故障检测等方面的知识。

　　本书内容丰富、深入浅出，注重理论与实践相结合，覆盖了基本的网络概念、网络模型、网络理论以及具体的网络实践和编程。本书可作为高等院校计算机科学技术专业、网络工程技术专业本科生的教材，也可作为相关技术人员的参考书。

图书在版编目(CIP)数据

网络工程设计与实践 / 夏靖波，杜华桦，段弢编著. 3 版. —西安：西安电子科技大学出版社，2019.1(2022.3 重印)
ISBN 978-7-5606-5168-2

Ⅰ. ①网…　Ⅱ. ①夏…　②杜…　③段…　Ⅲ. ①计算机网络—设计　Ⅳ. ①TP393.02

中国版本图书馆 CIP 数据核字(2018)第 294454 号

策　　划　戚文艳
责任编辑　师马玮　雷鸿俊
出版发行　西安电子科技大学出版社(西安市太白南路 2 号)
电　　话　(029)88202421　88201467　　邮　　编　710071
网　　址　www.xduph.com　　　　　电子邮箱　xdupfxb001@163.com
经　　销　新华书店
印刷单位　咸阳华盛印务有限责任公司
版　　次　2019 年 1 月第 3 版　　2022 年 3 月第 7 次印刷
开　　本　787 毫米×1092 毫米　1/16　　印　张　22
字　　数　523 千字
印　　数　17 301～20 300 册
定　　价　50.00 元
ISBN　978-7-5606-5168-2/TP
XDUP　5470003-7
如有印装问题可调换

前　　言

随着科学技术的不断发展，各种网络逐步融入人们的生活。无论是通信、电力还是其他类型的网络，其应用均基于计算机网络。随着网络规模的不断扩大，网络的复杂性日益提高，对网络管理和网络设计等方面的要求越来越多且越来越高。因此，培养计算机网络管理与设计方面的专门人才，已经成为当务之急。

我们根据多年的教学实践和网络技术的发展趋势，查阅了大量的参考文献编写了本书。全书共 10 章，根据内容可以归纳成以下四个部分：

(1) 网络工程设计部分：包含第 1 章和第 7 章，主要介绍了综合布线原理、线缆制作、网络测试仪表的使用、网络规划原理、网络方案设计等方面的知识。

(2) 设备管理部分：包含第 2 章和第 3 章，主要介绍了路由/交换技术基本原理、网络核心设备设置、LAN/WAN 协议等方面的知识。

(3) 系统管理部分：包含第 4 章和第 6 章，介绍了基于 Windows 平台的 WWW、FTP、DHCP 和 DNS 服务的建立以及 Windows 平台下命令行网络工具的使用。

(4) 网络管理部分：包含第 5、8、9、10 章，介绍了网络管理平台的基础知识、Windows 系统内置网络管理功能、网络结构、网络协议基础、网络测试和网络系统故障分析与检测等方面的知识。

本书由夏靖波统稿。第 2、3、4、5、6、9 章由杜华桦编写，第 1 章由段叕编写，第 7、8、10 章由夏靖波编写。在本书的编写过程中，得到了很多同志的帮助，在此一并表示感谢。

由于现代通信网络技术发展十分迅速，加之编者水平有限，本书在结构和内容上难免存在一些缺陷和不妥，殷切希望广大读者批评指正，作者的电子邮箱为 jbxiad@sian.com。

编　者

2018 年 10 月

目　　录

第 1 章 布线原理与线缆制作

建议学时：4 学时
主要内容：

(1) 布线原理；

(2) 线缆的制作；

(3) DSP4000/F620/OneTouch/ST-248 网络测试仪表的使用。

1.1 布 线 原 理

1.1.1 综合布线系统综述

综合布线系统的对象是建筑物或楼宇内的传输网络，该网络使话音和数据通信设备、交换设备和其他信息管理系统彼此相连，并使这些设备与外部通信网络连接。它包含着建筑物内部和外部线路(网络线路、电话局线路)间的民用电缆及相关的设备连接设施。布线系统由传输介质、线路管理硬件、连接器、插座、插头、适配器、传输电子线路、电气保护设施等部件组成，并由这些部件来构造各种子系统。

综合布线是跨学科跨行业的系统工程，常见的综合布线系统有：

(1) 楼宇自动化系统(BA)；

(2) 通信自动化系统(CA)；

(3) 办公室自动化系统(OA)；

(4) 计算机网络系统(CN)。

随着 Internet 和信息高速公路的发展，各国的政府机关、大的集团公司均针对自己的楼宇特点进行综合布线，以适应新的需要。智能化大厦、智能化小区已成为 21 世纪的开发热点。理想的布线系统表现为：支持语音应用、数据传输、影像影视，而且最终能支持综合型的应用。由于综合型的语音和数据传输的网络布线系统选用的线材、传输介质是多样的(屏蔽、非屏蔽双绞线、光缆等)，一般单位可根据自身特点选择合适的布线结构和线材。目前的布线系统可被划分为 6 个子系统，它们是：

(1) 工作区子系统。

(2) 水平干线子系统。

(3) 管理间子系统。

(4) 垂直干线子系统。

(5) 楼宇(建筑群)子系统。

(6) 设备间子系统。

大楼的综合布线系统是将不同组成部分构成一个有机的整体，而不是像传统的布线那样自成体系，互不相干。综合布线系统结构如图 1.1 所示。

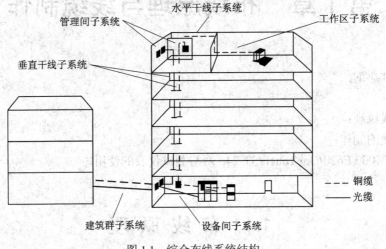

图 1.1　综合布线系统结构

1.1.2　综合布线的优点

综合布线的主要优点为：

(1) 结构清晰，便于管理维护。综合布线采取统一材料、统一设计、统一布线、统一安装的标准化施工，目的是使结构清晰，便于集中管理和维护。

(2) 材料统一先进，适应今后的发展需要。综合布线系统采用了先进的材料，如 5 类非屏蔽双绞线，传输速率在 100 Mb/s 以上，完全能够满足未来 5～10 年的发展需要。

(3) 灵活性强，适应各种不同的需求。一个标准的插座，既可接入电话，又可用来连接计算机终端，实现语音/数据点互换，可适应各种不同拓扑结构的局域网。

(4) 便于扩充，既节约费用又提高了系统的可靠性。综合布线系统采用的冗余布线和星型结构的布线方式，既提高了设备的工作能力，又便于用户扩充。虽然传统布线所用线材比综合布线的线材要便宜，但综合布线可统一安排线路走向，统一施工，从而减少了用料和施工费用，也减少了大楼的使用空间，而且使用的线材质量普遍较高。

1.1.3　综合布线系统标准

1. 综合布线系统标准简介

目前，综合布线系统一般采用 CECS 和 EIA/TIA 等标准化组织为综合布线系统制定的一系列标准。这些标准主要有：

(1) EIA/TIA-568：民用建筑线缆标准。

(2) EIA/TIA-569：民用建筑通信通道和空间标准。

(3) EIA/TIA-XXX：民用建筑中有关通信接地标准。

(4) EIA/TIA-XXX：民用建筑通信管理标准。

这些标准支持下列计算机网络标准：

(1) IEEE 802.3：总线局域网络标准。

(2) IEEE 802.5：环形局域网络标准。

(3) FDDI：光纤分布数据接口高速网络标准。

(4) CDDI：铜线分布数据接口高速网络标准。

(5) ATM：异步传输模式。

在布线工程中，经常用到 CECS 92:95 或 CECS 92:97 标准。CECS 92:95《建筑与建筑群综合布线系统工程设计规范》是由中国工程建设标准化协会通信工程委员会北京分会、中国工程建设标准化协会通信工程委员会智能建筑信息系统分会、冶金部北京钢铁设计研究总院、邮电部北京设计院、中国石化北京石油化工工程公司共同编制而成的综合布线标准，而 CECS 92:97 是它的修订版。

2. 综合布线标准要点

1) 目的

(1) 规范一个通用的语音和数据传输的电信布线标准，以支持多设备、多用户的环境。

(2) 为服务于商业的电信设备和布线产品的设计提供方向。

(3) 对商用建筑中的结构化布线进行规划和安装，使之能够满足用户的多种电信要求。

(4) 为各种类型的线缆、连接件以及布线系统的设计和安装建立性能和技术标准。

2) 范围

(1) 标准针对的是"商业办公"电信系统。

(2) 布线系统的使用寿命要求在 10 年以上。

3) 标准内容

标准内容包括所用介质、拓扑结构、布线距离、用户接口、线缆规格、连接件性能、安装程序等。

4) 几种布线系统涉及的范围和要点

(1) 水平干线布线系统：涉及水平跳线架、水平线缆、线缆出入口/连接器、转换点等。

(2) 垂直干线布线系统：涉及主跳线架、中间跳线架、建筑外主干线缆、建筑内主干线缆等。

(3) UTP 布线系统：UTP 布线系统按传输特性可划分为 5 类。

① 3 类：16 MHz 以下的传输特性。

② 4 类：20 MHz 以下的传输特性。

③ 5 类：100 MHz 以下的传输特性。

④ 超 5 类：155 MHz 以下的传输特性。

⑤ 6 类：200 MHz 以下的传输特性。

目前主要使用 5 类、超 5 类 UTP 布线系统。

(4) 光缆布线系统：在光缆布线中有水平干线子系统和垂直干线子系统两种，它们分别使用不同类型的光缆。

① 水平干线子系统：62.5/125 μm 多模光缆(入出口有 2 条光缆)，多为室内型光缆。

② 垂直干线子系统：62.5/125 μm 多模光缆或 10/125 μm 单模光缆。

综合布线系统标准是一个开放型的系统标准，得到了广泛应用。按照综合布线系统标准进行布线，既为用户提供了方便，也保护了用户的利益。

1.1.4 综合布线系统设计等级

建筑物的综合布线系统一般有三种不同的系统等级：基本型综合布线系统、增强型综合布线系统和综合型综合布线系统。

1. 基本型综合布线系统

基本型综合布线系统方案是一个经济有效的布线方案。它支持语音或综合型语音/数据产品，并能够全面过渡到数据的异步传输或综合型布线系统。它的基本配置如下：

(1) 每一个工作区有 1 个信息插座。

(2) 每一个工作区有一条水平布线的 4 对 UTP 系统。

(3) 完全采用 110A 交叉连接硬件，并与未来的附加设备兼容。

(4) 每个工作区的干线电缆至少有 2 对双绞线。

它的特点如下：

(1) 能够支持所有语音和数据传输应用。

(2) 支持语音、综合型语音/数据高速传输。

(3) 便于维护人员维护、管理。

(4) 能够支持众多厂家的产品设备和特殊信息的传输。

2. 增强型综合布线系统

增强型综合布线系统不仅支持语音和数据的应用，还支持图像、影像、影视、视频会议等。它不仅为增加功能提供发展的余地，而且能够利用接线板进行管理。它的基本配置如下：

(1) 每个工作区有 2 个以上信息插座。

(2) 每个信息插座均有水平布线的 4 对 UTP 系统。

(3) 具有 110A 交叉连接硬件。

(4) 每个工作区的电缆至少有 8 对双绞线。

它的特点如下：

(1) 每个工作区有 2 个信息插座，灵活方便、功能齐全。

(2) 任何一个插座都可以提供语音和高速数据传输功能。

(3) 便于管理与维护。

(4) 能够为众多厂商提供良好的服务环境。

3. 综合型综合布线系统

综合型布线系统是将双绞线和光缆纳入建筑物布线的系统。它的基本配置如下：

(1) 在建筑、建筑群的干线或水平布线子系统中配置 62.5 μm 的光缆。

(2) 每个工作区的电缆内配有 4 对双绞线。

(3) 每个工作区的电缆至少有 2 对双绞线。

它的特点如下：

(1) 每个工作区有 2 个以上的信息插座，灵活方便，功能齐全。

(2) 任何一个信息插座都可提供语音和高速数据传输功能。

(3) 能够为客户提供良好的服务环境。

1.1.5　综合布线系统设计要点

综合布线系统的设计方案不是一成不变的，而是随着环境、用户要求来确定的。其要点如下：

(1) 尽量满足用户的通信要求。

(2) 了解建筑物、楼宇间的通信环境，确定合适的通信网络拓扑结构。

(3) 选取适用的介质。

(4) 以开放式为基准，尽量与大多数厂家产品和设备兼容。

(5) 将初步的系统设计和建设费用预算告知用户，在征得用户意见并订立合同书后，再制定详细的设计方案。

1.2　线缆的制作

网络通信线路的选择必须考虑网络的性能、价格、使用规则、安装难易性、可扩展性及其他一些因素。目前，在通信线路上使用的传输介质有双绞线、同轴电缆、大对数线和光导纤维，本节主要介绍双绞线及其制作。

1.2.1　双绞线的分类及技术指标

双绞线(TP，Twisted Pair)是最常用的传输介质(见图 1.2)，由呈螺线排列的四对绝缘导线组成，每对导线由两根导线相互扭绞在一起构成，可使线对之间的电磁干扰减至最小。双绞线通过 RJ-45 头连接在网络设备上。目前在局域网中使用的双绞线有屏蔽双绞线 STP 和非屏蔽双绞线 UTP 两类，每类又分为若干等级。

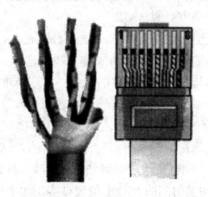

图 1.2　带 RJ-45 头的双绞线

1. 屏蔽双绞线

屏蔽双绞线(STP, Shielded Twisted-Pair)由成对的绝缘实心电缆组成。实心电缆外包围着一层编织的或起皱的屏蔽。编织的屏蔽用于室内布线，起皱的屏蔽用于室外或地下布线。屏蔽可以减少由射频干扰(RFI, Radio Frequency Interference)和电磁干扰(EMI, Electro Magnetic Interference)引起的信号干扰。将一对电线缠绕在一起也有助于减少 RFI 和 EMI，但是效果不如屏蔽的好。为了更有效地减少 RFI 和 EMI，每一对线的绞距必须是不同的，而且插头和插座必须要屏蔽。同时 STP 要正确接地，以获得可靠的传输信号控制点。

在周围有重型电力设备和强干扰源时，推荐使用屏蔽双绞线。

2. 非屏蔽双绞线

由于价格相对便宜且易于安装，所以非屏蔽双绞线(UTP, Unshielded Twisted-Pair)是最常用到的网络电缆。UTP 由绝缘的外部遮蔽套和内部的成对电缆线组成，在一对对缠绕在一起的绝缘电线和电缆外部的套之间并没有屏蔽。在网络设备、工作站和文件服务器连接中还内置有称为介质过滤器(Media Filter)的电气设备，用来减少 EMI 和 RFI。图 1.3 是双绞线的示意图，图(a)是屏蔽双绞线，图(b)是非屏蔽双绞线。

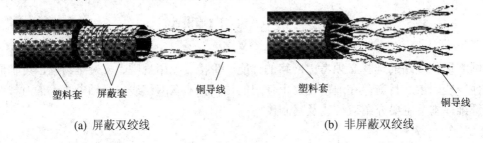

| | |
| (a) 屏蔽双绞线 | (b) 非屏蔽双绞线 |

图 1.3　双绞线

3. 常用技术指标

对于双绞线(无论是 3 类、5 类，还是屏蔽、非屏蔽)，用户主要关心的指标是：衰减、近端串扰、直流电阻、特性阻抗、衰减串扰比等。

(1) 衰减。衰减(Attenuation)是信号沿链路损失程度的度量。衰减随频率而变化，所以应测量在应用范围内的全部频率上的衰减。

(2) 近端串扰。近端串扰损耗(NEXT, Near-End Crosstalk Loss)是测量在一条 UTP 链路中一对线到另一对线的信号耦合。对于 UTP 链路来说，这是一个关键的性能指标，也是最难精确测量的一个指标，尤其随着信号频率的增加，其测量难度更大。

串扰分近端串扰和远端串扰(FEXT)，测试仪主要用于测量 NEXT 值。由于线路损耗对 FEXT 的量值影响较小，因而 FEXT 在 3 类、5 类系统中忽略不计。NEXT 值并不表示在近端点所产生的串扰值，仅表示在近端点所测量到的串扰值。这个量值会随电缆长度不同而变化，电缆越长，该值越小。同时发送端的信号也会衰减，对其他线对的串扰也相对变小。实验证明，只有在 40 m 内测量得到的 NEXT 值较真实，如果另一端是远于 40 m 的信息插座，它会产生一定程度的串扰，但测试仪可能无法测量到这个串扰值。因此，测量 NEXT 值最好在两个端点都要进行。现在的测试仪都配有相应设备，使得在链路一端就能测量出两端的 NEXT 值。

(3) 直流电阻。它是指一对导线电阻的和，常用的规格不大于 19.2 Ω，每对间的差异不能太大(小于 0.1 Ω)，否则可能接触不良，这时必须检查连接点。

(4) 特性阻抗。与环路直接电阻不同，特性阻抗包括电阻及频率为 1～100 MHz 的电感抗及电容抗，它与一对电线之间的距离及绝缘的电气性能有关。各种电缆有不同的特性阻抗，对双绞线电缆而言，有 100 Ω、120 Ω 及 150 Ω 几种。

(5) 衰减串扰比(ACR，Attenuation Crosstalk Ratio)。在某些频率范围内，串扰与衰减量的比例关系是反映电缆性能的另一个重要参数。ACR 有时也用信噪比(SNR，Signal-Noise Ratio)表示，它由最差的衰减量与 NEXT 值的差值计算。ACR 值越大，表示抗干扰的能力越强，系统要求至少大于 10 dB。

(6) 电缆特性。通信信道的品质是由它的电缆特性信噪比(SNR)来描述的。SNR 是在考虑干扰信号的情况下，对数据信号强度的一个度量。如果 SNR 过低，将导致接收器在接收数据信号时不能分辨数据信号和噪音信号，最终引起数据错误。因此，为了将数据错误限制在一定范围内，必须定义一个最小的可接收的 SNR。

1.2.2　双绞线的制作

1. 信息模块压接技术

1) EIA/TIA568A 和 EIA/TIA568B 的关系

信息模块的压制方式分为 EIA/TIA568A 和 EIA/TIA568B 两种。EIA/TIA568A 信息模块和 EIA/TIA568B 信息模块的物理线路分布如图 1.4 所示。

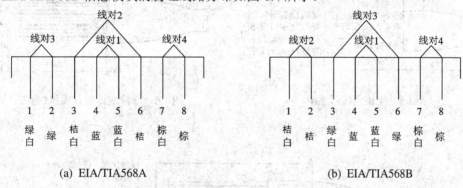

图 1.4　EIA/TIA568A 和 EIA/TIA568B 信息模块物理线路连接方式

信息模块压接时，无论是采用 568A 还是采用 568B，均在一个模块中实现。这两种方式的线对分布不一样，在一个系统中只能选择一种，不可混用。

2) 信息模块压接技术

信息模块压接时一般有两种方式：

(1) 用打线工具压接。

(2) 不用打线工具直接压接。

根据工程经验，一般采用打线工具对信息模块压接时应注意的要点如下：

(1) 双绞线是成对缠绕的。导线均匀缠绕可提高抗干扰能力，减少信号衰减，压接时应将双绞线成对拧开放入与信息模块相对的端口上。

(2) 在双绞线与信息模块的压接处应防止拧绞或撕裂，并防止有可能导致断线的伤痕。

(3) 使用压线工具压接时，要压实，不能有松动的地方。

2. 双绞线与 RJ-45 插头的连接技术

RJ-45 的连接也分为 568A 与 568B 两种方式，连接方式必须与信息模块压接采用的方式相同。对于 RJ-45 插头与双绞线的连接，需要了解以下事宜，以 568A 为例。

(1) 首先将双绞线电缆套管自端头剥去 20 mm 以上，露出 4 对线。

(2) 定位电缆线如图 1.5 所示。为防止插头弯曲时对套管内的线对造成损伤，套管内至少应留出 8 mm 的导线，并将它们并排排列。

(3) 将绝缘导线解扭，并按正确的顺序平行排列，导线 6 跨过导线 4 和 5。在套管里不应有未扭绞的导线。

(4) 导线经修整后(导线端面应平整，避免毛刺影响性能)距套管的长度为 14 mm，从线头(如图 1.6 所示)开始，至少 10±1 mm 之内导线之间不应有交叉，导线 6 应在距套管 4 mm 之内跨过导线 4 和 5。

(5) 将导线插入 RJ-45 插头，在 RJ-45 头部能够见到导线铜芯，套管内的平坦部分应从插塞后端延伸直至张力消除(如图 1.7 所示)，套管伸出插塞后端至少 6 mm。

(6) 用压线工具压实 RJ-45 插头。

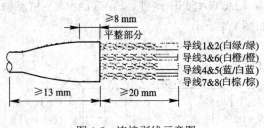

图 1.5　连接剥线示意图

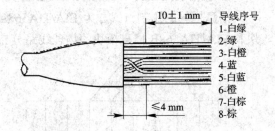

图 1.6　双绞线排列方式和必要的长度

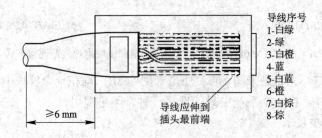

图 1.7　RJ-45 插头压线的要求(568A)

RJ-45 与信息模块的关系如图 1.8 所示。

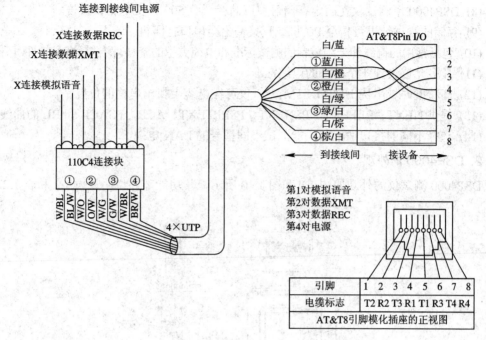

图 1.8　RJ-45 与信息模块的关系

1.3　网络测试仪表的使用

1.3.1　DSP4000 局域网电缆分析仪

1. DSP4000 的功能

Fluke Networks 公司的 DSP4000 Series LAN CableAnalyzers 局域网电缆分析仪是手持式的仪器，可对安装的局域网双绞线或同轴电缆进行认证、测试及故障诊断。该测试仪使用了新的测试技术，将脉冲测试信号和数字信号处理结合，具有高达 350 MHz 的测试能力，可提供快速精确的测试结果。

测试仪包括以下功能：

(1) 根据 IEEE、ANSI、TIA、ISO/IEC 标准认证 LAN 基本连接和频道配置。

(2) 使用可选光纤测试适配器可验证 LAN 的基本光纤链路是否符合 TIA/EIA 和 ISO/IEC 标准。

(3) 在简单的菜单系统中显示测试选项和结果。

(4) 用英、法、德、西班牙、葡萄牙、意大利或日文来显示和打印报告。

(5) 自动运行所有关键的测试。诊断程序帮助确定和定位缺陷。

(6) 给出双向自动测试结果。

(7) 由于有了交谈性能，可以利用一台光纤测试适配器，使主单元和远端单元通过双绞线电缆或光纤进行双向语音通信。

(8) DSP4000 型测试仪在固定存储器中可储存至少 500 个文本测试报告。

(9) 存储的测试结果可传至 PC 机或直接输出至串口打印机。

(10) 包括常用的铜线和光纤装置的测试标准和电缆类型的资料,测试标准和软件可升级。

(11) 最多允许设置 4 个用户的电缆标准。

(12) 高精度时域串扰(HDTDX TM)分析仪可在电缆上找出串扰的位置。

(13) 提供 NEXT、ELFEXT、PSNEXT、PSELFEXT、ACR、PSACR 和 RL 的曲线图。

(14) 选择不同的接口适配器,能测试不同型号的 LAN 电缆。

2. DSP4000 的外观

DSP4000 测试仪的外观如图 1.9 和图 1.10 所示,其功能部件说明见表 1.1 和表 1.2。

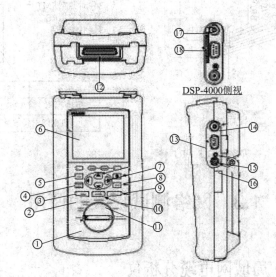

图 1.9　DSP4000 测试仪的主机外观图

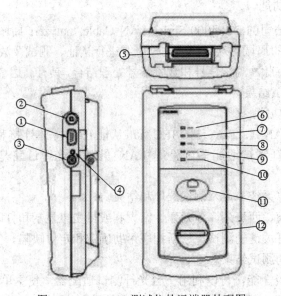

图 1.10　DSP4000 测试仪的远端器外观图

表 1.1　主机功能说明

项目	功能部件	说　明
①	旋钮开关	选择测试仪的工作模式
②	TEST	启动突出显示所选的测试或再次启动上次运行的测试
③	FAULT INFO	自动提供造成自动测试失败的详细信息
④	EXIT	退出当前屏幕，不储存修改
⑤	① ② ③ ④	提供和当前显示相关的功能
⑥	显示屏	有背景灯，对比度可调的 LCD 显示屏
⑦	⌃ ⌄ ◁ ▷	在显示屏中可上、下、左、右的移动
⑧	☀	背景灯控制，按住 1 秒可调整显示对比度
⑨	TALK	使用耳机，通过双绞线或光纤光缆进行双向通话
⑩	SAVE	存储自动测试结果和改变的参数
⑪	ENTER	选择菜单中突出显示的项目
⑫	LIA 接头和插销	连接接口适配器接头和插销
⑬	RS-232C 串行口	通过标准 IBM-AT EIA RS-232C 串行电缆，将 9 芯连接器连至打印机或 PC 机
⑭	2.5 mm 话筒插头	连接测试仪的耳机
⑮	AC 交流电源指示灯	LED 关闭，单元关闭　电池未充电　充电器未插入
		LED 关闭，单元开启　电池未充电　充电器未插入或测试仪正在运行测试
		LED 闪亮红色　快速充电挂起　充电开始进行
		LED 常亮红色　快速充电　单元处于快速充电模式持续长达 4 小时，直到电池充满电或启动某一测试
		LED 常亮绿色　充电完成　快速充电完成，单元进入涓流充电模式
⑯	交流稳压电源/充电插口	连接稳压电源
⑰	弹出按键(DSP-4100)	按此键可弹出存储器卡
⑱	存储器卡槽 (DSP-4100)	插槽中插入在 DSP-4100 上保存自动测试结果的存储器卡

表 1.2　远端器功能说明

项目	功　能	说　明	
①	RS-232C 串行口	DB9P 接口，用于软件升级	
②	2.5 mm 话筒插头	连接测试仪的耳机	
③	交流稳压电源接口	连接交流稳压电源	
④	交流电源指示灯	LED 关闭，单元关闭	电池未充电 充电器未插入
		LED 关闭，单元开启	电池未充电 充电器未插入或测试仪正在运行测试
		LED 闪亮红色	快速充电挂起 充电开始进行
		LED 常亮红色	快速充电 单元处于快速充电模式持续长达 4 小时，直到电池充满电或启动某一测试
		LED 常亮绿色	充电完成 快速充电完成，单元进入涓流充电模式
⑤	LIA 接头和插销	连接接口适配器接头和插销	
⑥	合格 LED	如果测试结束后未发现错误，则绿色灯亮	
⑦	测试 LED	在测试过程中，黄色灯亮	
⑧	不合格 LED	如果测试结束后发现错误，则红色灯亮	
⑨	通话 LED	使用通话功能时，此灯亮	
⑩	电池不足 LED	当远端器电池过低时，此灯亮	
⑪	TALK	使用耳机，通过双绞线或光纤光缆进行双向通话 使用通话模式时可控制耳机音量	
⑫	旋钮开关	远端器开/关	

3. DSP4000 的使用注意事项

在使用 DSP4000 测试仪时，要注意以下事项：

(1) 只可使用随机配备的交流稳压电源为电池充电或为测试仪供电。

(2) 决不能把电缆测试(CABLE TEST)输入端连接到任何 LAN 输入端、系统或设备，否则可能损害测试仪甚至有触电的危险。

(3) 维修测试仪时，只能使用规定的更换零件。

(4) 测试仪运行不正常时，停止使用，否则可能损坏保护系统。

(5) 测试仪损坏时停止使用。使用前要检查测试仪。

(6) 只有在监测网络工作状况时，才能将测试仪接入工作的网络，否则可能会影响网络的正常工作。

(7) 禁止将非 RJ-45 的插头插入测试仪的 RJ-45 插座，否则将永久损坏测试仪插座。

(8) 进行电缆测试时禁止由 PC 机向测试仪传送数据，否则会产生错误的测试结果。

(9) 进行电缆测试时禁止使用便携式的无线电发送设备，否则会产生错误的测试结果。

(10) 当使用可选信道/通信量链路接口适配器时，测试两端禁止连接有测试器的电缆，否则会产生错误的结果。

(11) 为了确保最准确的测试结果，测试仪表每隔 30 天进行一次自动校正。

(12) 为避免错误的测试结果，一旦出现电池变弱的信号应及时给电池充电。

4. DSP4000 的基本使用方法

1) 开机

用镍金属氢化物电池对主机或远端器供电之前，应先将电池充电 3 小时左右。将交流稳压电源连接至主机或智能远端器，就可对测试仪内的电池充电，充电的同时可使用测试仪。

注意： 当测试仪内没有电池时交流稳压电源无法使测试仪工作。

2) 菜单的使用

测试仪在菜单系统中显示设置信息、测试选项和测试结果。表 1.3 为菜单系统中按键的功能。

表 1.3　菜单系统中按键的功能

按　键	功　能
方向键	上、下、左、右的移动
ENTER	选择突出显示的项目
TEST	开始执行突出显示的项目
EXIT	退出当前的屏幕
数字功能键	用于选择屏幕上相对应的功能，具体功能取决于当时的屏幕

3) 快速设置

表 1.4 列出的设置会影响显示的格式或测试结果的精度。

表 1.4　快速设置

设置内容	说　明
测试标准和电缆类型	选择测试标准和电缆类型。光缆测试需要光纤测试适配器或一个 Fluke Networks DSP-FOM(与 DSP-FTK 一起提供的光纤表)
报告标识	键入公司名称、操作员姓名、用户名称。这些都将出现在存储的自动测试报告中
查看远端图形数据	开启此设置，可查看远端单元生成的图形。如果存储图形数据功能开启，则此设置自动开启
数据格式	可选 0.00 或 0,00 作为数据显示格式
显示和报告语言	有英文、德文、法文、西班牙文、意大利文、葡萄牙文和日文
市电噪声滤波频率	选择当地交流市电的频率，测试仪将 50 Hz 或 60 Hz 的噪声滤出

要改变表 1.4 中的设置，可按如下步骤操作：

(1) 将旋钮开关转到 SETUP 位置。

(2) 如果要改变的设置不在第一个设置屏幕上，按下 4 号功能键 Page Down 转到另外的设置屏幕。

(3) 用方向键突出显示要改变的位置。

(4) 按下 1 号功能键 Choice。

(5) 使用方向键突出显示要改变的位置。

(6) 按下 ENTER 键确认突出显示的设置。

(7) 重复步骤(2)~(6)改变其他设置。

4) 精度范围内的结果

测试结果的数值后有"*"，表示该数值是在测试仪的精度范围内。除了接线图外，所有的测试都会产生带有"*"的测试结果。

如果"合格"的结果带有"*"，则表明要改进电缆装置以消除边际性能；如果"失败"的结果带有"*"，则视为失败。

"*"出现在所显示的、上传的和打印出来的测试结果上。

5) 选择显示和报告的语言

按下面的步骤选择语言：

(1) 旋钮开关转到 SETUP 位置。

(2) 按下 4 号功能键 Page Down 选择语言。

(3) 使用方向键突出显示当前的语言选择。

(4) 按下 1 号功能键 Choice。

(5) 使用方向键突出显示想要使用的语言。

(6) 按下 ENTER 键确认突出显示的选择，测试仪将使用选择的语言。

6) 自检

自检可验证测试仪和远端器是否工作正常。自检的步骤如下：

(1) 将旋钮开关转到 SPECIAL FUNCTION(特殊功能)，开启远端器。

(2) 使用方向键突出显示 Self Test。

(3) 按下 ENTER 键。

(4) 使用 DSP-4000 校准模块来连接测试仪到远端器。

(5) 按下 TEST 键启动自检。

(6) 自检完成后，可按下 EXIT 键返回 SPECIAL FUNCTION 主菜单，或将旋钮开关转到新的位置开始新的操作。

7) 选择测试标准和电缆类型

选择测试标准和电缆类型决定了测试中的测试项目和所采用的测试标准。测试仪包含所有常用的测试标准和电缆类型的信息。

选择测试标准和电缆类型的标准如下：

(1) 将旋钮开关转到 SETUP 位置。

(2) 按下 1 号功能键 Choice，标准列表将列出最近使用过的 5 个标准，按下 4 号功能键 Page Down，可查看其他标准。

(3) 使用方向键突出显示想要使用的测试标准。

(4) 按下 ENTER 键确认突出显示的标准。测试仪将显示标准所确定的电缆类型。

(5) 用方向键选择需要的电缆类型，然后按下 ENTER 键。

(6) 如果选择了一个屏蔽电缆型号，下一屏幕可选择能或不能屏蔽测试。使用方向键选择需要的设置，然后按下 ENTER 键。

8) 编辑报告标识

报告标识包括用户自定表头、操作者姓名、测试地点等。按如下步骤查看和编辑这些信息：

(1) 将旋钮开关转到 SETUP 位置。

(2) 使用方向键突出显示 Report Identification 下的 Edit，然后按下 ENTER 键。Report Identification 显示自动测试报告包括的信息。

(3) 使用方向键突出显示要编辑的信息，按下 ENTER 键。

(4) 要在标识名中加入一个字母，使用方向键突出显示列表中的字母，按下 ENTER 键。要删除光标左边的字母，按下 4 号功能键 Delete。要编辑标识名中间的字母，使用 1 号功能键将光标移到标识名中。要将光标移到最右边的字母，按下 1 号功能键直到光标到右边。要增加或减小电缆标识内的数字字母，突出显示需要的字母后，按下 2 号功能键 INC 或 3 号功能键 DEC。

(5) 要储存标识名，按 SAVE 键。

5. 双绞线的自动测试

自动测试双绞线的方法可参考图 1.11 和图 1.12，测试步骤如下：

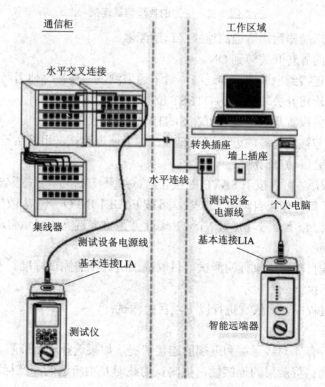

图 1.11　基本连接的典型测试连接

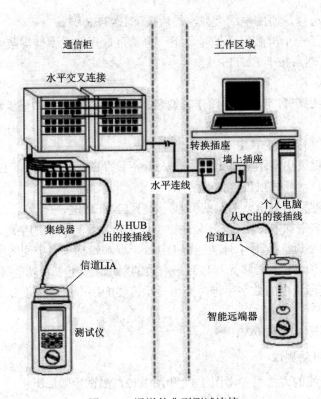

图 1.12 通道的典型测试连接

(1) 为主机和远端器附加适当的连接接口适配器。

(2) 将远端器的旋转开关转到 ON。

(3) 将远端器连接到电缆连接的远端，对于通道测试，连接时使用网络设备的接插线。

(4) 将主机的旋钮开关转到 AUTOTEST 位置。

(5) 检查显示的设置是否正确，可在 SETUP 中改变设置。

(6) 将测试仪与被测电缆的近端连接起来，对于通道测试，用网络设备接插线连接。

(7) 按 TEST 键启动自动测试。

自动测试完成后，可以按下 SAVE 键保存测试结果。要得到测试报告，输入电缆标识，然后再按下 SAVE 键；如果自动测试失败，可按 FAULT INFO 查看失败的详细信息；要查看详细的测试结果，按下 1 号功能键 View Result 并用方向键突出显示自动测试菜单中的项目后按下 ENTER 键。

注意： 双绞线自动测试执行的测试项目取决于所选择的测试标准。不包含在所选标准内的测试项目将不执行或不显示。

在自动测试过程中，将依次进行以下项目的测试：

1) 接线图测试

测试并显示所有 4 对线远端和近端的连接情况。如果选择一个屏蔽电缆并且启动屏蔽测试功能，还能测试屏蔽层的连续性，被测试的线对是由所选的测试标准决定的。表 1.5 为接线图显示的不同情况。

表 1.5　接线图显示

接线情况	显　示	说　明
正确连线	1—1 2—2 3—3 6—6 4—4 5—5 7—7 8—8 S- —S	正确连接。屏蔽(S-)只在被选择的测试标准要求时显示
交叉	1—1 2✕2 3—3 6—6	1、2 线对和 3、6 线对中的线交叉。接线不能形成可识别的电路
反接	1✕1 2✕2 3—3 6—6	线 1、2 交叉
错对	1✕1 2✕2 3✕3 6✕6	1、2 线对和 3、6 线对交叉
短路	1—1 2—2 3—3 6—6	线 1、3 短路。可用 HDTDR 测试来找出短路的位置
开路	1—1 2—2 3—3 6—6	线 1 在近主机处开路。可用 HDTDR 测试来找出开路的位置
串扰	3—3 6✕6 4✕4 5—5	4、5 线对中的线和 3、6 线对相串接。可用 HDTDX 分析找出串扰的位置

如果接线图测试通过，自动测试将继续进行，自动测试结束后可查看接线图的测试结果。如果接线图测试失败，自动测试停止，接线图屏幕出现 FAIL。可按下 SAVE 键来存储接线图测试结果。若要继续自动测试，按下 4 号功能键 Continue Test。

2) 电阻

电阻测试是测量每对线的直流环路电阻。测试结果显示每对电缆的电阻、测试限、通过/失败的信息。PASS 表示测量电阻小于测试限，FAIL 表示测量电阻大于测试限。

3) 长度

长度测试是测量每对线的长度。测试后屏幕显示具有最短电子延迟的线对电缆的长度，单位为米或英尺。测试结果显示每对线缆的长度、测试限、合格/不合格。PASS 表示测量长度在所选标准规定的测试限内，FAIL 表示测量长度超过测试限。

4) 传输延迟和延迟偏离

传输延迟是测试脉冲沿每对电缆传输的时间(ns)。

延迟偏离是最短延迟的线对的传输延迟 ns 和其他线对间的差别。

如果所选测试标准有此项要求，则测试结果显示传输延迟和延迟偏离的测试限。如果不要求此项目，则总是显示 PASS。

5) 特性阻抗测试

特性阻抗的测试确定了每对电缆近似的特性阻抗。

注意：阻抗测试要求电缆长度不能短于 5 m。如果电缆短于 5 m，则总是显示合格。

PASS 表示测量的阻抗在所选标准规定的测试限内，FAIL 表示测量的阻抗超过了测试限或发现了阻抗异常。Warning 表示测量的结果超过了测试限，或检测到异常情况，但该项测试在所选的标准中不要求。警告结果在综合报告中出现。

如果信号反射超过 15%，则测试仪报告阻抗异常，按 FAULT INFO 可查看检测到异常情况的位置。HDTDR 测试结果显示异常情况的位置和大小。

6) 衰减(插入损耗)测试

衰减测试是测量信号在电缆中的损耗。

屏幕显示测试的电缆线对最坏情况的衰减余量和每对电缆衰减的测试结果。要查看每对电缆的详细测试结果，使用方向键突出显示线对电缆，然后按 2 号功能键 View Result。按 3 号功能键 View Plot，产生衰减曲线图。

7) 近端串扰(NEXT)测试

NEXT 测试是测量电缆线对之间在电缆近端的串扰。该数值是信号和串扰之间幅度的差别，以 dB 表示。NEXT 测试是根据所选标准在某个频率范围内，在电缆线对两端进行测量的。

屏幕显示测试的电缆线对最坏情况的 NEXT 余量和每对电缆 NEXT 的测量结果。要查看某电缆线对的详细测量结果，使用方向键突出显示线对电缆，然后按下 2 号功能键 View Result。按下 3 号功能键 View Plot，打开 NEXT 曲线屏幕。

8) 远端 NEXT(NEXT@REMOTE)测试

远端的 NEXT(NEXT@REMOTE)测试流程和测试结果显示方式与 NEXT 测试完全一致，只是测量是在远端进行并将结果传至主机。

9) ELFEXT 测试

ELFEXT(等电平远端串扰)测试每一电缆线对的 FEXT/衰减率。要测量 ELFEXT，主机必须先在电缆远端产生一个信号并测量电缆近端的串扰来测量 FEXT。ELFEXT 通过计算 FEXT 和衰减值之间的分贝差得到。如果 ELFEXT 测试失败，按下 FAULT INFO 可查看电缆上串扰的位置。

因为电缆两端的 ELFEXT 值本质上完全一致，所以不需要进行远端测试。

屏幕显示测试的电缆线对最差情况的 ELFEXT 边界值和每一线对 ELFEXT 的测试结果。要查看电缆线对的详细测量结果，使用方向键突出显示线对电缆，然后按下 2 号功能键 View Result。按下 3 号功能键 View Plot，打开 ELFEXT 曲线图屏幕。

10) ACR 测试

ACR 测试是计算每个电缆线对的各种组合的衰减串扰比。ACR 用分贝表示测量的 NEXT 和衰减的差值。

屏幕显示用于计算 ACR 结果的 NEXT 和衰减的电缆对最坏情况下的余量和所有线对

的测试结果。要查看某电缆线对的详细结果，使用方向键突出显示线对电缆，然后按下 2 号功能键 View Result。按下 3 号功能键 View Plot，打开 ACR 曲线屏幕。

11) 远端 ACR(ACR@REMOTE)测试

远端的 ACR(ACR@REMOTE)测试流程和 ACR 测试完全一致，只是 ACR 是用 NEXT@REMOTE 值计算的。

12) 环路损耗(RL，Return Loss)

RL 测试是测量测试信号幅度和电缆反射信号幅度的差。RL 测试结果表示在某频率范围内电缆的额定特性阻抗与特性阻抗匹配的好坏程度。

RL 结果的第一个屏幕显示所测试的电缆对、最坏情况下的 RL 余量和测试结果(PASS 或 FAIL)。要查看某对电缆的详细结果，使用方向键突出显示线对电缆，然后按下 2 号功能键 View Result。按下 3 号功能键 View Plot，打开 RL 曲线屏幕。

13) 远端 RL

远端 RL 测试流程和 RL 测试完全一致。

14) PSNEXT(总能量 NEXT)和 PSNEXT@REMOTE

PSNEXT 结果表示一对电缆受其他电缆线对综合 NEXT 的影响，即一对电缆的串扰之和与其他电缆传输测试信号的幅度差(dB)。

PSNEXT 由 NEXT 结果计算得出。PSNEXT@REMOTE 由 NEXT@REMOTE 计算得出。

15) PSELFEXT(总能量 ELFEXT)

PSELFEXT 结果显示每一电缆线对被其他电缆线对综合 FEXT 的影响。一个电缆线对的 PSELFEXT 是指从其他电缆线对综合的 FEXT 中减去电缆线对的衰减。

16) PSACR(总能量 ACR)和远端 PSACR(PSACR@REMOTE)

PSACR 结果显示每一电缆线对的衰减和其他电缆线对对其串扰的比。测试工具从一电缆线对的 PSNEXT 值中减去衰减计算 PSACR。PSACR@REMOTE 由 PSNEXT@REMOTE 计算得出。

6. 同轴电缆自动测试

同轴电缆的自动测试参考图 1.13，测试步骤如下：

(1) 将通道连接接口适配器接到主机上。

(2) 将连接到电缆上的 PC 节点全部关闭。

(3) 如果需要自动测试报告电缆长度，则从电缆的远端卸下终止端头。

(4) 将开关转到 AUTOTEST。

(5) 确认显示的电缆类型和测试标准正确，可在 SETUP 模式下更改这些设置。

(6) 从同轴电缆的近端卸下终止端头。使用 RJ-45 同轴电缆转换器将测试仪连接到电缆上。

(7) 按下 TEST 键开始自动测试。

同轴电缆自动测试过程中将依次进行以下测试：

1) 特性阻抗测试

阻抗测试要求电缆长度至少为 5 m，短于 5 m 的已接端接器的电缆的阻抗测试总是显示通过，未接端接器的电缆则显示未通过。

特性阻抗测量是测试电缆的近似特性阻抗。PASS 表示阻抗测量值在所选标准所规定的指标之内，FAIL 表示阻抗值超过标准。可用 HDTDR 测试电缆阻抗异常的位置和大小。

阻抗异常的结果在屏幕底部显示。测试仪将报告超过 10%的阻抗异常，并显示最大异常的距离。

2) 电阻测试

电阻测量是指测试电缆和端接器的环路电阻。如果端接器未接或该电缆开路，则电阻测试值报告 OPEN；如果电缆或端接器短路，则测试值为 0 Ω。电阻值超过 400 Ω，则报告 OPEN。

3) 长度测试

由于同轴电缆的端接器会消除信号的反射，因此测试仪不能测试端接同轴电缆的长度。

当未接端接器时，长度测试是指测试同轴电缆的长度。如果连接了端接器，长度测试将报告 NO REFLECTION。

PASS 表示测试的长度在所选标准规定的测试限内，FAIL 表示测量的长度超过了标准。

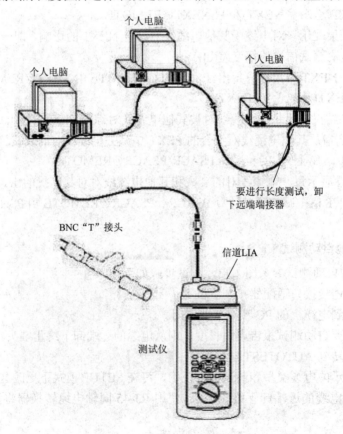

图 1.13 同轴电缆的自动测试

7. DSP4000 的自动校正

校正测试仪可参考图 1.14，并按以下步骤进行：

(1) 将旋钮开关转到 SPECIAL FUCTIONS。

(2) 使用方向键突出显示 Self Calibration。

(3) 按下 ENTER 键。

(4) 依照显示信息将测试仪与远端器连接起来。

(5) 按下 TEST 键开始校正。

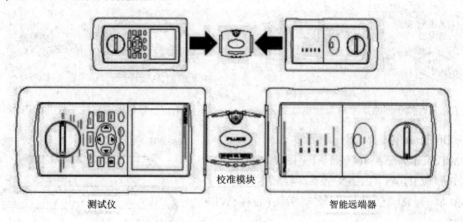

图 1.14　自动校正连接

当校正完成后，校正的数据和远端的系列号将被自动存储到测试仪的校正记录库中。如果信息 **SELF CALIBRATION FAIL**(自动校正失败)出现，应检查：

(1) 测试仪主机与远端器的连接是否正确。

(2) 连接电缆是否断裂或损坏。

(3) 主机和远端器的接口是否损坏。

1.3.2　OneTouch 网络助手

1. OneTouch 概述

如图 1.15 所示是 OneTouch 网络助手的外观图。

1) 电源开关

按下电源开关可以打开或关闭网络助手。

2) 默认值设置

将网络助手返回到默认值设置的操作步骤如下：

(1) 关闭网络助手。

(2) 持续按住电源开关 5 秒钟，然后放开，将看到一个菜单弹出，表明网络助手已经返回默认值设置。

3) 电池与交流适配器

第一次使用可选充电电池组之前必须使用交流适配器为其充电。将通用交流适配器与线路电源连接(如图 1.16 所示)，便可运行网络助手。使用交流适配器时，网络助手可在电池充电期间运行所有测试。可充电电池组无论是在网络助手内部还是外部，都可充电。当其位于网络助手外部充电时，只需将通用交

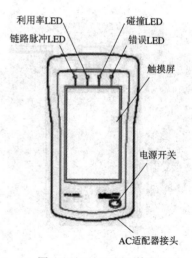

图 1.15　OneTouch 外观

流适配器连接到电源输出孔上，并与可充电电池组上的接头相连即可，如图 1.17 所示。

注意：取出或安装电池组之前必须关闭网络助手。

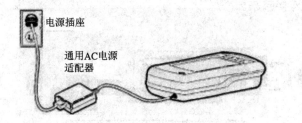

图 1.16 对位于网络助手内部的电池组充电

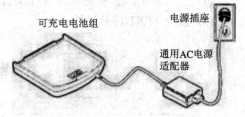

图 1.17 对位于网络助手外部的电池组充电

4) OneTouch 插头

OneTouch 有下列几种插头(见图 1.18)：

(1) 屏蔽 RJ-45 的 LAN 插头(网络连接)。

(2) 屏蔽 RJ-45 的线图绘制插头(线图(Wire Map)终端)。

(3) DB-9 RS-232 PC/打印机插头(串行链路)。

(4) 交流适配器插头。

注意：请勿将 OneTouch 与公用电话网络或 ISDN 线路相连，否则会损坏仪器！

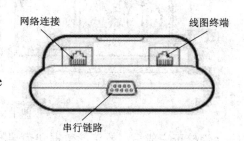

图 1.18 OneTouch 的插头

5) 顶层显示

打开网络助手后，可看到如图 1.19 所示的顶层显示。它包括 LED 标签、状态行、工具条和工作区等。

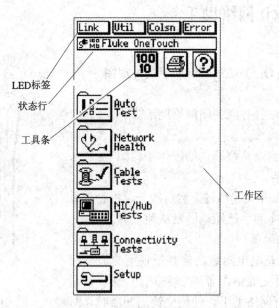

图 1.19 网络助手的顶层显示

6) 触摸屏

启用网络助手只需接触 LCD 表面,即用手指接触或点击触摸屏,不可用任何锐利或坚硬的东西接触触摸屏。触摸屏既作为键盘又作为显示器。作为键盘,触摸屏显示图标(按钮),触摸图标后,执行相应的功能。

7) 工作测试图标

顶层显示的工作区包含了图标设置屏及中层测试功能,触摸 Setup 键可设定网络助手,触摸测试图标开始或进入相应的测试。表 1.6 描述了网络助手的工作图标。

表 1.6　工作测试图标

图　标	含　义	操　作
	自动测试	触摸此键启动自动测试 自动测试查找位于网段上的设备并测试其连通性。然后自动测试屏上将显示网段上的设备
	网络健康	触摸此键浏览网络健康 网络健康监控六个代表网络整体健康状况的网络参数(利用率、广播、误差、协议、碰撞、站点),并把结果显示在仪表上
	电缆测试	触摸此键可进入电缆测试及定义电缆 电缆自动测试——测量长度、测试电缆上的分叉线对和/或布线图(取决电缆的终端和质量) 绘制电缆线图——运行完整的线图绘制测试 音频发生器——在电缆上传送音频。与用户接收器配合使用 光纤——能够在连接了 DSP-FOM(光导纤维仪表)后启动光纤测试 定义电缆——提供访问电缆类别及机组选项
	NIC/Hub 测试	触摸此键进入下列测试 NIC 自动测试——提供与网卡的物理连接方面的最完备的信息 Hub Autotest 集线器自动测试——尽可能多地提供关于集线器物理连接的信息 NIC 检测器——帮助确定站点是否连接有电缆 闪光集线器端口——帮助确定网络助手与哪个集线器端口相连
	连通性测试	通过触摸进行 IP、IPX 或其他站点的连通性测试。另外可执行 IP 跟踪路由功能,该功能可帮助证实到一个信息源或站点的连通性。同时可访问下列功能:连通性关键设备、主配置、站点定位器、网络通过量等
	设置	通过触摸访问下列功能:IP 设置(人工或 DHCP)、测量设置(SNMP、站点筛选器、电缆、VOIP 设置)、自我测试、远程设置、用户界面设置

8) 导航键

导航键用于翻看列表，并在网络助手上执行常见功能。表 1.7 中是导航键的图标、含义和对应的操作。

表 1.7　导航键的图标

图　标	含　义	操　作
双向下箭头	双向下箭头	触摸此键将在显示屏上下移一个全屏
向下箭头	向下箭头	触摸此键将在显示屏上下移一行
双向上箭头	双向上箭头	触摸此键将在显示屏上上移一个全屏
向上箭头	向上箭头	触摸此键将在显示屏上上移一行
OK	完成	触摸此键关闭菜单窗口
Rerun	重新运行测试	触摸此键重新运行当前测试
X	退出	退出显示，不保存更改
向上一层	向上一层	触摸此键使用户界面升一级
顶层	顶层	触摸此键返回最顶层显示
	滚动条	当有一个多屏幕的列表时，会出现一个滚动条，触摸滚动条可在列表上移动

2. OneTouch 网络助手的基本功能

OneTouch 网络助手的基本功能有：IP 设置、检查并跟踪电缆、保存并打印屏幕、检查网络连接、检查网络健康、更新软件等。

3. IP 设置

为了让网络助手能正确地工作，必须分配一个源 IP。可人工或利用 DHCP 来输入源 IP。DHCP 特性可以利用动态主机配置协议为网络助手自动地获取一个 IP 源地址。

要启动 DHCP，触摸核心设置屏幕中的设置图标，选择 IP Setup 图标，弹出 IP 设置屏幕，如图 1.20 所示。触摸 DHCP 标签选定 DHCP 功能，触摸 Apply Address 图标确认后，网络助手将请求从 DHCP 服务器租用一个 IP 地址。

在选择人工输入地址时，触摸核心设置屏幕中的设置图标，选择 IP Setup 图标，在设置屏幕中选择 Manual 标签并利用键盘人工输入 IP 地址和子网掩码，然后输入一个已知的路由器地址或触摸 Select Router，自动填入路由器的 IP 地址。完成后触摸 Apply Address 图标。

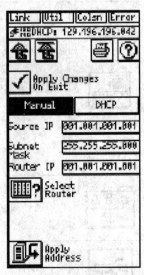

图 1.20　IP 配置显示

4. 测试电缆

如图 1.21 所示是测试电缆时的测试接插线图。测试电缆的步骤如下:

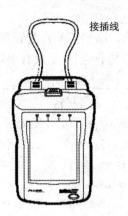

图 1.21 测试接插线

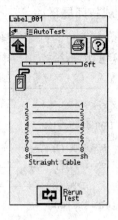

图 1.22 接插线的针与针之间的连接

(1) 如图 1.21 所示接入接插线。

(2) 触摸自动测试(AutoTest)图标, OneTouch 显示接插线的针与针之间的连接, 如图 1.22 所示。

(3) 取出接插线。

(4) 触摸返回(Return)图标, 网络助手显示开端电缆。

5. 跟踪电缆

要跟踪与网络连接的电缆, 有三种方式, 即使用音频发生器、电缆识别器或闪光集线器端口。

1) 使用音频发生器

从顶层屏幕上, 触摸电缆测试(Cable Tests)图标, 然后触摸音频发生器(Toner)图标, 可在电缆上传送一个低音频率或一个高音频率, 此频率与用户提供的接收器频率对应。

2) 使用电缆识别器

将电缆识别器连接到需要识别的电缆的末端, 将电缆的近端连接到 Network Assistant 的 RJ-45 网络插头上; 还可以将可选的 RJ-45 适配器连接到 RJ-45 网络插头上, 并通过运行 Wiremap Cable 或 Cable Autotest 绘制电缆图。

3) 使用闪光集线器端口

使用闪光集线器端口跟踪电缆的步骤如下:

(1) 将网络助手连接到需要的位置。

(2) 从顶层屏幕上触摸 NIC/Hub 测试(NIC/Hub Tests)图标, 然后触摸 Flash Hub Port 图标, 找出与集线器相连的某个设备的位置, 弹出集线器定位器屏幕, 如图 1.23 所示。

(3) 选择速度。网络助手将发送 1/s 或 4/s 的链路脉冲使集线器上的 LED 闪光, 并以此表明与网络助手连接的端口位置。

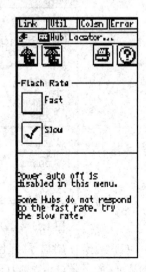

图 1.23 闪光集线器端口显示

注意： 一些集线器端口的链路灯的响应速度很慢。闪光集线器端口功能可能不适于这些设备。

6. 保存或打印屏幕

触摸屏幕右上角的打印机图标可执行保存或打印屏幕、添加标签、配置串行通讯或打印、删除保存的屏幕等操作。电缆需按图 1.24 所示的方式进行连接(要求有串行端口)。

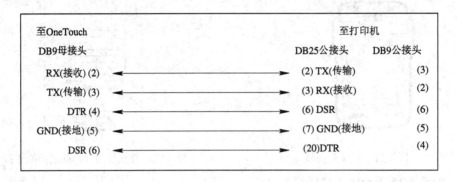

图 1.24　打印机电缆连接

当网络助手没有与打印机或 PC 机连接时，可以触摸 Save Screen 图标保存屏幕。可触摸 Erase Saved Screens 图标删除以前保存的屏幕。

7. 检查网络连接

使用网络助手可以快速检查网络连接状况。检查网络连接的步骤如下：

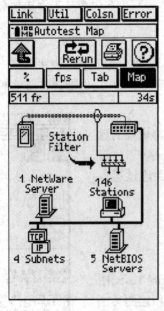
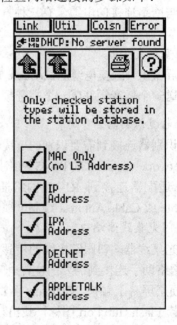

图 1.25　自动测试显示屏　　　　　图 1.26　站点筛选器显示

(1) 触摸顶层显示屏上的 AutoTest 图标可运行自动测试。如图 1.25 所示例子中有 NetWare 服务器(1)、站点(146)以及 NetBIOS 服务器(5)，触摸屏幕中心 Station Filter 图标，可以把发现的信息限制为需要查看的数据，如图 1.26 所示。

(2) 触摸任何一个被显示的项可弹出屏幕，显示更多的信息。

(3) 在用户触摸向上一层或返回顶层图标退出该功能前，自动测试功能将持续检测设备并计算误差。

8. 检查网络健康

网络健康将监控网络利用率、误差、碰撞、广播、协议及站点。检查物理健康的步骤如下：

(1) 触摸顶层显示的网络健康(Network Health)图标，运行网络健康诊断功能。在%及 fps 显示模式下，网络健康显示屏提供 6 个仪表图标，它们是网络状况的关键指示器。每个网络健康仪表图标都表明该项目的当前值、平均值和最大值，如图 1.27 所示。

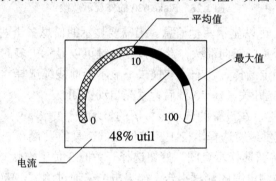

图 1.27　网络健康测试

(2) 触摸 Tab，浏览表格(列)显示。

(3) 触摸%，浏览网络利用程度的百分比。

(4) 触摸 fps，查看每秒帧数的信息。

(5) 触摸 Map，浏览网络图。

(6) 触摸量表，浏览有关网络指示器的详情。

9. 更新软件

触摸屏幕右上角"?"图标，可查看网络助手的软件版本。Fluke 定期对网络 OneTouch Series Ⅱ软件进行更新。若要对 OneTouch Series Ⅱ软件进行手动更新，只需安装及运行光盘上或网上的 OneTouch 连接程序即可。

1.3.3　Fluke 620 局域网电缆测试仪

Fluke 620 仪表不需要在电缆另一端设置远端连接器即可使用，但配上连接器，Fluke 620 能更精确地测试出线缆中是否开路、短路、串绕以及开路、短路的位置。因为 Fluke 620 不必等到连接器全部安装好才测试，从而节省了大量的时间和资源。

1. Fluke 620

如图 1.28 所示是 Fluke 620 的外观示意图。图中各键功能如下：

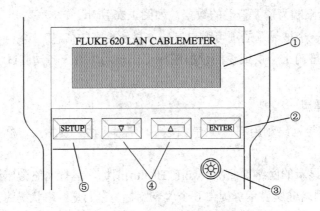

图 1.28   Fluke 620 的外观示意图

① LCD 显示屏，可以显示两行信息。当需要显示的信息多于两行时，显示屏左边会出现向上箭头、向下箭头或双向箭头，此时按方向键可以显示更多的信息。

② ENTER 键，确定选择。在非设置模式下显示当前线缆选择并开始新的长度测量。

③ 显示屏的背景光开关，在 70 秒后背景光自动关闭。

④ 向上键、向下键，在设置的选项或多屏的显示项目中滚动。

⑤ SETUP 键，提供线缆选择、校正和其他测试工具的设置。

如图 1.29 所示是旋钮选择示意图，旋钮选择开关的 3 种工作状态分别为：

(1) TEST：提供被测电缆的测试报告。如果电缆未通过测试，Fluke 620 提供附加的诊断信息。

(2) LENGTH：长度测试。

(3) WIRE MAP：提供双绞线详细的连接状况。

如图 1.30 所示是 Fluke 620 的接口示意图，可提供对屏蔽双绞线(STP)、非屏蔽双绞线(UTP/FTP)和同轴电缆(COAX)的测量。

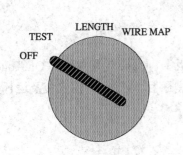

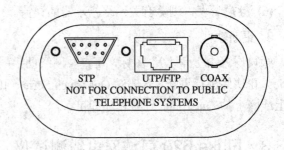

图 1.29   旋钮选择示意图   图 1.30   Fluke 620 的接口示意图

2. 准备工作

将电缆连接到仪器适当的插头上，在测试电缆及测量电缆长度之前，必须选择适当的电缆类型、种类和尺寸，并对电缆进行校正。

1) 选择电缆类型

选择电缆类型的步骤如下：

(1) 打开仪器，将旋钮置于 TEST、LENGTH 或 WIRE MAP 位置。

(2) 按下 SETUP 键。

(3) 用方向键选择所需电缆类型，按下 ENTER 键。

(4) 用方向键选择所需电缆标准，按下 ENTER 键。

(5) 用方向键选择所需电缆种类，按下 ENTER 键。

(6) 用方向键选择所需电缆尺寸，按下 ENTER 键。

2) 电缆校正

电缆校正的目的是精确测量电缆长度。校正电缆的步骤如下：

(1) 将已知长度(≥30 m 或 100 英尺)的电缆与仪器相连，将旋钮置于 TEST、LENGTH 或 WIRE MAP 位置。

(2) 按下 SETUP 键和 ENTER 键，直到显示如下结果：

```
CAL TO CABLE?
◇ NO            ENTER
```

(3) 按下方向键进行选择，直到显示 YES，再按下 ENTER 键，仪器将测量电缆长度并显示测量的结果：

```
ADJUST LENGTH:
◇ 98'           ENTER
```

(4) 按下方向键选择直到屏幕上显示出已知电缆的长度，再按下 ENTER 键。这些参数被存储在仪器中，将来再测量这种类型电缆的长度时，都会与这些参数对比，以修正测量结果。

3. 自检

为保证测量准确，应该定期进行自检。如果自检有问题，显示屏上将显示如下信息：

```
SELF-TEST
FAIL            ENTER
```

自检的步骤如下：

(1) 将旋钮转到 TEST 位置，持续按住 SETUP 键。

(2) 按下 ENTER 键直到显示 "SELF-TEST?"。

(3) 选择 YES。

(4) 按下 ENTER 键激活自检程序，提示在 UTP/FTP 插头上安装电缆。

(5) 安装完电缆后，按下 ENTER 键继续自检。

(6) 显示屏显示 PASS 或 FAIL，自检不断重复，直到再次按下 SETUP 键或仪器自动关闭。

4. 测试电缆

测试电缆的步骤如下：

(1) 将电缆连接到仪器的适当插头上。

(2) 将旋钮转到 TEST 位置。

(3) 按下 ENTER 键检查所选的电缆类型。几秒钟后仪器显示出电缆类型，然后开始测试。如果被选电缆已经进行了校正，显示屏第二行会显示"CAL"，否则要先进行电缆校正。

(4) 测试双绞线时，仪器会自动检查电缆 ID 号，并显示出如下所示的两种情况之一：

PASS	ID#8
135'	

好电缆, ID#8

PASS	ID--
135'	

好电缆, 没有检测到ID号

(5) 测试同轴电缆时，仪器会显示出同轴电缆的电阻值，如下所示。

COAX	45Ω

5. 测量电缆长度

测量电缆长度之前，必须完成所有的诊断测试，以防止测量出错。测量电缆长度步骤如下：

(1) 将电缆连接到仪器的适当接口上。

(2) 将旋钮转到 LENGTH 位置。

(3) 按下 ENTER 键检查所选的电缆类型。几秒钟后仪器显示出电缆类型，然后开始测试。如果被选电缆已经进行了校正，显示屏第二行会显示"CAL"，否则先要进行电缆校正。

(4) 对于双绞线线对，5%的测量误差是正常的。对 EIA/TIA 4PR 双绞线而言，测量结果如下所示：

△ 12	305'
▽ 36	300'
△ 45	309'
▽ 78	301'

(5) 对于同轴电缆，测量结果如下所示：

COAX	445'

6. 检查双绞线连线图

检查双绞线连线图的步骤如下：

(1) 将电缆连接到仪器的适当接口上。

(2) 将旋钮转到 WIRE MAP 位置。同轴电缆的 WIRE MAP 功能相当于 LENGTH 功能。

(3) 按下 ENTER 键检查所选的电缆类型。几秒钟后仪器显示出电缆类型，然后开始测试。如果被选电缆已经进行了校正，显示屏第二行会显示"CAL"，否则先要进行电缆校正。

(4) 对 EIA/TIA 四线对双绞线而言，检查结果第一行显示双绞线的近端，第二行显示双绞线的远端，如下所示：

12	36	45	78	ID
12	36	45	78	#8

(5) 如果没有 ID 号，则检查结果如下：

12	36	45	78	ID
				--

1.3.4　ST-248 网络电缆测试仪

1. ST-248 的外观

ST-248 的外观如图 1.31 所示。

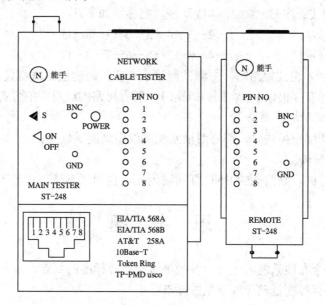

图 1.31　ST-248 的外观图

2. ST-248 注意事项

使用 ST-248 网络电缆测试仪时应注意：

(1) 测试仪采用 9 V 叠层电池，灯暗或灯跳不动时应更换电池。

(2) RJ-45 插头铜夹片没完全压下时不能测试，否则可能损坏接口。

(3) 未注明 RJ-11 的接口，不能测试电话线，否则可能损坏接口。

3. ST-248 的功能

ST-248 网络电缆测试仪的功能如下：

(1) 对双绞线 1、2、3、4、5、6、7、8、G 线对逐根(对)测试，可区分判定哪一根(对)错线、短路和开路。

(2) 开关 ON 为正常测试速度，S 为慢速测试速度。

(3) ST-248 可测试 BNC 同轴电缆。

4. ST-248 的使用

1) 双绞线测试

打开电源，将网线插头分别插入主测试器和远程测试器，如接线正常，则显示如下：

主测试器指示灯：　　　1—2—3—4—5—6—7—8—G

远程测试器指示灯：　　　1－2－3－4－5－6－7－8－G　　(RJ-45)

　　　　　　　　　　　　　 －2－3－4－5－6－7－－－　　(RJ-12)

　　　　　　　　　　　　　 －－－3－4－5－6－－－－－　(RJ-11)

如果接线不正常，则按下述情况显示：

(1) 当有一根网线如 3 号线断路时，则主测试器和远程测试器的 3 号灯都不亮。

(2) 如果有几条线不通，则这几条线对应的灯都不亮；当网线少于 2 根线连通时，灯都不亮。

(3) 当两头网线乱序时，如 2、4 线乱序，则显示如下：

主测试器指示灯：　　　　　1－2－3－4－5－6－7－8－G

远程测试器指示灯：　　　　1－4－3－2－5－6－7－8－G

(4) 当网线有 2 根线短路时，主测试器显示不变，而远程测试器显示短路的两根线对应的灯都微亮；当有 3 根以上(含 3 根)短路时，所有短路的线对应的灯都不亮。

2) 测试配线架和墙座模块

测试配线架和墙座模块时，需将两根匹配跳线引到测试仪上。

3) 同轴电缆测试

如果电缆是好的，则两端的 BNC 灯同时闪亮，否则灯不亮。

思 考 题

1．试简述综合布线系统的优点，并列举综合布线标准的要点。

2．试列举并解释衡量双绞线质量的标准。

3．简述双绞线与 RJ-45 插头的连接标准及步骤。

第 2 章　交换机原理与基本设置

建议学时：8 学时
主要内容：

 (1) 交换机的管理；

 (2) 交换机的设置。

2.1　以太网络基本原理

2.1.1　TCP/IP 体系结构

  开放系统互连(OSI)模型将网络划分为七层，各层实现不同的功能，这七层分别为应用层、表示层、会话层、传输层、网络层、数据链路层及物理层。TCP/IP 体系同样遵循这七层标准，只不过在某些 OSI 功能上进行了压缩。与 OSI 参考模型不同，TCP/IP 模型更侧重于互联设备间的数据传送，而不是严格的功能层次划分，它通过解释功能层次分布的重要性来做到这一点，且为设计者具体实现协议留下很大的余地。因此，OSI 参考模型比较适合解释互联网络的通信机制，而 TCP/IP 是互联网络协议的市场标准。

  TCP/IP 参考模型比 OSI 模型更灵活，参照图 2.1(a)。

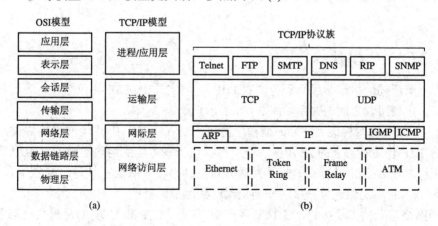

图 2.1　OSI 参考模型和 TCP/IP 参考模型比较

1. 进程/应用层

应用层协议提供远程访问和资源共享，常见的应用包括 Telnet、FTP、SMTP、HTTP

等，很多其他应用程序也运行在此层，并且依赖底层的功能。相似的，在 IP 网络上要求通信的任何应用都在模型的这一层中描述。

2. 运输层

运输层又称主机到主机层，大致对应 OSI 参考模型的会话层和传输层。为了对在网络中传输的应用数据进行分段，该层必须执行数学检查来保证所收数据的完整性，以便为多个应用同时传输数据多路复用数据流(传输和接收)。这意味着主机到主机层能识别特殊应用，将收到的乱序数据重新排序。

当前的主机到主机层包括两个协议实体：传输控制协议(TCP)和用户数据报协议(UDP)。还有一个协议正在定义中，是针对不断增长的面向事务的需要，该协议称为事务传输控制协议(T/TCP，Transaction/Transmission Control Protocol)。

3. 网际层

网际层又称网络层，该层由两个主机通信所必需的协议和过程组成。这意味着数据报文必须是可路由的，网际层(IP)负责数据报文路由。

网际层支持其他的路由管理功能，提供第二层地址到第三层地址的解析功能及反向解析功能。这些功能由对应的 IP 协议提供。

网际层的路由和路由管理功能由外部对等协议提供，这些协议被称为路由协议。路由协议包括内部网关协议(IGP，Interior Gateway Protocol)、外部网关协议(EGP，Enterior Gateway Protocol)，因为它们驻留在网络层中，但却不是 IP 协议组件与生俱来的部分，所以标识为对等。实际上，许多路由协议能够在多路由协议地址结构中发现、计算路由。用于其他地址结构的路由协议有 IPX 和 AppleTalk 等。

4. 网络访问层

网络访问层又称链路层，该层提供用于物理连接、传输的所有功能。OSI 模型把这一层功能分为两层：物理层和数据链路层。IP 协议假设所有底层功能由局域网或串口连接提供。

2.1.2 TCP/IP 组件

虽然上节所述的协议一般标识为"TCP/IP"，但实质上在 IP 协议组件内还有好几个不同的协议。主要协议之间的关系如图 2.1(b)所示。

TCP 和 UDP 是两种最为著名的运输层协议，二者都使用 IP 作为网络层协议。

虽然 TCP 使用不可靠的 IP 服务，但可以提供一种可靠的运输层服务。UDP 可为应用程序发送和接收数据报(数据报是指从发送方传输到接收方的信息单元)。与 TCP 不同的是，UDP 不可靠，它不能保证数据报能安全无误地到达最终目的。

IP 是网络层上的主要协议，被 TCP 和 UDP 使用。TCP 和 UDP 的每组数据都需通过端系统和每个中间路由器中的 IP 层在互联网中传输。

ICMP 是 IP 协议的附属协议。IP 层用它与其他主机或路由器交换错误报文和其他重要信息。ICMP 主要被 IP 使用，应用程序也有可能使用。

IGMP 是 Internet 组管理协议，用于将 UDP 数据报多播到多个主机。

ARP(地址解析协议)和 RARP(逆地址解析协议)是某些网络接口(如以太网和令牌环网)使用的特殊协议，用来转换 IP 层地址和网络接口层地址。

驻留于进程/应用层中的应用(如 Telnet、FTP)被认为是 IP 协议组件与生俱来的组成部分，但实际上这些属于应用范畴而不是协议范畴。

从图 2.1(b)中可以看出，网络访问层是 TCP/IP 的基础，而 TCP/IP 本身并不十分关心底层，因为处在数据链路层的硬件接口(即网络设备驱动程序)会把协议和实际的硬件、物理介质隔离开。

应用程序使用 TCP 传送数据时，数据被送入协议栈中，然后依次通过每一层直到被转换成一串比特流送入网络。其中每一层对收到的数据都要增加一些首部信息(有时还要增加尾部信息)，该过程如图 2.2 所示。TCP 传给 IP 的数据单元称作 TCP 报文段，简称为 TCP 段(TCP Segment)。IP 传给网络接口层的数据单元称作 IP 数据报(IP Datagram)。通过以太网传输的比特流称作帧(Frame)。

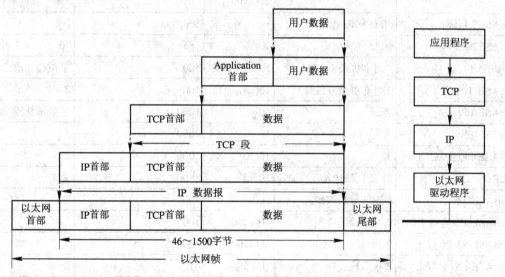

图 2.2　数据进入协议栈时的封装过程

2.1.3　IEEE 802.3 网络

IEEE 802.3 网络也称为"以太网(Ethernet)"。IEEE 802.3 的媒体访问控制协议基于带有冲突检测的载波侦听多路访问(CSMA/CD)方法。

1. 媒体访问方法

媒体访问方法取决于以太网操作是半双工还是全双工模式。

在半双工模式下，两个或多个节点竞争使用物理媒体，一次仅允许一个节点发送数据。在传输前，每个节点首先监听传输媒体以便确定媒体闲或忙(载波侦听)。如果媒体忙，节点就继续监听；如果媒体空闲，则节点立即发送数据。如果多个节点在同一时间发送数据，便会产生冲突。因此，每个节点要监视自己的传输，才能检测到可能的冲突。检测到冲突后，节点发送一个简短的冲突加强信号，确保所有节点都意识到冲突的发生。为了避免所有节点同时重传它们的帧，所有冲突检测节点要运行一个截断二进制指数后退(Truncated Binary Exponential Backoff)算法，计算各自的重传延迟，称为后退延迟(Backoff Delay)。

在全双工操作下，两个节点共享物理媒体。假设媒体具备同时双向传输而不受干扰的能力，就不可能出现竞争，也不需要 CSMA/CD 算法。

2. 传输媒体

802.3 标准定义了几种传输媒体和电缆拓扑结构。在 802.3 中，媒体规范由三个字段类型标识(最后一部分标识方式可以改变)，媒体规范如下所示：

<数据率 Mb/s><媒体类型><最大段长×100 米>

表 2.1 显示了 802.3 网络定义的媒体类型和无中继器的最大配置。

表 2.1　IEEE 802.3 传输媒体

规　范	物理媒体	数据速率 /(Mb/s)	最大网络长度/m	最大 节点数
10BASE5(粗缆)	50Ω 同轴电缆	10	500	100
10BASE2(细缆)	50Ω 同轴电缆	10	185	30
1BASE5	2 对非屏蔽双绞线	1	500	星型拓扑段($\geqslant$2)
10BASE-T(全双工)	2 对非屏蔽双绞线	10(20)	100	2
10BASE-FP	光纤	10	1000	星型拓扑段($\geqslant$2)
10BASE-FB	光纤	10	2000	2
10BASE-FL(全双工)	光纤	10(20)	2000	2
10BROAD36	75Ω 同轴电缆	10	1800	$\geqslant$2
100BASE-T4	4 对非屏蔽双绞线	100	100	2
100BASE-T2(全双工)	2 对双绞线(3 类)	100(200)	100	2
100BASE-TX(全双工)	2 对双绞线(150Ω)	100(200)	100	2
100BASE-FX(全双工)	2 根多模光纤	100(200)	412	2
1000BASE-CX(全双工)	跨接电缆(2 对屏蔽 150Ω 平衡铜电缆)	1000(2000)	25	2
1000BASE-LX(全双工)	2 根长波激光光纤	1000(2000)	单模光纤：5000 多模光纤：550(50 μm) 500(62.5 μm)	2
1000BASE-SX(全双工)	2 根短波激光光纤	1000(2000)	单模光纤：5000 多模光纤：550(50 μm) 220～275(62.5 μm)	2
1000BASE-T(全双工)	4 对屏蔽双绞线(5 类)	1000(2000)	100	2

3. 最大有效载荷

最大帧长为 1518 字节，不包括前导码(7 字节)和帧始界符(1 字节)。最大有效载荷长度取决于地址大小。采用 2 字节地址时发送的数据可达 1508 字节；采用 6 字节地址时发送的数据最高达 1500 字节。对于 100 Mb/s 或更低速率的传输媒体，最小帧长为 64 字节。

以速率大于 100 Mb/s 半双工方式运行的媒体，最小帧长为 512 字节。较小的帧用非数据位填充，这些非数据位作为扩展字段附加在原始帧上。对于原始标准做这种修改是必需的，因为只有这样，才能适应千兆位网络所需的物理距离(距离定义了信号传播时间)和维持发送器在发送最小帧的同时检测冲突的能力。

对于操作速率高于 100 Mb/s 的全双工模式，常见的实现方式是发送突发数据帧的同时不放弃控制，最大突发长度为 8192 字节。在发送包括任何扩展的第一个帧后，后续帧的发送不再需要扩展字段。发送者用非数据位填充帧间的空隙，以便指示接收者这是突发模式。

2.2　交换机基本原理

构建各种规模计算机网络的主要设备是路由器(Router)和交换机(Switch)。传统意义上，交换机是利用 MAC 地址信息进行数据帧交换的互联设备。本书中，如无特殊说明，交换机均指工作在以太网中的交换机，简称以太网交换机。

在以太网中，交换机提供以太局域网间的桥接和交换，把从某个端口接收到的数据转发到其他端口。交换机主要工作在 OSI 模型的物理层、数据链路层，不依靠三层地址和路由信息。

2.2.1　交换技术基础

连接在交换机端口上的主机通过地址解析协议(ARP，Address Resolution Protocol)相互查询对方网卡的物理地址(MAC 地址，Media Access Control 地址)，以便进行数据帧的互相传输。

MAC 地址是用于唯一确定网卡身份的标识，是网卡在生产时被永久写入芯片的固定值，由 48 位的 16 进制数字组成，从左到右计数，0 到 23 位是厂商向 IETF 等机构申请用来标识厂商的代码，24 到 47 位由厂商自行分派，各个厂商制造的网卡拥有唯一编号。第二层交换过程通过使用 MAC 地址实现通信寻址，即网络中的数据包最终是通过 MAC 地址找到目标的。

由于交换机在数据传递过程中不用检查第三层(网络层)的包头信息，而是直接由第二层帧结构中的 MAC 地址来决定数据的转发目标，因此，数据的交换过程几乎没有软件的参与，从而大大提高了交换进程的速率。

1. MAC 地址表的建立与路由过滤

在交换式网络中，各主机的 MAC 地址是存储在交换机的 MAC 地址表(也称 MAC 地址数据库)中的。交换机在工作过程中，会向 MAC 地址表不断写入新查询到的 MAC 地址。一旦交换机重新启动，其内部的 MAC 地址表会自动重新建立。

1) MAC 地址表的建立

如图 2.3 所示，MAC 地址表的建立过程如下：

(1) 工作站 1 向目标主机(工作站 3)发送查询(目标 MAC)地址信息，该信息会首先发送到本地交换机。

(2) 本地交换机在收到查询信息后,会先将信息帧内的源MAC地址记录在自己的MAC地址表中。然后,交换机再向其他所有端口发送查询信息。

(3) 目标主机接收到该信息后,会通过交换机直接对源地址主机进行响应。此时,交换机将工作站 3 的 MAC 地址也记录在 MAC 地址表里。

(4) 两台主机(工作站 1 和工作站 3)进行点对点的连接通信。

(5) 如果两台主机在一定时间内未进行通信,交换机将会定时刷新地址表里的地址记录。

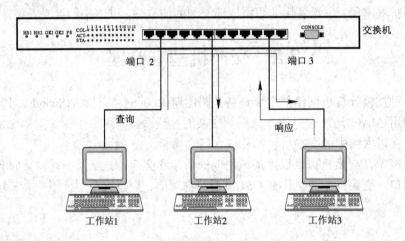

图 2.3 MAC 地址表的建立

2) MAC 地址表的路由过滤

当交换机接收到一个数据帧时,它会首先检查数据帧里的 MAC 地址,如果该地址未缓存在 MAC 地址表里,交换机就向所有的其他端口发送查询信息;如果该地址已缓存在 MAC 地址表里,交换机就会按照表中的信息进行转发,而不会广播到其他端口,这样就可以减少对资源的占用,显著提高信息的交换速率。

以上过程称为交换机 MAC 地址表的缓存过滤或路由过滤。

2. 局域网的三种帧交换方式

局域网交换机在传送数据时,采用帧交换(Frame Switching)技术,该技术包括三种主要的交换方式,即存储转发(Store and Forward)、伺机通过(Cut Through)和自由分段(Fragment Free)。

1) 存储转发

存储转发技术是最基本的交换技术之一。在转发数据帧前,该数据帧将被完全接收并存储在缓冲器中,数据帧从头到尾全部接收完毕才开始转发。接收期间,交换机需要解读数据帧的目的地址与源地址,并在 MAC 地址表中进行适当的过滤。

在存储转发过程中还要进行高级别的冗余错误检测(CRC, Cyclical Redundancy Check)工作,如果接收到的数据帧存在错误、太短(小于 64 字节)或太长(大于 1518 字节),最终都会被抛弃。

采用这种转发方式的交换机在接收数据帧时延迟较大,且越大的数据帧延迟时间越长。

2) 伺机通过

伺机通过技术是交换机在接收整个数据帧之前先读取数据帧的目的地址到缓冲器,随后再在 MAC 地址表中进行适当的过滤。

采用这种转发方式，数据帧在完全接收之前就已经转发了。这种方法减少了传输的延迟，但削减了对数据帧的错误检测能力。

还有些交换机可以把存储转发与伺机通过两种技术合并在一起使用。它们首先在交换机里设置一个错误检测的门限值。当错误发生率低于该值时，使用伺机通过的交换方法以减少数据的传输延迟；当错误发生率大于该门限值时，交换机将自动改为存储转发交换方式，从而保证了数据的正确性与准确性；在链路恢复正常后，当错误发生率低于该门限值时，系统将再次回到伺机通过方式工作。

3) 自由分段

自由分段技术是在伺机通过交换方式的基础上改进而成的。自由分段技术是指当交换机接收数据帧时，一旦检测到该数据帧不是冲突碎片(Collision Fragment)，则进行转发操作。冲突碎片是因网络冲突而受损的数据帧碎片，其特征是长度小于 64 字节。冲突碎片不是有效的数据帧，应被丢弃。

自由分段交换方式的错误检测级别要高于伺机通过交换方式。

2.2.2 交换机的外观

交换机的前面板由多个 RJ-45 接口组成，用来连接计算机或其他交换机。面板上有若干指示灯，其亮、灭或闪烁分别反映交换机的工作状态。后面板的串口是交换机的配置口，用串口线缆与计算机的串口连接，可实现对交换机的配置操作。此外还有扩展接口等。可上机架(机柜)式交换机的标准长度是 48.25 cm(19 英寸)。

2.2.3 交换机的内部组成

交换机的内部组成为：

(1) CPU(中央处理器)：交换机使用特殊用途的集成电路芯片(ASIC，Application Specific Integrated Circuit)，可以实现高速的数据处理和传输。

(2) RAM/DRAM：主存储器，存储运行配置。

(3) NVRAM(非易失性 RAM)：存储备份配置文件等。

(4) FlashROM(快闪存储器)：存储系统软件映像、启动配置文件等，是可擦写、可编程的 ROM。

(5) ROM：存储开机诊断程序、引导程序和操作系统软件。

(6) 接口电路：交换机各端口的内部电路。

2.2.4 交换机的简单分类

1. 模块式与固定配置式

按交换机的配置可否改变，可把交换机分为模块式和固定配置式。

(1) 模块式：模块式交换机的模块可以插拔，模块通常有 100 Mb/s 或 1000 Mb/s 光纤接口模块、1000 Mb/s 的 RJ-45 接口模块或堆叠模块。交换机上有相应的插槽，使用时，将模块插入即可。模块式交换机配置灵活，模块可按需购买。一般说来，模块式交换机的档次较高。

(2) 固定配置式：固定配置式交换机的接口固定，硬件不可升级。

2. 第二层、第三层与第四层交换机

按交换机工作在 OSI 参考模型的相应层次，交换机可分为三个层次的交换机，其中常见的是第二层和第三层交换机。

(1) 第二层交换机：第二层交换机工作在 OSI 参考模型的第二层，它的每个端口拥有自己的冲突域。如果第二层交换机具有虚拟局域网(VLAN，Virtual Local Network)功能，则每一个 VLAN 自成一个广播域。第二层交换机采用帧交换方式传送数据。

(2) 第三层交换机：第三层交换机根据目的 IP 地址转发数据报，与后面要讨论的路由器相似，它也必须创建和动态维护路由表。第三层交换机能做到"一次路由，多次交换"，即第三层交换机能够把报文转发到不同的子网，并在后续的通信中实现比路由更快的交换。

(3) 第四层交换机：第四层交换机可以解释第四层的传输控制协议(TCP)和用户数据报协议(UDP)信息，允许设备为不同的应用(使用端口号区分)分配各自的优先级。这样，第四层交换机可以"智能化"地处理网络中的数据，最大限度地避免拥塞，提高带宽利用率。

2.2.5 交换机在网络中的连接及作用

1. 交换机的端口

以太网交换机的端口或称接口，主要是指 RJ-45 接口，其种类通常有 10Base-T、l0Base-F、100Base-TX、100Base-T4、l00Base-FX、100Base-T、1000Base-FX 及 1000Bax-T 等。其中 Base 指的是采用基带传输技术，10、100 和 1000 分别代表传输速率为 10 Mb/s、100 Mb/s 和 1000 Mb/s，通常把对应的技术分别称为以太网、快速以太网和千兆位以太网。

各参数的含义见表 2.2。

表 2.2 交换机的各种端口

标 准 类 型		传输速率 /(Mb/s)	接口标准	传输介质	传输距离 /m	备 注
10Base-T		10	RJ-45	UTP(非屏蔽双绞线)	100	
10Base-F		10	光纤接口	62.5/125MMF(多模光纤)	2000	
100Base-TX		100	RJ-45	UTP	100	
100Base-T4		100	RJ-45	UTP(4 对芯线)		
100Base-FX		100	光纤接口	62.5/125MMF	412	半双工
				62.5/125MMF	2000	
				9/125SMF(单模光纤)	10 000	半双工
1000Base-CX		1000	RJ-45	STP(屏蔽双绞线)	25	
1000Base-T		1000	RJ-45	UTP(4 对芯线)	100	
1000Base-FX	-SX(780 nm 短波)	1000	光纤接口	62.5/125MMF	260	不同公司的产品实际支持的距离可能不同
				50/125MMF	525	
	-LX(1300 nm 长波)	1000	光纤接口	62.5/125MMF	550	
				50/125MMF	550	
				9/125MMF	3000～10 000	

2. 共享式与交换式网络

采用双绞线或光纤做传输介质的网络，使用集线器或交换机作为网络的中心。计算机之间通过集线器或交换机进行数据转发。

1) 集线器与共享式局域网

集线器通常称为 Hub，按其使用的技术可分为被动式集线器与主动式集线器。前者只提供简单的网线集中和数据转发，后者可对数据做一定的处理。

集线器可根据端口传输速率(带宽)的不同，分为 10 Mb/s 和 100 Mb/s 两种。通常所说的集线器是指共享式集线器，其带宽是所有端口共享的。例如一台 16 端口的 100 Mb/s 的集线器，当全部端口都被使用时，每一端口的带宽就只有 100 Mb/s 的 1/16。由集线器作中心设备的局域网(以及总线型拓扑的局域网)称为共享式局域网。

集线器的全部端口属于同一个冲突域，集线器在端口之间转发数据帧时采用向所用端口广播的方式进行，因此全部端口又属于同一个广播域。单一的冲突域和广播域使网络在通信繁忙时容易产生阻塞和广播风暴。

可以使用多台集线器级联或堆叠来增加总的端口数，但不能用此方法来延伸网络距离。

随着交换机价位的降低，共享式集线器正逐渐淡出局域网领域。

2) 交换机与交换式局域网

交换机可以看作是高档的集线器，有时也被称之为交换式集线器。它采用了许多新技术，如端口之间全双工通信，数据的线速转发等。最显著的特点是端口带宽的独享。例如一台 100 Mb/s 的交换机，在使用时每一对端口之间的数据传输速率都是 100 Mb/s，不会随着使用端口数的增加而减少。

应当注意的是，只有网卡和交换机两者的带宽都为同一值时，才能实现以该速率传输数据。否则，只能按二者中较小的一个速率传输。例如，只有网卡和交换机都是 1000 Mb/s，才能实现 1000 Mb/s 的传输速率，而且，使用的传输介质还必须支持该传输速率。这一特性称为带宽的自动协商或者带宽的自适应。

通常把由交换机作为中心设备的局域网称为交换式局域网。

交换机的端口可根据其带宽的不同，分为 10 Mb/s、100 Mb/s、10/100 Mb/s 自适应和 1000 Mb/s 四种，有的交换机上只有上述端口之一，大多数交换机兼有两种以上端口。

交换机的每一个端口都是一个冲突域，故不会因使用端口数的增加而降低端口的传输带宽。不过，交换机的所有端口仍属于同一个广播域，当网络中的广播信息增多时，会导致网络传输效率的降低。

如果采用 VLAN 技术，则每一个 VLAN 都具有各自的广播域，这样交换机就有了多个广播域。广播数据帧被局限在各自的域内，可有效防止广播风暴的发生。

与集线器一样，可使用多台交换机级联或堆叠来增加总的端口数。同时，交换机的级联也可以用来延伸距离，如图 2.4 所示的级联可使网络范围扩展至 400 m。

廉价的交换机可能不支持网络管理功能，适用于简单的网络环境。支持网络管理功能的交换机称为可管理或可配置的交换机。

在小型、简单的网络中，可管理的交换机不需配置(实际是使用了默认配置)即可工作；而网络规模较大或者较为复杂时，就需要对其进行配置和管理。

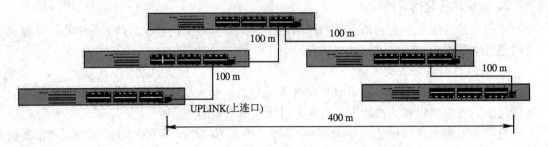

图 2.4　级联交换机以扩展距离的范围

2.2.6　局域网交换机的选择

局域网交换机是组成网络系统的核心设备。对用户而言，局域网交换机最主要的指标是端口的配置、数据交换能力、包交换速度等。因此，在选择交换机时要注意以下事项：

(1) 交换端口的数量。

(2) 交换端口的类型。

(3) 系统的扩充能力。

(4) 主干线连接手段。

(5) 交换机总交换能力。

(6) 是否需要路由选择能力。

(7) 是否需要热切换能力。

(8) 是否需要容错能力。

(9) 能否与现有设备兼容，顺利衔接。

(10) 网络管理能力。

2.2.7　交换机应用中应注意的问题

1. 交换机网络中的瓶颈问题

交换机本身的处理速度可以达到很高，用户往往迷信厂商宣传的 Gb/s 级的高速背板。其实这是一种误解，连接入网的工作站或服务器使用的网络是以太网，它遵循带有检测冲突的载波侦听多路存取(CSMA/CD，Carrier Sense Multiple Access with Collision Detection)介质访问规则。在客户/服务器模式的网络中，当多台工作站同时访问服务器时，非常容易形成服务器瓶颈。

2. 网络中的广播帧

目前广泛使用的网络操作系统有 Unix/Linux、Windows 2000/2003/2008 等，而 LAN Server 的服务器是通过发送网络广播帧来向客户机提供服务的，这类局域网中广播包的存在会大大降低交换机的效率。

每台交换机的端口都支持一定数目的 MAC 地址，这样交换机就能够"记忆"该端口一组连接站点的情况，厂商提供的定位不同的交换机端口支持的 MAC 数也不一样，用户使用时一定要注意交换机端口的连接端点数。如果超过厂商给定的 MAC 数，或收到的数据帧目的 MAC 地址不存在于该交换机的 MAC 地址表中，那么该数据帧会以广播方式发向交换机的每个端口。

2.3　LAN 协 议

一个局域网可以单独传输多个网络协议，也可以组合两个及以上的协议。网络设备，例如交换机，通常能够自动配置，配置可通过辨认不同的协议完成(根据该路由器使用的操作系统)。

在一个网络上拥有多个 LAN 协议，优点是可以在同一个 LAN 上完成许多不同的功能；缺点是部分协议是以广播的方式进行操作的，这意味着它们要经常发送包以识别网络上的设备，这样会导致大量的网络冗余通信量。

LAN 协议的属性与其他通信协议类似，但是有一些 LAN 协议是在网络的早期开发的，那时网络的基础设施还比较薄弱，容易受到电磁辐射影响，并且不可靠。所以，这些协议中对于现代通信而言是有缺陷的，例如不充分的差错检验，或者可能产生不必要的网络通信量等。另外，有一些协议是为小型 LAN 开发的，企业 LAN 需要更密集的路由选择。

通常，LAN 协议必须在符合网络标准(特别是 IEEE 802 标准)的基础上提供可靠的网络连接、较高的速度、源结点和目标结点的地址处理功能。所有这些都是基于网络传输协议，如以太网和令牌环，LAN 协议通过它们进行操作。

目前，应用最广泛的 LAN 协议是 TCP/IP。几乎所有的网络操作系统都支持 TCP/IP。网络设备提供商基于 TCP/IP 编写操作系统软件、增强设备的性能。表 2.3 提供了包括在 TCP/IP 协议簇中的多种协议的说明。

表 2.3　TCP/IP 相关协议

名 称	全 名	说 明	OSI 层
IP	网际协议	处理寻址	3
ICMP	互联网控制报文协议	用于网络错误报告，特别是通过路由器的错误报告	3
RIP	路由信息协议	用于收集路由选择信息，以更新路由选择表	3
OSPF	开放最短路径协议	优先路由器使用它交流路由信息	3
TCP	传输控制协议	提供面向连接、端到端和可靠的数据包发送	4
UDP	用户数据报协议	无连接的传输层协议	4
ARP	地址解析协议	能够将 IP 地址解析为计算机名称，反之亦然	3
FTP	文件传输协议	用于传输文件	5～7
DNS	主域名称系统	将网络节点名称翻译成网络地址	4
SMTP	简单邮件传输协议	用于电子邮件	6
Telnet	远程登录	用于远程连接服务的终端仿真协议	5～7
NFS	网络文件系统	用于在一个网络上传输文件	5～7
RPC	远程过程调用	使得一个远程计算机能够调用另一台计算机上的过程	5
HTTP	超文本传输协议	用于 World Wide Web 通信	6

此外，在微软 Windows 操作系统组网的局域网中，NetBEUI 也较常见。NetBEUI 在小型的微软网络上工作得相当好。首先，它易于安装，与微软工作站以及服务器操作系统的兼容性都非常好；第二，它能够在一个网络上处理几乎是无限的通信会话；第三，NetBEUI 对内存的需求比较低，并且能够在小型的网络上快速传输；第四，它具有可靠的错误探测及恢复功能。

NetBEUI 的主要缺点是不支持包的路由，对于中型和大型网络而言，这是不可容忍的。另外一个缺点是，除了由微软提供的网络分析工具以外，很少有其他的分析工具可对其进行分析。

2.4 交换机及配置方式

2.4.1 交换机简介

本节以华为 S5720-28P-SI-AC 交换机为例，介绍交换机基本情况(以下简称 S5720)。该交换机用于大带宽接入和以太多业务汇聚，具备大容量、高可靠、高密度千兆端口，可提供万兆上行，支持 EEE 能效以太网和 iStack 智能堆叠，能够满足企业用户的园区网接入、汇聚、IDC 千兆接入以及千兆到桌面等多种应用场景。

1. 外观

华为 S5720 交换机外观如图 2.4 所示，具有以下模块：

(1) LED 及模式按钮 MODE：显示交换机和端口的状态。左侧 LED 显示交换机状态，中间和右侧三角形 LED 显示端口状态。

(2) 以太网电接口：包括 20 个 10/100/1000 Mb/s 自适应以太网电接口，采取全双工或半双工工作方式，具有流量控制功能。

(3) Combo 接口：包括 4 对 Combo 接口。该接口是光电复用接口，每对 Combo 接口对应设备面板上一个电接口(左侧)和一个光接口(右侧)，而在设备内部只有一个转发接口，支持 10/100/1000 Mb/s 自适应以太网电接口或 100/1000 Mb/s 光接口(根据选装光模块不同)。电接口与其对应的光接口是光电复用关系，两者不能同时工作，用户可根据对端接口类型选择使用电接口或光接口。

(4) 以太网光接口：包括 4 个 1000 Mb/s 以太网光接口(需选装光模块、光电模块或堆叠模块)。

(5) ETH 管理接口：包括 1 个 10/100 Mb/s 的 RJ45 类型的管理接口，用于与配置终端的网口连接搭建现场或远程配置环境。管理接口不承担业务传输，主要为用户提供配置管理支持，用户通过此类接口可以登录到设备，并进行配置和管理操作。

(6) Console 接口：该接口遵循 EIA/TIA-232 标准，属于 DCE 接口，用于管理和配置交换机，连接运行终端应用程序的配置终端。

(7) USB 接口：该接口配合 U 盘使用，可用于开局、传输配置文件、升级文件等。

(8) 接地螺丝：连接接地线缆，用于设备的接地，对设备起到防雷、防干扰作用。

(9) 序列号标签：可抽出查看交换机的序列号和 MAC 地址信息。

(10) 电源模块 1：可插拔的电源模块。图 2.5 中该处未配置电源模块。S5720 支持单电源供电和双电源供电，双电源供电同时支持可插拔的交流和直流电源模块。双电源供电时，电源对主机供电为 1+1 冗余备份方式。

(11) 电源模块 2：可插拔的电源模块，图 2.5 中该处配置了交流电源模块。

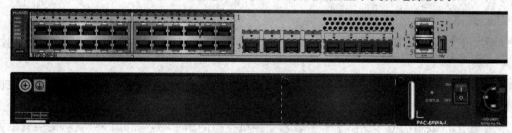

图 2.5　交换机前后面板示意图

2. 交换机状态

S5720 交换机 LED 灯包括系统灯(SYS)、模式灯(STAT、SPED、STCK、PoE)和状态灯三种。系统灯和模式灯下方的 MODE 按钮，用于在 STAT、SPED、STCK 和 PoE 模式灯之间顺序切换状态。若超过 45 秒没有按动 MODE 按钮，则自动切换为 STAT 模式。

(1) SYS 系统灯：表示 S5720 交换机系统状态。该灯灭表示交换机系统未运行，绿色快速闪烁表示交换机系统正在启动过程中，绿色慢速闪烁表示交换机系统运行正常，红色常亮表示系统运行不正常或有风扇、温度异常告警。

(2) STAT 模式灯：该灯绿色常亮表示接口状态灯正在显示接口链路连接、激活状态。

(3) SPED 模式灯：该灯绿色常亮表示接口状态灯正在显示接口的速率。

(4) STCK 模式灯：该灯通过表示交换机是否处于堆叠状态。未操作 MODE 按钮时，该灯常灭表示本设备为堆叠备/从设备或未使用堆叠功能，闪烁表示本设备为堆叠主设备。使用 MODE 按钮切换至 STCK 模式灯时，该灯常亮表示本设备为堆叠备或堆叠从设备，闪烁表示本设备为堆叠主设备，此时接口状态灯表示本设备的堆叠 ID。

(5) PWR1、PWR2 状态灯：表示对应 PWR1 和 PWR2 槽位电源模块状态。该灯灭表示对应电源模块未安装或供电异常，绿色常亮表示对应槽位电源模块正常且供电正常，黄色常亮表示在双电源模式下对应槽位的电源模块故障、开关未开或供电异常。

(6) 接口状态灯：根据交换机通过 MODE 按钮选择的模式灯，该灯表示不同接口状态。切换至 STAT 模式时，该灯常灭表示对应接口无连接或被关闭，常亮表示对应接口有连接，闪烁表示对应接口在发送或接收数据。切换至 SPED 模式灯时，该灯常灭表示对应接口无连接或被关闭；该灯对应的 10/100/1000 Mb/s 接口工作在 10/100 Mb/s 时常亮，工作在 1000 Mb/s 时闪烁；该灯对应的 1000/10 Gb/s 接口工作在 1000 Mb/s 时常亮，工作在 10 Gb/s 时闪烁。切换至 STCK 模式灯时，该灯常灭表示接口状态灯不指示设备的堆叠 ID；该灯常亮表示交换机为非主交换机，对应接口的接口号为本设备的堆叠 ID；该灯闪烁表示该设备是主交换机，对应接口的接口号为本设备的堆叠 ID；若 1 至 9 接口同时常亮，表示本设备的堆叠 ID 为 0。

(7) ETH 接口状态灯：该灯常灭表示 ETH 接口无连接，绿色常亮表示 ETH 接口有连接，绿色闪烁表示 ETH 接口正在发送或接收数据。

(8) USB 接口状态灯：该灯常灭表示 USB 接口未插入 U 盘、U 盘里无配置文件或 USB 升级后设备重启中；该灯绿色常亮表示 U 盘开局完成，绿色闪烁表示正在读取 U 盘数据；该灯黄色常亮表示 U 盘文件拷贝完成且校验成功，可以拔出；该灯红色闪烁表示配置文件执行错误或者 U 盘数据读取错误。

3. 端口

S5720 交换机有两排接口，接口编号依据从下到上、从左到右的规则依次递增，初始为 1。

设备采用"槽位号(堆叠号)/子卡号/接口序号"的编号规则来定义物理接口。在交换机非堆叠情况下，槽位号表示当前交换机的槽位，取值为 0；在交换机堆叠情况下，堆叠号表示堆叠 ID，取值为 0 至 8；子卡号表示交换机支持的子卡号；接口序号表示交换机上各接口号。例如，图 2.5 交换机左上第一个接口的编号为 0/0/2。

2.4.2　交换机管理

用户对交换机设备的管理方式主要分为 CLI 方式(命令行方式)和 Web 网管方式两种。

CLI 方式包括 Console 口管理、MiniUSB 口管理(需要设备支持该接口)、Telnet 或 STelnet 管理，通过对应方式登录网络设备后，使用设备提供的命令行对设备进行管理和配置。此方式可实现对设备的精细化管理，但是要求用户熟悉命令行。

Web 网管方式是将网络设备作为服务器，通过 Web 网管登录设备。网络设备通过内置的 Web 服务器提供图形化的操作界面，以便用户直观地管理和维护设备。此方式仅可实现部分功能的管理与维护，如果需要进行较复杂或精细的管理，仍然需要使用 CLI 方式。

1. Console 口管理

Console 口管理是使用类似于 VT-100 的终端或运行终端应用程序(例如 Windows 的超级终端，PuTTY，SecureCRT 等)的管理 PC 机，通过专门的 Console 通信线缆(设备均自带)连接到交换机的 Console 接口进行管理。该方式是登录管理交换机设备最基本的方式，也是其他登录方式的基础。通常对设备进行第一次配置、用户无法进行远程登录设备或设备无法启动时，均可通过该方式对交换机进行管理。但 Console 口管理只能在本地进行，不能远程登录维护设备。

其具体配置过程如下：

1) 建立配置环境

用随机附带的 Console 电缆连接计算机串口与交换机设备的 Console 接口，详见图 2.6 左图。

2) 运行设置超级终端

设置超级终端的步骤：

(1) 打开附件通讯里的"超级终端"，双击或等待片刻后，弹出"新建连接"对话框。

(2) 为连接选取图标，取名后点击确定，根据实际计算机所用的串口号选择"连接时使用"的端口。

(3) 设置端口参数：每秒位数为 9600 b/s，数据位为 8 位，停止位为 1 位，无奇偶校验和无数据流控制。

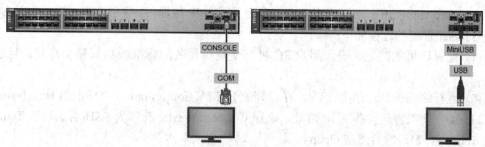

图 2.6　交换机 Console 口连接和 miniUSB 口连接示意图

3) 给交换机通电

开启交换机电源开关，交换机的初始界面即会在终端上显示。

如果终端连接有问题，检查终端仿真程序是否设置为 VT-100 或 ANSI。如果仍然看不到初始界面，按<Ctrl+R>键刷新屏幕。

2. MiniUSB 口管理

如果管理 PC 机(例如目前绝大多数笔记本电脑)没有可用串口，可以使用 MiniUSB 线缆连接 PC 机的 USB 口和交换机设备的 MiniUSB 口，使用类似于 VT-100 的终端或运行终端应用程序进行管理，详见图 2.6 右图。MiniUSB 口管理和 Console 口管理的优缺点完全相同，仅设备的连接方式不同，登录后的配置方法也完全一致。但是，S5720 不支持 MiniUSB 口管理。

3. Telnet 管理

Telnet 管理最大的优势是具备设备的远程管理和维护能力，且不需要为每一台设备都连接一个终端。但是 Telnet 管理通过明文传输，存在安全隐患，只能应用于对安全性要求不高的网络。

采用 Telnet 管理交换机设备的前提条件是已经通过 Console 口或 MiniUSB 口完成初始配置，分配了固定 IP 地址，配置了 Telnet 服务相关参数。使用 Telnet 管理的过程如下：

(1) 配置环境的建立。确保用户 PC 机与交换机设备的标准端口间路由可达，且连接可靠。

(2) 运行终端仿真程序 Telnet。在用户 PC 机上执行命令：

telnet ip-address

这样，就可登录到交换机设备并对其进行管理和配置。如果网络中有 DNS 服务器运行，且能对交换机域名进行解析，则可用如下命令登录：

telnet hostname

4. STelnet 管理

STelnet 管理具有 Telnet 管理相同的优点，同时，STelnet 管理采用 SSH(Secure Shell)协议，提供信息的安全保障和强大认证功能，保护设备不受 IP 欺骗等攻击，能够在不安全网络上提供安全的远程登录，保证了数据的完整性、可靠性及安全传输。缺点是配置较复杂。

与 Telnet 管理交换机设备相似，采用 STelnet 管理交换机设备的前提同样是已经通过

Console 口或 MiniUSB 口完成初始配置，分配了固定 IP 地址，配置了 Telnet 服务相关参数。使用 STelnet 管理的过程如下：

(1) 配置环境的建立。确保用户 PC 机与交换机设备的标准端口间路由可达，且连接可靠。

(2) 运行终端仿真程序 PuTTY。在打开的 PuTTY Configuration 对话框的 Host Name(or IP Address)中填入管理设备的 IP 地址，确保 Connection type 选项为 SSH(若选项为 Telnet，则是 Telnet 管理)，然后点击 Open。

这样，就可登录到交换机设备并对其进行管理和配置。如果网络中有 DNS 服务器运行，且能对交换机域名进行解析，则可在 Host Name(or IP Address)填入管理设备的 hostname 进行管理。

5. Web 配置

S5720 提供一种嵌入式的 Web(HTML)接口，允许用户在网络的任何地方通过标准浏览器管理交换机。Web 配置仅可实现交换机设备部分功能的管理与维护，但优点是界面直观方便，易于使用。用户可以根据实际需求，合理选择管理方式。

使用基于 Web 的设置的前提条件与 Telnet 配置相同，要求交换机已经通过 Console 口或 MiniUSB 口完成初始配置，分配了固定 IP 地址，配置了 Web 服务相关参数。具体配置过程如下：

(1) 配置环境的建立。确保本机与交换机之间存在一条通畅的物理链路；确保本机已安装了 Web 浏览器，如 Microsoft Internet Explorer、Google Chrome、Mozzila Firefox 等。

(2) 连接交换机。打开浏览器，在 URL 地址栏中输入分配给交换机的 IP 地址，例如交换机的 IP 地址被分配为 192.168.0.254，则在 URL 栏中输入 https://192.168.0.254/，浏览器将登录到交换机的配置页面。

2.5　交换机设置

由于交换机各种设置的基础是 Console 口管理，本节我们将以 Console 口管理为例介绍 S5720 的相关设置。

2.5.1　初始连接

交换机设备的初始连接必须通过 Console 口管理进行。当使用 Console 口与交换机成功建立连接后，将可以看到如图 2.7 所示信息。开局配置时，交换机会提示用户配置登录密码，如图 2.7①所示。

如选择 Y，则交换机将继续运行并提示配置登录密码(如图 2.7②、③所示)。输入的密码在屏幕上不回显。密码为 8 至 16 位字符串，要求至少包含两种类型字符，包括大写字母、小写字母、数字以及除"？"和空格的其他特殊字符。密码配置成功后，当用户再次登录设备时，则需要输入密码。

如选择 N，则系统提示"warning: There is a risk on the user-interface which you login through. Please change the configuration of the user-interface as soon as possible."。当用户再次登录设备时，仍然会提示配置登录密码。

确认是否配置密码，并完成相关操作后，交换机显示命令行视图的交互提示符(图 2.7④)，表明可开始配置交换机设备。

初始连接进入交换机设备后，建议对设备名称、管理 IP 地址和系统时间等进行配置，并配置 Telnet 用户的级别和认证方式实现远程登录，为后续配置提供基础。

An initial password is reauired for the first login via ths console.

Continue to set it? [Y/N]:　　　　　　　　　　　　　　　　　　　　①

Set a password and keep it safe. Otherwise you will not be able to login via the console.

Please configure the login password (8-16)

Enter Password:　　　　　　　　　　　　　　　　　　　　　　　②

Confirem Password:　　　　　　　　　　　　　　　　　　　　　③

warning: The authentication mode was changed to password authentication and the user level was changed to 15 on con0 at the firest user login.

<HUAWEI>　　　　　　　　　　　　　　　　　　　　　　　　④

图 2.7　初始化界面

2.5.2　设置基础

1. 命令行视图

用户通过命令行对设备下发各种命令来实现对设备的配置与日常维护。目前市面上的交换机设备均提供了丰富的功能配置命令。配置命令按功能分类注册在不同的命令行视图下。配置某一功能时，需首先进入对应的命令行视图，然后执行相应的命令进行配置。华为各型网络设备采用的命令行视图和命令基本相同，以下是 S5720 最基础的命令行视图：

1) 用户视图

用户从终端成功登录至设备即进入用户视图，如图 2.7④所示。在用户视图下，用户可以完成查看运行状态和统计信息等功能。命令行提示符中的"HUAWEI"是缺省的主机名(sysname)。

通过提示符可以判断当前所处的视图，例如"<>"表示用户视图，"[]"表示除用户视图以外的其他视图。在任意视图命令行起始位置输入 ! 或 #，之后的用户输入将全部(含 ! 和 #)作为系统的注释行。

2) 系统视图

在用户视图下，使用 system-view 命令进入系统视图，如图 2.8 所示。在系统视图下，用户可以配置系统参数以及通过该视图进入其他的功能配置视图。

使用 quit 命令，即可从当前视图退出至上一层视图。在任何视图下，直接使用组合键<Ctrl+Z>或 return 命令，均可直接退回到用户视图。

<HUAWEI>*system-view*

Enter system view, return user view with Ctrl+Z.

[HUAWEI]*quit*

<HUAWEI>

图 2.8　系统视图

3) 接口视图

在系统视图下，使用 interface 命令，并指定接口类型及接口编号进入相应的接口视图(配置接口参数)，如图 2.9 所示。在该视图下可以配置接口相关的物理属性、链路层特性及 IP 地址等重要参数。

[HUAWEI]*interface gigabitethernet X/Y/Z*

[HUAWEI-GigabitEthernetX/Y/Z]

图 2.9　接口视图

图 2.9 中，X/Y/Z 为需要配置的接口的编号，分别对应"槽位号/子卡号/接口序号"或"堆叠 ID/子卡号/接口序号"。

2. 命令级别

设备中的每条命令都有缺省级别。交换机设备对用户也采用分级管理。用户的级别与命令级别对应。不同级别的用户登录后，只能使用等于或低于自己级别的命令。

缺省情况下，命令级别由低至高划分为 0 至 3 级，用户级别由低至高划分为 0 至 15 级。

1) 参观级(0 级)

该级别命令包括网络诊断命令 tracert、ping 和访问外部设备命令 telnet、stelnet，可应用于 0 至 15 级的用户。

2) 监控级(1 级)

该级别命令是业务维护命令，主要有 display 命令及部分子命令，可应用于 1 至 15 级的用户。display 命令的部分子命令高于监控级，在该级别下不可用。

3) 配置级(2 级)

该级别命令是业务配置命令，主要是路由配置命令，可应用于 2 至 15 级的用户。

4) 管理级(3 级)

该级别命令是系统基本运行命令和系统支撑模块命令，前者主要包括用户管理、设置命令级别、设置系统参数和 debugging 命令；后者主要包括文件系统、FTP/TFTP 下载、配置文件切换等命令，可应用于 3 至 15 级的用户。

3. 命令行帮助

在输入命令时，可以随时键入"?"使用在线帮助，获取命令相关信息提示。命令行在线帮助可分为完全帮助和部分帮助。

1) 完全帮助

使用命令行的完全帮助，能够获取命令的全部关键字和参数的简要提示。在任一命令视图下，键入"?"获取该命令视图下所有的命令及其简单描述(图 2.10①)。键入一条命令的部分关键字，后接以空格分隔的"?"，则列出全部关键字、参数名及描述(图 2.10②)。

```
<HUAWEI> ?                                                                        ①
User view commands:

    arp              Specify ARP configuration information
    backup                   Backup manufacture information
    cd               Change current directory
    cdp              Non standard IEEE discorvery protocol
......


<HUAWEI> display ?                                                                ②

    aaa                              AAA
    access-user              User access
    accounting-scheme        Accounting scheme
......


<HUAWEI> display aaa ?                                                             ②
    abnormal-offline-recordAbnormal-offline-record
    configuration                  AAA setting
......


<HUAWEI>
```

图 2.10　完全帮助

2) 部分帮助

使用部分帮助，能够获取以给定字符串开头的所有关键字的提示。键入字符串，再紧接 "?"，可以列出以该字符串开头的所有关键字(图 2.11)。

```
        <HUAWEI> d?

        debugging                    delete
        dir                          display


        <HUAWEI> display d?

        debugging                    default-parameter
        device                       dhcp
        dhcpv6                       disagnostic-information
        dldp                         dns
        domain                       dot1x
        dsa


        <HUAWEI>
```

图 2.11　完全帮助

4. 常见操作和命令

1) 命令行使用技巧

命令行接口提供基本的命令行编辑功能。命令行支持多行编辑，命令最大长度为 510 个字符。命令的关键字不区分大小写，参数根据具体情况决定是否区分大小写。

(1) 不完整关键字输入。输入命令时支持不完整关键字输入。当输入的字符能够匹配唯一的关键字时，可以不必输入完整的关键字，有助于提高操作效率。例如 display current-configuration 命令，可以输入 d cu、di cu 或 dis cu 等均可，但不能输入 d c 或 dis c 等，因为以 d c、dis c 开头的命令不唯一。在使用不完整格式的命令进行配置时，保存到配置文件中的是完整命令，需要注意对应完整命令的总长度不超过 510 个字符。

(2) <tab>键的使用。输入关键字的前几个字母，按下<tab>键，可在下一行显示出与之匹配的完整关键字，且后接一个空格。连续按下<tab>键，可在下一行显示出与之匹配的所有关键字，且无空格。如果没有能匹配的关键字，按<tab>键后，换行重新显示输入的关键字。

2) undo 命令

在命令前加 undo 关键字，用于恢复缺省情况、禁用某个功能或者取消某项配置。绝大多数命令都支持 undo 关键字。

3) 查询命令行配置信息

在完成一系列配置后，可以使用 display 命令查看设备的配置信息和运行信息。例如，在完成设备的 FTP 服务的配置后，可以执行命令 display ftp-server，查看当前 FTP 服务的各项参数。

使用 display current-configuration 命令，可查看设备的配置信息。如果配置参数与缺省参数相同，则不显示。

使用 display this 命令，可查看设备当前视图下生效的配置信息。如果配置参数与缺省参数相同，则不显示。如果需要查看当前视图下含缺省参数在内的配置信息，使用命令 display this include-default 即可。

4) 命令行显示

部分命令执行后会显示提示、警告、执行结果信息。当终端屏幕上显示的信息过多时，可以使用<PageUp>和<PageDown>翻页显示信息。

执行命令显示的信息超过一屏时，系统会自动暂停。期间可以使用<Ctrl+C>、<Ctrl+Z>或除任意数字字母键停止命令执行和继续显示，使用空格键继续显示下一屏信息，使用回车键继续显示下一行信息。

2.5.3 系统基本配置

本节主要以 S5720 为例，介绍交换机的基础配置。

1. 初始化配置

通过 Console 口或 MiniUSB 口首次登录设备后，可以对设备进行基本配置，如配置设备的时间和日期、设备名称和管理 IP 地址、Telnet 用户的级别和认证方式等。

1) 配置时间和日期

配置时间和日期，常用的主要有以下两条命令：

(1) 配置时区

clock timezone time-zone-name { add | minus } offset

该命令在系统视图下生效。命令使用 add 和 minus 参数表示在系统缺省的 UTC(Universal Time Coordinated)时区基础上增加或减少 offset 指定偏移量。例如：我国时区是东八区，相应命令为 clock timezone time-zone-name add 8。

(3) 配置时间和日期

clock datetime HH:MM:SS YYYY-MM-DD

该命令在用户视图下生效。时区未配置时，该命令设置的时间将被定义为 UTC 时间。建议在设置设备时间前，首先设置正确的时区。

2) 配置设备名称和管理 IP 地址

(1) 配置设备名称：

sysname host-name

该命令在系统视图下生效。缺省情况下，设备主机名为 HUAWEI。当网管工具需要获取设备的网元名称，可通过 ***sys-netid*** 命令设置设备的网元名称。

(2) 配置管理 IP 地址：

ip address ip-address { mask | mask-length }

该命令在接口视图下生效。用于在设备的三层接口上配置管理 IP 地址。管理 IP 地址可用来对设备进行维护和管理。为确保终端与设备间路由可达，地址配置应按照网络 IP 地址规划进行。

3) 配置 Telnet 用户的级别和认证方式

(1) 开启 Telnet 服务器功能：

telnet [ipv6] server enable

缺省情况下，Telnet 服务器功能处于关闭状态。

(2) 配置 Telnet 协议，具体步骤如下：

① 将命令行视图切换至 VTY(Virtual Type Terminal，虚拟类型终端)用户界面视图。用户使用 Telnet 或 STelnet 对设备进行管理时，即建立了一条 VTY 通道。VTY 用来管理和监控通过 VTY 方式登录的用户，S5720 最多支持 15 个 VTY 用户同时访问设备，即 first-ui-number 和 last-ui-number 介于 0 至 14。

user-interface vty first-ui-number [last-ui-number]

② 配置 VTY 用户界面支持的协议。缺省情况下，VTY 用户界面支持的协议是 SSH。

protocol inbound { all | telnet }

③ 配置 Telnet 用户对应的用户级别，level 取值范围是 0 至 15。缺省情况下，VTY 用户界面对应的默认用户级别是 0。

user privilege level level

(3) 配置用户认证。系统提供 AAA 认证(用户名+密码)、Password 认证和 None(不认证)方式，三种认证方式安全性依次降低。None 认证方式不能保证系统安全，不推荐使用。用户登录设备认证失败会自动启动延时机制，每登录失败 1 次，强制用户增加 5 秒延时，直至登录成功或 3 次失败后断开连接。

VTY 用户界面缺省没有认证方式，但登录 VTY 界面必须配置验证方式，否则用户无法成功登录设备。以下以配置 AAA 认证方式为例，介绍 VTY 验证方式的配置。

① 配置 VTY 用户界面视图中对应登录方式的用户认证方式为 AAA 认证。

authentication-mode aaa

quit   //退出 VTY 用户界面视图

aaa   //进入 AAA 视图

② 创建本地用户 user-name，并配置对应的登录密码 password。password 可以是长度范围是 8 至 128 位的明文，或是 68 位的密文。为了防止密码过于简单，明文密码必须包括大写字母、小写字母、数字和特殊字符(不含"？"和空格)中至少两种，且不能与用户名或用户名的倒写相同。

local-user user-name password cipher password

③ 配置用户的接入类型为 Telnet 用户。

local-user user-name service-type telnet

4) 保存配置

命令配置后，一般情况下立即生效，但系统重启后会丢失，因此应及时保存配置。

return   //直接退出至用户视图。

save   //将当前配置保存。

5) 登录测试

在管理终端的命令行提示符下执行 telnet 命令，通过 Telnet 方式登录设备：

telnet xxx.xxx.xxx.xxx

xxx.xxx.xxx.xxx 为交换机设备的 IP 地址。执行上述命令后，在登录窗口输入 AAA 验证方式配置的登录用户名和密码，验证通过后，出现用户视图的命令行提示符，至此用户成功登录设备。如图 2.12 所示，图中使用用户名 admin，密码输入时不回显。

```
Login authentication



Username:admin
Password:
Info: The max number of VTY users is 1, and the number
      of current VTY users on line is 1.
      The current login time is 2017-08-06 10:20:15+08:00.
<HUAWEI>
```

图 2.12　Telnet 和 AAA 验证登录设备

2. 系统状态查看

为确保系统功能正常，设备提供了一系列命令用于查看系统状态。通常，查看设备各类信息都是通过 display 命令实现。

1) 查看设备信息

可以通过查看设备信息检查设备各部件状态。常用的命令包括：

(1) 查看部件和状态信息：

display device [slot slot-id]

该命令中，slot slot-id 在非堆叠情况下表示槽位号，堆叠情况下表示堆叠 ID。命令显示详见图 2.13①。

· Slot：在非堆叠和堆叠情况下分别表示槽位号和堆叠 ID。

· Sub：子卡号，"－"表示非插卡，1 至 5 分别表示前插卡、后插卡、风扇模块、电源模块、电池模块。

· Type：部件的具体分类，显示设备型号、子卡、电源模块、风扇模块、电池模块型号。

· Online：部件是否在线，Present 表示在线，不在线的部件不显示。

· Power：电源或电池的供电状态，PowerOn 表示供电，PowerOff 表示不供电。

· Register：部件的注册状态，Registered 表示已注册，Unregistered 表示未注册。

· Status：设备状态，Normal 表示设备运行正常，Abnormal 表示设备运行异常，Upgrade 表示带电池模块的交换机的电池软件正在升级。

· Role：设备的角色，在堆叠环境下，用 Master、Standby 和 Slave 表示设备为主、备、从交换机，在非堆叠下，Master 和 NA 分别表示设备和子卡。

· Board Type：设备具体类型。

· Board Description：设备描述信息。

· Port：端口编号。

· Port Type：端口类型。括号中 F 表示端口是光口，C 表示端口是电口。

· Optic Status：光模块是否插入，Present 表示已插入光模块，Absent 表示未插入光模块，"－"表示光模块信息无法获取。

· MDI：端口 MDI 类型，Across 表示交叉端口，Normal 表示直连端口，Auto 表示自动识别端口类型，"－"表示光模块信息无法获取。

· Speed (Mb/s)：端口速率。

· Duplex：端口工作模式，Half 表示半双工模式，Full 表示全双工模式，"－"无法获取端口双工模式信息。

· Flow-Ctrl：端口流量控制状态，Disable 表示关闭，Enable 表示打开，"－"无法获取端口流量控制状态信息。

· Port State：端口状态，down 表示端口物理关闭，"*down"表示端口被手动 shutdown，up 表示端口正常启动。

· PoE State：端口 PoE 功能状态，Enable 表示使能 PoE 功能，Disable 表示未使能 PoE 功能，"－"无法获取 PoE 信息。

一般情况下，当 Register 显示为 Registered，Status 显示为 Normal 时，表示设备状态正常。

(2) 查看设备制造信息：

display device manufacture-info [slot slot-id]

该命令显示详见图 2.13②。Slot 列和 Sub 列同(1)。

- Serial-number：设备、子卡等序列号。
- Manu-date：设备、子卡等生产日期。

```
<HUAWEI>display device slot 0                                    ①
S5720-28P-SI-AC's Device status:

Slot  Sub  Type              Online    Power     Register   Status   Role
-------------------------------------------------------------------------
0     -    S5720-28P-SI      Present   PowerOn   Registered Normal   Master
           PWR1 POWER        Present   PowerOn   Registered Normal   NA
-------------------------------------------------------------------------
   Board Type        : S5720-28P-SI
   Board Description : 24 Ethernet 10/100/1000 ports, 4 Gig SFP, with 150w supply
-------------------------------------------------------------------------

-------------------------------------------------------------------------
Port      Port      Optic MDI    Speed      Duplex   Flow-    Port     POE
          Type      Status       (Mbps)              ctrl     State    State
-------------------------------------------------------------------------
0/0/1     GE(C)     Absent  Auto     1000      Full    Disable   Down     -
0/0/2     GE(C)     Absent  Auto     1000      Full    Disable   Down     -
0/0/3     GE(C)     Absent  Auto     1000      Full    Disable   Down     -
0/0/4     GE(C)     Absent  Auto     1000      Full    Disable   Down     -
……
0/0/24    GE(C)     Absent  Auto     1000      Full    Disable   Down     -
0/0/25    GE(F)     Absent  -        1000      Full    Disable   Down     -
0/0/26    GE(F)     Absent  -        1000      Full    Disable   Down     -
0/0/27    GE(F)     Absent  -        1000      Full    Disable   Down     -
0/0/28    GE(F)     Absent  -        1000      Full    Disable   Down     -
-------------------------------------------------------------------------
<HUAWEI>

<HUAWEI>display device manufacture-info slot 0                   ②
Slot  Sub       Serial-number          Manu-date
------------------------------------------------
0     -         2102350DLU10FC123456   2017-05-06
```

图 2.13　查看设备信息

(3) 查看电子标签。电子标签用来标识设备的硬件信息，包括序列号、生产日期、设备型号、硬件描述信息等。当用户硬件返修需要提供序列号时，或者需要了解硬件的生产日期等硬件信息时，可通过查看电子标签来获取到这些信息：

display elabel [slot slot-id [subcard-id]]

该命令显示详见图 2.14。其中 Main_Board 项显示主板信息，各 Port_XXX 项显示对应的接口信息。Main_Board 下 Board Properties 项的 BarCode 字段为设备的序列号。BOM 编码对应电子标签中的 Item 信息。当需要申请 License、进行设备鉴权或者整机返修、更换时，需要用户向厂商提供设备序列号信息。当需要返修或者更换子卡部件时，需要用户向厂商提供子卡的 BOM 编码信息。

<HUAWEI>*display elabel slot 0*
/$[System Integration Version]
/$SystemIntegrationVersion=3.0

[Slot_0]
/$[Board Integration Version]
/$BoardIntegrationVersion=3.0

[Main_Board]

/$[ArchivesInfo Version]
/$ArchivesInfoVersion=3.0

[Board Properties]
BoardType=S5720-28P-SI-AC
BarCode=2102350DLU10FC000123
Item=02350DLU
Description=Assembing
Components,S5720-28P-SI-AC,S5720-28P-SI-AC,S5720-28P-SI Bundle(24 Ethernet 10/100/1000 ports,4 Gig SFP,with 150w AC power supply)
Manufactured=2015-12-23
VendorName=Huawei
IssueNumber=00
CLEICode=
BOM=

[Port_GigabitEthernet0/0/25]
/$[ArchivesInfo Version]
/$ArchivesInfoVersion=3.0

[Board Properties]
BoardType=
BarCode=
Item=
Description=
Manufactured=
VendorName=
IssueNumber=
CLEICode=
BOM=

......

图 2.14　查看电子标签

2) 查看设备运行情况

查看设备 CPU、内存使用情况，设备温度、风扇转速、供电情况等信息。

(1) 查看 CPU 占用率。CPU 占用率是衡量设备性能的重要指标之一。在网络运行中，CPU 占用率过高往往会导致业务异常。执行以下命令，可以实时查看 CPU 占用率的统计信息和配置信息，确认设备是否运行在稳定状态：

display cpu-usage [slave | slot slot-id]

该命令 slave 参数不能用于不支持堆叠或者未堆叠设备。命令显示详见图 2.15。

<HUAWEI>*display cpu-usage slot 0*

CPU Usage Stat. Cycle: 60 (Second)

CPU Usage : 20%　　　　Max: 99%

CPU Usage Stat. Time : 2017-10-23　10:04:45

CPU utilization for five seconds: 19%:　one minute: 19%:　　five minutes: 18%

Max CPU Usage Stat. Time : 2017-10-23 09:14:00.

TaskName	CPU	Runtime(CPU Tick High/Tick Low)		Task Explanation
VIDL	80%	0/	e3a150c0	DOPRA IDLE
OS	10%	0/	bfb0440	Operation System
1AGAGT	6%	0/	0	1AGAGT
AAA	2%	0/	1d4a	AAA Authen Account Authorize
ACL	1%	0/	13362	ACL Access Control List
ADPT	1%	0/	0	ADPT Adapter
AGNT	0%	0/	0	AGNTSNMP agent task
AGT6	0%	0/	0	AGT6SNMP AGT6 task
ALM	0%	0/	0	ALM Alarm Management
ALS	0%	0/	527a3e	ALS Loss of Signal
AM	0%	0/	232cf	AM Address Management
APP	0%	0/	0	APP
ARP	0%	0/	36582	ARP
ASFI	0%	0/	0	ASFI
ASFM	0%	0/	0	ASFM
BATT	0%	0/	0	BATT Main Task
BFD	0%	0/	100f36	BFD Bidirection Forwarding Detect
BFDA	0%	0/	0	BFDA BFD Adapter
BFDS	0%	0/	5825	BFDS
BOX	0%	0/	1d0097	BOX Output

……

图 2.15　查看 CPU 占用率统计信息

- CPU Usage Stat. Cycle：CPU 占用率统计周期，默认为 60 s。
- CPU Usage：最近一次统计的 CPU 占用率。
- Max：CPU 占用率的历史最高值。
- CPU Usage Stat. Time：最近一次统计 CPU 占用率的时刻。
- CPU utilization for five seconds：5 秒 CPU 占用率。

- one minute：1 分钟 CPU 占用率。
- five minutes：5 分钟 CPU 占用率。
- Max CPU Usage Stat. Time：CPU 占用率最高时的统计时间。
- CPU：CPU 占用率中各任务比重。
- Runtime(CPU Tick High/Tick Low)：按照 CPU Tick 统计的运行时间。
- Task Explanation：任务详情解释。
- TaskName：任务名称，主要常见任务有 VIDL(空闲任务，表示 CPU 闲置率)、SOCK(收包处理任务，表示 CPU 收到并处理协议报文的占用率)、RPCQ(板间通讯任务，表示各处理板收到并响应报文的占用率)、bcmRX/mv_rx(底层收包任务，表示 CPU 接收报文的占用率量)、AGNT(IPv4 SNMP 协议栈任务，网管操作的占用率)、ROUT(路由模块处理任务，路由学习的占用率)、VPR(报文接收任务，数据报文通道传递报文的占用率)等。

(2) 查看内存占用率。内存占用率是衡量设备性能的重要指标之一。在网络运行中，内存占用率过高往往会导致业务异常。通过以下命令查看内存占用率信息，可确认设备是否运行稳定：

display memory-usage [slave | slot slot-id]

该命令 slave 参数不能用于不支持堆叠或者未堆叠设备。命令显示详见图 2.16①。

```
<HUAWEI>display memory-usage slot 0                                    ①
Memory utilization statistics at 2017-10-25 15:17:42+00:00
  System Total Memory Is: 352321536 bytes
  Total Memory Used Is: 86890264 bytes
  Memory Using Percentage Is: 24%
<HUAWEI>display temperature slot 0                                     ②
---------------------------------------------------------------------------
Slot   Card   Sensor Status Current(C) Lower(C) Lower    Upper(C)  Upper
                                                Resume(C)          Resume(C)
---------------------------------------------------------------------------
0      NA     NA     Normal   46          0       4         64       60
<HUAWEI>display fan                                                    ③
---------------------------------------------------------------------------
Slot   FanID   Online     Status      Speed      Mode       Airflow
---------------------------------------------------------------------------
0      1       Present    Normal      30%        AUTO       Side-to-Side
<HUAWEI>display power                                                  ④
---------------------------------------------------------------------------
Slot   PowerID  Online  Mode   State    Power(W)
---------------------------------------------------------------------------
0      PWR1     Present AC     Supply   150.00
0      PWR2     Absent  -      -        -
<HUAWEI>
```

图 2.16 查看内存占用率、温度、风扇、电源状态信息

(3) 查看温度信息。设备温度过高或过低可能会导致硬件的损坏，可通过以下命令查看设备当前温度值：

display temperature { all | slot slot-id }

该命令参数 all 表示显示所有槽位温度信息。命令显示详见图 2.16②。其中 Status 字段表示设备温度状态，Lower(C)和 Lower Resume(C)表示低温告警产生和恢复的门限，Upper(C)和 Upper Resume(C)表示高温告警产生和恢复的门限。

(4) 查看风扇信息。风扇的正常运转是保证设备散热并正常运行的前提，可通过以下命令查看风扇状态：

display fan

命令显示详见图 2.16③。其中 Speed 字段表示风扇转速占风扇全速的比率，Mode 字段表示风扇的运行模式，Airflow 字段表示风扇的风向。

(5) 查看电源信息。当设备的供电出现异常时，可通过以下命令查看电源状态信息：

display power

命令显示详见图 2.16④。其中 Mode 字段表示电源、电池或电源备电板的类型，State 字段表示电源模块或电池的工作状态，Power(W)字段表示表示电源额定功率。

3) 查看系统运行状态

查看系统运行情况，例如各接口流量情况、MAC 地址表、ARP 表等信息。

(1) 查看接口流量统计信息。在需要关注接口流量统计时，可以通过以下命令按接口类型查看接口入方向或出方向的流量统计，用于故障的定位与排查：

display counters [inbound | outbound] [interface interface-type [interface-number]] [nonzero]

命令的 inbound 和 outbound 参数表示显示接口入方向或者出方向的流量统计。interface interface-type [interface-number]表示显示指定接口的流量统计，如果不指定接口编号，则显示所有该类型接口的统计数据。nonzero 表示不显示 Octets、Unicast、Multicast 和 Broadcast 值全为 0 的接口信息。命令显示详见图 2.17①。Inbound 和 Outbound 项显示接口入方向或出方向的流量统计，Interface 项显示接口名称，Octets(bytes)、Unicast(pkts)、Multicast(pkts)和 Broadcast(pkts)分别显示入方向或出方向总字节数、单播包数、组播包数和广播包数。

(2) 查看接口当前运行状态和接口统计信息。接口的当前状态运行信息和统计信息包括：接口的物理状态、基本配置和报文通过接口的转发情况，可用于对接口进行流量统计或故障诊断。

display interface [interface-type [interface-number [.subinterface-number] | main] | main]

命令的 main 参数表示显示主接口的当前运行状态和统计信息，subinterface-number 表示显示指定子接口的当前运行状态信息。命令显示详见图 2.17②。其中：

• current state：接口的物理状态。常见的状态包括：UP，表示接口的物理层处于正常启动状态；DOWN，表示接口物理层出现故障；Administratively down，表示该接口通过 shutdown 命令关闭。

• Line protocol current state：接口的链路协议状态。常见状态包括：UP，接口的链路协议处于正常的启动状态；DOWN，接口的链路协议层出现故障或者没有在此接口配置 IP 地址。

<HUAWEI>*display counters nonzero* ①
Inbound
Interface   Octets(bytes)   Unicast(pkts)   Multicast(pkts)   Broadcast(pkts)
GE0/0/10   380153720   19781363   5055457   3180433
Outbound
Interface   Octets(bytes)   Unicast(pkts)   Multicast(pkts)   Broadcast(pkts)
GE0/0/10   53898518   39234429   401024   223528
<HUAWEI>*display interface gigabitethernet 0/0/1* ②
GigabitEthernet 0/0/1 current state : UP
Line protocol current state : UP
Description:
Switch Port, Link-type : access(negotiated),
  PVID :   1, TPID : 8100(Hex), The Maximum Frame Length is 9216
IP Sending Frames' Format is PKTFMT_ETHNT_2, Hardware address is c447-3f37-31f0
Current system time: 2017-10-05 12:36:14
Port Mode: COMMON FIBER
Speed   : 1000,   Loopback: NONE
Duplex   : FULL,   Negotiation: ENABLE
Mdi   : AUTO,   Flow-control: DISABLE
Last 300 seconds input rate 17840 bits/sec, 14 packets/sec
Last 300 seconds output rate 66520 bits/sec, 20 packets/sec
Input peak rate 2046328 bits/sec, Record time: 2017-09-06 23:28:02
Output peak rate 7376160 bits/sec, Record time: 2017-09-10 16:34:49

Input: 740944607 packets, 131560444953 bytes
   Unicast: 718387487,   Multicast: 393282
   Broadcast: 22163838,   Jumbo: 0
   Discard: 0,   Pause: 0
   Frames: 0

   Total Error: 0
   CRC: 0,   Giants: 0
   Runts: 0,   DropEvents: 0
   Alignments: 0,   Symbols: 0
   Ignoreds: 0

Output: 897483856 packets, 299179258468 bytes
   Unicast: 730237947,   Multicast: 37880380
   Broadcast: 129365529,   Jumbo: 0
   Discard: 0,   Pause: 0

   Total Error: 0
   Collisions: 0,   Late Collisions: 0
   Deferreds: 0

     Input bandwidth utilization threshold : 80.00%
     Output bandwidth utilization threshold: 80.00%
     Input bandwidth utilization   : 0.03%
     Output bandwidth utilization : 0.25%
<HUAWEI>

图 2.17   查看接口流量统计信息和接口状态信息

- Description：接口的描述信息。
- Switch Port：表明接口是二层模式。此处若显示 Route Port，表明接口是三层模式。
- PVID：接口的缺省 VLAN 号。
- Link-type：二层模式接口的链路类型，access(configured)表示手工配置为 access 类型，hybrid 表示手工配置为 hybrid 类型，trunk(configured)表示手工配置为 trunk 类型，dot1q-tunnel 表示手工配置为 dot1q-tunnel 类型，access(negotiated)表示动态协商为 access 类型，trunk(negotiated)表示动态协商为 trunk 类型。
- TPID：二层模式接口支持的帧类型，缺省情况下 TPID 是 0x8100，表示 802.1Q 帧。
- The Maximum Frame Length：接口允许通过最长帧的长度。
- IP Sending Frames' Format：IP 协议发送的帧格式，包括 PKTFMT_ETHNT_2、Ethernet_802.3、Ethernet_SNAP 三种类型。
- Hardware address：接口的 MAC 地址。
- Port Mode：接口的工作模式，包括 COMMON COPPER(电口模式)、COMMON FIBER(光口模式)、COMBO AUTO(自动选择 Combo 接口模式)、FORCE FIBER(强制选择光口模式)和 FORCE COPPER(强制选择电口模式)。
- Transceiver：光模块类型。对于电接口和未插光/光电模块的光接口，该字段不显示，否则显示光模块/光电模块的具体型号。
- Current system time：当前系统时间。
- Speed：接口当前速度。
- Loopback：接口回环检测模式的状态。
- Duplex：接口工作的双工模式，包括 FULL(全双工模式)和 HALF(半双工模式)。
- Negotiation：接口自协商状态，包括 ENABLE(开启状态)和 DISABLE(关闭状态)。
- Mdi：电接口 MDI 类型，光接口显示"－"。
- Flow-control：流量控制状态，包括 ENABLE(开启状态)和 DISABLE(关闭状态)。
- Last 300 seconds input rate：接口在前 5 分钟接收的比特率和报文速率。
- Last 300 seconds output rate：接口在前 5 分钟发送的比特率和报文速率。
- Input peak rate 0 bits/sec, Record time：入接口报文最大速率和发生时间。
- Output peak rate 0 bits/sec, Record time：出接口报文最大速率和发生时间。
- Input：接收报文总数量。
- Output：发送报文总数量。
- Unicast：接口接收或发送的单播报文的数目。
- Multicast：接口接收或发送的组播报文的数目。
- Broadcast：接口接收或发送的广播报文的数目。
- Jumbo：接口接收的帧长在 1518 字节到最大 Jumbo 帧长设定值之间且 FCS 正确的报文数目，以及接口发送的帧长超过 1518 字节且 FCS 正确的报文数目。
- Discard：接口在物理层检测时发现的丢弃报文数目。
- Total Error：接口在物理层检测时发现的错误报文总数目。

- CRC：小于 1518 字节且 FCS 错误报文数目。
- Giants：接口接收的超过 Jumbo 帧大小的报文数目。
- Runts：接口接收的超小帧且 CRC 正确的报文数目。
- DropEvents：接口接收的报文因为内存池满(GBP full)或者反压(Back Pressure)导致的丢包数目。
- Alignments：接口接收的帧对齐错误的报文数目。
- Symbols：接口接收的编码错误的报文数目。
- Ignoreds：接口接收的 OpCode 不是 PAUSE 的 MAC 控制帧的报文数目。
- Frames：接口接收的 802.3 长度和实际数据长度不符的报文数目。
- Pause：转发芯片 MAC 层发出的用于控制拥塞时业务流量的报文数量。
- Collisions：接口发送报文过程中遇到不多于 15 次冲突的报文数目，以及连续 16 次冲突而取消发送的报文数量。
- Late Collisions：接口发送报文时遇到冲突，延迟发送的报文数目。
- Deferreds：接口发送报文有延迟但没有冲突的报文数目。
- Input bandwidth utilization threshold：输入带宽占用率阈值。
- Output bandwidth utilization threshold：输出带宽占用率阈值。
- Input bandwidth utilization：输入带宽占用率。
- Output bandwidth utilization：输出带宽占用率。

(3) 查看接口状态和配置的简要信息。交换机支持获取接口的物理状态、协议状态、接收方向最近一段时间的带宽利用率、发送方向最近一段时间的带宽利用率、接收的错误报文数和发送的错误报文数等简要信息，用于监控接口的状态和对接口进行故障诊断。

display interface brief [main]

命令的 main 参数表示显示主接口的当前运行状态和统计信息。命令显示详见图 2.18。其中：

- Interface：接口名称和接口编号。
- PHY：接口的物理状态，包括 up(接口正常启动)、down(接口物理层出现故障，通常是未插网线)、*down(该接口执行了 shutdown 命令)、#down(接口启动 Loopback Detection 功能后，检测 VLAN 内环路、自环或双接口环路后被 shutdown)、(l)(接口启动环回功能)、(b)(接口物理层处于 BFD down 状态)。
- Protocol：接口的链路协议状态，包括 up(接口正常启动)、down(接口链路协议故障)、(s)(接口启动 spoofing 功能)、(E)(因 E-Tunk 协商导致 Eth-Trunk 接口 Down)、(b)(接口数据链路层处于 BFD down 状态)、(e)(接口数据链路层处于 ETH OAM down 状态)、(dl)(接口数据链路层处于 DLDP down 状态)、(lb)(因 VLAN 内环路、自环或双接口环路处于 Down 状态)。
- InUti：接口接收方向最近 300 秒内的平均带宽利用率。
- OutUti：接口发送方向最近 300 秒内的平均带宽利用率。
- inErrors：接口接收的错误报文数。
- outErrors：接口发送的错误报文数。

```
<HUAWEI> display interface brief
PHY: Physical
*down: administratively down
#down: LBDT down
(l): loopback
(s): spoofing
(E): E-Trunk down
(b): BFD down
(e): ETHOAM down
(dl): DLDP down
(lb): LBDT block
InUti/OutUti: input utility/output utility
```

Interface	PHY	Protocol	InUti	OutUti	inErrors	outErrors
GigabitEthernet0/0/1	up	up	0.06%	100%	0	21217388
GigabitEthernet0/0/2	up	up	100%	100%	0	0
GigabitEthernet0/0/3	up	up	0%	100%	0	0
GigabitEthernet0/0/4	up	up	100%	100%	0	0
GigabitEthernet0/0/5	up	up	99%	100%	0	0
GigabitEthernet0/0/6	down	down	0%	0%	10	0
GigabitEthernet0/0/7	down	down	0%	0%	12	0
……						
GigabitEthernet0/0/27	down	down	0%	0%	0	0
GigabitEthernet0/0/28	down	down	0%	0%	0	0
MEth0/0/1	down	down	0%	0%	0	0
NULL0	up	up(s)	0%	0%	0	0
Vlanif1	down	down	--	--	0	0

```
<HUAWEI>
```

图 2.18 查看接口状态和配置的简要信息

(4) 查看接口与 IP 相关的配置和统计信息。该命令用于获取接口与 IP 相关的配置和统计信息，包括接口接收和发送的报文数、字节数和组播报文数，以及接口接收、发送、转发和丢弃的广播报文数等。

display ip interface [interface-type interface-number]
命令的 interface-type interface-number 参数用于指定接口类型和接口编号。如果不指定接口，将显示所有接口的 IP 相关信息。命令显示详见图 2.19。其中：

• current state：接口状态，包括 UP(正常启动)、DOWN(物理故障，一般是网线未插)、Administratively DOWN(接口上执行了 shutdown 命令)。

• Line protocol current state：接口的链路协议状态，包括 UP(接口链路协议正常启动)、DOWN(接口链路协议不正常，或者未配置 IP 地址)。

• The Maximum Transmit Unit：接口的最大传输单元(MTU)。长度大于 MTU 的报文，将会被分片后再发送。如果设置了不准分片，报文则会被丢弃。

• input packets：接口接收的总报文数、总字节数和组播数。

```
<HUAWEI> display interface vlanif3
Vlanif3 current state : UP
Line protocol current state : UP
The Maximum Transmit Unit : 1500 bytes
input packets : 165287298, bytes : 297594989, multicasts : 2658068
output packets : 158367022, bytes : 3283385999, multicasts : 2714704
Directed-broadcast packets:
  received packets:          4176734, sent packets:          0
  forwarded packets:               0, dropped packets:       0
Internet Address is 192.168.8.1/24
Broadcast address : 192.168.8.255
TTL being 1 packet number: 7608110
TTL invalid packet number: 5196965
ICMP packet input number:          463301
    Echo reply:                     10
    Unreachable:                452719
    Source quench:                   0
    Routing redirect:                0
    Echo request:                10572
    Router advert:                   0
    Router solicit:                  0
    Time exceed:                     0
    IP header bad:                   0
    Timestamp request:               0
    Timestamp reply:                 0
    Information request:             0
    Information reply:               0
    Netmask request:                 0
    Netmask reply:                   0
    Unknown type:                    0
<HUAWEI>
```

图 2.19　查看接口与 IP 相关的配置和统计信息

- output packets：接口发送的总报文数、总字节数和组播数。
- Directed-broadcast packets：接口直接广播的报文数。
- received packets：接收到的报文总数。
- sent packets：发送的报文总数。
- forwarded packets：转发的报文总数。
- dropped packets：丢弃的报文总数。
- Internet Address is：在接口上配置的 IP 地址和掩码长度。
- Broadcast address：接口的广播地址。

- TTL being 1 packet number：TTL 值为 1 的报文数。
- TTL invalid packet number：TTL 无效报文数。
- ICMP packet input number：接收到的 ICMP 报文数。
- Echo reply：回送应答报文数。
- Unreachable：目的不可达的报文数。
- Source quench：源站抑制报文数。
- Routing redirect：重定向报文数。
- Echo request：回送请求报文数。
- Router advert：设备通告报文数。
- Router solicit：设备请求报文数。
- Time exceed：超时报文数。
- IP header bad：IP 头坏了的报文数。
- Timestamp request：时间戳请求报文数。
- Timestamp reply：时间戳应答报文数。
- Information request：信息请求报文数。
- Information reply：信息应答报文数。
- Netmask request：地址掩码请求报文数。
- Netmask reply：地址掩码应答报文数。
- Unknown type：未知类型的报文数。

(5) 查看所有类型的 MAC 地址表项信息。设备的 MAC 地址表用于存放交换机所学习到的其他设备的 MAC 地址信息。在转发数据时，根据以太网帧中的目的 MAC 地址和 VLAN 编号查询 MAC 表，快速定位设备的出接口。以下命令可以查看动态表项、静态表项、黑洞表项以及其他业务 MAC 表项，显示的内容包括目的 MAC 地址、设备所属的 VLAN、出接口、MAC 表项类型。

display mac-address [mac-address] [vlan vlan-id | interface-type interface-number]

[verbose]

命令的 mac-address 参数表示查看 MAC 地址是 mac-address 的地址表项信息，格式为 hhhh-hhhh-hhhh 且不能为 FFFF-FFFF-FFFF、组播地址或全零 MAC 地址；vlan vlan-id 参数表示查看 VLAN 编号是 vlan-id 的 MAC 地址表项信息，vlan-id 取值范围为 1 至 4094 的整数；interface-type interface-number 参数表示查看接口为指定接口的 MAC 地址表项；verbose 参数表示显示 MAC 地址表项的详细信息。如果不指定任何参数，则显示所有的 MAC 地址表项。命令显示详见图 2.20。其中：

- MAC Address：MAC 地址信息。
- VLAN/VSI：设备所属的 VLAN 编号或 VSI(Virtual Switch Instance)名称。
- Learned-From：学到该 MAC 地址的接口。
- Type：MAC 表项类型，常见的类型包括 static(用户配置的静态 MAC 地址项)、blackhole(用户配置的黑洞 MAC 地址项)、dynamic(设备学习的动态 MAC 地址项)、security(开启端口安全功能后，设备学习的安全动态 MAC 地址项)、sec-config(用户配置的安全静态 MAC 地址项)。

<HUAWEI> *display mac-address*

MAC Address	VLAN/Bridge	Learned-From	Type
000f-e207-f2e0	1/-	GE0/0/5	dynamic
c4ca-d95e-5296	1/-	GE0/0/12	dynamic
0005-5de4-6751	3/-	GE0/0/0	dynamic
0013-3200-3b07	3/-	GE0/0/0	dynamic
0014-5e83-1d1e	3/-	GE0/0/3	dynamic
0015-2b73-a21e	3/-	GE0/0/1	dynamic
0015-58e1-4913	3/-	GE0/0/0	dynamic
0016-763f-2b23	3/-	GE0/0/1	dynamic
0017-0e60-ec13	3/-	GE0/0/3	dynamic
0017-0e60-ec40	3/-	GE0/0/3	dynamic
001d-0906-d788	3/-	GE0/0/0	dynamic
……			
d067-e51e-407d	290/-	GE0/0/5	dynamic
d067-e51f-7649	320/-	GE0/0/12	dynamic

Total items displayed = 122

<HUAWEI>

图 2.20　查看所有类型的 MAC 地址表项信息

(6) 查看所有 ARP 表项。通过查看 ARP 表项，用户可以查看下挂设备的 IP 地址、MAC 地址和接口等信息。

display arp [all | dynamic | static | interface interface-type interface-number]

命令的 all 参数指定查看所有 ARP 表项，dynamic 参数指定查看所有的动态 ARP 表项，static 参数指定查看所有的静态 ARP 表项，interface interface-type interface-number 参数查看指定接口的 ARP 表项。命令显示详见图 2.21。其中：

• IP ADDRESS：ARP 表项中的 IP 地址。

• MAC ADDRESS：ARP 表项中的 MAC 地址。

• EXPIRE(M)：ARP 表项的剩余存活时间(单位是分钟)。

• TYPE：表项类型及获取该表项的槽位号。类型为三位，第一位标志包括 I(表示接口本身的 MAC 地址)、D(表示动态 ARP 项)、S(静态 ARP 表项)；第二位是标志 F，表示该表项已上报至路由进程，对于没有上报的表项将显示"-"，对于 I 类型的 ARP 表项，该标志位不存在；第三位表示获取该表项的槽位号，对于 I 类型和 S 类型的 ARP 表项的槽位号将显示"-"。

• INTERFACE：学习到 ARP 表项的接口类型和编号。

• VPN-INSTANCE：ARP 表项所属的 VPN 实例的名称。

- VLAN：ARP 表项所属的 VLAN ID。
- Total：ARP 表项的数目。
- Dynamic：动态 ARP 表项的数目。
- Static：静态 ARP 表项的数目。
- Interface：接口本身的 ARP 表项的数目。

```
<HUAWEI> display arp
```

IP ADDRESS	MAC ADDRESS	EXPIRE(M)	TYPE VLAN	INTERFACE	VPN-INSTANCE
192.168.1.1	c81f-be43-4704		I -	GE0/0/1	
192.168.8.1	c81f-be43-4702		I -	Vlanif3	
192.168.8.30	f80f-41fb-adcb	20	D-0 3	GE0/0/0	
192.168.8.14	90b1-1c15-9720	20	D-0 3	GE0/0/0	
192.168.8.18	1051-7220-ce9c	19	D-0 3	GE0/0/0	
192.168.8.188	f80f-41fb-add8	16	D-0 3	GE0/0/0	
192.168.8.41	70e2-840e-7c00	20	D-0 3	GE0/0/0	
……					
192.168.9.18	782b-cb79-8de8	20	D-0 210	GE0/0/5	
192.168.9.19	90b1-1c12-ac81	18	D-0 210	GE0/0/5	
192.168.9.17	782b-cb79-8f33	15	D-0	GE0/0/5	
192.168.12.1	c81f-be43-4702		I -	Vlanif60	
192.168.12.58	001d-0910-5412	18	D-0 60	GE0/0/10	

Total:126   Dynamic:108   Static:0   Interface:18

```
<HUAWEI>
```

图 2.21　查看所有 ARP 表项

3. 接口配置管理

接口是设备与网络中其他设备交换数据并相互作用的部件，分为管理接口、物理接口和逻辑接口三类。

管理接口主要为用户提供配置管理支持。用户通过此类接口可以登录到设备，并进行配置和管理操作，不承担业务传输。常见的管理端口包括 Console、MiniUSB 和 MEth 口。

物理接口是真实存在、有器件支持的接口。物理接口需要承担业务传输，分为用于与局域网中的网络设备交换数据的 LAN 侧接口和与远距离的外部网络设备交换数据的 WAN 侧接口两种，交换机设备上常见的是 10 M/100 M/10 G/40 Gb/s 以太网端口。

　　逻辑接口是指能够实现数据交换功能但物理上不存在、需要通过配置建立的承担业务传输的接口。常见的逻辑接口包括 Eth-Trunk、Tunnel、VLANIF、子接口、Loopback、NULL 接口等。

　　本节主要对物理接口进行配置管理。

　　1) 基本参数配置

　　对接口的基本参数进行配置，主要配置接口描述信息及开启或关闭接口。操作步骤为：

　　　　system-view　　　　　　　　　　　　　　　　　　　　　//进入系统视图

　　　　interface interface-type interface-number　　　　　　　//进入接口视图

该命令中，interface-type 参数指定接口类型，interface-number 参数指定接口编号，例如 interface GigabitEthernet 0/0/10 指进入千兆口 G0/0/10 的接口视图。

　　　　description text　　　　　　　　　　　　　　　　　　//配置接口的描述信息

配置描述信息主要是为了方便管理和维护设备，一般记录接口所属的设备、接口类型和对端网元设备等信息。缺省情况下，接口的描述信息为空。

　　　　shutdown　　　　　　　　　　　　　　　　　　　　　//关闭端口

　　　　undo shutdown　　　　　　　　　　　　　　　　　　//开启端口

当修改了接口的工作参数配置，且新的配置未能立即生效时，可以依次执行 shutdown 和 undo shutdown 命令重启接口，使新的配置生效。也可使用 restart 命令代替上述两条命令。

　　2) 以太网接口配置

　　对以太网接口进行配置，主要包括配置速率、双工模式、端口属性等，并对接口进行检测维护。

　　(1) 缺省配置。在缺省设置时，以太网接口 Combo 接口模式设置为 auto(自动切换光口模式或电口模式)；MDI 类型设置为 auto(自动识别所连接网线的类型)；双工模式和接口速率在自协商模式下与对端协商获取，在非自协商模式下分别设置为全双工和接口支持的最大速率；上报状态变化延时时间设置为 Up 事件延时是 2000 ms，Down 事件延时 0 ms；链路振荡保护设置为未启用。

　　(2) 配置速率和双工模式。以太网接口的速率和双工模式在接口的自协商模式和非自协商模式下都可以进行配置。缺省情况下，接口的自协商模式处于打开状态。

　　① 自协商模式。由于网络设备传输能力不同，如果链路两端的设备无法协商到合适的数据传输能力，双方就无法正常通信。自协商为物理链路两端的设备提供信息交互，自动选择最佳的工作参数，以使其传输能力达到双方都能够支持的最大值。自协商的内容包括两端接口的双工模式和速率。一旦协商通过，链路两端的设备就锁定为同样的双工模式和接口速率。自协商功能只有在链路两端设备均支持的情况下才可以生效。

　　　　system-view

　　　　interface interface-type interface-number

　　　　negotiation auto

配置以太网接口工作在自协商模式。缺省情况下，以太网接口工作在自协商模式。

　　　　speed auto-negotiation　　　　　　　　　　　　　　//配置速率自协商

该命令仅用于光接口。缺省情况下，光接口未开启速率自协商，必须手动开启该功能。配置光接口速率自协商功能后，对单根光纤进行插拔，可能会导致本端接口为 Up 状态，对端接口为 Down 状态，此时需要重启端口。

② 非自协商模式。如果链路对端设备不支持自协商，或者链路两端自协商机制不同，则接口不能采用自协商模式。这时可将链路两端设备配置为非自协商模式，并手动配置一致的速率和双工模式。

system-view

interface interface-type interface-number

undo negotiation auto

配置以太网接口工作在非自协商模式。

auto duplex { full | half }   //配置双工模式自协商

该命令仅用于电接口。参数 full 和 half 分别表示全双工和半双工。

auto speed { 10 | 100| 1000}   //配置速率自协商

该命令仅用于电接口。参数 10、100、1000 表示设置为数值对应速率。

(3) MDI 配置。使用双绞线互连的两个端口，本端的接收线和对端的发送线、本端的发送线和对端的接收线必须直接连接，这样才能使得链路连通。连接以太网设备的双绞线(网线)分为直通网线和交叉网线两种。直通网线用于连接不同类型的设备，如交换机和 PC、交换机和路由器等；交叉网线用于连接同种类型的设备，如交换机和交换机、路由器和路由器、PC 和 PC 等。

由于双绞线存在直连和交叉两种不同的线序，为了使以太网电接口支持使用这两种线缆，设备提供了收发引脚的协商和翻转功能，实现了 auto、normal 和 across 三种介质相关接口(MDI，Medium Dependent Interface)类型。缺省情况下，链路两端接口均使用 auto 类型时，无论连接网线是直通网线还是交叉网线，均可以正常通信；只有当设备不能获取网线类型参数时，才需要将手工设置 across 或 normal 类型。使用直通网线时，在设备两端应该配置不同的参数(一端为 across，另一端为 normal)；使用交叉网线时，在设备两端应该配置相同的参数(同时为 across 或 normal)。详细配置如下：

system-view

interface interface-type interface-number

mdi { across | auto | normal }   //配置 MDI 类型

缺省情况下，以太网接口 MDI 类型为 auto，即自动识别所连接网线的类型。

4. MAC 配置管理

MAC 地址可以分为物理 MAC 地址、广播 MAC 地址和组播 MAC 地址三种。物理 MAC 地址唯一地标识了以太网上的一个终端，是全球唯一的硬件地址；广播 MAC 地址是全 1 的 MAC 地址(FFFF-FFFF-FFFF)，用来表示 LAN 上的所有终端设备；组播 MAC 地址是除广播地址外，第 8 位为 1 的 MAC 地址(例如 0100-0000-0000)，用来代表 LAN 上的一组终端。

MAC 地址表的表项主要包括动态表项、静态表项和黑洞表项。

动态表项是通过报文中的源 MAC 地址学习获得的可老化表项,通过查看动态 MAC 地址表项，可以判断两台相连设备之间是否有数据转发，获取接口下通信的用户数。

静态表项是用户手工配置的不可老化表项。一条静态 MAC 地址表项，只能绑定一个出接口。绑定后，其他接口收到源 MAC 是该 MAC 地址的报文将会被丢弃。通过绑定静态 MAC 地址表项，可以保证合法用户的使用，防止其他用户使用该 MAC 进行攻击。

黑洞表项是用户手工配置的不可老化表项。源或目的 MAC 地址为黑洞 MAC 地址的报文将会被丢弃，用于过滤非法用户。

1) 配置静态 MAC 表项

设备通过学习自动建立 MAC 地址表时，无法确认报文是否合法，存在安全隐患。为了提高安全性，用户可手工在 MAC 地址表中加入特定 MAC 地址表项，配置静态 MAC 表项，将用户设备与接口绑定，防止非法用户骗取数据。具体操作如下：

system-view

mac-address static mac-address interface-type interface-number vlan vlan-id

上述命令用于添加静态 MAC 表项。mac-address 参数表示静态 MAC 地址，格式为十六进制的 HHHH-HHHH-HHHH，但不可设置为 0000-0000-0000、FFFF-FFFF-FFFF 和组播 MAC 地址。interface-type interface-number 参数表示出接口为指定接口。vlan vlan-id 参数表示出接口所属的 VLAN 编号，取值范围是 1～4094 的整数。

display mac-address static　　　　　　　　　　　　　　　　//检查配置结果

静态 MAC 地址表项不会老化，保存后设备重启不会消失，只能使用 undo 命令手动删除。

2) 配置黑洞 MAC 表项

为了防止黑客通过 MAC 地址攻击用户设备或网络，可将非信任用户的 MAC 地址配置为黑洞 MAC 地址，过滤掉非法 MAC 地址。当设备收到目的 MAC 或源 MAC 地址为黑洞 MAC 地址的报文，直接丢弃。具体操作如下：

system-view

mac-address blackhole mac-address [vlan vlan-id]　　　　　//添加黑洞 MAC 表项

上述命令中，mac-address 参数表示黑洞 MAC 地址，格式同前，也不可设置为 0000-0000-0000、FFFF-FFFF-FFFF 和组播 MAC 地址。vlan vlan-id 表示黑洞 MAC 地址表项对应的 VLAN 编号。

display mac-address blackhole　　　　　　　　　　　　　　//检查配置结果

3) 配置老化时间

随着网络拓扑的不断变化，交换机将会学习到越来越多的 MAC 地址。为了避免 MAC 地址表项爆炸式增长，需要合理配置动态 MAC 表项的老化时间，及时删除 MAC 地址表中的废弃 MAC 地址表项。老化时间越短，交换机对周边的网络变化越敏感，适合在网络拓扑变化比较频繁的环境；老化时间越长，交换机对周边的网络变化越不敏感，适合在网络拓扑比较稳定的环境。具体操作如下：

system-view

mac-address aging-time aging-time　　　　　　　　　　　　//配置老化时间

上述命令中，aging-time 参数表示老化时间，取值范围是 0 和 10 至 1 000 000 的整数，单位是秒。缺省值是 300 s，0 表示动态 MAC 地址表项不老化。老化时间为 0 时，可以固化 MAC 地址，即 MAC 地址表项永不老化。要清除已经固化的 MAC 地址，可以先设置老化时间为非 0，在两倍老化时间后 MAC 地址自动清除。

display mac-address aging-time　　　　　　　　　　　　　　　　　　//检查配置结果

5. VLAN 配置管理

以太网是一种基于 CSMA/CD(Carrier Sense Multiple Access/Collision Detection)的共享通讯介质的数据网络通讯技术。当主机数目较多时会导致冲突严重、广播泛滥、性能显著下降甚至造成网络不可用等问题。VLAN(Virtual Local Area Network)即虚拟局域网，将一个物理的 LAN 在逻辑上划分成多个广播域，将广播报文限制在一个 VLAN 内。使得 VLAN 内主机可以直接通信，VLAN 间不能直接通信。

通过应用 VLAN 技术，限制了广播域，节省了带宽，提高了网络处理能力；增强了局域网的安全性，不同 VLAN 的用户和报文相互隔离，不能直接通信；提高了网络的健壮性，故障被限制在一个 VLAN 内，不会影响其他 VLAN 的正常工作；能够灵活构建虚拟工作组，划分不同的用户到不同的工作组，同一工作组的用户也不必局限于某一固定的物理范围，网络构建和维护更方便灵活。

要使交换机能够分辨不同 VLAN 的报文，需要在以太网数据帧的目的 MAC 地址和源 MAC 地址字段之后，协议类型字段之前加入 4 字节的 VLAN 标签(又称 VLAN tag，简称 tag)，用以标识 VLAN 信息。

在 VLAN 交换网络中，以太网帧包括有标记帧(tagged 帧，加入了 4 字节 VLAN 标签的帧)和无标记帧(untagged 帧，原始的、未加入 4 字节 VLAN 标签的帧)两种类型。终端、服务器、Hub、非配置型交换机只能处理 untagged 帧，配置型交换机和路由器能够同时处理 tagged 帧和 untagged 帧。为了提高处理效率，交换机内部处理的数据帧一律都是 tagged 帧。

1) 基于接口划分 VLAN

最简单常见的 VLAN 划分是基于接口的划分。它按照设备的接口来定义 VLAN 成员，将指定接口加入到指定 VLAN 中之后，接口就可以转发该 VLAN 的报文，从而实现 VLAN 内的主机可以直接互访(即二层互访)，而 VLAN 间的主机不能直接互访，将广播报文限制在一个 VLAN 内。

根据接口需要连接的对象以及允许报文不带 tag 通过的 VLAN 数，接口可以规划为 Access 接口、Trunk 接口和 Hybrid 接口。Access 接口连接设备只收发 untagged 帧，需要配置缺省 VLAN，给收到的数据帧添加 VLAN tag。Trunk 接口可同时收发 untagged、tagged 帧，需要在接口上配置缺省 VLAN，给 untagged 帧添加 VLAN tag。Hybrid 接口连接 Hub、终端、服务器时，接收的报文不带 tag，需要配置缺省 VLAN，给报文添加 VLAN tag。此外，在需要对多个 VLAN 报文剥掉 VLAN tag 的应用场景，配置接口类型应为 Hybrid。

(1) 配置 Access 接口。

system-view

vlan vlan-id

上述命令创建 vlan-id 的 VLAN 并进入 VLAN 视图。如果 VLAN 已经创建，则直接进入 VLAN 视图。vlan-id 参数的取值范围是 1 至 4094 的整数。可以使用 **vlan batch { vlan-id1 [to vlan-id2] }** 命令批量创建 VLAN 后，再使用该命令进入相应的 VLAN 视图。

quit

interface interface-type interface-number

port link-type access　　　　　　　　　　　　　　　　　//接口类型设为 access

port default vlan vlan-id

上述命令配置接口缺省为 vlan-id VLAN，并加入该 VLAN。

　　(2) 配置 Trunk 接口。

system-view

vlan vlan-id

quit

interface interface-type interface-number

port link-type trunk　　　　　　　　　　　　　　　　//接口类型设为 trunk

port trunk allow-pass vlan { vlan-id1 [to vlan-id2] \ all }

上述命令用于配置 Trunk 类型接口加入的 VLAN。vlan-id1 [to vlan-id2]参数指定 Trunk 类型接口加入的 VLAN 范围，vlan-id2 的取值必须大于等于 vlan-id1 的取值，all 参数表明 Trunk 接口加入所有 VLAN。

　　(3) 配置 Hybrid 接口。

system-view

vlan vlan-id

quit

interface interface-type interface-number

port link-type hybrid　　　　　　　　　　　　　　　//接口类型设为 hybrid

port hybrid untagged vlan { vlan-id1 [to vlan-id2] \ all }

port hybrid tagged vlan { vlan-id1 [to vlan-id2] \ all }

上述命令分别是将 hybrid 接口以 untagged 和 tagged 方式加入 VLAN，在实际情况中根据需要选择任一方式均可。vlan-id1 [to vlan-id2]参数指定 Trunk 类型接口加入的 VLAN 范围，vlan-id2 的取值必须大于等于 vlan-id1 的取值，all 参数表明 hybrid 接口加入所有 VLAN。

　　(4) 配置示例。如图 2.22 所示，大量用户连接至交换机，且相同业务用户通过不同的设备接入网络。为了确保安全，避免广播风暴，要求相同业务用户之间可以互相访问，不同业务用户不能直接访问。

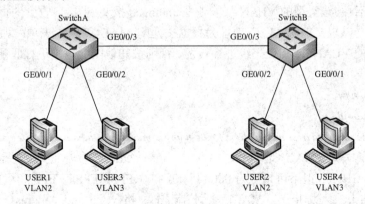

图 2.22　配置基于接口划分 VLAN

为满足上述要求，一般在交换机上配置基于接口划分 VLAN，把业务相同的用户连接的接口划分到同一 VLAN。这样属于不同 VLAN 的用户不能直接进行二层通信，同一 VLAN 内的用户可以直接互相通信。具体配置如下：

① 在 SwitchA 创建 VLAN2 和 VLAN3，并将连接用户的接口分别加入 VLAN：

```
<HUAWEI> system-view
[HUAWEI] sysname SwitchA
[SwitchA] vlan batch 2 3
[SwitchA] interface gigabitethernet 0/0/1
[SwitchA-GigabitEthernet0/0/1] port link-type access
[SwitchA-GigabitEthernet0/0/1] port default vlan 2
[SwitchA-GigabitEthernet0/0/1] quit
[SwitchA] interface gigabitethernet 0/0/2
[SwitchA-GigabitEthernet0/0/2] port link-type access
[SwitchA-GigabitEthernet0/0/2] port default vlan 3
[SwitchA-GigabitEthernet0/0/2] quit
```

② 配置 SwitchA 上与 SwitchB 连接的接口类型及通过的 VLAN：

```
[SwitchA] interface gigabitethernet 0/0/3
[SwitchA-GigabitEthernet0/0/3] port link-type trunk
[SwitchA-GigabitEthernet0/0/3] port trunk allow-pass vlan 2 3
```

③ 在 SwitchB 创建 VLAN2 和 VLAN3，并将连接用户的接口分别加入 VLAN。此处略。

④ 配置 SwitchB 上与 SwitchA 连接的接口类型及通过的 VLAN。此处略。

⑤ 验证配置结果。

将 USER1 和 USER2 配置在一个网段，比如 192.168.1.0/24；将 USER3 和 USER4 配置在一个网段，比如 192.168.2.0/24。USER1 和 USER2 能够互相 Ping 通，但是均不能 Ping 通 USER3 和 USER4。反之，USER3 和 USER4 亦然。

2) 基于 MAC 地址划分 VLAN

基于 MAC 地址划分 VLAN 不需要关注终端用户的物理位置，提高了终端用户的安全性和接入的灵活性。该类型的 VLAN 只能处理 untagged 报文。当接口收到的报文为 untagged 报文时，接口会以报文的源 MAC 地址为根据去匹配 MAC-VLAN 表项。如果匹配成功，则按照匹配到的 VLAN ID 和优先级进行转发，否则按其他匹配原则进行匹配。具体配置方法如下：

```
system-view
vlan vlan-id
mac-vlan mac-address mac-address [ mac-address-mask | mac-address-mask-length ]
```

上述命令用于关联 MAC 地址和 VLAN。mac-address 参数的格式是十六进制的 HHHH-HHHH-HHHH，但不可设置为 0000-0000-0000、FFFF-FFFF-FFFF 和组播 MAC 地址。mac-address-mask 参数指定 MAC 地址掩码，格式与 mac-address 参数相同。mac-address-mask-length 参数指定 MAC 地址掩码长度，取值范围为 1 至 48 的整数。若多

条配置指定的 mac-address 相同，则 MAC-VLAN 按最长匹配规则生效。

> *quit*
>
> *interface interface-type interface-number*
>
> *port link-type hybrid*

基于 MAC 地址划分 VLAN 推荐在 Hybrid 口上配置。

> *port hybrid untagged vlan { vlan-id1 [to vlan-id2] | all }*

允许基于 MAC 地址划分的 VLAN 通过当前 Hybrid 接口。

> *mac-vlan enable*

在端口上开启基于 MAC 地址划分 VLAN 功能。缺省情况下，基于 MAC 地址划分 VLAN 功能是关闭的。

以图 2.23 网络拓扑为例。同一部门分属一个 VLAN，只有本部门员工的 PC 才可以访问公司网络，换成其他 PC 则不能访问。PC1 和 PC2 为同一部门员工的 PC，通过 VLAN 10 访问公司网络并相互访问。PC3 和 PC4 为另一个部门员工的 PC，通过 VLAN 20 访问公司网络并相互访问。具体配置如下：

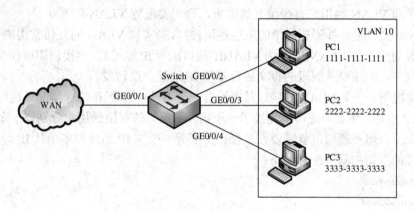

图 2.23　配置基于 MAC 划分 VLAN

① 创建 VLAN。

> <HUAWEI> *system-view*
>
> [HUAWEI] *sysname Switch*
>
> [Switch] *vlan batch 10*

② 配置接口加入 VLAN，GE0/0/3、GE0/0/4 的配置略。

> [Switch] *interface gigabitethernet 0/0/1*
>
> [Switch-GigabitEthernet0/0/1] *port link-type hybrid*
>
> [Switch-GigabitEthernet0/0/1] *port hybrid tagged vlan 10*
>
> [Switch-GigabitEthernet0/0/1] *quit*
>
> [Switch] *interface gigabitethernet 0/0/2*
>
> [Switch-GigabitEthernet0/0/2] *port link-type hybrid*
>
> [Switch-GigabitEthernet0/0/2] *port hybrid untagged vlan 10*
>
> [Switch-GigabitEthernet0/0/2] *quit*

③ PC 的 MAC 地址与 VLAN10 关联。

[Switch] *vlan 10*

[Switch-vlan10] *mac-vlan mac-address 1111-1111-1111*

[Switch-vlan10] *mac-vlan mac-address 2222-2222-2222*

[Switch-vlan10] *mac-vlan mac-address 3333-3333-3333*

[Switch-vlan10] *quit*

④ 使能接口的基于 MAC 地址划分 VLAN 功能，GE0/0/3、GE0/0/4 的配置略。

[Switch] *interface gigabitethernet 0/0/2*

[Switch-GigabitEthernet0/0/2] *mac-vlan enable*

[Switch-GigabitEthernet0/0/2] *quit*

⑤ 检查配置结果。PC1、PC2、PC3 可以访问公司网络，如换成其他外来人员的 PC 则不能访问。

3) 配置 VLAN 间互访

划分 VLAN 后，同一 VLAN 内用户可以直接互通，但是不同 VLAN 用户不能直接互通。如果不同 VLAN 的用户有少量互访需求，则需要配置 VLAN 间互访。

VLANIF 接口是一种配置简单的三层逻辑接口，是实现 VLAN 间互访常用的一种技术。每个 VLAN 对应一个 VLANIF，在为 VLANIF 接口配置 IP 地址后，该接口即可作为本 VLAN 内用户的网关，对需要跨网段的报文进行基于 IP 地址三层转发。

一般情况下，一个 VLANIF 接口只需配置一个 IP 地址，但在特殊情况下也可根据需要配置多个 IP 地址。例如，交换机连接了一个物理网络，该网络的用户分别属于多个不同网段，为确保所有用户通信，就需要在该接口上配置一个主 IP 地址和多个从 IP 地址。

VLAN 间互访的具体配置如下：

system-view

vlan vlan-id

quit

interface vlanif vlan-id

该命令创建 vlan-id VLAN 的 VLANIF 接口并进入 VLANIF 接口视图。缺省情况下，该 VLANIF 接口没有被创建。

ip address ip-address { mask | mask-length } [sub]

该命令配置 VLANIF 接口的 IP 地址。ip-address 参数指定接口的 IP 地址，mask 参数指定子网掩码。上述两个参数的格式均为点分十进制形式。mask-length 指定掩码长度，取值为 0 至 32 的整数。sub 参数可选，表明配置接口从 IP 地址。如果部署的 VLANIF 接口 IP 地址不在同一个网段，还需要在设备上部署路由协议，实现路由可达。每个 VLANIF 接口可以配置一个主 IP 地址和多个从 IP 地址，最多可配置 8 个从 IP 地址。

display interface vlanif [vlan-id | main]

该命令用于查看 VLANIF 接口的状态、配置以及流量统计信息。

如图 2.24 所示，不同用户拥有相同的业务，且位于不同的网段。现在相同业务的用户所属的 VLAN 不相同，需要实现不同 VLAN 中的用户相互通信。

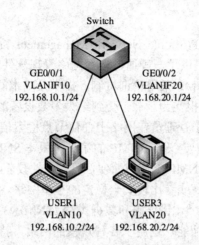

图 2.24　配置 VLAN 间通过 VLANIF 接口通信

为了成功实现 VLAN 间互通，VLAN 内主机的缺省网关必须是对应 VLANIF 接口的 IP 地址。具体配置如下：

① 创建 VLAN。

  <HUAWEI> *system-view*

  [HUAWEI] *sysname Switch*

  [Switch] *vlan batch 10 20*

② 配置接口加入 VLAN。

  [Switch] *interface gigabitethernet 0/0/1*

  [Switch-GigabitEthernet0/0/1] *port link-type access*

  [Switch-GigabitEthernet0/0/1] *port default vlan 10*

  [Switch-GigabitEthernet0/0/1] *quit*

  [Switch] *interface gigabitethernet 0/0/2*

  [Switch-GigabitEthernet0/0/2] *port link-type access*

  [Switch-GigabitEthernet0/0/2] *port default vlan 20*

  [Switch-GigabitEthernet0/0/2] *quit*

③ 配置 VLANIF 接口的 IP 地址。

  [Switch] *interface vlanif 10*

  [Switch-Vlanif10] *ip address 10.10.10.2 24*

  [Switch-Vlanif10] *quit*

  [Switch] *interface vlanif 20*

  [Switch-Vlanif20] *ip address 10.10.20.2 24*

  [Switch-Vlanif20] *quit*

④ 检查配置结果。在 VLAN10 中的 USER1 主机上配置 IP 地址为 192.168.10.2/24，缺省网关为 VLANIF10 接口的 IP 地址 192.168.10.1/24。在 VLAN20 中的 USER2 主机上配置 IP 地址为 192.168.20.2/24，缺省网关为 VLANIF20 接口的 IP 地址 192.168.20.1/24。

配置完成后，VLAN10 内的 USER1 与 VLAN20 内的 USER2 能够相互访问。

6. SNMP 配置

简单网络管理协议 SNMP(Simple Network Management Protocol)是广泛应用于 TCP/IP 网络的网络管理标准协议，提供了一种通过运行网络管理软件的中心计算机(即网络管理工作站)来管理设备的方法。SNMP 采用轮询机制，提供最基本的功能集，适合小型、快速、低价格的环境使用，以 UDP 报文为承载，受到绝大多数设备的支持。SNMP 能够保证管理信息在任意两点传送，以便于管理员在网络上任何节点检索信息，进行故障排查。

1990 年 5 月，RFC 1157 定义了 SNMP 的第一个版本 SNMPv1，提出了一种监控和管理计算机网络的系统方法。SNMPv1 使用简便，但安全性较差，返回报文的错误码也较少，适用于对网络安全性要求不高或者比较安全稳定的小型网络。SNMPv2c 在 SNMPv1 的基础上进行了扩展，支持更多的命令、错误码和数据类型。SNMPv3 改进了 SNMPv2c 的安全性，提供了认证加密和访问控制功能，适用于各种规模的网络，特别是对网络的安全性要求较高，确保合法的管理员才能对网络设备进行管理的网络。目前 SNMPv1 和 SNMPv3 较为常用。

1) 配置 SNMPv1

配置 SNMPv1 功能后，网管系统和网络设备之间将使用 SNMPv1 进行通信。具体配置如下：

    system-view

    snmp-agent

该命令开启 SNMP agent 服务。缺省情况下，该服务是关闭的。

    snmp-agent udp-port port-num

该命令可选，用于修改 SNMP agent 与网管系统连接所使用的端口号。port-num 参数指定 UDP 端口号，取值范围为 161 或 1025 至 65535 的整数。缺省情况下端口号为 161。

    snmp-agent sys-info version v1

该命令配置设备的 SNMP 协议版本为 SNMPv1。缺省情况下，设备仅使用 SNMPv3。执行该命令后，设备同时支持 SNMPv1 和 SNMPv3，能同时满足使用 SNMPv1 和 SNMPv3 的网管对设备进行监控和管理。

    snmp-agent community { read | write } { community-name | cipher community-name }

该命令配置设备的读写团体名。缺省情况下，系统中没有配置团体名。read 参数指定该团体名有只读权限。write 参数指定该团体名有读写权限。community-name 参数指定团体名字符串，该字符串以密文方式在配置文件中显示。cipher community-name 参数指定以明文或密文输入的团体名字符串。缺省情况下，设备会对配置的团体名进行复杂度检查，要求团体名最小长度为 8 个字符且至少包含 2 种字符(大写字母、小写字母、数字、特殊字符，但不包括问号和空格)。

    snmp-agent target-host trap address udp-domain ip-address [udp-port port-number | source interface-type interface-number]

该命令配置设备把告警和错误码发送到指定网管系统。ip-address 参数指定目标网管系统主机的 IP 地址。port-number 参数指定接收 Trap 报文的端口号，缺省值为 162。interface-number 参数指定发送 Trap 报文的源接口。

    snmp-agent sys-info { contact contact | location location }

该命令可选，用于配置设备管理员的联系方式和位置。contact 参数和 location 参数分别填写系统维护联系信息和设备节点的物理位置信息。缺省情况下，系统维护联系信息为"R&D Beijing, Huawei Technologies co.,Ltd."，物理位置信息为"Beijing China"。该命令用于管理多个设备时，方便记录设备管理员的联系方式和位置，在设备异常时能够快速联系设备管理员进行故障排除和定位。

2) 配置 SNMPv3

配置 SNMPv3 功能后，网管和设备之间将使用 SNMPv3 进行通信。具体配置如下：

> *system-view*
>
> *snmp-agent*
>
> *snmp-agent udp-port port-num*
>
> *snmp-agent sys-info version v3*

该命令可选，用于配置设备的 SNMP 协议版本为 SNMPv3。缺省情况下，SNMP 的协议版本即为 SNMPv3。

> *snmp-agent local-engineid engineid*

该命令可选，用于配置本地 SNMP 实体的引擎 ID，以唯一标识一个 SNMP 实体。engineid 为指定本地引擎 ID，格式为 10 至 64 个十六进制数字，且不能为全零和全 F。缺省情况下，设备采用内部算法自动生成一个设备引擎 ID，包含公司的"企业号＋设备信息"。修改本地引擎 ID 后，设备中已存在的 SNMPv3 用户将被删除。

> *snmp-agent group v3 group-name { authentication | privacy | noauthentication }*

该命令用于配置 SNMPv3 用户组。group-name 参数指定 SNMPv3 用户组组名，格式为不大于 32 个字符的字符串，不支持空格，区分大小写。authentication 参数指定对报文进行认证但不加密；privacy 参数指定对报文进行认证和加密；noauthentication 参数指定对报文不认证不加密。当网管和设备处在不安全的网络环境中时，建议用户使用 authentication 或 privacy 参数，开启数据的认证或加密功能。

> *snmp-agent [remote-engineid engineid] usm-user v3 user-name [group group-name]*

该命令用于配置 SNMPv3 用户。engineid 参数指定接收告警的目的主机引擎 ID，不能与本地引擎 ID 相同。user-name 参数配置用户名，用户名为不大于 32 个字符的字符串，不支持空格，区分大小写。group-name 参数指定用户对应的 SNMPv3 用户组名，一般在上一命令中定义。

> *snmp-agent [remote-engineid engineid] usm-user v3 user-name authentication-mode { md5 | sha }*
> *[cipher password]*

该命令用于配置 SNMPv3 用户认证密码。缺省情况下 SNMPv3 用户不开启认证。engineid、user-name 参数含义与上一命令相同。md5 和 sha 参数指定认证算法。为了保证更好的安全性，一般推荐采用 sha 算法认证。password 参数指定密码，密码为 32 至 108 位的字符串，不支持空格，不区分大小写。

> *snmp-agent [remote-engineid engineid] usm-user v3 user-name privacy-mode { des56 | aes128*
> *| aes192 | aes256 | 3des } [cipher password]*

该命令用于配置 SNMPv3 用户加密密码。缺省情况下 SNMPv3 用户不开启加密。engineid、user-name、password 参数含义与上一命令相同。des56、aes128、aes192、aes256 和 3des 参

数指定加密算法。为了保证更好的安全性，一般不推荐采用 des56 和 3des 算法加密。

snmp-agent target-host trap address udp-domain ip-address [udp-port port-number | source interface-type interface-number]

snmp-agent target-host inform address udp-domain ip-address [udp-port port-number | source interface-type interface-number]

该命令配置设备把 inform 告警和错误码发送到指定网管系统。ip-address、port-number 和 interface-number 含义与上一命令相同。

snmp-agent sys-info { contact contact | location location }

7. 流量抑制和风暴控制

当设备二层以太接口收到广播、未知组播或未知单播报文时，根据报文的目的 MAC 地址设备不能确定报文的出接口，设备会向同一 VLAN 内的其他所有二层以太接口转发该报文，这样可能导致广播风暴，降低设备转发性能。流量抑制和风暴控制是用于防止这三类报文引起广播风暴的安全技术。前者通过配置阈值来限制流量，后者通过关闭端口来阻断流量。

1) 流量抑制

流量抑制作用在接口上时，设备监控接口的上述三类报文速率，并与配置的阈值比较。当入口流量超过阈值时，设备丢弃超额的流量；当出口流量超过阈值时，设备分别对三类报文进行阻塞(Block)。

流量抑制作用在 VLAN 上时，设备监控同一 VLAN 内广播报文的速率，并与配置的阈值相比较。当 VLAN 内流量超过配置的阈值时，设备会丢弃超额的流量。

接口的流量抑制具体配置如下：

system-view

suppression mode { by-packets | by-bits }

该命令可选，用于在全局下配置流量抑制模式。by-packets 参数表示指定流量抑制模式为 packets，by-bits 参数表示指定流量抑制模式为 bits。缺省的流量抑制模式为 packets，bits 流量抑制模式的控制粒度更小、抑制更精确。

interface interface-type interface-number

{ broadcast-suppression | multicast-suppression | unicast-suppression } { percent-value | cir cir-value [cbs cbs-value] | packets packets-per-second }

该命令分别用来配置接口下允许通过的最大广播报文、未知组播报文和未知单播报文流量。percent-value 参数指定报文速率和接口速率的百分比。cir-value 参数指定承诺信息速率(Committed Information Rate)，即保证能够通过的速率，参数为整数形式，Eth 接口取值范围 0 至 100000，GE 接口是 0 至 1000000，单位为 Kb/s。cbs-value 参数指定承诺突发尺寸(Committed Burst Size)，即瞬间能够通过的承诺流量，参数为整数形式，取值范围是 10 000 至 4 294 967 295，单位为字节。缺省时 cbs-value 为 cir-value 的 188 倍。packets-per-second 指定每秒包速率，参数为整数形式，Eth 接口取值范围为 0 至 148810，GE 接口为 0 至 1 488 100。如果全局下配置流量抑制模式为 packets，接口下不能配置 cir 参数；如果全局下配置流量抑制模式为 bits，在接口下不能配置 packets 参数。

{ broadcast-suppression | multicast-suppression | unicast-suppression } block outbound

该命令配置在接口出方向上阻塞广播报文、未知组播报文和未知单播报文。

VLAN 的流量抑制具体配置如下：

system-view

vlan vlan-id　　　　　　　　　　　　　　　　　　　　　　　　　//进入 VLAN 视图

broadcast-suppression threshold-value

该命令配置 VLAN 的广播抑制速率。threshold-value 指定广播报文的抑制速率，参数为整数形式，取值范围为 64 至 10 000 000，单位是 Kb/s。

2) 风暴控制

风暴控制可以用来防止广播、未知组播以及未知单播报文产生广播风暴。设备每隔一段时间计算接口接收的三类报文平均速率，并与配置的最大阈值比较。当速率超过阈值时，设备风暴控制功能被触发，执行设定阻塞报文或关闭接口的控制动作。阻塞报文控制执行后，在接口接收报文平均速率小于配置的最小阈值时，风暴控制将接口自动转换至正常状态；关闭接口控制执行后，需要用户手动执行命令或设置自动开启接口功能来开启接口。

风暴控制具体配置如下：

system-view

interface interface-type interface-number

storm-control { broadcast | multicast | unicast } min-rate min-rate-value max-rate max-rate-value

该命令对接口上的广播、未知组播或未知单播报文进行风暴控制。min-rate-value 参数指定包模式的最小阈值。当接口接收报文的平均速率小于该值时，接口恢复正常转发状态。max-rate-value 参数指定包模式最大阈值。当接口接收报文的平均速率大于该值时，则对该接口进行风暴控制。min-rate-value 和 max-rate-value 参数均为整数形式，单位为 pps，Eth 接口取值范围为 1 至 148810，GE 接口为 1 至 1488100。

storm-control action { block | error-down }

该命令配置风暴控制的动作。block 参数指定风暴控制的动作为阻塞报文，error-down 参数指定风暴控制的动作为关闭接口。

storm-control enable { log | trap }

该命令可选，用于启动风暴控制时记录日志或者上报告警。log 参数开启记录日志功能，trap 参数开启上报告警功能。

storm-control interval interval-value

该命令可选，用于设置风暴控制的检测时间间隔。interval-value 参数指定风暴控制的检测时间间隔，参数单位为秒，取值范围是 1 至 180，缺省为 5 秒。

8. 端口镜像

在网络运维过程中，为了便于业务监测和故障定位，用户经常需要获取设备上的业务报文进行分析。端口镜像是指在不影响设备对报文进行正常处理的情况下，将经过指定端口(源端口或者镜像端口)的报文复制一份到另一个指定端口(目的端口或者观察端口)。用户通过网络监控设备能够分析从镜像端口复制过来的报文，判断网络中运行的业务是否正常。具体配置方法如下：

system-view

observe-port [observe-port-index] interface interface-type interface-number

该命令配置单个本地观察端口。observe-port-index 参数指定观察端口的索引，S5720 交换机仅支持 1 个本地观察端口，该参数为 1。interface-number 参数指定接口的类型和编号。一般观察端口应专用于镜像流量的转发，因此不应配置其他业务，防止镜像流量与业务流量同时转发造成影响。

interface interface-type interface-number

port-mirroring to observe-port observe-port-index { both | inbound | outbound }

该命令将镜像端口绑定到观察端口。observe-port-index 参数指定要绑定观察端口的索引，必须与配置的观察端口的索引相同。both 参数表示将镜像端口入方向和出方向的报文都镜像到观察端口。inbound 和 outbound 参数表示仅将镜像端口入和出方向的报文镜像到观察端口。

上述绑定可重复执行多次，将不同镜像端口的报文复制到观察端口上。

思 考 题

1. 简述三种帧交换方式的区别。
2. 简述第二层、第三层和第四层交换机的区别。
3. 简述共享式和交换式网络的区别。
4. 比较常见的局域网协议之间的联系和区别。
5. 三种交换机的连接配置方式有什么异同？
6. 为什么交换机上要提供端口的屏蔽和端口对 MAC 地址的锁定？
7. 何为广播风暴？为什么要抑制广播风暴？如何抑制广播风暴？(查阅资料回答)
8. 什么是中继器、Hub、交换机、网桥、路由器、三层交换机、网关？(查阅资料回答)

第 3 章 路由器原理与基本设置

建议学时：8 学时

主要内容：

 (1) 路由器的管理；

 (2) 帧中继/HDLC/PPP 协议的连通；

 (3) 静态路由/RIP/OSPF 路由协议。

3.1 基 本 原 理

  构建各种规模计算机网络的主要设备是路由器(Router)和交换机(Switch)。传统意义上的路由器是指利用 IP 地址信息进行报文转发的互联设备。本书中如无特殊说明，路由器均指 IP 路由器。

3.1.1 路由器的定义

  路由是指通过相互连接的网络把信息从源地点移动到目标地点的活动。一般在路由过程中，信息会经过一个或多个中间节点。普通用户通常容易将路由和交换概念混淆。其实，两者之间的主要区别就是交换发生在 OSI 参考模型的第二层(数据链路层)，而路由发生在第三层，即网络层。这一区别决定了路由和交换在移动信息的过程中需要使用不同的控制信息，所以二者实现各自功能的方式是不同的。

  路由器是一种典型的网络层设备，它在两个局域网之间按帧传输数据，转发帧时改变帧中的地址。路由器原理示意图如图 3.1 所示。

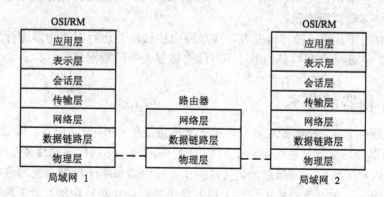

图 3.1 路由器原理示意图

路由器通过路由决定数据的转发。转发策略称为路由选择(Routing)，这也是路由器名称的由来(Router，转发者)。作为不同网络之间互相连接的枢纽，路由器系统构成了基于 TCP/IP 的国际互联网络 Internet 的主体脉络，也可以说，路由器构成了 Internet 的骨架。它的处理速度是网络通信的主要瓶颈之一，其可靠性则直接影响着网络互连的质量。

3.1.2　路由器的构成

路由器具有四个要素：输入端口、输出端口、交换开关和路由处理器。

(1) 输入端口是物理链路和输入包的进口处。端口通常由线卡提供，一块线卡一般支持 4、8 或 16 个端口，输入端口具有许多功能。第一个功能是进行数据链路层包的封装和解封装。第二个功能是在转发表中查找输入包目的地址并决定目的端口(称为路由查找)，路由查找可以使用一般的硬件来实现，或者通过在每块线卡上嵌入一个微处理器来完成。第三，为了提供 QoS(Quality of Service，服务质量)，端口要将收到的包分成几个预定义的服务级别。第四，端口可能需要运行诸如 HDLC 和 PPP(点对点协议)这样的数据链路级协议或者诸如 PPTP(Point-to-Point Tunnel Protocol，点对点隧道协议)这样的网络级协议。路由查找完成后，必须用交换开关将包送到其输出端口。如果路由器是输入端队列型的，则几个输入端共享同一个交换开关。这样输入端口的最后一项功能则是公共资源(如交换开关)的仲裁协议。

(2) 交换开关可以使用多种不同的技术来实现，使用最多的交换开关技术是总线、交叉开关和共享存储器。总线开关使用一条总线连接所有的输入和输出端口，是最简单的开关，缺点是其交换容量受限于总线的容量以及共享总线仲裁会带来额外开销。交叉开关通过开关提供多条数据通路，具有 N×N 个交叉点的交叉开关可以被认为具有 2N 条总线。如果一个交叉点闭合，则输入总线上的数据在输出总线上可用，否则不可用。交叉点的闭合与打开由调度器来控制，因此，调度器限制了交换开关的速度。在共享存储器路由器中，进来的包被存储在共享存储器中，所交换的仅是包的指针，这提高了交换容量，但是，共享存储器技术交换的速度受限于存储器的存取速度。尽管存储器容量每 18 个月能够翻一番，但存储器的存取时间每年仅降低 5%，这是共享存储器交换开关的固有限制之一。

(3) 输出端口在数据包被发送到输出链路之前存储数据包，可以实现复杂的调度算法以支持优先级等要求。与输入端口一样，输出端口同样要能支持数据链路层包的封装和解封装，以及许多较高级协议。

(4) 路由处理器通过操作转发表以实现路由协议，并运行对路由器进行配置和管理的软件。同时，它还处理那些目的地址不在线卡转发表中的数据包。

3.1.3　路由器的分类

从体系结构上看，路由器可以分为第一代单总线单 CPU 型路由器、第二代单总线主从 CPU 型路由器、第三代单总线对称式多 CPU 型路由器、第四代多总线多 CPU 型路由器、第五代共享内存式路由器、第六代交叉开关体系路由器和基于机群系统的路由器等多类。

从网络级别上看，路由器可以分为接入路由器、企业级路由器、骨干网路由器和太比特路由器四种。接入路由器使得家庭和小型企业可以连接到某个互联网服务提供商。企业级路由器连接一个校园或企业内成千上万的计算机,不但要求端口数目多、价格低廉,而且要求配置简单方便,并提供 QoS。骨干网路由器终端系统通常是不能直接访问的,它们连接长距离骨干网上的 ISP 和企业网络,要求路由器能对少数链路进行高速路由转发。在未来核心互联网使用的三种主要技术中,光纤和 DWDM 技术已经发展得很成熟,如果没有与现有的光纤技术和 DWDM 技术提供的原始带宽对应的路由器,新的网络基础设施性能将无法从根本上得到改善,因此开发高性能的骨干交换/路由器(太比特路由器)已经成为一项迫切的要求。太比特路由器技术现在还主要处于开发实验阶段。

3.1.4 路由器的功能

路由器的一个功能是连通不同的网络,另一个功能是选择信息传送的线路。选择通畅快捷的路径,能大大提高通信速度,减轻网络系统通信负荷,节约网络系统资源,提高网络系统畅通率,从而让网络系统发挥出更大的效益。

一般地,异种网络的互联与多个子网的互联由路由器完成。

路由器的主要工作是为经过路由器的每个数据帧寻找最佳传输路径,并将该数据有效地传送到目的站点。由此可见,选择最佳路径的策略,即路由算法,是路由器工作的关键所在。为完成这项工作,在路由器的路由表(Routing Table)中保存着子网的标志信息、网上路由器的个数、下一个路由器的名字等各种传输路径的相关数据。路由表可以是由系统管理员固定设置好的,也可以由系统动态修改;可以由路由器自动调整,也可以由主机控制。

(1) 静态路径表。由系统管理员事先设置好的固定路径表称为静态(static)路径表,一般在系统安装时根据网络的配置情况预先设定,不会随未来网络结构的改变而改变。

(2) 动态路径表。动态(Dynamic)路径表是路由器根据网络系统的运行情况而自动调整的路径表。路由器根据路由选择协议(Routing Protocol)提供的功能,自动学习和记忆网络运行情况,在需要时自动计算数据传输的最佳路径。

3.1.5 路由选择算法

由于某些关键特性的不同,各种路由选择算法也不同。首先,算法设计者的设计目标会影响路由选择协议的运行结果;其次,现有各种路由选择算法对网络和路由器资源的影响不同;最后,不同的计量标准也会影响最佳路径的计算结果。

路由选择算法使用许多不同的计量标准确定最优路由,一些复杂的路由选择算法将多种计量标准融为一体。常用的计量标准如下:

(1) 路径长度。路径长度(Path Length)是最普通的一种计量标准。在路由选择协议允许网络管理员为每条网络链路分配任意权值的情况下,路径长度是指数据包从源节点到目的节点所经过的每条链路的权值之和。在路由选择协议定义了站点数目情况下,路径长度是指数据包从源节点到目的节点过程中通过网络产品(如路由器)的数目。

(2) 可靠性。可靠性(Reliability)是指每个网络链路的可靠性(通常用比特-错误率描述),即网络链链路是否容易出现网络故障,一旦发生故障,是否能迅速修复。在进行可靠性等级分配时,应将所有影响可靠性因素都考虑在内。通常由网络管理员给网络链路分配可靠性等级,等级一般用数值表示。

(3) 路由选择延迟。路由选择延迟(Routing Delay)指的是通过互联网络从源节点发送数据包到目标节点所需的时间。延迟时间取决于诸多因素，其中包括网络链路的带宽及网络堵塞程度、沿途每个路由器端口的队列和传输的物理距离等。由于延迟受多种重要因素的影响，因此，它是一种应用最广且最有用的计量标准。

(4) 带宽。带宽(Bandwidth)是指链路传输信息流容量的能力。在所有其他条件相同的情况下，10 Mb/s 以太网链路显然优于 64 Kb/s 的租用链路。尽管带宽越大表示链路的传输能力越强，但通过较大带宽链路的路由并不一定比通过较小带宽链路的路由更好。如果较快的链路非常繁忙，那么通过它向目的节点传送数据包所需的实际时间可能会更长。

(5) 负载。负载(Load)是指网络资源(如路由器)的繁忙程度，它可用多种方式计算，其中包括 CPU 的利用率和每秒处理数据包的个数。当然，持续不断地监控这些负载参数本身就要占用资源。

(6) 通信开销。通信开销(Communication Cost)是另外一种重要的计量标准，尤其是当公司关心运行费用胜过运行性能时。对于这些公司来说他们宁可将数据包在自己的链路上进行传输(即使这样可能增加链路延迟)也不愿花钱(省时间)在公用链路上传输。

3.2 路由器构成

3.2.1 路由器的基本组成

路由器是一台专用的计算机。与通用计算机不同的是为了提高运行速度，其系统软件通常置于内存中，无硬盘。与通用计算机相同的是其基本组成仍是 CPU、各种存储器和接口电路。不同公司、不同系列的路由器的 CPU 和存储器的种类也不尽相同，外部接口的种类和数量也有差异。

本章节以华为 AR3260 路由器为例，介绍路由器基本情况(以下简称 3260)。该路由器一般用于企业网内部网络与外部网络的连接处，是内部网络与外部网络之间数据流的唯一出入口。3260 具备路由、交换、无线、语音、安全等功能，可将多种业务部署在同一设备上，能够有效降低企业网络建设的初期投资与长期运维成本。

1. 外观

3260 路由器采用模块化设计，通过不同槽位组合以满足不同的网络接入需求。其外观如图 3.2 所示。AR3260 的指示灯全部是插在其槽位上各模块自身的指示灯，面板没有独立的指示灯。

图 3.2 上半部分为设备正面，设备右侧为风扇框，从右向左，从上至下共 3 排，分别为 11 至 15 槽位。其中 15 槽位为主控板槽位，图中插入了一块 SRU 主控板(Switch and Route Unit)；13、14 槽位为 MFS(Multiple Function Slot，多功能插槽)槽位，图中空置，合并作为预留双主控升级能力的另一块主控板槽位；11、12 槽位为电源槽，图中 11 槽位插入了 1 块交流电源模块，12 槽位空置。

图 3.2 下半部分为设备背面，从右向左，从上至下共 4 排，分别为 1-4、5-6、7-8、9-10

槽位。其中 1-4 槽位为 SIC(Smart Interface Card，灵活接口卡)槽位，5-6 槽位为 WSIC(Double-Width SIC，双宽 SIC 卡)槽位，7-10 槽位为 XSIC(Double-Height WSIC，双高 WSIC 卡)槽位。两个 SIC 槽位可以合并为一个 WSIC 槽位使用，例如 1、2 槽位可合并为一个 WSIC 槽位；两个 WSIC 槽位可以合并为一个 XSIC 槽位使用，例如 1、2 槽位和 5 槽位可合并为一个 XSIC 槽位；两个 XSIC 槽位可以合并为一个 EXSIC 槽位使用，例如 7、8 槽位可合并为一个 EXSIC(Double-Width XSIC，双宽 XSIC 卡)槽位。

图 3.2　3260 路由器的外观

图 3.2 中，1 槽位插入了 1 块 2 端口 E1 板卡，2 槽位插入了 1 块 2 端口同异步串口板卡，3 槽位插入了 1 块 1 端口 155M CPOS 板卡，8 槽位插入了 1 块 24 端口千兆以太网二层交换板。15 槽位的主控板是系统的控制和管理核心，提供整个系统的控制平面、管理平面和数据平面。控制平面用于完成系统的协议处理、业务处理、路由运算、转发控制、业务调度、流量统计、系统安全等功能；管理平面用于完成系统的运行状态监控、环境监控、日志和告警信息处理、系统加载、系统升级等功能；数据平面用于提供高速无阻塞数据通道，完成各个业务模块之间的业务交换功能。

2. 接口

路由器接口提供了路由器与特定类型的网络介质之间的物理连接。根据接口的配置情况，路由器可分为固定式路由器和模块化路由器两大类。每种固定式路由器采用不同的接口组合，这些接口不能升级，也不能进行局部变动。而模块化路由器上有若干插槽，可插不同的接口卡，可根据实际需要灵活地进行升级或变动。一般低端产品支持的接口类型和接口数量少于较高端产品。常见的接口包括：

(1) 局域网接口：常用于以太网局域网接入，实现与局域网中的网络设备的数据交换，主要完成二、三层线速交换和设备管理功能。常见局域网接口为以太网口，包括 10/100/1000 Mb/s 电以太网口、1000 Mb/s 光以太口、10 Gb/s 光以太口等。许多路由器的以太网的接口个数通常为 1~2 个。通常局域网接口不需要配置 IP 地址。

(2) 广域网接口：用于提供远程广域网接入，实现与远距离的外部网络设备的数据交换，可分为窄带广域网接口和宽带广域网接口。常见的窄带广域网接口包括 E1、同步/异步串行、ISDN、xDSL 接口等；常见的宽带广域网接口包括 POS/CPOS、以太网接口等。通常广域网接口需要配置 IP 地址后才能够正常工作。

(3) 配置口：使用 Console 线缆通过该接口对路由器进行本地配置，或使用 MODEM，通过电话线对路由器进行远程配置。工作在异步模式下，数据传输速率为 9600 b/s。

3. 指示灯

3260 正面和背面面板均没有独立的指示灯，取而代之的是槽位上各模块自身的指示灯。以图 3.2 正面为例，主要介绍 SRU 主控板、交流电源模块和风扇模块的指示灯。

SRU 主控板是 3260 路由器系统的控制和管理核心，提供整个系统的控制平面、管理平面和业务交换平面，由主控模块、交换模块、电源模块和时钟模块组成，面板如图 3.3 所示，指示灯从左到右分别为：

图 3.3　SRU 主控板示意图

(1) SYS：该指示灯表示路由器状态。灯灭表示路由器系统未运行或处于复位状态，绿色快速闪烁表示系统处于上电加载或者复位启动状态，绿色慢速闪烁表示系统运行正常，红色常亮表示 SRU 板存在影响业务且无法自动恢复的故障，需要人工干预。

(2) ACT：该指示灯表示 SRU 板的主备状态。灯绿色常亮表示处于主用状态，常灭表示处于备用状态。

(3) Micro SD：该指示灯表示 Micro SD 接口的工作状态。灯绿色常亮表示已经插卡，绿色闪烁表示卡上有数据读写操作，常灭表明接口未插卡。

(4) ACT：该指示灯表示使用 U 盘开局状态。灯灭表示未插 U 盘或 USB 接口故障，绿色常亮表示 U 盘开局正确完成，绿色闪烁表示正在进行 U 盘开局，红色常亮表示 U 盘开局失败。

(5) LINK0 和 LINK1：该指示灯表示 GE0 和 GE1 光接口连接状态。灯常亮表示对应接口链路已经连通，常灭表示对应接口链路无连接。

(6) ACT0 和 ACT1：该指示灯表示 GE0 和 GE1 光接口工作状态。灯闪烁表示对应接口有数据收发，常灭表示对应接口无数据收发。

(7) GE 端口状态灯：GE0 和 GE1 电接口左上方为 LINK 灯，右上方为 ACT 灯，状态信息与光接口的指示灯相同。电接口和对应的光接口为复用状态，当激活其中的一个接口时，另一个接口就自动处于禁用状态。设备缺省时启用电接口。

(8) MiniUSB EN：该指示灯表示 MiniUSB 接口的状态。灯绿色常亮表示 MiniUSB 接口可用，常灭表示当前 MiniUSB 接口不可用。

(9) CON/AUX EN：该指示灯表示 CON/AUX 接口的状态。CON/AUX 接口和 MiniUSB 接口是复用的，同一时刻只有一个可以使用。缺省情况下为 CON/AUX 接口可用，对应的 EN 指示灯绿色常亮。灯绿色常亮表示 CON/AUX 接口可用，常灭表示当前 CON/AUX 接口不可用。

(10) RST：该开关用于手工复位 SRU 主控板。没有备主控板的状态下复位 SRU 主控板，会导致业务中断，应慎重使用。

交流电源模块上仅有 STATUS 状态灯，表示电源的工作状态。该灯绿色常亮表示交流电源模块输出正常，红色常亮表示异常，需检查输入输出状态。

风扇模块上仅有 STATUS 状态灯，表示风扇工作状态。该灯绿色慢闪表示风扇模块工作正常，绿色快闪表示无法与风扇模块进行通信，红色常亮表示风扇模块故障。

4. 操作系统

路由器是一种专用的计算机，正如计算机必须有操作系统才能使用一样，路由器也必须有操作系统，我们称之为 NOS(Network Operating System)。大部分生产路由器的厂商均研发了专用 NOS，用于其生产的各种网络设备。例如 Cisco 公司的 IOS(Inter-network Operating System)系统、华为公司的 VRP(Versatile Routing Platform)系统、中兴公司的 ROSng(Route Operating System Next Generation)系统、H3C 公司的 Comware 系统等。

NOS 运行于对应的网络设备，如路由器、交换机、传输设备中，为用户提供统一的用户界面和管理界面，包括：统一的实时操作系统内核、IP 软转发引擎、路由处理和配置管理平面；实现控制平面功能，并定义转发平面接口规范，实现各产品转发平面与 VRP 控制平面之间的交互；实现网络接口层，屏蔽各产品链路层对于网络层的差异。现代的 NOS 采用模块化结构，可移植性及扩展性较好。生产厂家在不同性能级别的设备中，对自己的 NOS 系统进行定制剪裁，实现不同功能和特性的组合。

3.2.2　路由器的基本功能

路由器的基本功能是把数据报(Packets，IP 报文)正确、高效地传送到目标网络，具体包括：

(1) IP 数据报的转发，包括数据报传送的路径选择和传送数据报。

(2) 与其他路由器交换路由信息，维护路由表。

(3) 子网隔离，抑制广播风暴。

(4) IP 数据报的差错处理及简单的拥塞控制。

(5) 实现对 IP 数据报的过滤和记账等。

3.2.3　路由器的分类

路由器按性能和作用可以简单分类为核心路由器、分布级路由器、介入级(访问级)路由器。

(1) 核心级路由器。在主干网上，路由器的主要作用是路由选择，即路由器必须已知到达所有下层网络的路径。这就需要维护庞大的路由表，而且对连接状态的变化要尽可能迅速作出反应。路由器的故障将会导致信息传输出现严重问题。这类路由器被称为核心(级)路由器。

(2) 分布级路由器。在地区网中，路由器的主要作用是网络连接和路由选择，即连接下层各个基层网络单位(如园区网)，同时负责下层网络之间的数据转发。本层的路由器称为分布级路由器，一般用作小型 LAN 和远程站点的中央连接点。

(3) 接入级(访问级)路由器。在园区网内部，路由器的主要作用是分隔子网。早期的互联网基层单位是局域网(LAN)，其中所有主机处于同一个逻辑网络中。随着网络规模的不断扩大，局域网逐步演变成和高速主干路由器连接的多个子网所组成的园区网。在园区网中，各个子网逻辑上相互独立，路由器是唯一能够分隔和连接它们的设备，它负责子网间的报文转发和广播隔离。该层级的路由器称为接入级或访问级的路由器。

3.2.4　路由器的接口标示

路由器接口分为物理接口和逻辑接口两类，前者是真实存在、有对应器件支持的接口，后者是能够实现数据交换功能但物理上不存在、需要通过配置建立的接口。

华为路由器接口通过"槽位号/子卡号/接口序号"进行标识，与华为交换机类似。槽位号表示单板所在的槽位，遇到槽位合并时，物理槽位号取较大槽位编号，例如图 3.2 中，槽位 1 和槽位 2 合并后，新槽位号为 2；槽位 1、2、5 合并后，新槽位号为 5。子卡号表示单板上子卡槽位编号，但是 AR 路由器单板不支持子卡，因此统一取值为 0。接口序号表示板上各接口的编排顺序号，若接口板只有一排接口，最左侧接口从 0 起始编号，其他接口从左到右依次递增编号，例如图 3.2 中，1 槽位的 E1 接口编号从左至右分别是 1/0/1 和 1/0/2；若接口板有两排接口，则左下接口从 0 起始编号，其他接口从下到上、从左到右依次递增编号，例如图 3.2 中，8 槽位的以太网接口左下角和右上角接口编号分别为 8/0/0 和 8/0/23。

3.3　WAN 协议和技术

WAN(Wide Area Network)协议和技术具有两个重要的特征。首先，它们用于 WAN 介质上，如光纤或电话电缆；其次，它们能够封装最常使用的协议，这样封装后的协议(和包括在其中的有效载荷数据)能够在 WAN 上从一个 LAN 传输到另外一个 LAN。大多数 WAN 协议和技术都能封装 TCP/IP 协议，其他一些 WAN 协议还能容纳 NetBEUI、IPX/SPX 以及其他协议。常见的 WAN 协议和技术包括 ATM、帧中继、PPP、HDLC 等。

3.3.1　ATM

ATM(Asynchronous Transfer Mode)是国际电报电话咨询委员会(CCITT)于 1992 年 6 月定义的信元传输标准。ATM 交换中分组长度固定是 53 字节，简称为信元。ATM 以信元为基本单位进行信息传输、复用和交换，这样有利于信息的快速传输，为具有统一结构的网络提供了一种通用且适于不同业务的面向连接的转移模式。

ATM 具有高带宽、良好的 QoS、能够传输多媒体信息等优点。在千兆以太网技术之前，业界倾向于在骨干网采用 ATM 骨干交换机，以提供高带宽。但是 ATM 实现非常复杂，系统研制、配置、管理和故障定位的难度大，设备昂贵。

目前，ATM 多用于数据链路层，用以传输 IP 分组。由于 ATM 在提供有质量保证的综合业务传送能力方面优势明显，通常把 IP 和 ATM 技术结合起来，使用 IP over ATM 技术体系。

3.3.2 帧中继

帧中继(Frame Relay)是国际电报电话咨询委员会(CCITT)于 1984 年定义的一项传输标准。帧中继提供多点间的数据链路层和物理层的协议规范，任何高层协议都独立于帧中继协议。因此，协议的实现具有网络时延低、设备费用低和带宽利用率高的特点，适用于突发性的数据通信，可以动态分配网络资源。

帧中继在协议设计上取消了差错校验，提高了网络吞吐率，带来的问题是仅能够检测到传输错误，不能够纠正错误，因此只能用于高可靠的传输线路。此外，由于采用了基于变长帧的异步多路复用，帧中继主要用于数据传输，不适合语音、视频等对时延敏感的信息传输。

3.3.3 PPP

PPP(Point-to-Point Protocol)协议是一种在点对点链路上承载网络层数据包的数据链路层协议，用在全双工的同/异步链路上进行点对点的数据传输。在远距离通信时，PPP 协议是最广泛应用的协议之一。

PPP 协议同时支持同步和异步链路，支持各种链路层参数的协商，能承载多种网络层报文，提供验证协议 CHAP(Challenge-Handshake Authentication Protocol)、PAP(Password Authentication Protocol)，确保了网络的安全性，无重传机制，网络开销小，速度快。

3.3.4 HDLC

高级数据链路控制(HDLC，High-level Data Link Control)是一种面向比特的链路层协议，其优点是对于任何一种比特流，均可以实现透明的传输。HDLC 是全双工通信，不必等待确认可连续发送数据，有较高的数据链路传输效率。HDLC 的数据帧采用 CRC 校验，对信息帧进行顺序编号，可防止漏收或重收，传输可靠性高。协议传输控制功能与处理功能分离，具有较大的灵活性和较完善的控制功能。协议不依赖于任何一种字符编码集，数据报文可透明传输，用于透明传输的"0 比特插入法"，易于硬件实现。

3.4 路由器的安装

3.4.1 路由器安装要求

1. 场所环境要求

路由器可以安放在桌面或安装在机架上。机箱放置、机架的布置、房间的布线对系统正常的操作相当重要。设备距离太近、通风不好、难以接近控制板等，将造成维护困难，引起系统故障和停机。

2. 场所配置预防

场所配置可为路由器设计合适的操作环境，避免环境造成的系统失效。具体应注意以下几点：

(1) 确保工作间空气流通，电器设备散热良好。如果没有充足的气流循环，就不能为设备提供良好的冷却。

(2) 静电放电会导致系统立即或间断失效。应按照静电放电防护程序进行操作，以避免损坏设备。

(3) 机箱最好放置在冷空气经常吹过的位置。确保机箱封口是密闭的，因为敞开的机箱会破坏机箱内的气流循环、中断气流或使本来要冷却内部发热元器件的冷空气改变流向。

3. 机架配置

机架上每一台设备工作时都会发热，因此封闭的机架必须有散热口和冷却风扇，而且设备不能密集放置，以确保通风良好。机架配置应注意以下几点：

(1) 在开放的机架上安装机箱时，注意机架的框架不要挡住路由器机箱的通风孔。

(2) 确保为已经安装在机架底部的设备提供有效的通风措施。

(3) 为分开废气和吸入的空气，同时帮助冷空气在箱内流动，必须合理放置隔板。隔板的最佳位置取决于机架内的气流形式，最佳位置可通过不同的摆放方式测得。

4. 电源考虑

检查电源，确保供电系统接地良好。路由器输入端电源要稳定可靠，必要时应安装电压调节装置。机房的短路保护措施中应保证相线中有一个 240 V、10 A 的保险丝或断路器。

3.4.2　安装路由器

路由器机箱可放置在桌面，也可固定到机架上或其他平面上。3260 路由器体积较大，一般建议安装在机架内。

安装、更换模块化路由器单板时，须佩戴防静电手环或防静电手套，务必缓慢、平稳地沿着机框插槽的导轨插入单板，避免上下晃动，严禁用手接触单板上的元器件。

路由器安装完毕后首先检查保护地线是否正确可靠安装，其次检查设备的出风口，注意不能影响设备的正常散热。检查确认无误后，再根据具体情况连接线缆，加电运行。

3.4.3　路由器配置方式

用户可以通过 Console 口、MiniUSB 口登录设备对第一次上电的设备进行配置。在完成初始配置后，可以通过 Telnet、STelnet 或 Web 方式对设备进行配置(部分中低端路由器具备 Web 配置功能)，具体操作方式与 2.4.2 交换机管理类似，在此略过。

3.5　路由器设置

路由器各种设置的基础是 Console 口管理，本节我们以 Console 口管理为例介绍 3260

的相关设置。

路由器安装完毕后，在接通电源开始配置之前，必须确认：

(1) 已按照手册要求设置好路由器的硬件。

(2) 配置 PC 终端仿真程序。

(3) 对于 IP 网络协议，确定 IP 地址规划和在每个端口上运行何种 WAN 协议(如 Frame Relay、HDLC、X.25 等)。

3.5.1　初始连接

3260 路由器的初始连接必须通过 Console 口管理进行。当使用 Console 口与新出厂(或没有启动配置文件)路由器成功建立连接后，将可以看到如图 3.4 所示信息，询问用户是否使用设备的 Auto-Config 功能。

Auto-Config 功能是一项为新出厂(或没有启动配置文件)的设备下发系统版本文件、补丁文件和配置文件的高级功能，能够减少网络管理员对每台设备进行手工配置的工作量。此处选择"N"，暂时不需要开启 Auto-Config 功能。

之后，路由器将继续运行并提示配置登录密码。如选择 N，则系统会提示"warning: There is a risk on the user-interface which you login through. Please change the configuration of the user-interface as soon as possible."。当用户再次登录设备时，仍然会提示配置登录密码。

确认是否配置密码，并完成相关操作后，路由器显示命令行视图的交互提示符，表示可开始配置路由器设备。

初始连接进入路由器设备后，建议对设备名称、管理 IP 地址和系统时间等进行配置，并配置 Telnet 用户的级别和认证方式实现远程登录，为后续配置提供基础。

Auto-Config is working. Before configuring the device, stop Auto-Config. If you perform configurations when Auto-Config is running, the DHCP, routing, DNS, and VTY configurations will be lost.

Do you want to stop Auto-Config? [y/n]:

Please configure the login password (maximum length 16)

Enter Password:

Confirm Password:

warning: The authentication mode was changed to password authentication and the user level was changed to 15 on con0 at the firest user login.

<HUAWEI>

图 3.4　初始化界面

3.5.2　设置基础

由于华为设备均基于 VRP 系统，因此包括命令行视图、命令级别、命令帮助、操作命令等命令行和操作惯例与上一章 S5720 交换机一致，在此不再赘述。

3.5.3 广域网协议配置

1. 帧中继配置

在单链路帧中继承载 IP 业务功能配置之前，需确认帧中继(子)接口编号和 IP 地址、DLCI(Data Link Connection Identifier)号码、帧中继接口映射的 IP 地址和地址掩码。具体配置如下：

>*system-view*
>
>*interface interface-type interface-number*
>
>*link-protocol fr [ietf | nonstandard]*

上述命令用于指定接口链路层协议为帧中继协议，并配置帧中继协议的封装格式。帧中继有两种封装格式：ietf 参数表明采用 RFC1490 标准格式封装，nonstandard 参数表明采用非 RFC1490 标准格式封装。缺省情况参数为 ietf，nonstandard 参数主要用于与其他厂商的路由器互通。

>*fr interface-type [dte | dce]*

上述命令用于配置帧中继接口为 DTE 或 DCE 类型，缺省情况为 DTE 类型。参数 DTE(Data Terminal Equiment)表明路由器为数据终端设备，一般用户侧设备的接口均为 DTE 接口。参数 DCE(Data Circuit-terminating Equipment)表明路由器为数据通信设备，为用户设备提供接入的设备为 DCE 设备。在实际应用中，DTE 接口只能和 DCE 接口直连。如果把设备用作帧中继交换机，帧中继接口类型应该为 DCE。DCE 设备提供时钟信号。

>*ip address ip-address { mask | mask-length }*
>
>*fr dlci dlci-number*

上述命令用于为帧中继接口配置虚电路。参数 dlci-number 用于指定帧中继接口分配的虚电路号，取值范围是 16 至 1022 的整数，DTE 和 DCE 两侧连接的 dlci-number 必须一致。当帧中继接口类型是 DTE 时，系统会根据对端设备自动确定虚电路，该命令也可省略；当帧中继接口类型是 DCE 时，需要执行该命令为接口配置虚电路。

>*quit*
>
>*fr map ip { destination-address [mask] | default } dlci-number [[ietf | nonstandard]]*

上述命令用于配置目的 IP 地址和指定 DLCI 的静态映射。参数 destination-address 和 mask 用于指定目的 IP 地址和子网掩码。参数 default 用于指定一条缺省映射，将所有目的 IP 地址映射到指定的 DLCI。参数 dlci-number 指定本地的数据链路标识符。参数 ietf 和 nonstandard 指定帧中继接口报文格式。

>*fr lmi type { ansi | nonstandard | q933a }*

上述命令用于配置帧中继 LMI(Local Management Interface)协议类型。LMI 协议监控管理永久虚电路状态，两端设备的 LMI 协议类型必须配置一致。当两端都是 ANSI T1.617 格式封装时，使用 ansi 参数；当对端是 Cisco 设备时，使用 nonstandard 参数；当两端都是 q933a 格式封装时，使用 q933a 参数。缺省情况下，接口的 LMI 协议类型为 q933a 参数。

>*quit*

配置帧中继链路承载 IP 业务成功后，可以使用以下命令检查帧中继的配置结果：

display fr interface [interface-type interface-number]

上述命令用于查看帧中继协议状态和接口信息。

display fr map-info [interface interface-type interface-number]

上述命令用于查看协议地址与帧中继地址映射表。

display interface brief

上述命令用于查看接口状态和配置的简要信息。

2. HDLC 配置

点到点的直接连接是广域网连接的一种比较简单的形式，点到点连接的线路上链路层封装的协议主要有 PPP 和 HDLC(High-level Data Link Control)。HDLC 是一种典型的面向比特的同步数据控制协议，传输控制功能与处理功能分离，有较大的灵活性和控制功能。

具体配置如下：

system-view

interface interface-type interface-number

link-protocol hdlc

上述命令用于配置接口封装 HDLC 协议。

ip address ip-address { mask | mask-length }

配置 HDLC 基本功能后，可以使用以下命令检查 HDLC 的配置结果：

display interface [interface-type [interface-number]]

上述命令用于查看接口状态、链路层协议及配置信息。

3. PPP 协议配置

PPP 协议处于 OSI 参考模型的第二层，支持同、异步两种传输模式，主要用在全双工链路上，进行点到点之间的数据传输。由于它能够提供用户认证，易于扩充，并且支持同异步通信，因而获得广泛应用。缺省情况下，3260 路由器接口封装的链路层协议为 PPP，PPP 认证方式为不认证。

具体配置如下：

system-view

interface interface-type interface-number

link-protocol ppp

上述命令用于配置接口封装的链路层协议为 PPP。

ip address ip-address { mask | mask-length }

为了提高安全性，PPP 支持采用 CHAP 协议和 PAP 协议对对端设备进行认证。PAP 为两次握手认证，口令为明文；CHAP 为三次握手认证，口令为密文。显然，CHAP 的安全性更高。实际配置时，一般都采用 CHAP 认证。如果需要配置 PPP 认证，则通信双方都要进行配置。此外，认证过程涉及认证方和被认证方，3260 路由器既可以作为 PAP/CHAP 认证的认证方，也可以作为被认证方。同时作为认证方和被认证方时，和对端配合即完成了双向认证。

1) PAP 认证

PAP 认证中，口令以明文方式在链路上发送，完成 PPP 链路建立后，被验证方会不停地在链路上反复发送用户名和口令，直到身份验证过程结束，所以安全性不高。在实际应用中，若对安全性要求不高，可以采用 PAP 认证建立 PPP 连接。

配置 PAP 认证，包括配置认证方和被认证方两个过程。前者需要在设备上配置认证方以 PAP 方式认证对端；后者需要在设备上配置被认证方以 PAP 方式被对端认证。在配置前，需要确认认证方的认证方式、认证域，本地认证时还需要准备存储在本地的对端用户名、密码和服务类型，以及被认证方的认证用户名和密码。

具体配置如下：

system-view

aaa   //进入 AAA 视图

authentication-scheme authentication-scheme-name

上述命令用于进入认证方案视图。如果认证方案不存在，则命令先创建、再进入认证方案视图，否则直接进入。authentication-scheme-name 参数指定认证方案名称，该参数为 1 至 32 字符的字符串，不支持空格，不区分大小写。3260 路由器系统中缺省存在一个"default"认证方案，可以修改使用但不能删除。

authentication-mode local

上述命令用于配置当前认证方案使用的认证模式为本地认证。缺省认证模式即为本地认证。

quit

domain domain-name

上述命令用于进入域视图。如果域不存在，则命令先创建、再进入域视图，否则直接进入。domain-name 参数指定域名称，该参数为 1 至 64 字符的字符串，不支持空格，不区分大小写。3260 路由器系统中缺省存在"default"和"default_admin"两个域，可以修改使用但不能删除。"default"为普通接入用户的域，"default_admin"为管理员的域。

authentication-scheme authentication-scheme-name

上述命令用于配置域的认证方案。此处 authentication-scheme-name 参数必须与上文中配置的 authentication-scheme-name 参数一致。缺省情况下，域使用配置名为 default 的认证方案。

quit

local-user user-name password cipher password

上述命令用于配置本地用户的用户名和密码。user-name 参数指定被认证方的用户名，为 1 至 64 字符的字符串，不支持空格。password 参数指定被认证方的密码，明文情况下为 1 至 64 字符的字符串，不支持空格。

local-user user-name service-type ppp

上述命令用于配置本地用户的接入类型为 PPP。

quit

interface interface-type interface-number

ppp authentication-mode pap [domain domain-name]

上述命令用于配置 PPP 认证方式为 PAP。domain-name 参数指定用户认证时采用的域名。未配置 domain 参数或 domain-name 指定的域名在设备上未定义时，认证时优先使用对端用户名中带的域，如果对端用户名中不带域，则使用设备缺省域 default 进行认证。

ppp pap local-user username password { cipher | simple } password

上述命令用于配置本地被对端验证时本地发送的用户名和密码，缺省情况下发送的用户名和口令为空。cipher 参数和 simple 参数分别表示密码为密文或明文显示。

        quit

    2) CHAP 认证

    配置 CHAP 认证，包括配置认证方和被认证方两个过程。前者需要在设备上配置认证方以 CHAP 方式认证对端；后者需要在设备上配置被认证方以 CHAP 方式被对端认证。在配置前，需要确认认证方的认证方式、认证域，本地认证时还需要准备存储在本地的对端用户名、密码和服务类型，以及被认证方的认证用户名和密码。

    具体配置如下：

        system-view

        aaa   //进入 AAA 视图

        authentication-scheme authentication-scheme-name

        authentication-mode local

        quit

        domain domain-name

        authentication-scheme authentication-scheme-name

        quit

        local-user user-name password cipher password

        local-user user-name service-type ppp

        quit

        interface interface-type interface-number

        ppp authentication-mode chap [domain domain-name]

上述命令用于配置 PPP 认证方式为 CHAP。

        ppp chap user username

上述命令用于配置 CHAP 验证的用户名。username 参数是发送到对端设备进行 CHAP 验证时的用户名。

        ppp chap password { cipher | simple } password

上述命令用于配置 CHAP 验证的密码。password 参数是发送到对端设备进行 CHAP 验证时的密码。cipher 参数和 simple 参数分别表示密码为密文或明文显示。

        quit

3.5.4　路由配置

    从功能上来说，路由器是一种部署在两个或多个网络之间进行网络间报文转发的特殊设备。尤其是 IP 路由器，根据报文的目的地址选择报文的下一跳。网络流量从源到目的所走的路径称之为路由。

    路由表是储存和更新网络设备地址信息的表。路由器之间要共享路由表信息以保证信息的及时性。为了实现数据转发，路由器必须有能力建立、刷新路由表，并根据路由表转发数据包。

在 TCP/IP 网络中，每个 IP 包都是单独选路的。路由既可以固定不变，也可以动态调整。前者称为静态路由，后者称之为动态路由。

进行路由配置之前，必须确保接口链路层协议可通，各相邻节点网络层可达。

1. 静态路由

静态路由是一种需要管理员手工配置的特殊路由。当网络结构比较简单时，只需配置静态路由就可以使网络正常工作。合理使用静态路由可以改进网络的性能，并可为重要的应用保证充足的带宽。静态路由的缺点是不够灵活，当网络发生故障或者拓扑发生变化后，静态路由不能自动改变，必须人工介入。

1）静态路由

配置静态路由关键是确定目的地址、出接口和下一跳。具体配置如下：

system-view

*ip route-static ip-address { mask | mask-length } { nexthop-address | interface-type interface-number [nexthop-address] } [preference preference] * [description text]*

该命令中 IP 地址和地址掩码参数缺省均为点分十进制格式。ip-address 参数指定目的 IP 地址。mask 参数指定地址掩码。mask-length 参数指定掩码长度，为 0 至 32 的整数。nexthop-address 参数指定路由下一跳的 IP 地址。interface-type 参数和 interface-number 参数指定路由转发报文的接口类型和接口号。preference preference 参数指定静态路由协议的优先级，为 1 至 255 的整数形式，缺省值是 60。description text 参数指定静态路由的描述信息，为 1 至 35 个字节的字符串形式，支持空格。

在静态路由配置中，通过不同的优先级，可实现不同的路由管理策略。例如，为同一目的地配置多条路由，如果指定相同的优先级，可实现路由负载分担；如果指定不同的优先级，可实现路由备份。

静态路由配置完成后，可以通过以下命令查看路由的详细信息：

display ip routing-table

该命令用于查看路由表摘要信息，如图 3.5 所示，Destinations 项显示目的网络和主机的总数。Routes 项显示路由表项的总数。Destination/Mask 列为路由表项的目的网络和主机的地址和掩码长度。Proto 列为路由表项的来源。Pre 列为路由表项的优先级。Cost 列为路由开销。Flags 为路由标记，R 表示迭代路由，D 表示下发到 FIB 表。NextHop 列为下一跳地址。Interface 列为下一跳可达的出接口。

2）缺省路由

缺省路由是在没有找到匹配的路由表入口项时才使用的路由。通常情况下，管理员可以通过手工方式配置缺省路由，也可以使用动态路由协议生成缺省路由。

报文目的地址不能与路由表的表项匹配，则该报文使用缺省路由。如果没有缺省路由，该报文将被丢弃，并向源端返回一个 ICMP 报文，报告该目的地址或网络不可达。

在使用 **ip route-static** 命令配置静态路由时，如果将目的地址与掩码配置为全零（"0.0.0.0 0.0.0.0" 或 "0.0.0.0"），则表示配置的是缺省路由。

<HUAWEI>*display ip routing-table*
Route Flags: R - relay, D - download to fib

Routing Tables: Public
    Destinations : 295   Routes : 629

Destination/Mask	Proto	Pre	Cost	Flags	NextHop	Interface
10.1.5.0/30	Direct	0	0	D	10.1.5.1	Serial2/0/0/13:0
10.1.5.1/32	Direct	0	0	D	127.0.0.1	Serial2/0/0/13:0
10.1.5.2/32	Direct	0	0	D	10.1.5.2	Serial2/0/0/13:0
10.1.5.3/32	Direct	0	0	D	127.0.0.1	Serial2/0/0/13:0
10.1.25.0/30	OSPF	10	96	D	10.2.1.6	Serial2/0/0/2:0
	OSPF	10	96	D	10.2.1.2	Serial2/0/0/1:0
	OSPF	10	96	D	10.2.1.10	Serial2/0/0/3:0
	OSPF	10	96	D	10.2.1.14	Serial2/0/0/4:0
......						
192.168.7.128/25	Static	60	0	RD	192.168.8.6	Vlanif3
192.168.30.0/24	Static	60	0	RD	192.168.8.6	Vlanif3
192.168.31.0/24	Static	60	0	RD	192.168.8.6	Vlanif3
188.0.0.0/12	Static	60	0	RD	192.168.8.6	Vlanif3
192.80.1.0/24	Static	60	0	RD	192.168.8.6	Vlanif3
255.255.255.255/32	Direct	0	0	D	127.0.0.1	InLoopBack0

图 3.5　查看路由表信息

2. RIP 路由协议

路由信息协议 RIP(Routing Information Protocol)是一种简单的基于距离矢量(Distance-Vector)算法的路由协议，常用于规模较小的网络中，例如校园网以及结构较简单的地区性网络。对于更为复杂的环境和大型网络，一般不使用 RIP。

RIP 使用跳数(Hop Count)来衡量到达目的地址的距离，称为度量值。在 RIP 中，路由器到与它直接相连网络的跳数为 0，通过一个路由器可达的网络的跳数为 1，其余以此类推。为限制收敛时间，RIP 规定度量值取 0～15 之间的整数，大于或等于 16 的跳数被定义为无穷大，即目的网络或主机不可达。由于这个限制，使得 RIP 不可能在大型网络中得到应用。

为提高性能，防止产生路由循环，RIP 支持水平分割(Split Horizon)和毒性反转(Poison Reverse)功能。前者是指 RIP 从某个接口学到的路由，不会从该接口再发回给邻居设备，减少了带宽消耗，还可以防止路由环路。后者是指 RIP 从某个接口学到路由后，将该路由的开销设置为 16(该路由不可达)，并从原接口发回邻居设备，用以清除对方路由表中的无用路由。

RIP 有 RIPv1 和 RIPv2 两个版本，后者主要在前者的基础上进行了改进，增强了对路由的控制能力，提供了组播路由和下一跳选择功能，支持路由聚合等高级功能，减少了资源消耗，增强了安全性。

由于 RIP 的实现较为简单，在配置和维护管理方面也比较容易，因此在实际组网中仍有广泛的应用。

具体配置如下：

system-view

rip [process-id]

上述命令用于使能系统视图下的指定 RIP 进程。在配置 RIP 时，必须先通过 **rip** 命令启动 RIP，才能配置其他功能。process-id 参数指定 RIP 进程号，为 1 至 65535 的整数，缺省为 1。

version { 1|2 }

上述命令用于在全局指定 RIP 版本。缺省情况下，接收 RIPv1 和 RIPv2 的报文，只发送 RIPv1 报文。参数 1 和 2 分别是指定 RIPv1 和 RIPv2 版本。

description text   //配置进程的描述信息

network network-address

上述命令用于在指定网段使能 RIP，RIP 启动后必须指定其工作网段，每一个运行 RIP 的网段都必须指定。network-address 参数指定使能 RIP 的网络地址，格式为点分十进制，必须为自然网段的地址。

quit

RIP 配置成功后，可以通过以下命令查看 RIP 的当前运行状态、配置信息及路由信息：

display rip [process-id]

上述命令用于显示 RIP 进程的当前运行状态及配置信息。

display rip process-id route

上述命令用于查看指定 RIP 进程下所有从其他设备学习到的 RIP 路由。

display default-parameter rip

上述命令用于查看 RIP 的缺省配置信息。

3. OSPF 路由协议

开放式最短路径优先(Open Shortest Path First，OSPF)协议是作为 RIP 的后继者而被提出的链路状态路由选择算法。目前常用的是 OSPFv2。

OSPF 设备一方面根据自己连接的网络情况生成链路状态通告 LSA(Link State Advertisement)，并通过更新报文将 LSA 发送给其他设备；另一方面接收其他设备发来的 LSA，构成链路状态数据库 LSDB(Link State Database)。OSPF 设备将 LSDB 转换成带权的有向图，同一区域内各设备的有向图是完全相同的。各设备根据有向图，使用最短路径算法计算出一棵以自己为根的最短路径树，给出到各节点的路由。

1) OSPF 基本概念

自治系统(Autonomous System，AS)是指由一个机构控制，运行同种路由协议的一个网络区域。

OSPF 设备接收网络中的 LSA 构造 LSDB，网络规模的增大会导致 LSDB 非常庞大，大量占用路由器资源。为此，OSPF 协议将自治系统划分成不同的区域(Area)，以降低 LSDB 规模。区域从逻辑上将路由器划分为不同的组，每个组用区域号(Area ID)来标识。区域的边界是路由器，而非链路。任一网段和链路只能属于一个区域，即每个运行 OSPF 的接口必须指明属于哪一个区域。划分区域后，可以在区域边界路由器上进行路由聚合，减少通告到其他区域的 LSA 数量，最小化网络拓扑变化带来的影响。

OSPF 具有如下特点：

(1) 适应范围广：支持各种规模的网络，可支持几百台路由设备。

(2) 快速收敛：在网络的拓扑结构发生变化后立即发送更新报文，使这一变化在网络中同步。

(3) 无自环：OSPF 从算法本身保证了不会生成自环路由。

(4) 区域划分：支持网络划分成区域来管理，路由设备的链路状态数据库仅需和所在区域的其他路由器保持一致，降低了对路由设备和网络资源的占用。

(5) 等价路由：支持到同一目的地址的多条等价路由。

(6) 路由分级：使用 4 类不同的路由，按优先顺序分别是：区域内路由、区域间路由、第一类外部路由、第二类外部路由。

(7) 支持验证：支持基于区域和接口的报文验证，以保证报文交互的安全性。

(8) 组播发送：在某些类型的链路上以组播地址发送协议报文，减少对其他未使能 OSPF 设备的干扰。

2) OSPF 配置

在同一区域内配置多台路由器时，配置数据应该以区域为单位进行统一规划。错误的配置可能会导致相邻路由器之间无法通信，甚至导致路由信息的阻塞或者自环。

OSPF 协议运行的前提是为路由设备配置 Router ID。Router ID 是一个 32 位无符号整数，是路由设备在自治系统中的唯一标识。为保证 OSPF 运行的稳定性，在进行网络规划时应该确定 Router ID 的划分并手工配置。

OSPF 的具体配置如下：

　　system-view

　　ospf [process-id] [router-id router-id]

上述命令用于创建运行 OSPF 进程，并进入 OSPF 视图。process-id 参数为进程号，取值为 1 至 65535 的整数，缺省值为 1，设备可以根据业务类型划分不同的进程，进程号不影响与其他路由器之间的报文交换。router-id 参数指定设备的 Router ID，取值为点分十进制格式。每个 OSPF 进程的 Router ID 要保证自治域内唯一，否则会导致邻居不能正常建立、路由信息不正确等问题。缺省时，路由设备从当前接口的 IP 地址中随机选取一个作为 Router ID；手动配置时，必须确保 Router ID 唯一，通常将 Router ID 配置成与设备某个接口的 IP 地址一致。

　　description text　　　　　　　　　　　　　　　　　　　　//配置进程的描述信息

　　area area-id

上述命令用于创建 OSPF 区域，并进入 OSPF 区域视图。area-id 参数指定区域号，取值为 0 至 4294967295 的整数或点分十进制的 IP 地址格式。OSPF 区域分为骨干区域和非骨干区域，骨干区域负责区域之间的路由，非骨干区域之间的路由信息必须通过骨干区域来转发。骨干区域的区域号为 0。

　　description text　　　　　　　　　　　　　　　　　　　　//配置区域的描述信息

　　network address wildcard-mask [description text]

上述命令用于指定运行 OSPF 协议的接口和接口所属的区域。address 参数指定接口所在的网段地址，采用点分十进制格式。wildcard-mask 参数指定反掩码。反掩码是对子网掩码取反，其中 "1" 表示忽略 IP 地址中对应的位，"0" 表示必须保留此位。text 参数配置 OSPF 指定网段的描述信息。

quit

interface interface-type interface-number

ospf enable [process-id] area area-id

上述命令用来在接口上使能 OSPF。process-id 参数指定 OSPF 进程号。area-id 参数指定区域的标识。

quit

OSPF 配置成功后，可以通过以下命令查看 OSPF 的当前运行状态信息：

display ospf [process-id] peer

display ospf [process-id] routing

display ospf [process-id] lsdb

上述命令分别用于查看 OSPF 的邻居信息、路由表信息和 LSDB 信息。process-id 参数指定 OSPF 进程号。

3.5.5 广域网配置实例

两个局域网，两台 3260 路由器，两台 S5720 交换机。使用 V.35 电缆将两台路由器同异步串口直接连接，如图 3.6 所示，要求配置协议，连通网络。

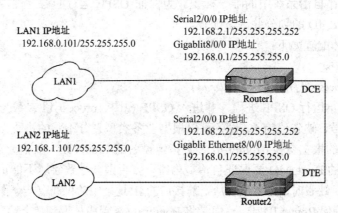

图 3.6 网络连接示意图

1. 帧中继配置实例

设置 Router1 DLCI 为 60；Router2 DLCI 为 60。

1) 配置 Router1(DCE 端)

(1) 配置路由器名称。

    <Huawei> *system-view*

    [Huawei] *sysname Router1*   //配置路由器名称

(2) 配置 serial 口。

    [Router1] *interface serial 2/0/0*

    [Router1-Serial2/0/0] *description to_Router2*

    [Router1-Serial2/0/0] *baudrate 2048000*   //作为 DCE 端提供时钟,并将端口速率设定为 2048000 b/s

    [Router1-Serial2/0/0] *link-protocol fr ietf*   //接口封装为帧中继

Warning: The encapsulation protocol of the link will be changed.

Continue? [Y/N]: *y*　　　　　　　　　　　　　　　//确认更换端口封装协议

[Router1-Serial2/0/0] *fr interface-type dce*　　　　　//接口方式为 DCE

[Router1-Serial2/0/0] *ip address 192.168.2.1 30*　　　//配置 IP 地址

[Router1-Serial2/0/0] *fr dlci 60*　　　　　　　　　　//配置本地虚电路号

[Router1-fr-dlci-Serial2/0/0-60] *quit*

[Router1-Serial2/0/0] *fr map ip 192.168.2.2 60 ietf*　　//配置与 Router2 的映射

[Router1-Serial2/0/0] *fr lmi type ansi*　　　　　　　//指定本地管理接口类型

[Router1-Serial2/0/0] *undo shutdown*　　　　　　　//启用该端口配置参数

[Router1-Serial2/0/0] *quit*

(3) 配置 GigabitEthernet 口。

　　[Router1] *interface Gigabitethernet 8/0/0*

　　[Router1-Gigabitethernet8/0/0] *ip address 192.168.0.1 24*

　　[Router1-Gigabitethernet8/0/0] *undo shutdown*

　　[Router1-Gigabitethernet8/0/0] *quit*

(4) 配置静态路由。

　　[Router1] *ip route-static 192.168.1.0 255.255.255.0 192.168.2.2*

(5) 配置 LAN1 的 TCP/IP 属性。

IP 地址：192.168.0.101/255.255.255.0

默认网关：192.168.0.1

2) 配置 Router2(DTE 端)

(1) 配置路由器名称。

　　<Huawei> *system-view*

　　[Huawei] *sysname Router2*　　　　　　　　　　//配置路由器名称

(2) 配置 serial 口。

　　[Router2] *interface serial 2/0/0*

　　[Router2-Serial2/0/0] *description to_Router1*

　　[Router2-Serial2/0/0] *virtualbaudrate 2048000*

　　　　　　　　　　//作为 DTE 端接收时钟，并将端口速率设定为 2048000 b/s

　　[Router2-Serial2/0/0] *link-protocol fr ietf*　　　　//接口封装为帧中继

Warning: The encapsulation protocol of the link will be changed.

Continue? [Y/N]: *y*　　　　　　　　　　　　　　　//确认更换端口封装协议

[Router2-Serial2/0/0] *fr interface-type dte*　　　　　//接口方式为 DTE

[Router2-Serial2/0/0] *ip address 192.168.2.2 30*　　　//配置 IP 地址

[Router2-Serial2/0/0] *fr dlci 60*　　　　　　　　　　//配置本地虚电路号

[Router2-fr-dlci-Serial2/0/0-60] *quit*

[Router2-Serial2/0/0] *fr map ip 192.168.2.1 60 ietf*　　//配置与 Router1 的映射

[Router2-Serial2/0/0] *fr lmi type ansi*　　　　　　　//指定本地管理接口类型

[Router2-Serial2/0/0] *undo shutdown*　　　　　　　//启用该端口配置参数

[Router2-Serial2/0/0] *quit*

(3) 配置 GigabitEthernet 口。

[Router2] *interface Gigabitethernet 8/0/0*

[Router2-Gigabitethernet8/0/0] *ip address 192.168.1.1 24*

[Router2-Gigabitethernet8/0/0] *undo shutdown*

[Router2-Gigabitethernet8/0/0] *quit*

(4) 配置静态路由。

[Router2] *ip route-static 192.168.0.0 255.255.255.0 192.168.2.1*

(5) 配置 LAN2 的 TCP/IP 属性。

IP 地址：192.168.1.101/255.255.255.0

默认网关：192.168.1.1

3) 测试配置

配置成功后，对路由器 Router1 和 Router2 执行命令 **display interface s2/0/0** 和 **display fr interface s2/0/0**，应有如图 3.7 所示结果。

<Router1> *display interface s2/0/0*

Serial2/0/0 current state : UP

Line protocol current state : UP

Description:to_Router2

Route Port,The Maximum Transmit Unit is 1500, Hold timer is 10(sec)

Internet Address is 192.168.2.1/30

Link layer protocol is FR IETF

 LMI DLCI is 60, LMI type is ANSI, frame relay DCE

 LMI status enquiry sent 16, LMI status received 0

 LMI status timeout 5, LMI message discarded 0

Current system time: 2018-07-10 23:32:54+08:00

Last 300 seconds input rate 1409 bytes/sec 11272 bits/sec 10 packets/sec

Last 300 seconds output rate 1003 bytes/sec 8024 bits/sec 8 packets/sec

Input: 34312 packets, 4644688 bytes

Total Error:	70,	No Buffers:		0
runts:	41,	Giants:		1
CRC:	1,	Alignments:		4
Aborts:	23			

Output: 39580 packets, 7087998 bytes

Total Error:	0,	No Buffers:		0
Giants:	0			
Input bandwidth utilization : 0.01%				
Output bandwidth utilization : 0.01%				

<Router1> *display fr interface s2/0/0*

Serial2/0/0, DCE, physical up, protocol up

<Router1>

图 3.7 查看帧中继运行情况

当 LAN1 和 LAN2 互 ping 时，应能 ping 通；ping 路由器任意端口 IP 地址时，应能 ping 通。

2. HDLC 配置实例

1) 配置 Router1(DCE 端)

(1) 配置路由器名称。

  <Huawei> *system-view*

  [Huawei] *sysname Router1*   //配置路由器名称

(2) 配置 serial 口。

  [Router1] *interface serial 2/0/0*

  [Router1-Serial2/0/0] *description to_Router2*

  [Router1-Serial2/0/0] *baudrate 2048000*

         //作为 DCE 端提供时钟，并将端口速率设定为 2048000 b/s

  [Router1-Serial2/0/0] *link-protocol hdlc*   //接口封装为 HDLC

  Warning: The encapsulation protocol of the link will be changed.

  Continue? [Y/N]: *y*   //确认更换端口封装协议

  [Router1-Serial2/0/0] *ip address 192.168.2.1 30* //配置 IP 地址

  [Router1-Serial2/0/0] *undo shutdown*   //启用该端口配置参数

  [Router1-Serial2/0/0] *quit*

(3) 配置 GigabitEthernet 口。参见帧中继相应端口配置。

(4) 配置静态路由。参见帧中继静态路由配置。

(5) 配置 LAN1 的 TCP/IP 属性。参见 LAN1 配置。

2) 配置 Router2(DTE 端)

(1) 配置路由器名称。

  <Huawei> *system-view*

  [Huawei] *sysname Router2*   //配置路由器名称

(2) 配置 serial 口。

  [Router2] *interface serial 2/0/0*

  [Router2-Serial2/0/0] *description to_Router1*

  [Router2-Serial2/0/0] *virtualbaudrate 2048000*

         //作为 DTE 端接收时钟，并将端口速率设定为 2048000 b/s

  [Router2-Serial2/0/0] *link-protocol hdlc*   //接口封装为 HDLC

  Warning: The encapsulation protocol of the link will be changed.

  Continue? [Y/N]: *y*   //确认更换端口封装协议

  [Router2-Serial2/0/0] *ip address 192.168.2.2 30* //配置 IP 地址

  [Router2-Serial2/0/0] *undo shutdown*   //启用该端口配置参数

  [Router2-Serial2/0/0] *quit*

(3) 配置 GigabitEthernet 口。参见帧中继相应端口配置。

(4) 配置静态路由。参见帧中继静态路由配置。

(5) 配置 LAN2 的 TCP/IP 属性。参见 LAN2 配置。

3) 测试配置

配置成功后，对路由器 Router1 和 Router2 执行命令 **display interface s2/0/0**，应有如图 3.8 所示结果。

```
<Router1> display interface s2/0/0
Serial2/0/0 current state : UP
Line protocol current state : UP
Last line protocol up time : 2018-07-20 23:51:13 UTC+08:00
Description:to_Router2
Route Port,The Maximum Transmit Unit is 1500, Hold timer is 10(sec)
Internet Address is 192.168.2.1/30
Link layer protocol is nonstandard HDLC
Current system time: 2018-07-10 23:51:20+08:00
Last 300 seconds input rate 1888 bytes/sec 15104 bits/sec 11 packets/sec
Last 300 seconds output rate 1345 bytes/sec 10760 bits/sec 10 packets/sec

Input: 34313 packets, 4644754 bytes
    Total Error:           74,   No Buffers:              0
    runts:                 41,   Giants:                  3
    CRC:                    2,   Alignments:              4
    Aborts:                24

Output: 39580 packets, 7088043 bytes
    Total Error:            0,   No Buffers:              0
    Giants:                 0
        Input bandwidth utilization    : 0.01%
        Output bandwidth utilization : 0.15%
<Router1>
```

图 3.8　查看 HDLC 运行情况

当 LAN1 和 LAN2 互 ping 时，应能 ping 通；ping 路由器任意端口 IP 地址时，应能 ping 通。

3. PPP 配置实例

1) 配置 Router1(DCE 端)

(1) 配置路由器名称。

```
<Huawei> system-view
[Huawei] sysname Router1                                        //配置路由器名称
```

(2) 配置 serial 口。

  [Router1] *interface serial 2/0/0*

  [Router1-Serial2/0/0] *description to_Router2*

  [Router1-Serial2/0/0] *baudrate 2048000*

            //作为 DCE 端提供时钟，并将端口速率设定为 2048000 b/s

  [Router1-Serial2/0/0] *link-protocol ppp*　　　　　　　//接口封装为 PPP

  Warning: The encapsulation protocol of the link will be changed.

  Continue? [Y/N]: *y*　　　　　　　　　　　　　　//确认更换端口封装协议

  [Router1-Serial2/0/0] *ip address 192.168.2.1 30*　　　//配置 IP 地址

  [Router1-Serial2/0/0] *undo shutdown*　　　　　　　//启用该端口配置参数

  [Router1-Serial2/0/0] *quit*

(3) 配置 GigabitEthernet 口。参见帧中继相应端口配置。

(4) 配置静态路由。参见帧中继静态路由配置。

(5) 配置 LAN1 的 TCP/IP 属性。参见 LAN1 配置。

2) 配置 Router2(DTE 端)

(1) 配置路由器名称。

  <Huawei> *system-view*

  [Huawei] *sysname Router2*　　　　　　　　　　　//配置路由器名称

(2) 配置 serial 口。

  [Router2] *interface serial 2/0/0*

  [Router2-Serial2/0/0] *description to_Router1*

  [Router2-Serial2/0/0] *virtualbaudrate 2048000*

           //作为 DTE 端接收时钟，并将端口速率设定为 2048000 b/s

  [Router2-Serial2/0/0] *link-protocol ppp*　　　　　　　//接口封装为 PPP

  Warning: The encapsulation protocol of the link will be changed.

  Continue? [Y/N]: *y*　　　　　　　　　　　　　　//确认更换端口封装协议

  [Router2-Serial2/0/0] *ip address 192.168.2.2 30*　　　//配置 IP 地址

  [Router2-Serial2/0/0] *undo shutdown*　　　　　　　//启用该端口配置参数

  [Router2-Serial2/0/0] *quit*

(3) 配置 GigabitEthernet 口。参见帧中继相应端口配置。

(4) 配置静态路由。参见帧中继静态路由配置。

(5) 配置 LAN2 的 TCP/IP 属性。参见 LAN2 配置。

3) 测试配置

配置成功后，对路由器 Router1 和 Router2 执行命令 **display interface s2/0/0**，应有如图 3.9 所示结果。

当 LAN1 和 LAN2 互 ping 时，应能 ping 通；ping 路由器任意端口 IP 地址时，应能 ping 通。

```
<Router1> display interface s2/0/0
Serial2/0/0 current state : UP
Line protocol current state : UP
Last line protocol up time : 2018-07-18 17:11:00 UTC+08:00
Description:to_Router2
Route Port,The Maximum Transmit Unit is 1500, Hold timer is 10(sec)
Internet Address is 192.168.2.1/30
Link layer protocol is PPP
LCP opened, IPCP opened
Current system time: 2018-07-23 19:40:57+08:00
Last 300 seconds input rate 287 bytes/sec 2298 bits/sec 2 packets/sec
Last 300 seconds output rate 486 bytes/sec 3890 bits/sec 2 packets/sec

Input: 74426 packets, 9585702 bytes
    Total Error:          3148,   No Buffers:          0
    runts:                 642,   Giants:              0
    CRC:                   656,   Alignments:       1337
    Aborts:                512

Output: 90343 packets, 14710878 bytes
    Total Error:             0,   No Buffers:          0
    Giants:                  0
      Input bandwidth utilization   : 1.10%
      Output bandwidth utilization : 0.97%
<Router1>
```

图 3.9　查看 PPP 运行情况

4. PAP 认证配置实例

设置路由器 Router1 使用用户名 R1 和密码 Password1 向 Router2 认证，路由器 Router2
使用用户名 R2 和密码 Password2 向 Router1 认证。

1) 配置 Router1(DCE 端)

(1) 配置路由器名称。

```
<Huawei> system-view
[Huawei] sysname Router1
```

(2) 配置 PPP 认证。

```
[Router1] aaa
[Router1-aaa] authentication-scheme auth_r2                //创建认证方案 auth_r2
[Router1-aaa-authen-auth_r2] authentication-mode local     //配置为本地认证
[Router1-aaa-authen-auth_r2] quit
[Router1-aaa] domain dm_r2                                  //创建域 dm_r2
[Router1-aaa-domain-dm_r2] authentication-scheme auth_r2   //配置域认证方案为 auth_r2
```

[Router1-aaa-domain-dm_r2] *quit*

　　　　[Router1-aaa] *local-user R2 password cipher Password2*

　　　　　　　　　　　　　　　　//配置本地用户的用户名密码

　　　　[Router1-aaa] *local-user R2 service-type ppp*

　　　　　　　　　　　　　　　　//配置本地用户服务类型为 PPP

　　　　[Router1-aaa] *quit*

(3) 配置 serial 口。

　　　　[Router1] *interface serial 2/0/0*

　　　　[Router1-Serial2/0/0] *description to_Router2*

　　　　[Router1-Serial2/0/0] *baudrate 2048000*

　　　　[Router1-Serial2/0/0] *link-protocol ppp*　　　　　　//接口封装为 PPP

　　　　Warning: The encapsulation protocol of the link will be changed.

　　　　Continue? [Y/N]: *y*　　　　　　　　　　　　　//确认更换端口封装协议

　　　　[Router1-Serial2/0/0] *ip address 192.168.2.1 30*

　　　　[Router1-Serial2/0/0] *ppp authentication-mode pap domain dm_r2*

　　　　　　　　　　　　//配置 PPP 认证方式为 PAP、认证域为 dm_r2

　　　　[Router1-Serial2/0/0] *ppp pap local-user R1 password cipher Password1*

　　　　　　　　　　　　//配置 PAP 方式验证时向对端发送的用户名和密码

　　　　[Router1-Serial2/0/0] *undo shutdown*

　　　　[Router1-Serial2/0/0] *quit*

(4) 配置 GigabitEthernet 口。参见帧中继相应端口配置。

(5) 配置静态路由。参见帧中继静态路由配置。

(6) 配置 LAN1 的 TCP/IP 属性。参见 LAN1 配置。

2) 配置 Router2(DTE 端)

(1) 配置路由器名称。

　　　　<Huawei> *system-view*

　　　　[Huawei] *sysname Router2*

(2) 配置 PPP 认证。

　　　　[Router2] *aaa*

　　　　[Router2-aaa] *authentication-scheme auth_r1*　　　　//创建认证方案 auth_r1

　　　　[Router2-aaa-authen-auth_r1] *authentication-mode local*　　//配置为本地认证

　　　　[Router2-aaa-authen-auth_r1] *quit*

　　　　[Router2-aaa] *domain dm_r1*　　　　　　　　　　//创建域 dm_r1

　　　　[Router2-aaa-domain-dm_r1] *authentication-scheme auth_r1*　//配置域认证方案为 auth_r1

　　　　[Router2-aaa-domain-dm_r1] *quit*

　　　　[Router2-aaa] *local-user R1 password cipher Password1*　　//配置本地用户的用户名密码

　　　　[Router2-aaa] *local-user R1 service-type ppp*　　　//配置本地用户服务类型为 PPP

　　　　[Router2-aaa] *quit*

(3) 配置 serial 口。

[Router2] *interface serial 2/0/0*

[Router2-Serial2/0/0] *description to_Router1*

[Router2-Serial2/0/0] *virtualbaudrate 2048000*

[Router2-Serial2/0/0] *link-protocol ppp*　　　　　　　　//接口封装为 PPP

Warning: The encapsulation protocol of the link will be changed.

Continue? [Y/N]: *y*　　　　　　　　　　　　　　　//确认更换端口封装协议

[Router2-Serial2/0/0] *ip address 192.168.2.2 30*　　　//配置 IP 地址

[Router2-Serial2/0/0] *ppp authentication-mode pap domain dm_r1*
　　　　　　　　　　　　　　//配置 PPP 认证方式为 PAP、认证域为 dm_r1

[Router2-Serial2/0/0] *ppp pap local-user R2 password cipher Password2*
　　　　　　　　　　　　　　//配置 PAP 方式验证时向对端发送的用户名和密码

[Router2-Serial2/0/0] *undo shutdown*

[Router2-Serial2/0/0] *quit*

(4) 配置 GigabitEthernet 口。参见帧中继相应端口配置。

(5) 配置静态路由。参见帧中继静态路由配置。

(6) 配置 LAN2 的 TCP/IP 属性。参见 LAN2 配置。

3) 测试配置

配置成功后，对路由器 Router1 和 Router2 执行命令 **display interface s2/0/0**，应有如图 3.9 所示结果。

当 LAN1 和 LAN2 互 ping 时，应能 ping 通；ping 路由器任意端口 IP 地址时，应能 ping 通。

5. CHAP 认证配置实例

设置路由器 Router1 使用用户名 R1 和密码 Password1 向 Router2 认证，路由器 Router2 使用用户名 R2 和密码 Password2 向 Router1 认证。

1) 配置 Router1(DCE 端)

(1) 配置路由器名称。

<Huawei> *system-view*

[Huawei] *sysname Router1*

(2) 配置 PPP 认证。

[Router1] *aaa*

[Router1-aaa] *authentication-scheme auth_r2*

[Router1-aaa-authen-auth_r2] *authentication-mode local*

[Router1-aaa-authen-auth_r2] *quit*

[Router1-aaa] *domain dm_r2*

[Router1-aaa-domain-dm_r2] *authentication-scheme auth_r2*

[Router1-aaa-domain-dm_r2] *quit*

[Router1-aaa] *local-user R2 password cipher Password2*

[Router1-aaa] *local-user R2 service-type ppp*

[Router1-aaa] *quit*

(3) 配置 serial 口。

[Router1] *interface serial 2/0/0*

[Router1-Serial2/0/0] *description to_Router2*

[Router1-Serial2/0/0] *baudrate 2048000*

[Router1-Serial2/0/0] *link-protocol ppp*

Warning: The encapsulation protocol of the link will be changed.

Continue? [Y/N]: *y*

[Router1-Serial2/0/0] *ip address 192.168.2.1 30*

[Router1-Serial2/0/0] *ppp authentication-mode chap domain dm_r2*

//配置 PPP 认证方式为 CHAP、认证域为 dm_r2

[Router1-Serial2/0/0] *ppp chap user R1*　　　//配置 CHAP 方式验证时向对端发送的用户名

[Router1-Serial2/0/0] *ppp chap password cipher Password1*

//配置 CHAP 方式验证时向对端发送的密码

[Router1-Serial2/0/0] *undo shutdown*

[Router1-Serial2/0/0] *quit*

(4) 配置 GigabitEthernet 口。参见帧中继相应端口配置。

(5) 配置静态路由。参见帧中继静态路由配置。

(6) 配置 LAN1 的 TCP/IP 属性。参见 LAN1 配置。

2) 配置 Router2(DTE 端)

(1) 配置路由器名称。

<Huawei> *system-view*

[Huawei] *sysname Router2*

(2) 配置 PPP 认证。

[Router2] *aaa*

[Router2-aaa] *authentication-scheme auth_r1*

[Router2-aaa-authen-auth_r1] *authentication-mode local*

[Router2-aaa-authen-auth_r1] *quit*

[Router2-aaa] *domain dm_r1*

[Router2-aaa-domain-dm_r1] *authentication-scheme auth_r1*

[Router2-aaa-domain-dm_r1] *quit*

[Router2-aaa] *local-user R1 password cipher Password1*

[Router2-aaa] *local-user R1 service-type ppp*

[Router2-aaa] *quit*

(3) 配置 serial 口。

[Router2] *interface serial 2/0/0*

[Router2-Serial2/0/0] *description to_Router1*

[Router2-Serial2/0/0] *virtualbaudrate 2048000*

[Router2-Serial2/0/0] *link-protocol ppp*

Warning: The encapsulation protocol of the link will be changed.

Continue? [Y/N]: *y*

[Router2-Serial2/0/0] *ip address 192.168.2.2 30*

[Router2-Serial2/0/0] *ppp authentication-mode pap domain dm_r1*

　　　　　　　　　　　　　　　//配置 PPP 认证方式为 PAP、认证域为 dm_r1

[Router2-Serial2/0/0] *ppp chap user R2*　　　//配置 CHAP 方式验证时向对端发送的用户名

[Router2-Serial2/0/0] *ppp chap password cipher Password2*

　　　　　　　　　　　　　　　//配置 CHAP 方式验证时向对端发送的密码

[Router2-Serial2/0/0] *undo shutdown*

[Router2-Serial2/0/0] *quit*

(4) 配置 GigabitEthernet 口。参见帧中继相应端口配置。

(5) 配置静态路由。参见帧中继静态路由配置。

(6) 配置 LAN2 的 TCP/IP 属性。参见 LAN2 配置。

3) 测试配置

配置成功后，对路由器 Router1 和 Router2 执行命令 **display interface s2/0/0**，应有如图 3.9 所示结果。

当 LAN1 和 LAN2 互 ping 时，应能 ping 通；ping 路由器任意端口 IP 地址时，应能 ping 通。

3.5.6　路由协议配置实例

三个局域网，三台 3260 路由器，三台 S5720 交换机。将三台路由器同异步串口直接连接，如图 3.10 所示。假设串口间使用不带认证的 PPP 协议，且已配置完成，能够正常建立连接。要求配置动态路由协议，使得各局域网间能够相互通信。

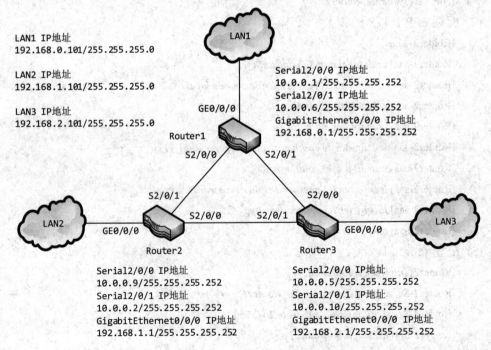

图 3.10　网络连接示意图

1. RIP 配置实例

路由器基础配置、PPP 协议配置、GE 端口配置和局域网 IP 地址配置略。

(1) 配置 Router1。

[Router1] *rip 10*	//启动 RIP 进程 10
[Router1-rip-10] *version 2*	//指定全局 RIP-2
[Router1-rip-10] *network 192.168.0.0*	//指定网段使能 RIP
[Router1-rip-10] *network 10.0.0.0*	
[Router1-rip-10] *quit*	

(2) 配置 Router2。

[Router2] *rip 10*

[Router2-rip-10] *version 2*

[Router2-rip-10] *network 192.168.1.0*

[Router2-rip-10] *network 10.0.0.0*

[Router2-rip-10] *quit*

(3) 配置 Router3。

[Router3] *rip 10*

[Router3-rip-10] *version 2*

[Router3-rip-10] *network 192.168.2.0*

[Router3-rip-10] *network 10.0.0.0*

[Router3-rip-10] *quit*

注意：RIP-1 发布路由信息使用的是自然掩码，RIP-2 发布路由使用详细子网掩码。

配置完毕后，对各路由器执行命令 **display rip 1 route**，应有如图 3.11 所示结果。

```
<Router1> display rip 10 route
    Route Flags: R - RIP
                 A - Aging, S - Suppressed, G - Garbage-collect
--------------------------------------------------------------------------------------
    Peer 10.0.0.1 on Serial2/0/0
        Destination/Mask     Nexthop    Cost   Tag    Flags    Sec
            10.0.0.8/30      10.0.0.2     1      0      RA      17
            192.168.1.0/24   10.0.0.2     1      0      RA      17
    Peer 10.0.0.6 on Serial2/0/1
        Destination/Mask     Nexthop    Cost   Tag    Flags    Sec
            10.0.0.8/30      10.0.0.5     1      0      RA      12
            192.168.2.0/24   10.0.0.5     1      0      RA      12
    <Router1>
```

图 3.11　查看 RIP 运行情况

当 LAN1、LAN2 和 LAN3 互 ping 时，应能 ping 通；ping 路由器任意端口 IP 地址时，应能 ping 通。

2. OSPF 配置实例

路由器基础配置、PPP 协议配置、GE 端口配置和局域网 IP 地址配置略。

(1) 配置 Router1。

[Router1] *router id 192.168.0.1*	//配置唯一的 Router ID
[Router1] *ospf 10*	//启动 OSPF 进程 10
[Router1-ospf-10] *area 0*	//建立 OSPF 骨干域
[Router1-ospf-10-area-0.0.0.0] *network 192.168.0.0 0.0.0.255*	
	//指定网段使能 OSPF
[Router1-ospf-10-area-0.0.0.0] *network 10.0.0.0 0.0.0.4*	
[Router1-ospf-10-area-0.0.0.0] *network 10.0.0.4 0.0.0.4*	
[Router1-ospf-10-area-0.0.0.0] *quit*	
[Router1-ospf-10] *quit*	

(2) 配置 Router2。

[Router2] *router id 192.168.0.1*	//配置唯一的 Router ID
[Router2] *ospf 10*	//启动 OSPF 进程 10
[Router2-ospf-10] *area 0*	//建立 OSPF 骨干域
[Router2-ospf-10-area-0.0.0.0] *network 192.168.1.0 0.0.0.255*	
	//指定网段使能 OSPF
[Router2-ospf-10-area-0.0.0.0] *network 10.0.0.0 0.0.0.4*	
[Router2-ospf-10-area-0.0.0.0] *network 10.0.0.8 0.0.0.4*	
[Router2-ospf-10-area-0.0.0.0] *quit*	
[Router2-ospf-10] *quit*	

(3) 配置 Router3。

[Router3] *router id 192.168.0.1*	//配置唯一的 Router ID
[Router3] *ospf 10*	//启动 OSPF 进程 10
[Router3-ospf-10] *area 0*	//建立 OSPF 骨干域
[Router3-ospf-10-area-0.0.0.0] *network 192.168.2.0 0.0.0.255*	
	//指定网段使能 OSPF
[Router3-ospf-10-area-0.0.0.0] *network 10.0.0.8 0.0.0.4*	
[Router3-ospf-10-area-0.0.0.0] *network 10.0.0.4 0.0.0.4*	
[Router3-ospf-10-area-0.0.0.0] *quit*	
[Router3-ospf-10] *quit*	

配置完毕后，对各路由器执行命令 **display rip 1 route**，应有如图 3.12 所示结果。

当 LAN1、LAN2 和 LAN3 互 ping 时，应能 ping 通；ping 路由器任意端口 IP 地址时，应能 ping 通。

<Router1> *display ospf routing*

```
OSPF Process 10 with Router ID 192.168.0.1
              Routing Tables
```

Routing for Network

Destination	Cost	Type	NextHop	AdvRouter	Area
10.0.0.0/30	48	Stub	10.0.0.1	192.168.0.1	0.0.0.0
10.0.0.4/30	48	Stub	10.0.0.6	192.168.0.1	0.0.0.0
192.168.0.0/24	1	Stub	192.168.0.1	192.168.0.1	0.0.0.0
10.0.0.8/30	96	Stub	10.0.0.2	192.168.1.1	0.0.0.0
10.0.0.8/30	96	Stub	10.0.0.5	192.168.2.1	0.0.0.0
192.168.1.0/24	49	Stub	10.0.0.2	192.168.1.1	0.0.0.0
192.168.2.0/24	49	Stub	10.0.0.5	192.168.2.1	0.0.0.0

Total Nets: 6

Intra Area: 6　Inter Area: 0　ASE: 0　NSSA: 0

<Router1>

图 3.12　查看 OSPF 运行情况

思 考 题

1. 简述路由器的定义、基本组成及其基本功能。
2. 简述评估路由器性能的指标。
3. 简述路由器中广域网接口、局域网接口和配置口的功能。
4. 简述 WAN 协议的特征。
5. 简述 DTE 设备和 DCE 设备的区别与联系。
6. 试举例说明路由器命令行模式的种类及功能。

第 4 章　Internet/Intranet 应用的建立

建议学时： 8 学时
主要内容：

(1) 活动目录的概念与应用；

(2) 用 IIS 建立 WWW/FTP 服务；

(3) DHCP 服务的建立；

(4) DNS 服务的建立。

4.1　活动目录概述

4.1.1　活动目录概念与特点

活动目录(Active Directory)是 Windows 2000/2003 等服务器版操作系统内置的目录服务，本节对活动目录做基本的介绍。

1. 活动目录的概念

为了更方便地理解活动目录，在介绍活动目录前，本节将对目录服务进行简单地介绍。

1) 什么是目录服务

简单地说，目录是指用来存储网络中对象的分层信息结构。这里指的目录与我们熟悉的文件系统中的目录是有区别的，文件目录只能存储一类对象——文件对象的信息，事实上，在 Windows 中文件目录的正式名称是文件夹。这里指的目录范围要更加广泛，它可以用来存储包括用户、用户组、打印机、应用程序等多种网络对象。

目录服务包括目录数据本身及其对目录所作的服务。目录服务为应用程序、用户和分布式环境中的客户提供了一种命名、存储和重组信息的方法。目录通常由两部分组成：一是存储目录信息的数据库；二是为用户访问存储数据提供服务的一个或多个协议。例如，数据库分布在多个机器上，并通过一个称为计划(Schema)的规则集来定义它能存储的信息类型。

目录服务具有丰富的应用价值。例如，可以利用目录服务来查找用户的 E-mail 地址或者验证 E-mail 该发往哪台机器；也可以利用目录服务存储用户的账号信息，如用户名、密码；还可以跟踪有关应用程序的信息，如应用所在的位置、文件的位置等。

如果分布式环境中缺乏一个统一的目录服务，那么每个需要目录的应用都需要自己提供一个方案，例如在 Windows NT Server 4.0 中，Microsoft Exchange 使用了一个目录，而用户账号信息则存于另一个目录中，Microsoft Message Queue(MSMQ)等分布式组件又使用其他的目录，其结果是对同一个问题形成了许多不同的解决方案。较好的方法应该是建立一个公共的目录服务，它提供了存储信息的空间、描述对象属性的公共计划以及命名习惯，并且每个用户和应用都可以使用该目录服务。

目录服务已经成为网络计算环境中的一个重要组成部分。在实际使用中，用户和管理员通常并不知道他们感兴趣的对象的确切名字，而仅仅知道对象的一个或者多个属性，目录服务能够根据对象的一个或者多个属性，帮助用户查找所需的对象。目录服务既是管理工具又是终端用户可使用的工具。随着基于 Internet 技术的分布式计算的广泛使用，人们对目录服务提出了更高要求。一个成熟的目录服务需要提供如下功能：

(1) 用户及网络资源管理。通过提供一个可升级的分层信息库，来简化查找网络资源(如定位打印机等)、委任管理权限等任务的管理。

(2) 安全认证和授权服务。通过提供灵活的认证方法和一致的授权服务，使得在 Internet 范围内能有效地保护数据安全。

(3) 目录合并。通过减少目录的数量，改善信息共享，实现对用户、计算机、应用程序及目录的公共管理。

(4) 基于目录的基础结构。通过实现诸如网络硬件和共享文件系统等组件，以增强访问目录中的有关用户、机器、网络元素等信息的服务质量和功能。

(5) 基于目录的应用。通过简化应用的配置和管理，提高网络计算环境中目录组件的功能。

2) 什么是活动目录

活动目录是 Windows 2003 等服务器版操作系统内置的目录服务。活动目录服务以轻目录访问协议(LDAP，Lightweight Directory Access Protocol)作为基础，支持 X.500 中定义的目录体系结构，并具有可复制、可分区以及分布式等特点。对于管理员和一般用户来说，活动目录是易于使用和管理的，活动目录能够顺利地管理小到只有数百个对象的单一服务器、大到具有数百万个对象的上千个服务器组成的集群系统中的资源。活动目录把 Windows 的目录结构发展成一种能够满足从企业 Intranet 到商业 Internet 各种需求的可扩展的、具有良好伸缩性的目录服务。

活动目录仍采用域(Domain)作为基本管理单位，但增加了许多新的功能。域模式的最大好处就是它的单一网络登录能力，任何用户只要在域中有一个账户，就可以漫游网络，即域用户可从任意客户机登录到网络中的域账号中。由于以前域的信任关系，过分强调安全性会导致可调整性不够。新一代的活动目录服务扩展了域目录树的灵活性，增强了信任关系，把一个域作为一个完整的目录，域之间能够通过一种基于 Kerberos 认证的可传递的信任关系建立起树状连接，从而使单一账户在该树状结构中的任何地方都有效，减轻了管理员在网络管理和扩展时的工作量。

活动目录在 Windows 中具有许多不同的用途。操作系统自身使用活动目录存储有关用户账号、打印机、网络中的计算机等信息；Windows 的管理体系利用活动目录来定位应用组件的服务器位置；Microsoft Exchange 利用活动目录来存储如用户地址簿和认证证书等信息；利用分布式组件对象模型(DCOM)和 Microsoft 事务处理服务器(MTS)所建立的应用依赖活动目录来定位远程对象，活动目录替代了以前在 Windows NT 4.0 中使用的 MSMQ 目录服务。由于活动目录所存储的信息类型是可扩展的，因此无论是家用软件开发商还是商用软件开发商，都可以利用它的服务来建立自己的应用。

2. 活动目录的特点

活动目录具有许多特点，如灵活快速的信息查询、灵活方便的信息管理与用户控制、丰富的信息安全服务、高可靠的目录复制、目录规模的可缩放性、目录对象以及对象属性的可扩张性、与 Internet 的融合、可以与 DNS 等其他目录服务进行互操作等。下面详细介绍这些特点。

1) 灵活快速的查询

用户和管理员能根据对象的属性利用搜索菜单、网上邻居或"活动目录用户和计算机"插件快速找到网络中的对象。例如，可以根据用户的姓、名、E-mail 地址、办公室位置及其他个人信息来查找此用户。信息的查找通过利用全局目录编号(Global Catalog)进行优化，全局目录编号是由活动目录创建的、运行在支持活动目录的计算机上的，客户能根据提供的菜单选项查询到全局目录编号信息。

2) 基于策略的管理

活动目录的目录服务包括数据存储以及逻辑分层结构。作为逻辑结构，为策略应用程序提供上下文分层结构。作为目录，存储指定给特定上下文的策略(又称为组策略)。组策略表达一组业务规则，包含应用于上下文的设置，它可确定：

(1) 对目录对象和域资源的访问。

(2) 用户可使用哪些域资源(如应用程序)。

(3) 这些域资源是如何配置的。

例如，组策略可确定用户登录后在计算机上所看到的应用程序，当 Microsoft SQL Server 在服务器上启动时，有多少用户可与其连接，以及当文档或服务移至不同部门或组时，用户可访问哪些内容。组策略只需管理少数策略，而不是大量用户和计算机。活动目录可以将组策略应用于适当的上下文，而不用管它是整个组织还是组织中的某些单位。

3) 丰富的信息安全服务

活动目录与安全性完全集成在一起，不仅可以针对目录中的每个对象定义访问控制，而且可以针对每种属性进行操作。例如，可以授予所有用户查看网络中用户姓名和电话号码的权限，与此同时却限制对用户对象所有其他属性的访问。

活动目录为安全策略提供应用程序的存储和范围。安全策略包括账户信息(如域宽口令限制或对某特定域资源的权利)。安全策略通过组策略执行。

管理员可将某些特殊管理权利分派到其他个人和组。这种权限分派明确了谁具有管理部分网络的权限。可以将特殊部分的管理分派给单个管理员，而不必分配过多的管理权限。

Windows 2003 支持多种网络安全协议，如 Kerberos v5、SSL(Secure Sockets Layer)、分布式密码验证(DPA)、Windows NT NTLM 等，提供了有效的安全机制与外界实体(如 Internet)进行互操作，并与现有的客户兼容。

4) 可靠的信息复制

在同一个域内，目录信息会被复制到运行活动目录的每一个服务器上，即如果一个域中包含了多个域控制器，则该域的目录信息会被复制到各个服务器上，从而使每个域控制器中都存储并保持了这个域的目录信息的完整副本。

复制能带来容错、负载平衡等多方面的好处。在一个域中的所有域控制器都能提供容错和负载平衡，例如，如果域内的某个域控制器的运行速度减慢到某个阈值、停止或者出错，那么域内的其他域控制器就能替换它，其原因是它们包含了相同的目录信息。在一个域内设置多个物理站点(Site)可改善目录性能，这样就能在离客户机最近的服务器上进行目录访问。

活动目录使用多主(Multi-master)复制，因而信息的改变可在包含此目录的任一个服务器上进行，这些变化会被自动地复制到其他服务器上。即使复制暂时失败了，也没有必要人工复制主服务器中的目录。

5) 可缩放性

活动目录的域支持范围从最小的网络到最大的网络。由于活动目录并不需要大的目录数据库，所以一个网络中可以包含一个或多个域，每个域中都有自己的带有配置信息的目录，这些配置信息描述了包含域控制器在内的网络站点，同时方便了对存储在域控制器中的目录进行存储、复制和访问。

活动目录支持多个域的使用，从而可以适应从最小的组织到最大组织的不同需要。单一域方便管理，较小的组织可以采用单域，通常多域应用于大组织中。

6) 可扩充性

活动目录的可扩充性是指管理员能在目录中增加任何类型的对象，并能给现有对象增加属性。例如可在用户对象中增加购买权属性，然后将每个用户的购买权存储到用户账号中。

通过使用活动目录中的计划管理工具或者编写程序，用户能在目录中增加对象和对象属性，也可以写一个命令行脚本来管理活动目录中的对象。书写脚本的脚本语言是由活动目录服务界面(ADSI，Active Directory Service Interfaces)提供的。

7) 与 DNS 的集成

活动目录使用域名系统(DNS)作为域的命名服务。由于活动目录使用 DNS，因此 Windows 的域名就是 DNS 名。例如，computer.nudt.edu.cn 既是 DNS 名又是 Windows 2000 的域名。Windows 2000 Server 支持 DNS 分层命名结构，这个分层结构可反映到 DNS 和 Windows 2000 域名中。例如，域名 computer.nudt.edu.cn 可以认为是域 nudt.edu.cn 的名为 computer 的子域。

配置了活动目录的 Windows 2003 支持由 Internet RFC2136 定义的动态 DNS，动态 DNS 能对已注册的计算机名在启动的时候动态赋予 IP 地址。除此之外，动态 DNS 还能提供动态网络服务，这意味着网络服务能在网络上动态地开始，同时客户能定位这些网络服务。活动目录就是能被 DNS 动态标识和定位的服务。

8) 同其他目录的相互操作

除了 DNS 外，活动目录还支持其他工业标准，如 LDAP 的第二版和第三版、名字服务提供商界面(NSPI，Name Service Provider Interface)和超文本传输协议(HTTP，Hypertext Transfer Protocol)。

LDAP 是活动目录的核心协议，可从活动目录中查询和获得信息。LDAP 是一个基于工业标准的服务协议，能使活动目录与支持 LDAP 的其他目录服务共享信息。除此以外，活动目录还支持用在 Exchange 4.0 和 5.x 的客户机中的 NSPI，以实现与其他产品的向下兼容。通过对这些标准的支持，活动目录能越过多个名字空间来扩展它的服务，可以处理位于 Internet 上、其他操作系统中和其他目录里的信息和资源。

3. 活动目录的组成

活动目录主要由以下四个部分组成。

(1) 数据储藏室，即目录：用来存放发布在网络上的对象信息。这些对象主要包括用户账号、计算机、打印机等。

(2) 规则集，即计划：定义了包含在目录中的对象及其特性、对象的限制及命名格式。

(3) 查询和索引机制：使得用户和应用程序可以快速查找到目录中的对象及其特性。

(4) 复制服务：能复制目录数据，并允许分布式网络中的目录客户使用。

活动目录同时还集成了安全特性，提供了访问安全性检查(对目录数据的查询和修改都进行了访问检查)，并与 Windows 2003 安全子系统紧密地结合在一起。

1) 目录数据储藏室

目录是一个用来存放网络中对象的数据储藏室。目录包含了对象(如用户、组、计算机、域、组织单元和安全策略等)的信息，这些信息通过活动目录服务被用户和管理员使用。

目录被存储在域控制器中，并能被网络应用或网络服务访问。在一个域中可以有一个或多个域控制器。每个域控制器中都有目录的拷贝。对目录的修改会从原始的域控制器复制到它所在的域、域目录树和域目录林中的其他域控制器中。目录复制使得每个域控制器中都有一份目录的拷贝。

目录使用一个可扩展的存储引擎(SSE，Scalable Storage Engine)存储目录数据。私有数据会被安全地存储，只有公有数据被存储在共享系统卷中，公有数据会被复制到域中的其他域控制器中。目录由三个作为命名上下文的子树组成，其中一个包含了域数据，另一个包含了配置域目录树或域目录林的描述，第三个包含了存储于目录中的对象和属性的定义。

2) 活动目录客户

活动目录客户是指管理活动目录的网络客户软件。配置有活动目录客户的计算机可通过定位域控制器登录到网络上，然后访问活动目录中的信息。

含有活动目录客户的计算机包括：

(1) 运行了 Windows 2000/2003 等服务器版操作系统的计算机。

(2) 运行了 Windows XP/Vista/7 等个人版操作系统的计算机。

3) 活动目录中的 DNS

基于 Windows 2003 的计算机同样被组织成域，域的主要作用是定义管理边界和为用户提供账号，每个域中必须具有一个或多个作为域控制器的计算机。Windows 2003 与 Windows 2000 操作系统相似，域的命名使用 DNS 名。

4) 活动目录对象的访问

在 Windows 2003 中，每个域控制器都包含有该域活动目录数据库的一份完整拷贝，活动目录依靠两个不同的协议使客户能查找和访问这个数据库中的信息。首先用 DNS 找到域控制器，然后使用轻目录访问协议 LDAP 访问活动目录中的数据。

LDAP 是一个用于定义目录客户访问目录服务器、执行目录操作和共享目录数据方法的通信协议。LDAP 定义了如何安全地访问、查询和修改目录中信息的方法，能有效地满足目录服务的各种需要，且没有其他目录服务协议的复杂性。活动目录同时支持由 RFC1777 定义的第二版 LDAP 协议和由 RFC2251 定义的第三版 LDAP 协议。活动目录通过使用 LDAP 完成查询、修改和管理等任务。通过使用 LDAP，Microsoft 和其他开发商的目录服务可以进行互操作。

LDAP 运行在 TCP/IP 上，主要定义了客户如何访问目录。同时，还定义了目录中数据的命名方法以及信息的结构。对客户来说，在 LDAP 数据库中的数据是以层次结构的方式组织的，在层次结构中的每个结点既可以是容器也可以是树叶，容器的下面还有其他的结点，而树叶则没有。

活动目录的计划中包含了大量的对象类和对象类中的属性类型。下面是一些对象类的例子。

(1) User：用来定义域中的用户，其属性包括公共名、用户主名、地址、电话号码及图片等。

(2) Print-Queue：允许客户寻找打印，其属性包括位置、打印机状态和打印语言。

(3) Computer：定义域中的计算机，在该类中的属性包括操作系统、操作系统服务包、域名系统主机名和机器规则(表明机器是一个域控制器、一个普通的成员服务器还是工作站)等。

(4) Organizational-Unit(OU)：定义一个域的分支机构，最重要的属性是组织单元名，OU 在域内的信息组织中扮演十分重要的角色。

活动目录中的对象以及对象的属性都有一个访问控制列表(ACL, Access Control Lists)，ACL 规定了允许哪些用户访问对象或对象的属性，以及确定了允许用户做的事件。例如，一个对象的 ACL 设置可以允许某个用户读它的所有属性，另一个用户只可以读写其中的某些属性，而不允许访问其他属性。由于访问控制需要好的审计支持，因此活动目录隐含地使用了 Kerberos 验证客户的身份。

5) 活动目录对象的命名

每个 Windows 2003 域都有一个 DNS 名，但 DNS 名不能用来命名活动目录数据库中的对象，需要用 LDAP 来定义对象的名字，一般可以选择对象中的某个属性作为对象名，例如对象可以使用对象类的 Common-Name 属性的值定义，组织单元可以使用 Organizational-Unit-Name 属性值定义。

图 4.1 给出了 Acme 公司的一个简单的 Windows 2003 域的目录结构。假设 Acme 公司的产品是各种软件产品和硬件产品，域的 DNS 名为 acme.com。事实上，每个活动目录域都将使用组织单元类的对象细分它的名字空间。下面域的根有两个 OU：一个给雇员而另一个给产品。这两个 OU 的名字是用 Organizational-Unit-Name 属性的值定义的。

employee OU 的分支是对象类的实例。它们都用其 Common-Name(CN)属性定义名称，其中每一个都包含了域的信息。products OU 的子结点还是 OU，OU 的分支是个别产品的对象，它们有用 CN 属性的值命名。如果一个客户想要访问对象的信息，则它必须有唯一名。为此，客户可以使用对象的可辨认名(Distinguished Name)。可辨认名被定义为从对象本身到它所在树的根为止的一系列名字，在这个例子中，Smith 对象的可辨认名是 CN=Smith，OU=employees，DC=acme，DC=com。这个名中的最后两个入口中的“DC”

表示"域组件"，是根据 LDAP 的一般需要来表示域的 DNS 名。

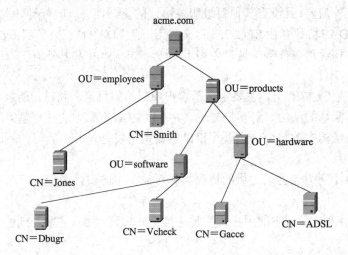

图 4.1　一个简单 Windows 2003 域的目录结构

可辨认名可在活动目录数据库中用来定义一个唯一的对象名，通常可以将对象命名为 //acme.com/employees/Smith，显式地在名字中列出属性类型。在 LDAP 中总是使用可辨认名，因为简单的名字可以在用户界面中显示和使用，方便了用户的使用。

6) 域目录林和域目录树

Windows 2003 域中的目录数据库对象比 Windows 2000 域中的更多，因此可以将多个 Windows 2000 的域组织成单个 Windows 2003 域。但在有些情况下，还是需要为一个组织创建多个域，活动目录允许以各种方式组织这些域。

拥有相邻 DNS 名的域能被组织到一棵域目录树中。图 4.2 是一棵域目录树的例子，它表明 Acme 公司分别为其 accounting 和 sales 创建了不同的域。由于每个新域都有一个位于 acme.com 下的 DNS 名，所以这些域就可组织成一棵域目录树。在同一棵域目录树中的每个域必须共享公共的计划，它们的 DNS 名必须形成一个层级结构。

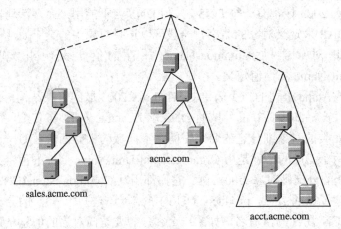

图 4.2　不同的域能够组织成一个域目录树

将域组织成层次结构的好处有，在根域中发布的查询也能检查树中低层的其他域中的对象，并且将域组织成域目录树能自动在域之间建立双向的信任关系，从而减轻了管理员的责任。

将名字不相邻的域组织成域集合，就产生了域目录林。域目录林组成域组或者域目录树。正如域目录树一样，域目录林中的所有域也都建立了双向的信任关系，并共享相同的计划。域目录树与域目录林的主要不同是：域目录树中的所有域必须具有相邻的 DNS 名，而域目录林则不必如此。

7) 查找信息：索引和全局编号

如果客户知道对象所在的域，并且知道对象的可辨认名，则可以很方便地使用 LDAP 访问这个对象。如果客户知道对象所在的域和对象的某些属性值，但不知道对象的可辨认名，则活动目录可以通过单独的属性进行查找。例如，一个目录查询可以找到所有带有名"Smith"的对象。但是这种查找方式可能会很慢，因为它需要查询大量的对象。为了加快速度，活动目录允许定义特别的属性作为索引，这样就可以更快地找到需要的信息。

最坏的情形是客户知道要查询的域目录林，但并不知道域目录林的哪个域中包含了所需的对象。这样，即使属性是按索引编排的，对域目录林中某个域的查询仍需花费大量的时间。为解决此问题，活动目录提供了全局目录编号(GC)。域目录树或域目录林中的所有域共享单个 GC，并且 GC 中包含了域的每一个对象的复制。不过 GC 中只包含每一对象的一部分属性。Microsoft 定义了常位于 GC 中的不同的标准属性，管理员也可定义自己需要的属性。GC 中属性的类型可按索引方式编排，以便快速查找。

8) 复制

对目录数据的复制(将其复制存储到多于一台机器上)改善了性能，提高了其可用性。正如所有其他目录服务一样，活动目录允许数据的复制。图 4.3 显示了当客户改变目录中的数据时，这种改变就被复制到域内的其他所有域控制器中。但由于 LDAP 没有定义复制协议，活动目录需要使用 Microsoft 所定义的其他协议来执行此操作。

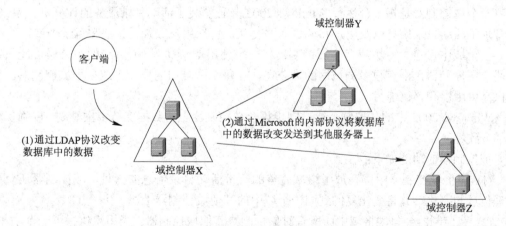

图 4.3　域控制器的同步复制过程

Windows 2003 目录复制机制与 Windows 2000 相同，即都使用了多主复制。每个域控制器不仅包含了整个域数据库，而且还可以对它进行读写操作。在 Windows 2003 中，客户可以修改目录信息的任何一份拷贝，该修改会自动地被传播到该域的其他域控制器中。如果两个客户同时在不同地方修改同一对象中的同一属性，以最后所作的修改为准。

4. 活动目录的管理工具

Windows 2003 提供了丰富的目录服务。活动目录的管理工具能支持复杂的目录服务，简化 Windows 2003 的管理任务。

对活动目录的管理，可使用微软管理控制台(MMC)中为活动目录设计的插件，也可根据主机的需要建立一个使用活动目录服务界面(ADSI)的脚本程序。Windows 2003 中自带的管理插件可以满足绝大部分用户的需要。

活动目录管理控制台中的插件有：

(1) 活动目录用户和计算机管理器：在活动目录中对用户、组、联系、组织单元等对象进行增加、修改、删除操作。

(2) 活动目录域和信任管理器：对基于活动目录中的域和域关系进行增加、修改、移走操作。

(3) 活动目录站点及服务管理器：通过位于基于活动目录网络站点中的域控制器来增加、修改或复制行为和服务发布。

(4) 活动目录计划管理器：创建修改对象类和属性、为全局目录编号的索引选择属性。它是活动目录管理器操作的扩展，而活动目录管理器允许管理员操作域数据，活动目录计划管理器能够管理计划。通过活动目录计划管理器，用户能够浏览编辑类和属性定义；通过演变和增加新的特性来扩展类；创建新的类和特性；浏览对象语法(但语法不能被修改或增加)；选择和修改全局目录编号中的对象索引。

4.1.2 活动目录的建立

1. 域控制器

一个域控制器是指一台运行 Windows 2003 并且安装了活动目录服务的计算机。域控制器管理了活动目录信息以及用户和域之间的交互，包括用户登录、认证和目录查询。

一个域中可包含一个或多个域控制器。一个使用单个局域网(LAN)的小公司可能只需要两个域控制器，而有很多局域网的大公司，在每个区域中需要一个或多个域控制器，以提供高可用性和容错能力。

Windows 2003 中的域控制器通过同步每个域控制器上的数据支持多主复制，以确保信息的一致性。

域控制器的功能如下：

(1) 每个域控制器中都存放了该域完整的一份活动目录信息的拷贝，域控制器还负责管理信息的变化，并将变化复制到同一个域中的其他域控制器上。

(2) 域控制器会自动将域中的所有对象复制给其他域控制器。当用户执行了一个动作，导致了活动目录更新时，用户实际上是在一台域控制器上做了改动。而后，这台域控制器会将这种改动复制到这个域中的其他所有域控制器上。用户可以指定复制发生的频率以及进行一次复制的数据总量，从而控制域控制器之间的复制工作的通信量。

(3) 活动目录使用多主同步复制，在这种情况下，没有指定哪一个域控制器是主域控制器。而是域中的所有域控制器都有一份目录数据库的拷贝，并且都是可以改写的。除非所有的域控制器都随活动目录同步改变，否则，在某个短时期内，各个域控制器所存放的信息可能是不同的。

(4) 在一个域中设置多个域控制器可以提供容错性。如果一个域控制器掉线了，另外的域控制器就能提供所需的全部功能，例如记录活动目录的改变。

(5) 域控制器管理用户和域交互的所有方面，例如定位活动目录对象和验证用户的登录尝试。

2. 安装域控制器

当安装完 Windows 2003 以后，用户就可以把该计算机配置成为域控制器。Windows 2003 是通过域控制器提供目录服务、维护活动目录数据库、验证用户的登录请求并和域中其他的域控制器一起参与目录备份。

用户可以把任意一台安装了 Windows 2003 的独立计算机或者成员服务器提升为一个域控制器。当用户把一台服务器提升为域控制器时，用户既可以创建一个新的域，并将该服务器作为域的第一个域控制器，也可以在现存的域中额外创建另一个域控制器。当创建一个域时，用户必须确认新域的 DNS 名称。

当为一个新的域创建第一个域控制器时，用户能够：

(1) 创建一个新的域目录树：当用户创建一个新的域目录树时，提升一台单机或者成员服务器成为一个域控制器，这就创建了新域目录树中的第一个域。这个新的域成为域目录树中最高层的域(根域)，在这种情况下，创建一个新的域就创建了一个新的域目录树(包含一个域)和一个目录林(包含一棵树)。

(2) 创建一个新的子域：要创建一个新的子域，用户可以提升单机或成员服务器成为一个新域中的第一个域控制器，这个域已经加入到一个现存的域目录树(父域)中或已属于一个现存的域。

在一个域中的所有域控制器维护着活动目录的一个副本，这些域控制器没有一个本地的安全数据库。当用户把一台单机或者成员服务器提升为一个域控制器时，Windows 就把本地所有的用户账号转换成为域的用户账号。安装活动目录就把这台服务器的本地数据库升级到新的或现存的域的活动目录数据库中。

我们称加入到一个现存域中的域控制器为后备域控制器。后备域控制器接收域的活动目录数据库的一个副本。用户创建一个后备域控制器是为了通过提供活动目录的一个备份副本来提供错误冗余或通过提供另外一个域控制器来验证用户的登录和响应其他用户的请求是否能够改善登录处理的表现性能。

Windows 2003 使用活动目录安装向导来创建新的域控制器。

1) 创建域控制器的条件

在用户把一台单机或者成员服务器提升为一个新的域或者现存域中的一个域控制器之前，需要满足如下条件：

(1) 了解 Windows 2003 域相关的知识，包括：

① 活动目录结构。

② 域控制器的类型和目录复制概念。

③ Windows 2003 中的域、域目录树、目录林和组织单元。

④ TCP/IP 和 DNS。

（2）注册 DNS 名。因为 Windows 2003 采用 DNS 名称作为域的名称，所以用户在创建一个新的域时需要提供一个完整的 DNS 名称，在创建一个子域或者一个后备域控制器时，用户也必须提供父域或者目标的一个 DNS 名称。

（3）验证 TCP/IP 协议是否被正确安装到计算机上。

（4）验证是否有一个 DNS 服务器对此计算机是可用的。如果没有 DNS 服务器可用，则需安装 DNS 服务器到此计算机上，并作为域控制器。

在升级过程中，Windows 2003 跟 DNS 服务器联系的目的是：

① 注册一个新的域控制器，这是必要的，这使得在网络上的其他计算机能够找到和确定该域控制器。

② 当用户创建一个域控制器时，找到父域。

③ 当用户创建一个后备域控制器时，找到目标域。

（5）在某些情况下还需要验证有无其他可用的域控制器：

① 当用户创建一个新的子域时，Windows 2003 必须跟父域中的域控制器联系。

② 当用户创建一个后备域控制器时，Windows 2003 必须跟目标域中的域控制器联系。

（6）知道管理员账号和密码：

① 当用户创建一个子域时，用户需要拥有父域的管理员特权。

② 当用户创建一个后备域控制器时，用户需要目标域的管理员特权。

（7）在硬盘中有一个 NTFS 分区：域控制器需要一个安全的空间来存储活动目录的文件，这些文件将被 Windows 2003 复制到域中的其他域控制器中去。

2）为新的域目录树创建域控制器

可以使用活动目录安装向导来把一台独立的服务器升级为新的域目录树中的第一个域控制器，该向导将指导用户完成升级的处理过程，并提示用户怎样配置这个新的域控制器的信息。

表 4.1 描述了提升处理过程，对在一个新的域目录树中创建第一个域控制器所需要用到的信息进行了说明。

表 4.1　将单机服务器升级为新域目录树中的第一个域控制器的过程

选　项	说　　明
选择服务器的类型	有两个选项： 新域的域控制器：当需要创建新的子域、新的域目录树或新的目录林时，选择此项。这时该服务器将成为新域中的第一个域控制器； 现有域的额外域控制器：此选项将删除该服务器上的所有本地账号
创建一个新的域目录树	有两个选项： 创建一个新的域目录树：如果你不想让新域成为现有域的子域，选择此项。这将创建一个同现有目录树不同的新的域目录树。可以在一个新的域目录树中创建第一个域，这也创建了域目录树第一个域的第一个控制器； 将这个新的域目录树放入现有的目录林中：如果你想让新域成为现有域的子域，选择此项

续表

选　项	说　明
创建或加入目录林	根据用户创建新的目录林还是加入现有的目录林的目的不同选择下面两个选项： 创建新的目录林； 将新的域目录树加入现有的目录林中
为新的域准备完整的 DNS 名称	为新的域输入完整的 DNS 名称。例如 lab.wlgc.edu.cn，该向导将找到一个 DNS 服务器来确定这个域名是否存在
NetBIOS 域名	为这个域输入一个 NetBIOS 域名。用户网络上任何运行有早期 Windows 版本的计算机都使用 NetBIOS 域名，如果没有 NetBIOS 域名，用户就不能够从一台运行有 Windows 早期版本的计算机上登录到一个 Windows 2003 的域中。该向导把新的域作为默认的 NetBIOS 的域名
管理员密码	为这个新域的管理员账号输入一个密码。因为在提升过程中，本地安全数据库被删除了，所以该向导将创建一个新的管理员账号
活动目录数据库和日志文件的位置	输入活动目录数据库和日志文件的位置：这两项内容的默认位置都是 %system root%\NTDS。如果用户要创建的这个域将来可能拥有大量的登录处理的话，用户就应该把日志文件的存放位置同活动目录数据库文件的存放位置分开，并且给日志文件一个单独的物理硬盘
共享的系统卷	输入共享的系统空间的路径/位置。Windows 创建了一个系统空间来存储登录脚本以及其他用户在登录时必须得到的内容项目：Windows 把这个共享系统空间中的内容复制到域中的所有的域控制器上，用户必须把这个共享系统空间放在一个 NTFS 分区上，它的默认位置是 %system root%\Sysvol
确认	验证在确认页显示的所有信息是否正确地反映了用户在安装活动目录时所选中的选项。如果在确认页上的信息是不正确的，用户可以单击"上一步"按钮来修改自己的选项

当用户提供了所有的信息后，活动目录安装向导将显示带有用户所选择的配置信息的一个确认页。该向导使用用户提供的信息来执行下面的任务，从而创建这个域控制器。安装活动目录的步骤如下：

① 创建 Sysvol 目录。

② 复制初始的活动目录数据库文件到数据库中。

③ 创建和配置活动目录的一些默认对象。

④ 配置适当的安全设置使这台计算机能够充当域控制器进行工作。

3) 向一个域中增加复制域控制器

活动目录安装向导也用于创建一个域的复制，但在运行向导之前，必须将目标计算机连接到将被复制的域中。

(1) 创建域的一个复制。步骤如下：

① 使用本地的管理员账号登录并运行活动目录安装向导。

② 单击"下一步"按钮。

③ 选择"现有域的额外域控制器"，并单击"下一步"按钮。

④ 键入域的 DNS 名的全称复制，例如"wlgc.edu.cn"，并单击"下一步"。

⑤ 键入名字、密码和用户域，表明用户对所要复制的域的管理权限，然后单击"下一步"按钮。

⑥ 对目录林中的第一个域的创建也用同样的方式完成。

当重新启动后，该计算机即可作为所指定域的复制域控制器。

(2) 在一个树中增加一个子域。活动目录安装向导也可用来在现存树中创建一个子域。在运行向导之前，必须将机器连到有层次关系的父域中的一个域中。增加一个子域的步骤如下：

① 使用本地的管理员账号登录并运行活动目录安装向导。

② 单击"下一步"按钮。

③ 选择"创建一个新的域目录树"，并单击"下一步"按钮。

④ 选择"创建一个新的子域"，并单击"下一步"按钮。

⑤ 键入现存的作为父域的域的 DNS 全名称，例如"wlgc.edu.cn"。

⑥ 键入新子域的简略名字，例如"lab"，父域的名字附加在此名字上，以创建子域的 DNS 全名，如"lab.wlgc.edu.cn"。

⑦ 单击"下一步"按钮。向导将验证此名字是否已在使用中。

⑧ 向导将为此域建议一个 NetBIOS 名字。低版本的客户如 Windows NT 4.0 就可使用此名字来验证域。接受缺省的或者键入一个名字，再单击"下一步"按钮。

⑨ 键入用户名字、密码和域账号，以标明有对父域的管理权限，再单击"下一步"按钮。

⑩ 以相同的方式完成目录林中第一个域的安装向导。

当计算机重新启动后，就在新子域中创建了第一个域控制器。

(3) 在目录林中增加一个树。利用活动目录安装向导也能够在现存的目录林中创建一个新树。在目录林中增加一棵树的步骤如下：

① 使用本地的管理员账号登录并运行活动目录安装向导。

② 单击"下一步"按钮。

③ 选择"创建一个新的域目录树"，并单击"下一步"按钮。

④ 选择"创建新域目录树"，并单击"下一步"按钮。

⑤ 选择将新的域目录树加入现有的目录林中，并单击"下一步"按钮。

⑥ 键入目录林根域的 DNS 全名，如"wlgc.edu.cn"。

⑦ 键入新树的 DNS 全名，例如"wgjs.wlgc.edu.cn"，所键入的名字不能是目录林中现存树的次一级或上一级名字。例如，如果目录林中有一棵树名为"lab.wlgc.edu.cn"，那么就不能将所创建的树命名为"wlgc.edu.cn"，也不能为"a1.lab.wlgc.edu.cn"。

⑧ 单击"下一步"按钮。向导将验证此名字是否已在使用中。

⑨ 向导将为此域建议一个 NetBIOS 名字。低版本的客户如 Windows NT 4.0 就使用此名字来验证域。接受缺省的或者键入一个名字，再单击"下一步"按钮。

⑩ 键入用户名字、密码和域账号，以标明有对父域的管理权限，再单击"下一步"按钮。

⑪ 以相同的方式完成目录林中第一个域的安装向导。

当重新启动后，该计算机即可作为新树中的第一个域控制器工作。

4) 加入域

在 Windows 2003 的目录服务中，将服务器和工作站加入到域中的方法与 Windows 2000 是相同的。在用户把一台运行有 Windows 2003 计算机加入到一个域之前，必须先满足下面的条件：

① 在用户把计算机添加到域之前或在加入过程中，要创建一个计算机账号。要把一个计算机账号添加到目标域中，用户必须具有这个域的管理特权。

② 要确保网络上至少有一台 DNS 服务器在线可用。这台 DNS 服务器能够让要加入到域中的那台计算机找到目标域中的一个域控制器。

在执行过程中会发生表 4.2 说明的两种情况中的一种。

表 4.2　将运行有 Windows 2003 计算机加入到一个域中可能发生的两种情况

情　况	发 生 的 事 情
该计算机的账号存在于目标域中	Windows 2003 将显示一个消息来验证计算机已经加入到目标域了，系统将提示用户：在改变生效前，需立即重新启动计算机
目标域中没有该计算机的账号	Windows 2003 将显示"域用户名和口令"对话框，要创建一个计算机账号，请输入一个用户账号、用户名和密码，该用户账号应该是有权添加域计算机账号的。单击确定，就可以创建该计算机的账号并加入到域中了

将 Windows 2003 服务器或者工作站连接到域中的步骤如下：

① 将 Windows 2003 服务器或者工作站连接到一个域中。

② 单击"开始"，打开"控制面板"。

③ 双击"系统"，打开"系统属性"对话框(另外，可右击桌面上的"我的电脑"，再单击"属性"项)。

④ 在系统属性对话框中单击"计算机名"标签。

⑤ 在"隶属于"选择框内点击"域"选项。

⑥ 在"域"选项下的编辑框中，键入需连接的域的 DNS 全名，例如"lab.wlgc.edu.cn"。

⑦ 单击"确定"按钮。

⑧ 键入有足够的权限将计算机加入到域中的域账号的名字和密码。单击"确定"按钮以提交信任。

⑨ 单击"是"按钮，重启动计算机。

当机器重新启动后，该计算机就已经加入到所指定的域中。

4.1.3　利用活动目录管理对象

活动目录是 Windows 2003 为了存储有关网络对象的信息并使管理员和用户可以方便地查找和使用信息而引入的目录服务。目录本质上是一个存储网络对象信息的分层结构，而目录服务则提供了存储目录数据和使用这些数据的方法。几乎所有的网络对象都能存储在活动目录中，这些网络对象包括用户账号、计算机账号、域、组织单元、组、共享文件夹、网络打印机等等。为了使用和管理这些对象，活动目录提供了丰富的服务。

1. 活动目录对象

在前面的章节中我们已经介绍过，活动目录中可以包含用户、计算机等各种网络对象。这些对象根据它们的创建时机分为两类：一类是在活动目录安装过程中被自动创建的对象；另一类是通过使用活动目录管理工具创建的对象。表 4.3 描述了在活动目录安装过程中被自动创建的对象。

表 4.3　在活动目录安装过程中被自动创建的对象

文件夹	描　　述
域	"Active Directory 用户和计算机"插件中的根节点，它代表被管理的域
计算机	包括连接到域中的所有 Windows 计算机
系统	包含活动目录系统和服务器信息，如 RPC、Winsock 及其他信息

通过使用活动目录管理工具能在活动目录中创建表 4.4 中的对象。

表 4.4　利用活动目录管理工具创建的对象

对　　象	描　　述
用户账号	用户账号对象是目录中负责安全的对象，用户通过用户账号登录到网络中，并通过它授予访问许可
联系	联系对象是指一账户，但没有安全许可权，用户不能用一个联系登录到网络中。联系一般用于以 E-mail 为目的的扩充用户
计算机	代表网络上属于域成员的一台计算机，是计算机账号
组织单元	类似于文件夹，用来组织活动目录中的对象，如用户、组、计算机和其他组织单元
组	用户账号、组或计算机的集合。组简化了大量对象的管理
共享文件夹	指向某一台计算机上的一个共享文件夹的指针，它是在目录中被发布的网络共享资源
共享打印机	是在目录中被发布的一个网络打印机。对于不在活动目录中的计算机上的打印机，用户必须手工进行发布。Windows 自动将域计算机上创建的打印机添加到活动目录中

2. 活动目录管理器

在 Windows 2003 中，活动目录管理器被称为"Active Directory 用户和计算机"，它是一种 Microsoft 管理控制台的插件，可以从它自己的控制台启动。它可以满足用户和计算机的日常管理需要，其功能包括在组织单元和组内添加、删除及移动用户账号和计算机账号。还可用"Active Directory 用户和计算机"修改目录对象的属性，诸如用户与计算机账号、组、组织单位及共享网络资源的安全属性。

启动活动目录管理器的方法是：

(1) 作为管理员登录。如果登录时使用的账号不具有管理权限，可能无法管理活动目录。

(2) 启动"Active Directory 用户和计算机"插件。对此活动目录管理器插件的启动，有以下几种方法：

① 从活动目录树管理器插件中调用活动目录管理器。

② 从管理工具菜单中启动插件。单击"开始"按钮，指向"程序"，然后单击"管理工具"，再单击"Active Directory 用户和计算机"以启动插件。

3. 管理活动目录对象

1) 创建活动目录对象

当给网络添加新资源时，例如用户账号、组或打印机等，用户即创建代表了资源的新的活动目录对象。要创建新对象，用户必须具有相应的权限。在默认情况下，Administrators 组的成员具有在域中任意位置添加对象的权限。

当用户创建对象时：

(1) 用户所使用的规划、向导或插件的规则限制了用户能够创建的对象。

(2) 不是所有的属性都可以被定义的。如果要对所有属性进行定义，用户必须先创建，然后再对对象进行修改。

创建活动目录对象的步骤如下：

(1) 打开"Active Directory 用户和计算机"插件。

(2) 在控制台目录树中右击要在其中创建对象的域或组织单元，并指向"新建"项，出现 Action 菜单。

(3) 在 Action 菜单中选择要创建的对象并单击。

2) 定位活动目录对象

活动目录的对象可以利用"Active Directory 用户和计算机"定位。定位活动目录对象的步骤如下：

(1) 打开"ActiveDirectory 用户和计算机"插件。

(2) 在控制台目录树中右击要在其中定位对象的域或组织单元，然后单击"查找"按钮，出现查找对象的对话框。

(3) 在查找对象的对话框输入要查找的用户、联系人或组。

查找对话框提供了一些选项，可以搜索全局目录表，定位用户账号、组和联系人，如表 4.5 所示。可以使用属性来查找对象，但前提是必须定义了这些属性。

表 4.5　查找对话框中的选项

选　项	说　明
查找	搜索的对象包括用户和组、计算机、打印机、共享文件夹、组织单元和例程，也可以生成一个自定义的搜索，用来搜索任意类型的对象
范围	希望搜索的位置，可以是整个活动目录，特定的一个域或者是一个组织单元
高级	为了定位所需对象而设定的搜索条件
字段	选定对象类型的可用于搜索的属性列表
条件	进一步限定对属性搜索时可用的方法
值	要查询的属性的条件值
搜索条件框	列出范围、条件和值所定义的搜索条件，用户可添加或删除搜索条件以缩小或扩大搜索范围
结果框	单击"开始查找"按钮后的搜索结果

对于打印机对象，用户可以直接通过"开始"菜单定位。

3) 移动对象

在活动目录中，用户可以将对象从一个组织单元移到另一个组织单元中，这种移动一般发生在组织单元的成员需要调整时。例如，当一个雇员从一个部门调到另一个部门时，就需要将对象从一个位置移动到另一个位置。

在组织单元之间移动对象时，以下条件将会起作用：

(1) 直接指定给那个对象的权限将保持不变。

(2) 对象将从新的组织单元继承权限。从以前那个组织单元中继承来的权限将不再起作用。

(3) 可以同时移动多个对象。

移动对象的方法是：在"Active Directory 用户和计算机"中选择要移动的对象，然后在 Action 菜单上单击"移动"按钮。并在移动对话框中选择要将对象移动到的组织单元。

为了简化给打印机指定权限的工作，可以将位于不同打印机服务器上而又需要相同权限的打印机都移动到一个组织单元中来。打印机放在打印机服务器的 computer 对象中。要查看打印机，可单击"ActiveDirectory 用户和计算机"插件主窗口中的"查看"菜单，然后单击"Users、Groups 和 computers 作为容器"。

4) 控制对象访问

Windows 2003 使用基于对象的安全模型来实现对所有活动目录对象的访问控制。每个活动目录对象都有一个安全描述信息，它定义了哪些用户有权访问这个对象，以及允许进行哪些类型的访问。Windows 2003 使用这些安全描述信息来控制对对象的访问。

为了降低管理开销，可以把具有相同安全要求的对象分组放置到一个组织单元之中，统一给这个组织单元及其所容纳的所有对象指定权限。

活动目录权限为资源提供了安全保护，它控制了对象或属性的访问人员以及访问类型。

(1) 活动目录权限的作用。活动目录权限可以判断哪些用户有权对对象进行访问，以及允许进行哪些类型的访问。在用户访问对象之前，管理员或者对象的所有者必须为对象指定权限。Window 2003 为每个活动目录对象存放了用户访问权限列表，这个表称为访问控制表(ACL，Access Control List)。对象的 ACL 会列出能够访问这个对象的用户和各个用户在这个对象上所能执行的特定动作。

用户可以在不指定控制其他活动目录对象的管理权限的情况下，使用权限来为用户或组指定对组织单元、组织单元层次或单独的对象的管理特权。

(2) 对象权限。对象的类型决定了用户能选择的权限。权限会随对象类型的不同而变化。例如，可以给一个用户对象指定重置密码的权限，但对于打印机对象则不行。

同一个用户可以是属于多个组的成员，而每个组又可以具有不同的权限，这样用户就拥有对对象不同层次的访问权。当给用户指定了一种权限，而该用户同时又属于一个具有不同权限的组时，用户的有效权限则是用户权限和组权限的综合。例如，如果用户具有读权限，同时又是具有写权限的组的成员，那么用户的有效权限将是读和写。

可以允许权限，也可以否定权限。否定权限优先于用其他任何方法赋予用户账号和组的权限。如果否定了一个用户对某个对象的访问权，那么这个用户将无法访问该对象，即使授予用户所在的组访问权限也不行。只有在必须否定一个属于拥有权限的组的成员的权限时，才应该使用否定权限。

注意：始终要保证每个对象至少有一个用户拥有完全权限。否则，可能会导致某些对象的无法访问。

(3) 标准权限和特殊权限。对象的权限分为标准权限和特殊权限。标准权限是最常用的权限，它们是由特殊权限组成的。特殊权限为用户提供了访问对象的更精细的控制手段。例如，标准的写权限是由写所有属性、添加/删除成员和读权限组成的。

表 4.6 列出了大多数对象都能使用的标准对象权限(某些对象可能还有额外的权限可供使用)和各类权限所允许的访问类型。

表 4.6　对象权限描述

对象权限	允许用户
读	查看对象和对象属性，对象所有者和 Active Directory 权限
写	改变对象属性
删除所有子对象	从组织单元中删除任意类型的对象
创建所有子对象	向组织单元添加任意类型的对象
完全控制	改变权限和获取所有权，再加上其他标准权限所允许执行的任务

4. 域用户账号的创建和管理

本节将详细介绍利用"Active Directory 用户和计算机"插件创建和管理域用户账号的方法。

1) 创建新的域用户账号

使用"Active Directory 用户和计算机"插件创建新的域用户账号。在创建域用户账号时，这个账号总是在微软管理控制台(MMC)第一个联系到的可用的域控制器上创建，而后，这个用户账号将被复制到所有域控制器上。

在创建域用户账号时，一般需要选择用来创建新账号的组织单元。当然也可以在域中直接创建，但这不符合活动目录分层原则。可在默认的 Users 组织单元中创建域用户账号，也可在用来存放用户账号的组织单元中进行创建。

创建新用户账号的步骤如下：

(1) 打开"Active Directory 用户和计算机"。

(2) 在左边的控制台目录树中展开域节点。

(3) 在详细资料窗格中，右击需要增加用户的组织单元。

(4) 在 Action 菜单中指向"新建"并单击"用户"，输入用户名(包括名和姓)和用户登录名。

(5) 单击"下一步"按钮，输入并确认密码，并选择合适的账号选项。

(6) 接收确认对话框。

在创建域用户账号时，应根据需要配置选项，如表 4.7 所示。

2) 为用户账号设置属性

在创建域用户账号时，系统会提供一组与用户账号相关的默认属性。在活动目录中，可以利用域用户账号的属性来搜索用户。例如，用用户的姓来搜寻该用户的电话号码、办公室位置和经理的姓名。因此，在创建了域用户账号后应该为它提供详细的属性定义。

在创建完域用户账号之后，用户可以为其配置属性(包括个人属性、账号属性、登录选项、拨入设置和终端服务设置等)。这些属性的设置都在账号的属性对话框中进行。

打开账号属性对话框的步骤如下：

(1) 打开"Active Directory 用户和计算机"。

(2) 在左边的控制台目录树中展开域节点。

(3) 单击用户账号所在文件夹。

表 4.7　选 项 描 述

选　　项	说　　明
名	用户的名字，或者填写"姓"
姓	用户的姓，或者填写"名"
名称	用户全名。在创建用户账号的组织单元中，这个名字必须是唯一的。如果输入了"姓"和"名"信息，Windows 自动完成这个选项。在活动目录中用户账号所在的组织单元中显示这个名字
用户登录名	用户的唯一登录名，基于用户的命名规则，必须是活动目录中唯一的
下层登录名	从低级客户，如 Windows NT 4.0 或 3.51 登录时所用的用户登录名，必须是域中唯一的
密码	用来鉴别用户的密码
确认密码	重复键入一次密码进行确认，以保证输入的密码是正确的
用户下次登录时须更改密码	如果希望用户第一次登录时更改密码，则应选中该框，目的是保证用户是唯一知道密码的人
用户不能更改密码	如果多个用户使用同一个域用户账号或为了能对用户账号密码保持控制，则应选上该框
密码用不过期	如果不希望改变密码，则应选中该框
账号已停用	选中该框可以禁止使用该账号

(4) 右击用户账号所在文件夹，单击随后出现的 Action 菜单中的"属性"项，可以对用户的个人属性、账号属性、登录时间、用户可登录计算机、拨入配置等进行设置。

3) 管理域用户账号

在 Windows 中管理用户账号的手段和工具包括：

(1) 修改用户账号属性。例如，把现有的账号重新命名让一个新用户使用，可以让新用户与其前任具有相同的权限以及对网络的使用权。

(2) 创建移动用户配置文件。Windows 会自动创建用户配置文件，在用户配置文件中存储了用户个人的桌面设置。管理员可以对一个用户配置文件进行设置，把该用户的桌面环境设置应用于用户在网络上登录到的运行 Windows 的任何计算机上。这样不论一个用户从哪里登录，都可以保持相同的桌面设置。

(3) 设置用户主目录。管理员可以为用户设置一个集中的网络位置来存储他们的个人文档。

(4) 使用组策略。组策略是组策略管理员应用于一个或者多个活动目录对象的一组设置。组策略管理员使用组策略来控制一个域内的用户的工作环境。组策略还可以控制在具体的组织单元有账号的用户的工作环境。

要成功地完成用户账号属性的修改、创建移动用户配置文件以及分配主目录的任务，用户必须具有管理用户账号所在的组织单元的权限。

在用户账号设置完成之后，如果需要修改一个用户账号，就要对活动目录中的用户对象进行修改。账号的修改可能是由人员，公司或者网络的变更而引起的。这些修改包括用户密码的重新设置以及用户账号的解锁等，可能会影响到一个用户对计算机或者网络的登录以及对任务的执行。其他修改是基于人员变更或者个人信息的。这些修改包括用户账号的禁止、启用、重新命名和删除。

Windows 2003 极大地增强了组策略的功能，利用它可完成桌面外观和应用程序的设置、指定登录或退出计算机时需要执行的脚本、管理连入网络中工作站的应用软件安装等。对用户账号管理的功能包括：

(1) 重新设置用户密码和解锁用户账号。如果用户不能登录到域或者一台本地计算机，管理员可能需要重新设置该用户的密码或者对该用户的账号进行解锁。要完成这个任务，必须具有该用户账号所在的组织单元的管理权限。

(2) 禁用、启用、重命名和删除用户账号。除重设用户密码和解锁账号外，管理员可能还要执行一些附加的修改。这些修改任务包括：

① 禁用和启用用户账号。用户在某段时间不需要用户账号，将来还要使用它时，可以禁用用户账号。例如，用户有两个月的时间不使用网络。在用户需要再使用账号时，可以启用用户账号。

② 重新命名用户账号。在需要保持用户账号的所有权力、权限和组所有权，而且重新指定到不同的用户时，可重新命名一个用户账号。例如，如果有一个新的公司会计师，可以通过将姓、名和用户登录名更改为新的会计师的姓、名和用户登录名，便可重新命名账号。

③ 删除用户账号。在雇员离开公司，而且又不想重新命名这个用户账号时，可以删除用户账号。

(3) 移动用户账号。用户可从某域中的一组织单元移到另一组织单元，或者移到另外的域。

(4) 设置用户配置文件和主目录。在运行 Windows 2003 的计算机上，用户配置文件可以自动创建和配置用户的桌面工作环境。用户配置文件包括默认用户配置文件(也被称为本地用户配置文件)、漫游用户配置文件和永久用户配置文件，当用户第一次登录 Windows 2003 时，系统为该用户建立了一个默认的用户环境文件，以后用户对桌面环境的改变会被保存在默认的用户环境文件中，漫游用户配置文件和永久用户配置文件则需要由管理员根据需要为用户设置。

上述功能均可在 Action 菜单的属性中实现。

4) 计算机账号管理

加入到域中的 Windows 计算机必须有计算机账号，计算机账号提供了物理计算机访问网络的审计和认识手段。

当计算机连入到一个域中时，计算机对象就会被自动创建。也可以在计算机连入某域之前预先创建一计算机对象。创建计算机对象的步骤如下；

(1) 打开"Active Directory 用户和计算机"。

(2) 右键单击需创建计算机对象的组织单元，在 Action 菜单中单击"新建"，然后单击"计算机"。

(3) 在计算机名的文本框中键入计算机名。

隐含的域策略只允许 DomainAdmins 组的成员将计算机账号加到域中，单击"更改"按钮可以定义其他允许将计算机账号加到域中的用户和组。

当创建计算机对象后，管理员可以远程管理此计算机以便进行诊断服务、查询事件浏览器等。远程管理计算机的步骤如下：

(1) 打开"Active Directory 用户和计算机"。

(2) 右键单击计算机对象，然后单击"管理"。

(3) 选择所需的计算机，计算机管理插件将启动。

5. 发布资源

网络管理的主要挑战之一是如何向网络上的用户提供安全和可选择的网络资源，另一个挑战是使网络上信息的查找更为方便。活动目录通过存储网络对象信息，提供快速的信息获取，以及控制访问的安全机制来解决这些挑战。可以在活动目录上发布的资源包括用户、计算机、打印机、文件和网络服务。

(1) 发布用户和计算机。网络中用户和计算机的信息由 Active Directory 用户和计算机插件发布。它允许管理员管理安全权限和存储相关信息。

(2) 发布共享资源。发布打印机和文件可以使网络中这些资源的查找更为方便，Windows 的网络打印机在用 Printing 安装时会被发布。而文件则需要使用 Active Directory 用户和计算机插件发布。

(3) 发布网络服务。网络服务也可以在活动目录中发布，这样管理员可以用活动目录的站点和服务插件查询和管理服务。在活动目录中发布服务的关键是服务管理模型，通过发布服务，管理员就可以集中管理服务，而不管是哪一种计算机提供访问。通过使用活动目录的程序设计界面，其他服务或应用也可以在活动目录中发布。

1) 发布共享文件夹

任何共享的网络文件夹(包括分布文件系统(DFS)文件夹)，都能在目录中发布。在目录中创建的共享文件夹对象默认为非共享文件夹。因此，在目录中发布共享文件夹有两个步骤：首先将此文件夹变为共享，然后再在目录中发布。

设置共享文件夹的步骤如下：

(1) 在 Windows 资源管理器中右键单击文件夹名后，单击"属性"，单击"共享"，并单击"共享该文件夹"。

(2) 在共享名文本框中键入共享名。

(3) 单击"确定"按钮。

在目录中发布共享文件夹的步骤如下：

(1) 在"Active Directory 用户和计算机"插件中，右键单击组织单元，在 Action 菜单中单击"新建"，再单击"共享文件夹"。

(2) 在"共享的文件夹名称"中键入文件夹的共享名。

(3) \\your machine name\文件夹的共享名。例如，键入\\lab.wlgc.edu.cn\ShareFiles。

(4) 单击"确认"按钮。

这时，当用户浏览"目录"时就能看到此共享文件夹。

2) 发布打印机

运行 Windows 2003 的计算机所共享的打印机可通过使用打印机属性窗口中的"共享表"来发布打印机。缺省时，"列在目录中"的选项是起作用的(这意味着缺省时共享打印机是可被发布的)。打印机是在活动目录下相应计算机容器中被发布的，因而被称为 <server>-<printer name>。打印子系统会自动地将打印机属性的改变(位置、描述、纸的装载等)传播到目录中。

共享并发布 Windows 2003 打印机的步骤如下：

(1) 单击"开始"按钮，指向"设置"，单击"打印机"，然后单击"增加打印机"，再根据屏幕上的提示创建打印机。

(2) 创建了打印机后，打开刚创建的打印机的属性对话框，并选择共享选项卡，打印机对象就在其所属的计算机对象下被发布。

用户可以使用"Active Directory 用户和计算机"插件来发布非 Windows 2003 服务器上的打印机，其步骤如下：

(1) 右键单击组织单元，单击"新建"后再单击"打印机"。

(2) 在"要发行的下层打印机服务器的 UNC 路径"处键入打印机的路径。

当打印机被发布后，用户就能够在目录中浏览被发布的打印机和提交到打印机上的作业，甚至可以直接从服务器上安装打印机驱动程序。

从客户机上安装服务器上被发布的打印机驱动程序的步骤如下：

(1) 打开"网络邻居"。

(2) 顺序单击"目录"、"域名"和发布打印机的组织"单元"。

(3) 右键单击发布的打印机名，然后单击"安装"以安装其为本地打印机或单击"打开"以浏览当前打印机队列。

4.2　WWW 和 FTP 服务的配置与管理

Internet Information Server(简称 IIS)是 Windows 平台下建立和管理 WWW/FTP 服务的常用软件。

4.2.1　IIS 简介

IIS 是 Microsoft 内置在 Windows 各版本操作系统(不含家庭版操作系统)中的网络文件和应用程序服务器，是 Windows 中的一个组件。IIS 支持标准的信息协议，通过使用 Internet 服务器应用程序编程接口(ISAPI)和公共网关接口(CGI)可以使其得到极大的扩展。IIS 为 Internet、Intranet 和 Extranet 站点提供服务器解决方案。它集成了安装向导、集成的安全性和身份验证实用程序、Web 发布工具和对其他基于 Web 的应用程序的支持等附加特性，可以提高 Internet 的整体性能。

IIS 是在 Windows 上构建 Internet 或 Intranet 的基本组件，与 Windows 完全集成。正是这种紧密的集成，可以充分利用 Windows 中 NTFS 文件系统内置的安全性来保护 IIS。

利用 IIS，可以使用可扩展的服务器应用程序来建立和管理最新的 Web 内容。IIS 完全支持 Microsoft Visual Basic 编程系统、VBScript、Microsoft JScript 开发软件和 Java 组件，也支持基于 Web 程序中的 CGI 应用程序、ISAPI 扩展和过滤器。

4.2.2　IIS 6.0 安装

要使 IIS 安全可靠，对 Windows 2003 本身所设置的安全特性有要求。

1. 配置 Windows 2003

要在 Windows 2003 上安装具有全部功能的 IIS，首先要在操作系统上配置好 TCP/IP 协议，TCP/IP 提供了从 Internet 上检索数据和在 Internet 上建立和管理站点所需的 Internet 连接性。

建议在安装 IIS 的分区上使用 Windows NTFS 文件系统，利用 NTFS 可以限制 Windows 2003 上的文件和文件夹的权限。这是维持一个安全的 Internet 服务器的关键因素，而且是 SMTP 服务所必需的组成部分。

2. Windows 2003 安全特性

由于 IIS 与 Windows 2003 是紧密集成的，因此可以使用操作系统内置的所有安全性选项来帮助保护 IIS 的安装。但要利用 Windows 2003 的这些安全性选项，需要在以下方面加以考虑：

(1) 将 NTFS 作为文件系统。因为 Windows 2003 支持的 FAT/FAT32 没有实现存取控制，也就无安全性可言了。

(2) 使用复杂的密码机制。

(3) 维护严格的账号制度，如禁止 Guest 账号或严格限制其存取范围。

(4) 限制管理组的成员。

(5) 仅运行系统所要求的服务和协议。

(6) 检查网络共享的权限。

(7) 启用审核功能。

3. Internet Information Service 6.0 的安装

由于 IIS 与 Windows 2003 是紧密集成的，因此 IIS 6.0 的安装由集成的安装向导管理。IIS 已默认安装在 Windows 2003 上，可在"控制面板"中用"添加/删除程序"删除 IIS 或选择其他组件。

安装 IIS、添加组件或删除组件的操作步骤如下：

(1) 单击"开始"，指向"设置"，单击"控制面板"，再启动"添加/删除程序"。

(2) 选择"添加/删除 Windows 组件"，然后再按照屏幕上的提示来安装、删除或给 IIS 添加组件。

4.2.3　服务器管理

本节讨论如何创建 Web 和 FTP 站点并更改其默认设置。用户可使用 IIS 中的默认设置，还可自定义这些设置以满足自己的 Web 发布需要。

通常每个域名，如 www.lab.com 都表示一台计算机。然而多个 Web 或 FTP 站点可同时宿主到一台运行 Windows 2003 的计算机上，给人一种有几台计算机在运行的感觉。每个站点又有能力宿主一个或多个域名。因为每个站点虚拟一台计算机，所以站点有时也被称为虚拟服务器。

1. 关于 Web 和 FTP 站点

下面将介绍关于站点(虚拟服务器)及其属性、管理特权、远程管理等方面的概念性信息。

1) Web 和 FTP 站点

不管是在 Intranet 上还是在 Internet 上，要为一台运行 Windows 2003 的计算机创建一个或多个 Web 或 FTP 站点，可以通过给 IP 地址追加端口号、使用多个适配器卡分别绑定多个 IP 地址、给一块使用主机标头名的网络适配器卡赋予多个域名和 IP 地址的方法实现。

下面的例子中描述了一个 Intranet 样板，管理员在公司的服务器上安装了带有 IIS 的 Windows 2003，产生了一个默认 Web 站点 http://CompanyServer。而后管理员又创建了两个 Web 站点 Marketing 和 HumanResource，分别给两个部门：市场部和人事部。

虽然宿主在同一台计算机上，但 CompanyServer、Marketing 和 HumanResource 所表现的都是独立的站点。这些部门站点在不同计算机上安装时具有一样的安全性，因为每个站点都有它自己的存取和管理许可设置。另外，管理任务还可分布到每个部门的成员中。

当要创建很大数量的站点时，应当考虑硬件的限制并在必要时升级硬件。

2) 站点上的属性与属性继承

属性是指可在站点上设置的值。比如，用 IIS 插件可将赋予给默认 Web 站点的 TCP 端口号从 80 改到其他的端口号。赋予站点的属性在属性页中显示，并且被存储在一个叫做元数据库(metabase)的数据库中。

在 IIS 的安装过程中，属性页中的各种属性都被赋予了默认值。用户可以使用 IIS 中的默认设置，也可自定义这些设置以满足发布的需要。

属性可在站点级、目录级以及文件级上设置。在更高级别上的设置(比如在站点级)被较低级(如目录级)自动使用或继承，但这些属性还可在较低级上进行编辑。一旦属性在一个站点、目录或文件上修改时，以后对主默认的修改将不会覆盖私有设置。相反，用户会收到一条警告消息，询问是否要修改私有站点、目录或文件设置，以匹配新的默认值。

某些属性拥有一个列表形式的值。例如，当用户未在 URL 上指定一个文件时，默认文档的值可能是一列等待加载的文档。自定义错误消息、TCP/IP 存取控制、脚本映射和 MIME 映射是另外一些以列表格式存取的属性。虽然这些列表有多个入口，但 IIS 只将整个列表作为一个属性看。如果在一个目录上编辑一个列表，并随后在站点级上做全局的更改，则目录级上的列表会被站点级上的新列表完全替换。

过滤器以列表格式显示，但不被当作一个列表。如果在站点级上添加过滤器，则新的过滤器将与 Master 级上的过滤器表合并。如果两个过滤器有同样的优先权设置，那么 Master 级上的过滤器表将在站点级的过滤器之前被加载。

如果默认属性值需要修改而且用户正在创建几个 Web 或 FTP 站点，则可编辑该默认值，这样所创建的每个站点就可继承用户的自定义值。

3) Web 站点的 Operators

Web 站点的 Operators 是一个专门的用户组，它在私有的 Web 站点上具有有限的管理特权。Operators 可以管理那些只影响其相应站点的属性。它们不存取那些影响 IIS、宿主 IIS 的 Windows 服务器计算机或网络的属性。

例如，一个为几个不同公司宿主站点的 ISP，可为每个公司委派操作员，管理各自的 Web 站点。因此，每个 Operator 可充当站点管理员，并可在必要时更改或重新配置 Web 站点。例如，Operator 可设置 Web 站点的存取许可、使能日志记录、更改默认的文档或脚注、设置内容的过期时间以及使能内容的等级特征。Operator 不允许更改 Web 站点的标识、配置匿名用户名或口令、创建虚拟目录或更改其路径等。因为 Operators 拥有比 Web 站点管理员更有限的特权，所以他们不能远程浏览文件系统。因此，Operators 通常不能在目录以及文件上设置属性。

4) 远程管理站点

要在运行 IIS 的计算机上完成管理任务并不总是很方便的，因此有两种远程管理方法可供选择。如果通过 Internet 或代理连接服务器，可使用基于浏览器的 Internet Service Manager(HTML)来更改站点上的属性。如果通过 Intranet 连接，可使用 Internet Service Manager(HTML)或者宿主在管理控制台(MMC)上的 Internet Information Service 插件来更改站点上的属性。虽然 Internet Service Manager 提供与该插件同样的特征，但需要与 Windows 实用程序协调的属性更改，如证书映射等，就不能用 Internet Service Manager(HTML)完成。

Internet Service Manager(HTML)使用一个列表为 Administration Web Site 的 Web 站点存取 IIS 属性。安装 IIS 时，会随机选择一个 2000 到 9999 之间的端口号赋予给该 Web 站点。该站点会为所有安装在该计算机上的域名响应浏览器请求，即在地址后提供一个端口号。如果使用的是 Basic 审核，则当到达站点时，管理员还会要求提供用户名和口令。只有 Windows Administrator 组的成员才能使用该站点。Web 站点的 Operator 也可远程地管理 Web 站点。

远程管理站点时，还可使用在线文档。要查看该文档，可启动浏览器并键入 http://servername/iishelp/iis/misc/default.asp，其中 servername 指的是运行 IIS 的计算机名。

5) FTP 重启

FTP 重启可以找出下载文件时丢失网络连接的问题所在。支持 FTP 重启的客户只需用 REST 命令重新建立 FTP 连接，文件传输就会从断开的位置重新开始。

2. 启动和终止站点

站点在服务器重启时默认是自动启动的。启动、终止或暂停一个站点的步骤如下：

(1) 在 IIS 插件中选择想要启动、终止或暂停的站点。

(2) 在工具栏上单击"启动"、"终止"或"暂停"按钮。

注意，如果一个站点突然停止了，那么在 IIS 插件中就不能正确指明该站点的状态。

这时，在重启之前，需单击"停止"再单击"启动"来重启该站点。如果启动或终止的是群集站点，则要使用"群集管理员"接口。

3. 添加站点

添加站点可在同一台计算机上启动用于添加新站点的站点向导。添加一个新站点的步骤如下：

(1) 在 IIS 插件中选择计算机或站点，并单击"操作"菜单。

(2) 单击"新建"，再单击"Web 站点"或"FTP 站点"以启动站点向导。

(3) 按照屏幕上的提示信息为新站点赋予标识信息，必须提供端口地址和 Home 目录的路径。如果通过主机标头给一个 IP 地址添加额外的站点，则在创建新站点之后还得赋予一个主机标头名。

4. 设置 FTP 消息和目录输出式样

当设置一个 FTP 站点时，可给用户发送描述该站点的详尽消息，还可指定一条用户现在已到达最大连接数目的消息。设置 FTP 欢迎、发送、退出或最大连接数目消息的步骤如下：

(1) 在 IIS 插件中选择要设置消息的 FTP 站点。

(2) 右键单击站点并选择"属性"。

(3) 选择"消息"属性页。

(4) 在相应的文本框中分别键入欢迎、退出以及最大连接消息。

还可设置 FTP 站点的目录输出式样。目录输出式样可以是 MS-DOS 或 UNIX 格式。默认的目录输出式样是 MS-DOS。设置 FTP 站点的目录输出式样的步骤如下：

(1) 在 IIS 插件中选择要设置目录输出式样的站点。

(2) 右键单击站点并选择"属性"。

(3) 选择"Home 目录"属性页。

(4) 在"目录列表式样"下，选择 MS-DOS 或 UNIX。

注意： 某些客户不能显示 MS-DOS 风格的列表，因此，选择 UNIX 风格的列表将可保证最大的兼容性。

5. 重启 IIS

在 IIS 6.0 中，可从 IIS 插件中终止或重启所有 Internet 服务。这样，即使在应用程序不可用或不能按要求运行时，也不必重启计算机。重启 IIS 的步骤如下：

(1) 在 IIS 插件中，在内容面板中选择"计算机"图标。

(2) 单击"操作"并选择"重启 IIS"。

(3) 从下拉式菜单中，选择"重启 Internet 服务"、"终止 Internet 服务"、"启动 Internet 服务"或"重启计算机名"。

对于按日程重启，或与第三方或自定义工具集成，还可使用 MMC 重启特征的命令行形式。其用法和参数如下所示：

iisreset [computername][参数]

其中可以使用以下参数：

/RESTART   终止然后再重启所有 Internet 服务。

/START	启动所有 Internet 服务。
/STOP	终止所有 Internet 服务。
/REBOOT	重新引导计算机。
/REBOOTONERROR	如果在启动、终止或重启 Internet 服务时发生错误,则重新引导计算机。
/NOFORCE	如果在停止时失败了,则不强行终止 Internet 服务。
/TIMEOUT:val	指定超时值(以秒为单位)以等待 Internet 服务的成功终止。在到期后,如果指定了/REBOOTONERROR 参数,则计算机可能会重启。默认是 20 秒重启,60 秒停止。
/STATUS	显示所有 Internet 服务的状态。
/ENABLE	在本地系统上使能 Internet 服务的重启。
/DISABLE	在本地系统上禁止 Internet 服务的重启。

4.2.4 Web 站点管理

不管一个站点是在 Internet 还是在 Intranet 上,提供内容的原理是一样的,即将 Web 文件放到服务器的目录中,这样,用户可以建立一个 HTTP 连接并用 Web 浏览器浏览站点上的文件。但除了仅仅要将文件存放在服务器上之外,还必须管理站点的布局,更重要的是站点如何发展。

1. Web 站点的管理

1) 创建站点

如果在没有创建特别的目录结构,而且文件全都运行在 IIS 的计算机的同一个硬盘的情况下,开始创建站点,可通过将 Web 文件拷贝到默认的 Home 目录,即 C:\Inetpub\wwwroot(对于 FTP 站点,将文件拷贝到 C:\Inetpub\ftproot)发布文档。这时,用户只需通过键入下列的 URL:http://ServerName/FileName 就可访问这些文件。

2) 定义 Home 目录

每个 Web 或 FTP 站点必须有一个 Home 目录。Home 目录在发布页面的中心位置。比如,如果站点的 Intenet 域名是 www.lab.com,而 Home 目录是 C:\Website\lab,那么浏览器使用 URL http://www.lab.com 就可存取 Home 目录下的文件。在 Intranet 上,如果服务器名为 Server1,那么浏览器使用 URL http://Server1 就可访问 Home 目录中的文件。

默认 Home 目录在安装 IIS 以及创建一个新的 Web 站点时就创建好了。用户也可对该 Home 目录进行更改。

3) 虚拟目录

虚拟目录是指未包含在 Home 目录中,但在客户浏览器看来却像在 Home 目录中一样的目录。

虚拟目录拥有一个别名,这是 Web 浏览器用于存取该目录的名字。因为别名通常比目录的路径名要短,所以用户输入更方便。别名也更安全,因为用户如果不知道文件在服务器上的物理位置,也就无法用该信息修改文件。使用别名在站点内移动目录更容易一些,无须为该目录更改 URL,只要更改别名与目录的物理位置之间的映射即可。

例如,假定要为公司 Intranet 的市场部门设置一个 Web 站点,表 4.8 列出了文件的物理位置与存取这些文件的 URL 之间的映射。

表 4.8　文件物理位置与对应 URL 之间的映射

物 理 位 置	别　名	URL 路径
C:\wwwroot	Home 目录(无)	http://Sales
\\Server1\SalesData\ProdCustomers	Customers	http://Sales/Customers
C:\wwwroot\Quotes	无	http://Sales/Quotes
C:\wwwroot\OrderStatus	无	http://Sales/OrderStatus
D:\mktng\PR	PR	http://Sales/PR

虚拟目录和物理目录(没有别名的目录)都会出现在"Intemet 服务管理器"中。虚拟目录文件夹的角上有一个地球图标。

对于一个简单的 Web 站点，不需要使用虚拟目录，只需将所有文件放到站点的 Home 目录下即可。如果是一个复杂站点，或是要为站点的不同部分指定不同的 URL，则可以根据需要添加虚拟目录。

4) 用重定向对请求重新路由

当浏览器在 Web 站点上请求一个页面时，Web 服务器找到该 URL 确定的页面，并将其返回给浏览器。当客户在站点上移动一个页面后，为了保证浏览器在新的 URL 上能够找到该页面，需要指导 Web 服务器给浏览器以新的 URL，随后浏览器将再次以新的 URL 请求该页面。此过程被称为"重定向一个浏览器请求"或"重定向到另一个 URL"。为一个页面重定向请求类似于邮政部门使用转寄地址。转寄地址保证了按原先住址邮寄来的信件和包裹能够达到你的新住址。

5) 其他有用的工具

Web 内容在被请求之后，在其返回到浏览器之前对其进行动态修改是很有用的。IIS 有两项特征可提供这项功能：服务方包含 SSI(Server-Side Includes)和 ASP(Microsoft Active Server Pages)。

使用 SSI，可实现对整个主机的 Web 站点管理行为从添加动态时间戳到每次一个文件被请求时运行一条专门的 Shell 命令。SSI 命令在设计时被添加到了 Web 页上。当一个页面被请求时，Web 服务就会分析它在 Web 页上找到的所有命令，然后再执行它们。一条常用的 SSI 命令就是插入或包含(Include)一个文件的内容到一个 Web 页中。这样，如果需要不断地更新一个 Web 页公告，可用 SSI 将该公告的 HTML 源包括进 Web 页中。为了更新该公告，用户只需修改包含公告的 HTML 源的文件就可以了。使用 SSI 时不必知道脚本语言，只需安装正确的命令语法即可。

2. 更改 Home 目录

每个 Web 站点必须有一个 Home 目录。如果在同一台计算机上建立 Web 站点和 FTP 站点，就必须为每项服务(WWW 和 FTP)指定一个不同的 Home 目录。WWW 服务的默认 Home 目录是 C:\Inetpub\wwwroot，而 FTP 的默认 Home 目录是 C:\Inetpub\ftproot。用户也可选择其他目录作为 Home 目录。

更改 Home 目录的步骤是：

(1) 在 IIS 插件中选择一个 Web 或 FTP 站点，并打开其属性页。

(2) 单击"Home 目录"标签，然后指定位于计算机硬盘上的目录、位于另一台计算机上的一个共享目录或重定向到一个 URL(请求此 URL 的浏览器将被转寄到一个新的 URL)作为新的 Home 目录。但是，用户不能转寄一个 FTP 目录。

(3) 在文本框中指定路径名、共享名或目录的 URL。

需要注意的是，如果选择的目录是一个网络共享的目录，就需要输入一个用户名和口令才能存取该资源。我们建议使用"IUSR_计算机名账号"。如果使用一个在服务器上具有管理权限的账号，客户端就能够对服务器进行存取操作，这将严重影响网络的安全性。

3. 创建虚拟目录

如果 Web 站点包含了一些位于与 Home 目录不同的驱动器或其他计算机上的文件，就需要创建虚拟目录将那些文件包含到 Web 站点中。如果要使用另一台计算机上的目录，必须指定该目录的统一命名习惯(UNC)名字，并提供有存取权限的用户名和口令。

创建一个虚拟目录的步骤如下：

(1) 在 IIS 插件中选择想要添加一个目录的 Web 站点或 FTP 站点。

(2) 单击"操作"，然后指向"新建"，再选择"虚拟目录"。

(3) 用"新建虚拟目录"向导完成余下的任务。

注意：如果使用的是 NTFS，可在"Windows 资源管理器"中右键单击一个目录，再单击"共享"，然后选择"Web 共享"属性页而创建一个虚拟目录。

删除一个虚拟目录的步骤如下：

(1) 在 IIS 插件中选择想要删除的虚拟目录。

(2) 从"操作"菜单中选择"删除"即可。删除一个虚拟目录不会删除相应的物理目录或文件。

4. 重定向对某个目录的请求

在 IIS 中，对一个目录中的文件的请求可重定向到一个不同的目录、一个不同的 Web 站点或不同目录中的另一个文件。当浏览器在原来的 URL 上请求该文件时，Web 服务器将指导浏览器使用新的 URL 请求该页。

将请求重定向到其他目录或 Web 站点的步骤如下：

(1) 在 IIS 插件中选择 Web 站点或目录，并打开其属性页。

(2) 单击"Home 目录"、"虚拟目录"或"目录"标签。

(3) 选择"重定向一个 URL"。

(4) 在"重定向到"框中，键入目的目录或 Web 站点的 URL。例如，要将对/Catalog 目录中的所有文件的请求重定向到/NewCatalog 目录，则键入/NewCatalog。

重定向对一个文件的所有请求的步骤如下：

(1) 在 IIS 插件中选择 Web 站点或目录，并打开其属性页。

(2) 单击"Home 目录"、'虚拟目录"或"目录"标签。

(3) 选择"重定向一个 URL"。

(4) 在"重定向到"框中，键入目标文件的 URL。

(5) 选择"上面输入的准确 URL"防止 Web 服务器将原来的文件名添加到目的 URL 上。

在目的 URL 中使用通配符和重定向变量，以便准确地将原来的 URL 转换成新的 URL。

4.2.5　安全简介

Internet 的开放性无疑会招致特别的风险，即使是在公司的 Intranet 上，如果没有适当的安全保障，也很容易受到攻击。

1. 审核

IIS 提供了与 Windows 完全集成的安全特征。在 IIS 中，有五种审核方法可用于验证在 Web 站点上用户的身份：

(1) 匿名审核：让任何人存取，无需用户名和口令。

(2) 基本审核：提示用户输入用户名和口令，但这些信息没有加密就直接通过网络发送。

(3) 摘要(Digest)审核：与基本审核类似的一个新特征，不同的是，口令作为一个散列值(Hash)通过网络传送。该审核只在拥有 Windows 域控制器的域中可用。

(4) 集成的 Windows 审核：使用 Hash 技术标识用户，并不实际通过网络传送口令。

(5) 证书：可被用于建立一个安全套接字层(SSL)连接的数字信用。它们也可用于审核。

使用这些方法，用户可以在站点的公共区域进行存取，同时防止用户对私有文件和目录的未授权存取。

2. 存取控制

作为 Web 服务器安全基础的 NTFS 存取许可为 Windows 用户和组定义了文件和目录的存取级别。例如，如果某个单位决定在你的 Web 服务器上发布其目录，则需要为该单位创建一个 Windows 账号，并且为所需的特定 Web 站点、目录或文件配置许可。这种许可仅限于服务器的管理员和该单位的所有者才能更改该 Web 站点的内容。公共用户可以查看该站点的内容，但不能更改。

在 IIS6.0 中还结合了一种新的存取方法，即 Distributed Authoring and Versioning (WebDAV)。WebDAV 是 HTTP1.1 协议的一种扩展。通过使用 WebDAV "verbs" 或命令，可以将属性添加到文件或目录中，或者从文件和目录中将属性读出来。

3. 加密

用户与服务器可以通过加密以一种安全的方法交换(如信用卡号或电话号码等)私有信息。IIS 中加密的基础是 SSL3.0，它与用户建立某种加密的通信连接。SSL 确认 Web 站点的审核，还可验证存取受限站点的用户身份。

证书中包含了用于建立 SSL 安全连接的密钥。这种密钥是审核服务器和建立一个 SSL 连接的客户的独特值。一个公共密钥和一个私有密钥构成了一个密钥对。Web 服务器利用该密钥对与用户的 Web 浏览器商定一个安全连接，以决定安全通信所需的加密级别。

对于这种类型的连接，Web 服务器和用户的浏览器都必须具有加密和解密兼容的能力。

4. 审计

使用安全审计技术可以监控用户和 Web 服务器的安全行为。用户应经常审计服务器的配置，以检测哪部分资源有被侵权存取的嫌疑。可使用 Windows 中集成的实用程序，或 IIS 中构建的日志特征，或使用 Active Server Pages(ASP)应用程序，创建自己的审计日志。

5. 证书

证书是一种让服务器和客户相互审核的数字身份文档。它们需要在服务器和客户之间建立一种 SSL 连接，以便能够传送加密信息。IIS 中基于证书的 SSL 特征包括服务器证书、客户证书以及各种数字密钥。可使用 Microsoft Certificate Services 创建这些证书，也可从认证中心(CA)，即可信赖的第三方组织得到。

(1) 服务器证书。服务器证书为用户提供了一种确认 Web 站点身份的方法。服务器证书中包含了详细的身份信息，如拥有服务器内容的组织名称、发布证书的组织名称以及用于建立加密连接的公共密钥。这些信息可让用户确认 Web 服务器的审核以及安全 HTTP 连接的完整性。

(2) 客户证书。使用 SSL，Web 服务器也可通过检查客户证书的内容而审核用户。一般的客户证书也包含了诸如用户名称、发布证书的组织名称和一个公共密钥等详细信息。

4.3　DHCP 的安装与配置

Microsoft Windows 2003 中的动态主机配置协议(DHCP，Dynamic Host Configuration Protocol)服务可为配置了 DHCP 客户端的计算机自动指定 IP 地址来集中管理 TCP/IP 配置信息的分配。DHCP 服务可消除手动配置 TCP/IP 带来的许多配置方面的问题。

4.3.1　DHCP 简介

对于使用 TCP/IP 协议的网络而言，每一台主机都要使用一个唯一的 IP 地址以及相应的子网掩码来标识该主机及其所在的子网，而该主机也正是通过此 IP 地址实现与网络上的其他主机通信的。如果一台主机从一个子网挪到另一个不同的子网，包括 IP 地址在内的诸项配置就得重新设置。因此，如果管理与分配客户端的 IP 地址以及相关的环境配置工作完全由管理员手工完成，那么即使是在一个小型网络上，这也是一项很繁重的工作。如果每台计算机都使用固定 IP 地址，则在一个子网上所能使用的计算机数目将受到很大的限制，对于有限的 IP 资源也是一种浪费。

在 Windows 2003 中的 DHCP 就是一种用于减轻 TCP/IP 网络管理负担的开放式标准。它提供一种动态配置 IP 地址及其他网络管理信息的手段，减小了在 TCP/IP 网络中重新配置计算机的工作量及复杂性。

1. DHCP 服务是如何工作的

DHCP 提供安全可靠的 TCP/IP 网络配置。DHCP 服务通过使用 IP 地址数据库集中管理 IP 地址的分配，有利于防止 IP 地址之间发生冲突，并且可以保留某些 IP 地址的使用。

手工配置中，需要为客户端设置各自的 IP 地址后才能接入网络，而 DHCP 提供某种形式的"立即访问"。例如，一台 DHCP 客户端电脑在关机之前会自动地释放其 IP 地址，关机后如将其连到另一个子网上，它就会通过 DHCP 服务从 DHCP 服务器上租借一个新的 IP 地址。对此，无论是用户还是网络管理员都不需要提供任何新的配置信息，原来的 IP 地址也可分配给其他计算机使用。DHCP 的一般构造如图 4.4 所示。

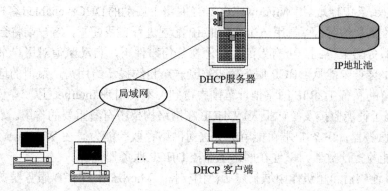

图 4.4　DHCP 构造

DHCP 服务使用如下部件进行管理：

(1) 作用域(Scope)：为某个子网定义了连续的 IP 地址区域，此外，还为服务器标识配置参数提供了管理手段。

(2) 超级作用域(Superscope)：是为了便于管理，对作用域所作的一种分组，用于在同一个物理子网中支持多个逻辑 IP 子网。超级作用域不过是一个包含了能够同时激活的成员作用域(Member Scope)或子作用域(Child Scope)的列表。但是，超级作用域并不用于配置关于作用域用法的其他细节。在超级作用域内用到的大部分属性，需要在成员作用域中单独配置。

(3) 排除范围(Exclusion range)：是作用域中的从 DHCP 服务中排除的 IP 地址。当使用了排除范围之后，就会保证所定义范围内的任何地址不提供给 DHCP 服务器的客户。

(4) 地址池(Address Pool)：当 DHCP 作用域和排除范围都定义好之后，剩下的地址就构成了该作用域中的可用地址池，池中的地址是可动态赋给网络上 DHCP 客户的合法地址。

(5) 租约(Lease)：DHCP 服务器给予 DHCP 客户所赋 IP 地址的使用期限。当某个租约赋予某个客户时，该租约就被认为是活跃的(Active)。在租约过期之前，客户端一般需要同服务端更新其地址租约赋值。一个租约在过期后，或在服务器上被删除时，该租约就变成不活跃的。租约的长短决定了该租约何时过期以及客户端要以多大的频率更新租约。

(6) 保留(Reservations)：用于创建永久的地址租约。当使用保留后，保证子网上特定的硬件设备总能使用同一个 IP 地址。

(7) 选项类型(Option Types)：指 DHCP 服务器所能赋予的其他客户配置参数。例如一些公用的选项包括缺省网关或路由器、WINS 服务器、DNS 服务器的 IP 地址。通常，这些选项类型是被选定配置在每个作用域上的。DHCP 控制台还允许配置那些在服务器上添加和配置的、用于所有作用域的缺省选项类型。

(8) 选项类(Option Class)：是一种方法，服务器可以管理提供给客户端的选项类型。当某个选项类加到服务器上后，该类的客户端就可用该类特定的选项类型作配置。对于Windows，客户端计算机在与服务器通信时还可指定一个类 ID。对于那些不支持类 ID 的早期 DHCP 客户端，服务器在将客户端放置到一个类时，可使用缺省类代替。

2. Windows 2003 中的新特征

在 Windows 2003 中的 DHCP 服务器提供了以下新特征：

(1) 自动赋予 IP 地址。用 Windows 2003，当网络上启动的 DHCP-enabled 客户端从 DHCP 服务器上得不到租约时，可暂用一个临时的 IP 配置进行自我配置，客户端将会以 5 分钟为间隔试图从服务器上得到一个有效的租约。在任何事件下，自动赋值对用户来说都是透明的，即它将不会把未能从 DHCP 服务器上得到一个租约提示给用户。赋值的地址从 DHCP 服务器所保留的私有 TCP/IP 网络地址范围中得到，不会用到 Internet 上。

(2) 加强了性能监控及统计报表。DHCP 在网络构架中有着重要的作用。如果没有可工作的 DHCP 服务器，IP 客户端可能就会失去对网络存取的能力。在 Windows 2003 上已添加了新的性能监控计数器，以便在网络上监控 DHCP 服务器性能。

(3) 为多址广播和超级作用域扩展了范围支持。Microsoft DHCP 服务器支持额外的作用域，从而减轻 IP 地址的配置管理。

(4) 支持用户指定的和销售商指定的选项类。该特征可为那些具有相似的或有特别配置需要的客户端分开及分布相应的选项。例如，同一层楼上的 DHCP-enabled 客户端可能会被安排到同一选项类(即用相同的 DHCP Class ID 值配置)，该类可能在随后的租约过程中用于分发其他选项。

(5) DHCP 同 DNS 的集成。在 Windows 2003 中，DHCP 服务器现在能够为任何动态更新的客户端在 DNS 名字空间中自动更新。此特征让作用域客户端在 DHCP 为其赋予的地址发生变化时使用动态的 DNS 来更新其主机名到地址的映射信息。

(6) 未授权 DHCP 服务器的检测。因为 DHCP 客户端在系统启动时只发有限数目的广播给网络以寻找 DHCP 服务器,此特征防止未授权 DHCP 服务器被加到正用 Windows 2003 和活动目录的现有 DHCP 网络中。

服务器检测用目录服务中创建的 DHCP 服务器对象完成。该对象将把授权为网络提供服务的 DHCP 服务器的 IP 地址列出来。

当一个 DHCP 服务器试图在网络上启动时，就查询目录服务，并将服务器计算机的 IP 地址与表中的授权 DHCP 服务器比较。如果找到了匹配入口，该服务器就被授权并在网络上作为 DHCP 服务器启动。如果没找到，该服务器就不被授权。在这种情况下，DHCP 服务器就在该未授权服务器上自动关掉，避免了因这些服务器扰乱现在的网络客户端带来的问题。

(7) 对 DHCP 控制台的只读控制台存取。在安装 DHCP 服务时，自动添加了一个专用的本地用户组，即 DHCPUsers 组。通过为该组添加成员可为非管理员提供对 DHCP 控制台的只读存取。这使得一个属于该用户组成员的用户可查看但不能修改存储在特定 DHCP 服务器上的信息和属性。

4.3.2 理解 DHCP

1. Microsoft DHCP Server

Microsoft DHCP Server 提供一种可靠灵活的 TCP/IP 配置手段。可以用它的图形管理工具——DHCP 管理器为网上的计算机自动地赋予 TCP/IP 配置参数。同时它还有一个数据库用于管理客户端 IP 地址的赋值及其他可选的 TCP/IP 配置参数。

当一个 DHCP 客户端接受 DHCP 服务器提供的租约时，将接受以下配置:

(1) 从所连接的网络中得到一个临时的有效 IP 地址。如果在服务器上配置了冲突检测，则该地址就要经过校验，确认其不是网络上的另一计算机正在使用的地址。

(2) 额外的 TCP/IP 配置参数让客户端以选项数据的形式使用。

在租约时，DHCP 服务器所能配置和分布的一些最常用选项包括：

(1) 客户端上每个网络适配器的 IP 地址。

(2) 子网掩码。

(3) 缺省网关(路由器)：用于将一个网段与其他网段连起来。

(4) 其他配置参数：可以有选择地赋予 DHCP 客户端(例如为 DNS 或 WINS 赋予 IP 地址)。

对于任意一个网络，客户端要想动态地得到 IP 地址，至少要有一台运行带 TCP/IP 协议且安装了 DHCP Server 的计算机。

2. DHCP 客户端

DHCP 客户端可以是任何基于 Microsoft Windows 的客户端，或者是其他支持并遵循新的 DHCP 标准文档 RFC2132 中所描述的客户端行为的客户端。

在大多数情况下，无需额外的步骤就可使 Microsoft 客户端使用 DHCP 配置。如果一个客户端目前未被配置成使用 DHCP，那么经过简单步骤就可完成 DHCP 的配置，并禁用手工配置的 TCP/IP 属性。

Microsoft DHCP 支持客户端使用不同的位置和方法将客户端计算机本地的 DHCP 相关的信息存放到磁盘上。这是有用的，因为客户端系统在引导时，首先就是试图更新同一地址的租约。支持本地存储的另一个优点是，即使 DHCP 服务器在客户端重启时已不可达，单客户端仍可使用先前租约的地址和配置重启。

3. DHCP 客户端的启动

DHCP 客户端从 DHCP 服务器得到租约的过程要通过四个交互阶段。此过程在系统启动时自动发生。

(1) DHCP 客户端在网络上发送一个 DHCP DISCOVER 包(作为广播消息)。

(2) 每个收到了客户端的 DHCP DISCOVER 包的 DHCP 服务器回答一个包含 IP 地址及有效配置信息的 DHCP OFFER 包。客户端在发送 DHCP DISCOVER 包之后，就等待 DHCP OFFER 包回复。如果客户端未能从任何 DHCP 服务器收到任何提供服务的包，它继续在后台(以 5 分钟为间隔)重发 DHCP DISCOVER 包。

(3) 客户端从接收到的 DHCP OFFER 包中选一个(一般为收到的第一个包)，并向发送该包的服务器发送一个 DHCP REQUEST 包，以表示接受所提供的 IP 地址。

(4) 被选择的 DHCP 服务器发送一个 DHCP ACK 包应答表示自己对租约请求的许诺，该包中也包含了 DHCP OFFER 包中所提供的 IP 地址。除此之外，其他信息(诸如可选的配置参数)也连带传过去。在客户端接收到了应答包后，就可加入到 TCP/IP 网络并完成系统启动。

(5) 如果所请求的地址不能赋予给它，DHCP 服务器也可用 DHCP NAK 包否决该租约请求。当客户端收到一个 DHCP NAK 包时，表示当前租约谈判失败，DHCP 客户端必须从第一步重新开始。

4.3.3　使用 DHCP

1. 规划 DHCP 网络

本节涉及规划 DHCP 网络时所要考虑的四个问题。

1) 使用多少个 DHCP 服务器

一个网络上有一个连机 DHCP 服务器和一个备份的 DHCP 服务器就可支持 10 000 个客户端。但是，在考虑需要多少个 DHCP 服务器时，还要考虑路由器在网络上的位置以及是否需要在每个子网上都规划一个 DHCP 服务器。

在决定需要使用多少个 DHCP 服务器时还要考虑每个提供 DHCP 服务的网段之间的传输速度。如果拥有的是一个慢速 WAN 连接或拨号连接，就需要在每个连接的两端都配置一个 DHCP 服务器为本地客户端服务。

虽然一个 DHCP 服务器所能服务的客户端数目没有上限，但在实际中却会受诸如 IP 地址、类和服务器能力(如 CPU 能力和磁盘容量)的限制。

2) 如何支持额外的子网

如果考虑让 DHCP 服务支持网络上其他子网，首先要决定用于连接相邻子网的路由器是否支持 DHCP 消息的中继。如果路由器不能用于 DHCP 中继，则每个子网要选择下列一个选项：

(1) 一台运行 Windows NT Server 的计算机配置成 DHCP Relay Agent。该计算机拥有另一个子网上的 DHCP 服务器的一个配置地址，用于转寄本子网与远程子网之间的消息。

(2) 一台运行 Windows NT Server 的计算机配置成本地子网的 DHCP 服务器。该计算机需要为其服务的本地子网配置作用域(scope)及其他相关信息。

3) 对路由网络的规划

在整个网络被分成网段的路由网络上，为 DHCP 服务规划选项需要考虑一些特定的需要：

(1) 在路由网络中，一个子网必须放置至少一个 DHCP 服务器。

(2) 为使一个 DHCP 服务器支持另一个用路由器隔开的子网上的客户端，一个路由器或一台远程计算机必须被用作 DHCP 中继代理，以支持子网之间 DHCP 流量的转寄。

4) 规划上的考虑

对于大规模网络，还有以下一些规划问题要考虑：

(1) 规划网络的物理子网和 DHCP 服务器的相对位置，这包括 DHCP 服务器在子网之间的放置。

(2) 为 DHCP 客户端选择 DHCP 选项和每个作用域上的预定义值。

(3) 考虑慢速连接对 WAN 环境的影响。

2. 配置作用域

作用域是一种管理组织。管理员为每个物理子网创建一个作用域，使用作用域为子网上的客户端定义其所要用到的参数。作用域有以下属性：

(1) 一个 IP 地址范围，其中包括或排除了 DHCP 租赁所用的地址。

(2) 一个子网掩码用于决定给定 IP 地址属于哪个子网。

(3) 在作用域创建时赋予的作用域名。

(4) 给接受动态分配地址的 DPCP 客户端赋予的租约时间。

一个 DHCP 作用域实质上包含了给定子网上的一个地址池，诸如像 223.223.223.1 到 223.223.224.200 就定义了 DHCP 服务器可租赁给 DHCP 客户端的地址。每个子网上只能有一个包含一段连续 IP 地址的 DHCP 作用域，如在一个作用域或子网内要为 DHCP 服务使用几个地址范围，还必须做以下事情：

1) 在添加作用域之前

在添加作用域之前，通过以下步骤对作用域进行配置：

(1) 定义作用域。将构成本地子网的全部连续 IP 地址添加至 DHCP 的地址池。

(2) 按需要设置排除范围。即不让 DHCP 服务器提供给 DHCP 客户端的 IP 地址。

比如，要排除前面子网中的前 10 个 IP 地址，就可设置排除范围为 223.223.223.1 到 223.223.223.10。这些地址只能手工配置给那些不能使用 DHCP 的设备。

在 Windows 上，创建一个作用域步骤如下：

(1) 从"程序"菜单中选择"管理工具"，再单击"DHCP"。

(2) 右击想要创建作用域的 DHCP 服务器，在推出的菜单中选择"新建作用域"，如图 4.5 所示。这时"新建作用域向导"将会出现。

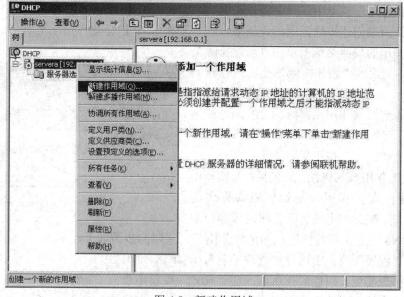

图 4.5　新建作用域

(3) 按照向导提示逐步完成作用域的创建过程。

在创建一个作用域时，应使用"DHCP 管理器"输入下列必要信息：

(1) 管理员在创建作用域时赋予的作用域名。

(2) 用于标识 IP 地址所属子网的唯一子网掩码。

(3) 作用域中包含的 IP 地址范围。

(4) 一个时间间隔，用于指定 DHCP 客户端在必须更新 DHCP 配置之前能够使用被赋给的 IP 地址的时间。

如果确认某个作用域已不再需要，还可以删除它。但是需要注意的是，删除一个域将删除关于该域的任何信息，包括活跃租约和赋予客户端的保留 IP 地址。所以在删除活跃作用域之前还要先从 DHCP 服务器中释放活跃的客户端租约并使其不再活跃。

删除作用域的步骤如下：

(1) 从"程序"菜单中选择"管理工具"，再单击"DHCP"。

(2) 选择想要删除的 DHCP 服务器，从"操作"菜单中选择"删除"命令。

(3) 当"DHCP 管理器"提示确认删除时，单击"是"即可。

2) 在添加作用域之后

在定义作用域之后，通过以下步骤对作用域进行配置：

(1) 按需要设置排除范围。可选择将不想赋予给 DHCP 客户端的地址排除在外，这些地址可应用于那些需要静态配置的设备，如专用的服务器计算机及路由器。

(2) 按需要创建保留。可保留一些 IP 地址给网上的特定计算机或设备。保留的 IP 地址只能用于 DHCP-enabled 客户端，以及因为特殊原因必须使用固定 IP 地址的设备(比如网络打印机)。

(3) 调整租约期限。缺省的租约期为三天。在大多数情况下，该缺省值是可以接受的无需进一步修改。

从作用域中排除某个 IP 地址的步骤如下：

(1) 从"程序"菜单中选择"管理工具"，再单击"DHCP"。

(2) 展开所要创建排除范围的作用域，在将要排除 IP 地址的作用域上右击"地址池"。

(3) 在弹出的快捷菜单中单击"新建排除范围"，这时将会出现"添加排除"范围对话框。如图 4.6 所示。

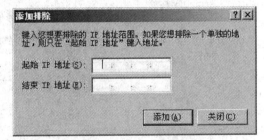

(4) 键入想从该作用域排除的 IP 地址或地址范围。

(5) 单击"添加"按钮后再逐步完成。

可以更改作用域的属性，这包括：调整作用域租约期限、配置作用域是否将租约提供给 DHCP 客户端、配置作用域是否为作用域客户端

图 4.6 添加排除范围

提供动态 DNS 更新、扩展作用域的地址范围等。采用的步骤如下：

(1) 从"程序"菜单中选择"管理工具"，再单击"DHCP"。

(2) 选择想要更改属性的作用域，在"操作"菜单中单击"属性"命令。

(3) 在推出的"属性"页面中对作用域的属性作相应修改。

3. 使用超级作用域

超级作用域(superscope)是包括在"DHCP 管理器"中用于 DHCP 服务器的一项管理特征。超级作用域将多个作用域组织到一起，构成单一的管理实体。此特征可使 DHCP 服务器：

(1) 支持单物理网段上使用多逻辑 IP 网络 DHCP 客户端(当在单物理网段上使用了多 IP 网络时，这些配置也被称为"multi-nets")。

(2) 支持通过 DHCP 中继代理管理远端 DHCP 客户端。

对于 multi-nets 中的 DHCP 服务，超级作用域可作用于网络上的各 IP 地址作用域。按

照这种方式，DHCP 服务器可在一个物理网络上从多个作用域中提供租约。添加到超级作用域中的作用域也叫子作用域(child scope)。

超级作用域可解决以下几种 DHCP 服务问题：

(1) 当前活跃作用域中的可用地址池已用尽，但更多的计算机需要添加到网络上。

(2) 客户端需要迁移到一个新的作用域。

(3) 两个 DHCP 服务器要用在同一个物理子网上管理各自的逻辑子网。

超级作用域的创建方法类似于作用域，也可从超级作用域中排除一个 IP 地址(段)作为它用，用法也与作用域相似。

4. 多播(Multicast)作用域

多播地址是用于同一组 TCP/IP 计算机通信的 IP 地址，多播地址可被多台计算机共享使用。当一个多播地址被用作数据报的目的地址时，该数据报将转寄给多播组的所有成员。多播 DHCP(MDHCP)是对 DHCP 协议标准的一种扩展，可用在 TCP/IP 网络上支持 IP 多播地址的自动赋值和配置。

一般来说，DHCP 作用域用于从 IP 地址范围中分配地址供客户端配置，客户端也被配置成使用单点传送让两台联网计算机之间作点对点通信。但在 Windows 2003 中，Microsoft DHCP Server 支持以多播作用域的形式提供 MDHCP。多播作用域的配置方式与普通作用域的配置有些类似，它提供了 D 类多播 IP 地址范围的作用域。

Microsoft DHCP Server 对 MDHCP 和 DHCP 两种服务都提供支持，虽然这些服务是各自发挥作用的，而且一种服务的客户端并不依赖于另一种服务的使用或配置。

多播作用域的创建可采用如下步骤：

(1) 从"程序"菜单中选择"管理工具"，再单击"DHCP"。

(2) 右键点击想要创建多播作用域的 DHCP 服务器，在弹出的菜单中选择"新建多播作用域"，这时"新建多播作用域向导"将会出现。

(3) 按照向导提示逐步完成作用域的创建过程。

5. 管理租约

按缺省方式，当创建一个作用域时，缺省的租约期限被设置为三天。租约期限会影响到网上 DHCP 客户端的性能，因此有时候就得调整该缺省的租约期限。

一般来说，缺省的租约期限不会给网络上的 DHCP 造成问题，可不必改动。但也可按照下列原则调整租约期限以改进网上的 DHCP 性能：

(1) 如果网络上有大量的 IP 地址可用，而且网上的配置极少发生变动，就不妨增大租约期限，以减少客户端与 DHCP 服务器之间的租约更新查询频率。这将减少一些客户端因更新其租约所带来的网络流量。

(2) 如果网络上只有有限的 IP 地址可用，而且客户端配置经常发生变化或客户端频繁在网络中变动位置，不妨就减少租约期限，以促使 DHCP 服务器清除旧的 IP 地址。这将增加地址回收到可用地址池的速度，以便重新将该地址赋予给新的客户端。

租约的管理包括客户端租约信息的查看、客户端租约的删除以及验证释放或更新客户端的租约等。

验证、释放或更新客户端地址租约可在命令提示符下使用 IPCONFIG 实用程序实现，其语法形式分别为：

IPCONFIG /ALL

IPCONFIG /RELEASE

IPCONFIG /RENEW

6. 使用客户端保留(Reservation)

在为客户端分配一个地址让其永久使用时，可做如下选择：

(1) 在客户端手工配置 TCP/IP 属性，并确认该地址已从 DHCP 服务器的作用域地址中排除。

(2) 在 DHCP 服务器上用一个独特的标识(典型地为客户端的 MAC 地址)创建一个客户端的保留，这样当客户端要从 DHCP 服务器上请求一个 IP 地址时，它将总能得到同一个地址。

当使用手工配置时，所有 TCP/IP 配置都要在该客户端上进行，该方法并不涉及到 DHCP 服务器，但是，当其配置上需要做某种更改时，仍需要在客户端上手工完成。因此在许多情况下，第二种选择较好。

在为客户端配置永久的 IP 地址时，DHCP 客户端的保留会因为下列原因成为优选：

(1) 它排除了对客户端的 TCP/IP 属性中对非地址设置的手工配置的需要。当使用客户端的保留时，作为 DHCP 作用域部分赋予或保留的客户端属性的配置选择可在服务器上修改，并在保留客户端的租约地址更新时更新。

(2) 可通过"DHCP 管理器"进行集中管理，以查看、报告或管理网络上使用永久 IP 地址的计算机的有关信息。如果永久地址从 DHCP 服务器的作用域中排除，就不能得到这些地址以及如何使用它们的有关信息。

使用 DHCP 服务器添加客户端保留的步骤如下：

(1) 从"程序"菜单中选择"管理工具"，再单击"DHCP"。

(2) 展开所要添加一个客户端保留的 DHCP 作用域。

(3) 在 DHCP 作用域下单击"保留"，这时将会出现"新建保留"对话框，如图 4.7 所示。

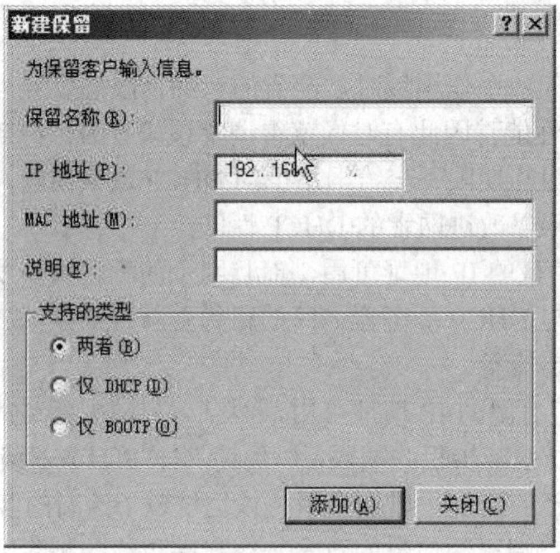

图 4.7 为客户端保留 IP 地址

(4) 为客户端保留输入下列信息：从一个作用域的可用地址池中选择一个 IP 地址给该

客户端永久租约和使用；在"MAC 地址"中，输入保留客户端网卡的 MAC 地址；在"保留名称"中，输入保留客户端的主机名；在"说明"中，输入一个可选的说明；在"允许的类型"中，赋予客户端指定的允许类型，即单击"仅 DHCP"表示为 DHCP-only 客户端，单击"仅 BOOTP"表示为 BOOTP-only 客户端，而单击"两者"则表示两种类型都可。

(5) 单击"添加"将该客户端的保留添加到作用域中。

(6) 在完成添加过程之后单击"关闭"。

如果要给多个客户端添加保留可重复上述步骤。此外，在客户端添加保留之后，还可更改有关信息，其步骤如下：

(1) 从"程序"菜单中选择"管理工具"，再单击"DHCP"。

(2) 展开所要更改一个客户端保留的 DHCP 作用域。

(3) 在右边的结果屏中，单击想要更改信息的保留客户端。

(4) 在 MMC 中选择"操作"菜单，再单击"属性"。这时保留客户端的属性对话框将会出现。

(5) 用户对属性的修改：在"IP 地址"中，可将当前保留的 IP 地址改成作用域的可用地址池中未被其他客户端保留作永久租赁的地址；对"MAC 地址"、"保留名称"、"说明"、"支持的类型"等也可作任意更改。此外，还可单击"DNS"标签改变该客户端的 DNS 设置。

(6) 在更改完成之后，单击"确定"按钮。

7. 赋值选项

除了可设置基本的 TCP/IP 配置(诸如 IP 地址、子网掩码以及缺省网关)外，DHCP 还可给客户端提供其他选项信息。Microsoft DHCP Server 可给客户端提供的其他选项信息包括：

(1) 路由器：提供一个顺序的 IP 地址表给 DHCP 客户端用作路由器。

(2) DNS 服务器：给 DHCP 客户端设置 IP 地址，用于解析域主机名的 DNS 名字服务器。

(3) WINS 节点类型：为 DHCP 客户端选择一个喜爱的 NetBIOS 名字解析方法。

(4) WINS 服务器：为 DHCP 客户端设置 IP 地址，用于主、辅助 WINS 服务器。

DHCP 选项可以分为五个不同层次管理：

(1) 设置缺省(default)选项。在这个层次上，给 DHCP 服务器控制全局选项类型，这些选项可用在"DHCP 管理器"的其他任何"选项"对话框(服务器、作用域或保留客户端)中赋值。还可在"DHCP 管理器"中给可用选项的预定义标准添加选项类型。

(2) 服务器选项：赋值选项可应用到 DHCP 服务器的所有客户端和作用域，除非其被作用域、类或客户端指定的选项覆盖。

(3) 作用域选项：作用域选项仅仅可应用到 DHCP 管理控制台中当前所选作用域中的客户端。这个层次上设置的选项可被各客户端通过类或客户端指定选项所覆盖。

(4) 类选项：对所选作用域选项属性使用"高级"按钮，可利用自定义的类去为指定类型的 DHCP 客户端分发数据。如果任何作用域客户端被配置成支持匹配 DHCP Class ID，它们就可用赋予的类特定选项配置。这个层次上设置的选项只被客户端所设置的选项所覆盖。

(5) 保留客户端选项：这些选项用于给作用域中使用保留地址的个别客户端进行设置。只有在客户端计算机上手工配置的选项可覆盖这个层次上设置的选项。

对于赋值选项，配置管理上可采用的手段包括：赋值服务器全局选项，赋值作用域选项，赋值保留客户端选项，给指定类 ID 赋值选项以及更改选项类型等。

赋值服务器全局选项的步骤如下：

(1) 在左边的作用域屏中，在控制台树中的 DHCP 服务器下选择"服务器选项"。

(2) 在右键单击弹出的快捷菜单中选择"配置选项"。这时将会出现"配置 DHCP 选项：服务器属性"页面。

(3) 对于所要赋予的每种选项：

① 在"可用选项"中选择相应的复选框。

② 在"数据输入"中键入该选项所要提供给客户端的数据。

③ 在不关闭对话框的前提下可赋予多个选项。

④ 在为该服务器赋值完全局选项之后，单击"确定"按钮。

赋值作用域选项、赋值保留客户端选项以及给指定类 ID 赋值选项均可采用类似的步骤。

更改选项类型的步骤如下：

(1) 在左边的作用域屏上的控制台树中单击作用域容器项中的"作用域选项"。

(2) 在右键单击弹出的快捷菜单中选择"配置选项"。这时将会出现"作用域选项属性"对话框。

(3) 要更改一个选项：

① 在"可用选项"中选择相应的复选框。

② 编辑该选项所要提供给客户端的数据。

③ 在不关闭对话框的前提下可赋予多个选项。

(4) 在完成对该作用域的选项更改之后，单击"确定"按钮。

创建一个新的缺省选项类型的步骤如下：

(1) 在左边的作用域屏上的控制台树中单击 DHCP 服务器。

(2) 在右键单击弹出的快捷菜单中选择"设置预定义选项"。这时将会出现"预定义的 DHCP 选项和值"对话框。

(3) 单击"新建"，推出"添加选项类型"对话框，在该对话框中：

① 在"名称"中键入该选项的名字。

② 在"数据类型"中，单击该选项所要赋予给客户端的类型数据。如果数据是一个数组，可选择"数组"复选框。

③ 在"标识符"中，为该选项类型输入一个唯一的标识号(一定要确认此标识的唯一性，因为 DHCP 服务器将不会检查其唯一性)。

④ 在"注释"中，键入说明该选项类型的注释。

⑤ 在输入完所有信息后单击"确定"按钮。

(4) 单击"确定"关闭"DHCP 选项：缺省值"对话框。

4.4   DNS 的安装与配置

在网络中，计算机主机通常以人们可读的名字被认知，人们也总希望用"友好"的名字来定位计算机名称和其他共享资源，如打印机或文件服务器。而在 TCP/IP 网络中，计算机是用一个由四个点分十进制数如 202.197.0.180 的 IP 地址标识的，这样的 IP 地址是很不好记的。在引入 DNS 以前(1987 年)，Unix 系统都通过编辑 hosts 的文件来实现名字到 IP 地址的映射。这在一个较小的网络中还是可行的，但在一个较大网络(更不论说当今的 Internet)中就是一件很繁重(甚至无法做)的工作。

4.4.1　DNS 简介

　　DNS 是一个分布式数据库系统，为在 Internet 上标识主机提供了一种层次结构的命名方式。DNS 是因 20 世纪 80 年代初期 Internet 上的主机出现了显著增长而出现的。

　　DNS 基于的命名系统是一种叫作域名空间(Domain Name Space)的层次性的逻辑树形结构。域名空间的根(最高级)由 Internet Network Information Center(InterNIC)管理。InterNIC 担负着划分域名空间和登记域名的责任。域名通过使用存储在名字服务器(name server)中分布数据库的名字信息来管理。每个名字服务器中有一个数据库文件(称为 zone files)，其中包含了域名树中某个区域的记录信息。

1. 域

　　域表示域名空间中的一个层次级。图 4.8 显示了域的一种简单视图。实际上，域除了可包含主机名外，还可以包含其他域。Internet 上每个授权的组织都有权负责管理、划分及命名它自己的域树结构。按照这种方法，InterNIC 授权的每个组织，就可以管理域中一棵由子域、区及主机名构成的子树。

　　当查看 DNS 名时，一个域可以看作是 DNS 名中用"."分开的部分，比如域名 www.wlgc.edu.cn 中的 wlgc 和 edu 等。原理上，任何域名都可看作是某些名字部件的组合，任何域名空间中存在的五类名字是：

　　(1) 域根：是 DNS 树的根结点。它是未命名的(空)。有时用一个"."来说明该名字源于根或层次域名的最高级。

　　(2) 顶级域：是域名中的最右边部分。通常顶级域用二或三个字母来标识域名属于某个组织或其所处的位置。如 www.microsoft.com 中的.com 表示该名字已登记给一个商业组织。

　　域名空间中 InterNIC 管理的顶级域可分为三类：

　　① 组织域：用三字母编码命名以表明该组织的主要功能或行为。大部分组织或企业都采用表 4.9 所示的组织域。

　　② 地理域：用国际标准化组织(ISO)建立的两字母编码。如中国的 cn 等。

　　③ in-addr.arpa 域：是专为反向的 IP 地址-名字映射查找使用时保留的。

　　组织域最早用于美国，但随着 Internet 在国际上的不断壮大，在全球范围内只用组织域就不合适了，地理域应运而生，如.com.cn 表示中国的商业组织。

表 4.9　组织域名定义

顶 层 域	说　　明
gov	政府组织
com	商业组织
edu	教育机构
org	非商业组织
int	国际组织
mil	美国军部
net	网络服务商

　　(3) 二级域：这是在 InterNIC 登记的、连在 Internet 上的各单位或组织的独特名字，其长度不定。如上述域名中的 microsoft 就是 InterNIC 登记给 Microsoft 公司的。

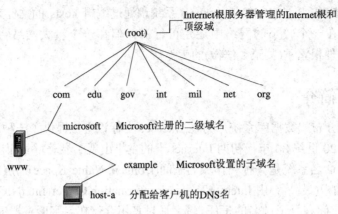

图 4.8　DNS 域名空间

(4) 子域名：除了在 InterNIC 登记的二级域名外，一个大的组织或单位还可以进一步划分其域名以区分它的各分部或部门。

子域的实际用法可以包括：

① 按部门，例如：hr 表示人力资源部。

② 按地理位置。

(5) 主机名：主机名典型地为域名中的最左边部分，用以标明网上的特定主机。一般地，www 指 Web 服务器，而 ftp 指 FTP 服务器。

2. zone(区域)

区域是名字服务器所负责的那部分域名空间，是 DNS 的管理单位。这是域名空间中的一个完整部分，其中包含了数据库记录，并以某一特定文件进行管理。一个区域可以包含一个域或一个域和一些子域。一个 DNS 服务器可以配置成管理一个或多个区域文件。每个区域文件存放在指定的域结点——称为该区域的"根域"中。区域文件由资源记录构成，但不一定要包含完整的域名树。

域是指某个结点及其所有后续结点，而区域则是指授权给某个特定名字服务器的一套完整的资源记录。本质上讲，域表示的是名字空间在逻辑上、层次上的安排，而区域则表示名字或资源记录如何物理地分布或委派给名字服务器。图 4.9 给出了区域的一个简单示意图。

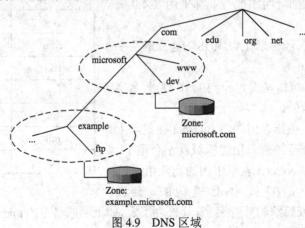

图 4.9　DNS 区域

3. 名字服务器

名字服务器是指存放有关域名空间信息的服务器，它们通常被称为 DNS 服务器。DNS 名字服务器依其作用不同可被配置成不同的类型，采取不同的方式存储、维护名字数据库。

DNS 服务器采用客户/服务器模型，其中 DNS 服务器(名字服务器)包含有 DNS 数据库的部分信息，并使这些信息可用于客户端(解析器)。在这种 DNS 模型中，解析器通过查询名字服务器得到有关 DNS 名字空间的有关信息，而名字服务器则可以进一步查询其他名字服务器以响应解析器传过来的查询。图 4.10 给出了 DNS 解析请求的过程。

作为一个设置名字服务器的 DNS 管理员，可以从三种类型的名字服务器中作出选择来为其网络提供 DNS 服务。

(1) 主服务器。每个区域有唯一的主服务器，其中包含了授权提供服务的指定区域的数据库文件的主拷贝(包括所有子域和主机名的资源记录)。

(2) 附加的辅助服务器。辅助服务器为它的区域从网络上其他该区域授权的名字服务器上获取数据。跨过网络得到这一区域信息，要通过另一名字服务器定期的区域传输(zone transfer)管理来完成。

(3) 附加的 Caching-only 服务器。与主辅助服务器不同的是，Caching-only 服务器不与任何 DNS 区域相关联，而且不包含任何活跃的数据库文件。一个 Caching-only 服务器开始时没有任何关于 DNS 域结构的信息，它必须依赖于其他名字服务器来得到这方面的信息。当 Caching-only 服务器查询一个名字服务器并得到一个答案时，它就将该信息存储到它的名字缓存(name cache)中，当另外的请求需要得到这方面的信息时，该 Caching-only 服务器就直接从高速缓存中取出答案予以返回。一段时间之后，该高速缓存就增长到包括大部分常见的请求信息。

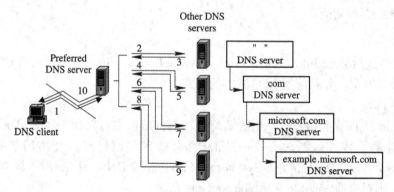

图 4.10　DNS 解析请求的过程

为了遵从 DNS 标准，至少得为每台主服务器建立一个辅助服务器。

企业内建立辅助服务器的原因如下：

(1) 冗余：对每个区域至少应有两个 DNS 名字服务器，一个主服务器和一个作备份的辅助服务器。为得到最大限度的容错，两台机器要尽可能地独立。

(2) 外地：当外地需要一个服务器管理大量的客户时，可以不必让客户通过慢速网络连接来作名字解析。

(3) 减轻对主服务器的负担：可用附加的辅助服务器来减轻对主服务器的负担。

4. 解析器

解析器是客户端程序，它通过与 DNS 名字服务器通信得到 DNS 名字信息。在使用 DNS 的 TCP/IP 客户端时，DNS 解析器通常是操作系统中的专用软件，其作用是：

(1) 管理使用 DNS 的 TCP/IP 客户端程序(诸如 E-mail 程序或 Web 浏览器应用程序)与名字服务器之间的通信。

(2) 格式化送往名字服务器的 DNS 查询包中的数据。

(3) 解释从名字服务器中传来的 DNS 应答包结果，并且将该结果返回给发请求的客户端程序。

(4) 缓存先前的 DNS 查询应答结果，用于解析以后的名字查询。

解析器与使用 DNS 的 TCP/IP 客户端程序位于同一个机器上。如果某个客户端程序，如 Internet Explorer 运行在某个 Windows 95 机器上，并请求一个 DNS 名字查询，该查询首先形成一种由 Internet Explorer 调用的子程序调用形式。这个本地的过程调用将往前传送给位于同一台运行 Windows 95 的计算机上的解析器，解析器程序将首先拿它缓存的数据进行比较看是否匹配：如果找到了匹配的数据，就将缓存的数据返回；如果在其高速缓存中没有找到匹配数据，解析器就会联系其他 DNS 服务器，以便完全回答该名字查询。

根据查询结果是从本地高速缓存还是从其他名字服务器上获得，解析器回答一次查询所需要的时间也从几毫秒到数秒不等。

一个典型的解析器程序为 DNS 客户端完成以下三种类型的功能：

(1) 名字到地址的翻译：当客户端给予一个字符串作为 DNS 名时，涉及定位一个或多个 32 位 IP 地址的问题。

(2) 地址到名称的翻译：当客户端给出的是一个 32 位 IP 地址时，涉及相反的过程。

(3) 通常的查询功能。

5. DNS 文件

DNS 文件包括 Zone File、Cache File、Reverse Lookup File。这些文件存放在 Windows 2003 DNS 服务器上，并且使用 RFC 兼容的格式存储。

1) Zone File

Zone File 中保存着该 DNS 服务器所管辖的区域内主机的相关资源记录。每当利用"DNS 管理器"建立区域时，Zone File 也会被自动地建立，使用的缺省文件名为 zonename.dns，并且被存放在 %Systemroot%\System32\DNS 目录中。假如区域名为 abc.com.cn，则对应的 zonefile 名为 abc.com.cn.dns。

2) Cache File

此文件中保存着根域(root domain)中的 DNS 服务器的名称与 IP 地址相关数据，它是 DNS 服务器查询外界 Internet 主机时所用的文件。

在安装 Microsoft DNS 服务器时，根域中的 DNS 服务器对应的表文件将会被自动拷贝到 %Systemroot%\System32\DNS 目录中，其文件名为 cache.dns。

3) Reverse Lookup File

反向查询可以让 DNS 客户利用 IP 地址查询对应的名称。为此，首先必须建一个特殊的区域：in-addr.arpa，并自动产生一个 Zone File。例如，要提供针对 IP 地址 202.103.111.138

的反向查询，则对应区域名称应该为 202.103.111.138.in-addr.arpa，且 Zone File 中的数据必须以相反的方式书写，例如：

202.103.111.138.in-addr.arpa　　　IN PTR　　　　river.hn.cninfo.net

6. 动态 DNS

Windows 2003 支持动态 DNS，具有以下特点：

(1) 更新可以由服务器启动时的通信自动完成。

(2) 现在的 DNS 可以为其他的动态登记服务，如与 DHCP 进行交互，以便为网络主机维护同步的名字到地址的映射数据。

DNS 原本被设计成只支持对区域数据库做静态修改，即增加、删除或修改资源记录只能由 DNS 系统管理员来手工完成。例如，DNS 管理员在某个区域的主服务器上编辑区域数据库，然后在定期的区域传输中将修订过的区域数据库记录迁移到客户端。这种设计在修改数目较小而且更新也不频繁时是可行的。

动态的 DNS 更新可以不需要手工编辑区域的资源记录。系统可以自动地从某个区域上增加或删除单个的资源记录(RR)或资源记录集(RRSet)。

与静态 DNS 相似，动态更新也只有在区域的主服务器上方能完成实际的更新操作。

但是，对于动态更新而言，主服务器可以配制成支持一组授权服务器(这包括从区域服务器、域控制器以及其他为客户端完成网络登记的服务器，如 WINS 和 DHCP 服务器)。为使动态更新请求得以完成，还要满足几个前提条件。只有这些条件得到满足时，才会允许更新。可用的前提条件实例包括：

(1) 确认所需的 RR 或 RRSet 已经存在或是在更新之前已在使用。

(2) 确认所需的 RR 或 RRSet 不存在或是在更新之前未在使用。

(3) 确认请求服务器被允许启动对指定 RR 或 RRSet 的更新。

(4) 确认发请求的服务器被允许启动对某一特定的资源记录或区域的动态更新。

在所有前提条件得到满足之后，主服务器就可着手对其本地的区域文件进行更新。

4.4.2　理解 DNS

1. Microsoft DNS Server

Microsoft DNS 服务包含两个主要的组件，它们是：

(1) Microsoft DNS Server。

(2) DNS 客户端解析器，它以程序库的形式提供，可用于运行 Windows 的所有计算机。

Windows 2003 中运行的 Microsoft DNS Server 具有以下特点：

(1) 支持 Internet 标准 DNS 用法、遵循 RFC 的动态 DNS 名字服务。

(2) 支持异构网络环境。因为 Microsoft DNS Server 遵循 RFC 并使用标准的 DNS 数据文件和记录格式，所以它能成功地与其他大多数 DNS，如 Berkeley Internet Name Domain(BIND)一起工作。

(3) 与其他 Microsoft 网络服务坚固地集成到一起。Microsoft DNS Server 与其他 Microsoft 网络服务紧密集成在一起，并包含了超出 RFC 指定的特征。当前的特征加强提供了活动目录服务(ADS)、WINS 以及 Microsoft DHCP 服务的支持。

(4) 管理上更为容易。"DNS 管理器"作为 Windows 2003 的"管理工具"文件夹中的一部分，是一个图形化的实用程序，它能帮助用户管理本地及远地 Microsoft DNS Server 上的区域。新的"DNS 管理器"作为一种插件工具放到了 MMC(Microsoft 管理控制台)上。

Microsoft DNS Server 既可管理整个 DNS 名字空间，也可管理私有的名字空间或公共 Internet DNS 名字空间中的一部分。

2. DNS 客户端

DNS 客户端在每台计算机上使用叫做"解析器"的程序库，帮助客户端在名字服务器上完成 DNS 查询。解析器既可运行在客户端上，也可运行在服务器上。因为解析器代码通常很小，所以可直接包括到一些实用程序中或通过系统文件访问。在 Windows 2003 上，DNS 客户端的加强包括高速缓存解析器服务和该产品提供的动态 DNS 更新客户端。要安装或配置 DNS 客户端，需要以下一些信息：

(1) 赋予客户端计算机的 DNS 主机名。

(2) 赋予客户端父域的 DNS 域名。

(3) 解析 DNS 名字查询时所要联系和使用的 DNS 服务器列表。

(4) 在做进一步解析 DNS 名字查询时要用到的其他父域列表。

1) 设置计算机名

在为 DNS 设置计算机名时，将名字作为正式域名(FQDN，Fully Qualified Domain Name)的最左边部分考虑是很有用的。例如，在一个完整的域名 lab.wlgc.edu.cn 中，其第一个部分 lab 就是计算机的名字。

对于所有基于 Windows 的客户端，其客户端的计算机名仅可使用 RFC1123 定义的字符，包括：

(1) 大小写的 26 个英文字母。

(2) 数字 0 到 9。

(3) 连字符(-)。

如果在网络上用了 DNS 和 NetBIOS 两种解析方法，则需使用不同的名字。但如果为 DNS 服务器使能了 WINS 查找，就只能为每个客户端使用同一个名字。

2) 设置域名

域名用于同客户端的计算机名一起为客户端构成一个 FQDN。Windows 2003 中的域名有两个变种——DNS 名和 WINS 名。在 Windows 2003 计算机中，全计算机名(正式的 DNS 名)用于在网络上查询及定位名字资源。对 NetBIOS 和 DINS 名字都需要的一个例子是 NetLogon 服务。

当一台运行 Windows 2003 的客户计算机在网络上启动时，它将用 Windows 2003 解析器查询 DNS 服务器以得到 SRV 型记录来配置域名。此查询用于定位域控制器并为存取网络资源提供登录审计。如果网络上的客户端或域控制器运行的是早期 Windows 操作系统，Windows 2003 将回到使用 NetBIOS 解析器服务查询 WINS 服务器，并试图查找域名入口以完成全部的登录过程。

3) 配置 DNS 服务器表

为使客户端有效地工作，必须为每台计算机配置好一个 DNS 名字服务器列表，给其在处理查询和解析 DNS 名字时用。在大多数情况下，客户计算机将联系并使用主 DNS 服务器，这也是本地表中的第一个 DNS 服务器。当在表中列出了额外的 DNS 服务器时(诸如配置了辅 DNS 服务器时)，这些 DNS 服务器将只有在主服务器不可达时才联系并使用。正是出于这方面的原因，为客户端选择一个合适的主服务器是很重要的，因为它将处理客户端产生的大部分流量。

对于运行 Windows 2003 的计算机，本地的 DNS 服务器表在发送 DNS 更新时也要用到。在将客户端配置成动态使用 DHCP 服务器时，可能会有一张更大的 DNS 服务器列表。

4) 配置域名后缀查找表

对于某些基于 Windows 的客户端，配置一个 DNS 域名后缀表也是可能的。用此表可提供额外的查找能力，并让短的不合格计算机名在不止一个域中查找。按这种方法，当一个 DNS 查询失败时，可用该名字后缀表轮流给原来的名字变量加上名字结尾。然后客户端会试图进一步解析计算机名。

3. 查询名字空间

客户计算机用解析器中提供的功能查询 DNS 名字空间。在 Windows 2003 中，Microsoft 通过 DnsQuery 接口提供 DNS 客户端解析器支持。该接口是 Windows 2003 中新提供的解析器客户 API 库。同样 Windows 2003 中还提供了一个高速缓存解析器，让客户端将成功的和否决的查询都缓存起来。

1) 资源记录组成

DNS 中使用的资源记录包含以下几类信息：

(1) Name：指定 DNS 域名中的一部分，诸如 hostname.example.com 中的 hostname 部分。

(2) Type：指明按记录存储的数据类型，比如 HINFO 表示该记录用于存储 DNS 主机硬件的有关信息。

(3) Time-to-Live(TTL)：资源记录的终止值。它指明这条记录的数据可缓存并为其他 DNS 计算机使用多长时间。该值以秒为单位。

(4) Data：包括该记录映射的长度不等的信息，诸如 IP 地址，这里存储的信息，其确切含义将取决于记录类型。

下面列出 Microsoft DNS Service 中存储的 DNS 区域文件中一条 A(地址类型)的资源记录：

hostname　　　3600　　　A　　　　　10.0.0.10

其中 hostname 是计算机名，记录类型为 A 表示地址类型记录，TTL 值为 3600 表示在过期前可被其他计算机缓存不超过 3600 秒即一个小时。该记录的数据是 10.0.0.10，即计算机的 IP 地址。

2) DNS 查询接口

Windows 客户端解析器支持 DnsQuery，一个便于开发人员更好地开发的 DNS 查询接口。它为其他标准 DNS 查询接口提供了向后兼容性。

比如说，在标准的 DNS 查询中，解析器在进一步联系名字服务器之前先咨询本地 DNS

名字缓存。解析器可被旁路其 DNS 名字缓存，而将其查询直接提交到名字服务器上处理。

4. 解析名字

DNS 服务的一个主要任务就是将用户知道的"友好名字"解析成 IP 地址或其他网络客户端需要的相关结构和记录数据。DNS 服务器(也叫名字服务器)就是用于完成这一过程的。

DNS 服务器解析名字的方法与它们的配置有关。名字查询如何解析取决于 DNS 服务器的当前状态。在作名字解析时，DNS 服务器最可能被配置成其他 DNS 服务器的客户端。名字解析由名字服务器提供，它通常就是用所提供的域名来找到一个匹配的 IP 地址变换。

在解析器传一个名字查询到本地的名字服务器上时，名字解析过程也就开始了。如果本地名字服务器上没有查询所请求的数据，它可用下列三种名字解析方法为其找到一个答案：递归、转寄和缓存。

1) 递归

在递归查询中，被请求的名字服务器负责响应请求数据，或者给出指定的域名不存在以及请求数据类型错误等错误信息。缺省情况下，Microsoft DNS Service 使用的是递归查询。

当客户端请求一个 DNS 查询并且希望用递归的方法得到答案时，DNS 服务器就会尝试用这种类型的解析方法。当联系到一个允许递归的 DNS 服务器时，就会一直查询其他 DNS 服务器寻求一个确定的答案直至出现以下情况：

(1) 出错：这意味着在名字空间中找不到与请求类型对应的 DNS 域名。

(2) 所查询的名字被一个授权服务器认定为无效：这意味着所查询的 DNS 域名已被认定为在当前可存取的名字空间中不存在。

对于递归查询所要明白的很重要一点是，从一个指明要得到一个递归答案的客户端收到查询请求的 DNS 服务器，必须为查询提供一个完整的答案。当递归在一个服务器上完成时，它会将查询发给临近那些被认为可查询名字的 DNS 服务器。递归过程在得到一个答案之前一直会延续下去，最终将结果发给客户端。

在 Windows 2003 中，可根据需要禁止 DNS 服务器使用递归查询，即通过用"WINS 管理器"配置"高级"属性来完成。如图 4.11 所示为递归查询的一个简单例子。

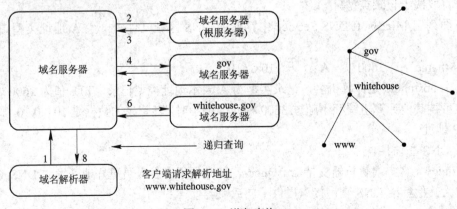

图 4.11　递归查询

2) 转寄

转寄通常也称之为非递归解析，转寄是当下列条件起作用时客户端与 DNS 服务器之间使用的名字解析方法：

(1) 客户端请求使用递归，但 DNS 服务器上禁止使用递归。

(2) 客户端在查询 DNS 服务器时没有请求使用递归。

客户端的转寄请求不过是告诉 DNS 服务器，客户端希望从 DNS 服务器上得到一个其所能提供的"最佳"答案，而不像递归那样要查询其他 DNS 服务器。

当使用转寄时，DNS 仅仅基于它自己对名字空间的现有信息，根据要求查询的名字数据为客户端提供一个答案。比方说，如果 Intranet 上的 DNS 服务器接收到本地客户端一个 www.microsoft.com 的请求，在多数情况下，它可能会从其名字缓存中返回一个答案。

当使用转寄查询时，DNS 除了能将其自己的最佳答案提供给客户端之外，还能够(但不是必要)进一步帮客户端解析名字查询。对于大多数转寄查询，如果其主 DNS 服务器不能解析该转寄型查询，客户端将用其本地的 DNS 服务器表去查询其他名字服务器。

3) 缓存

在 DNS 服务器处理客户端查询时，它们会了解并发现到大量有关 DNS 名字空间的信息。DNS 标准中除了给出了递归和转寄之外还有第三种可能性：缓存。

当本地的名字服务器处理请求时，它们发现许多有关 DNS 域名空间的信息。为了加速 DNS 的性能，并减轻互联网和其他名字服务器的负担，本地名字服务器临时将这一信息保存在其本地高速缓存中。以后无论什么时候解析器的请求到达时，本地的名字服务器就将检查其区域信息(静态记录入口)和本地的高速缓存(动态记录入口)以寻求一个答案。即便未能在高速缓存中找到一个准确的答案，关于其他名字服务器的一些有用信息可能包含在该高速缓存中。此高速缓存信息能有效地减少名字服务器为处理一个请求所要做的总转寄次数。

在最坏的情况下，本地名字服务器要用某个顶级根名字服务器从 DNS 树的顶上着手逐步处理直至请求数据找到。因为从处理这类请求中已获得了许多信息，所以实际中不会经常发生这种情况。这种不经意获得的信息将成为名字服务器高速缓存数据的一部分。被高速缓存的记录将赋以一个 TTL(Time To Live，生存时间)值。只要被高速缓存的数据没有过期，它就可以用来处理以后的服务请求。虽然所有的 DNS 名字服务器都将它们已经解析的查询高速缓存起来，但 Caching-only 的 DNS 名字服务器要做的工作就是完成请求，将答案高速缓存起来，然后返回结果。换句话说，它们只包含在解析请求时的高速缓存信息。

缓存为加速 DNS 解析的性能和减少网络上 DNS 相关的查询流量提供了一种方法。它也为 DNS 在 Internet 上的良好表现起了重要作用。

在缺省情况下，Microsoft DNS 服务器将会使用一个被存放在服务器计算机的 %SystemRoot%\System32\Dns 文件夹中的缓存提示文件。该文件通常包含关于 Internet 根名字服务器的名字服务器(NS)资源记录信息。当服务器启动时，该文件被预装到 DNS 服务器的名字缓存中。在操作一个私有名字空间的网上，可用自己的内部根服务器编辑或替换该文件。当操作内部根服务器时，可完全删除此文件，因为完成该功能的服务器不需要根提示。

4) 反向查找

在大多数情况下，客户端计算机查找的是其他计算机的地址资源记录。在这些类型的查询中，查询变量是一个表示计算机名字的字符串，回应是一个 32 位的 IP 地址数据。这种类型的查询称为前向查询(forward lookup)，因为解析过程是从左(域名中最特定的部分)到右(域名中最普遍的部分)。按这种方法，查找名字服务器用的是累进而且有效，并且直至联系到一个授权名字服务器或出错为止。

但如果在客户端已经有了计算机的 IP 地址，而想知道计算机的域名的时候，就得用反向查找(reverse lookup)过程，即要实施地址到名字的解析过程。由于在域名空间中，在主机名和 IP 地址之间并没有固定的对应关系，因而只有搜索所有的域才能保证得到正确回答。

为了防止在反向查询中遍历所有域，DNS 标准中定义了一个特殊域名：in-addr.arp 域，并保留在 Internet 域名空间中为这种类型的查询提供一种实际而可靠的方法。为了创建反向的名字空间，在 in-addr.arp 域中，用 IP 地址中数字的倒序生成了一些子域。因为 IP 地址的解释与 DNS 域名的解释是正好相反的(即它是从右至左)。这样在构造 in-addr.arp 域树时其 IP 的四个数字就得用相反的顺序。

5. 查找域控制器

在 Windows 2003 中，Microsoft DNS Service 已作为登记及查找域名的优选服务完全集中到了活动目录的设计与实现中。这种集成对于 DNS 有两方面的意义：

(1) 在 DNS 名字空间中登记的所有 Windows 2003 域控制器将登录及审计服务宣布给正在使用活动目录服务的客户端计算机。

(2) 以基于域的方式登录的所有 Windows 2003 计算机在系统启动时将首先查询 DNS 名字空间以找到一个域控制器。

域控制器是如何在 DNS 中登记的：

对于 Windows 2003 来说，活动目录服务(ADS)是与 DNS 和 TCP/IP 套件紧密集成在一起的。对于在网络上使用的每个 ADS 域名，可作下列变动来为 DNS 名字空间支持活动目录域名的定位：

(1) 对于创建及使用的每个 ADS 域名，在 DNS 名字空间中需要有对应的 DNS 域名。比如说，如果决定用一个诸如像 nt.example.net 的域名，就需要将同样的名字加到 DNS 名字空间中。

(2) 还要给相应的 DNS 域名添加额外的资源记录以支持对提供 ADS 域控制的计算机的定位。Windows 2003 域控制器需要将额外的资源记录加到为 DNS 域名保持授权的区域数据库中。

在大多数情况下，当 DNS 和 ADS 一起用时 Windows 2003 将能够自动地在正确的区域内创建并添加这些记录；但在有些情况下，还得手工去做。

下面是一个 DNS 域控制器登记 DNS 记录的例子。其中 pdc1 是域控制器计算机的名字，在 Windows 2003 计算机上，当该机被安装成 ADS 域 nt.example.net 的域控制器时，下面的 SRV 和 A 资源记录被登记(或手工添加)到一个 DNSzone 中，以便在 Windows 2003 中提供域名查找服务：

pdcl.nt.example.net	A	10.50.81.151
1dap.tcp.net.example.net	SRV	0 0 389 pcd1.net.example.net

6. DNS 与活动目录

在 Windows 2003 中，Microsoft DNS 服务与活动目录(Active Directory)集成。活动目录为网络上组织、管理及定位资源提供了一种企业级工具。将活动目录服务与 Windows 2003 放到一起之后，给 DNS 带来的两个明显变化是：

(1) Microsoft DNS Server 被用来定位域控制器。NetLogon 服务为服务(SRV)资源记录使用了新的 DNS 服务支持，在 DNS 域名空间中提供了域控制器的登记。

(2) 可用活动目录数据库存储和复制机制将 DNS zone 存储和复制与 Microsoft DNS Service 集成到一起。

1) DNS 存储是如何与活动目录集成到一起的

在缺省情况下，因为 DNS 完整地使用活动目录，所以 Microsoft DNS Service 将被安装在每个 Windows 2003 的域控制器上。

对于添加到 ADS 域的每个新域控制器(DC)，DNS 数据库都将要复制到该新的 DC。虽然 DNS 服务可被有选择地从 DC 上卸载下来，但 DNS 数据库将总是复制到 ADS 中的每个域控制器上。每当部署 Microsoft DNS Service 时，可选择以文本的区域文件格式的标准存储或是集成存储于活动目录中。但在大多数情况下，建议尽可能使用集成存储。

通过将 DNS 名字空间集成存储到活动目录中，简化了对 DNS 和活动目录的规划和管理。在名字空间分开存储和复制的时候，会给网络设计和增长增加额外的负担和复杂性。比如说，在标准的 DNS 和活动目录一起使用时，你得在一台或多台服务器计算机上安装及维护两份独立的名字服务。除此之外，还得设计、实现、测试以及维护两个独立的复制拓扑结构。

选择标准 DNS 存储还是活动目录集成存储所要考虑的另一个因素是对动态 DNS 更新的支持。动态 DNS 扩展了原有 DNS 协议，使 DNS 客户端动态可更新其名字空间。但动态 DNS 更新的一个缺点是，它依赖于单一的失败点——该区域的主管(primary master)服务器。当客户端发送动态 DNS 更新时，这些更新只有在被更新区域的主管 DNS 服务器上处理。这种单一的失败点会带来两个问题：

(1) 在路由网络中，路由失败可将该主管服务器与客户端分割开来，阻止了客户端越过路由链将更新转寄到动态 DNS 服务器上。

(2) 如果充当该区域的主管服务器失败了，客户端发出的所有动态更新就都被阻塞了。

使用目录集成(diretory-integrated)存储的另一个原因是，它为 DNS 区域数据提供了最有效的传输与复制。当前的许多 DNS 实现了在每次对区域数据库作了变动或更新时，传输区域的全部内容。

虽然有些 DNS 服务器(包括运行在 Windows 2003 下的 Microsoft DNS Service)对增加区域传输提供支持，此过程仍然涉及传输整个记录集合，使得在某些情况下退回到对区域的完整传输。

通过使用活动目录做优选的 DNS 存储和复制机制，这些问题都得以解决：

(1) 动态更新时无单一的失败点。因为 Windows 2003 中的活动目录版本采用了 multi-master 复制，所以动态 DNS 更新可提交到任意参与该区域的 DNS 服务器，并得到成功处理。

(2) 目录复制比标准的 DNS 复制更快且更有效。因为活动目录采用的复制处理是以每属性为基础的，所以只有相关的变化被传播。这使得在更新时只需使用并提交较少的数据。

2) 存储 DNS 数据的目录位置

DNS 数据库信息被放在一棵位置远离 Windows 2003 域数据库树的子树上，该子树的根将在每个活动目录域根的 System 容器(container)里。通过 ACL 查看该容器的能力是有限的，这样只有 DNS 管理员才会察觉到它的存在。

在域子树的根的容器中包含 DnsZone 对象。每个 DnsZone 对象然后构成区域数据库的 DnsDomain 对象。关于这种结构的例子如下：

```
/---/ DC=corp, DC=microsoft, DC=com
|    |
|    +-/---/ OU=System
|           |
|           +-/---/ OU=DNS
|                  |
|                  +-/---/ (dnsZone) CN=corp.microsoft.com
|                  |    |
|                  |    +-/---/ (dnsDomain) CN=@
|                  |    |           dnsRRsetType6=…//SOA
|                  |    |           dnsRRsetType2=…//NS
|                  |    |
|                  |    +-/---/ (dnsDomain) CN=host1.nt
|                  |                dnsRRsetType6=10.50.81.225        //A
|                  |
|                  +-/---/ (dnsZone) CN=50.10.in-addr.arpa
|                  |
|           +-/---/ (dnsDomain) CN=225.81
```

3) DNS 域名对象是如何命名的

DnsDomain 对象的 FQDN 是采用下列过程组合而成的：

(1) 如果该 DnsDomain 对象的公用名是@，则该对象的 FQDN 与原来的区域名相同。

(2) 如果 DnsDomain 对象的公用名不是以"."结束，则该对象的 FQDN 就是该对象的公用名后加区域名。

(3) 如果 DnsDomain 对象的公用名是以"."结束，那么该公用名就是 FQDN。

这种规则等同于标准的文本区域文件所用的 DNS 名。

4.4.3　DNS 的安装与设置

1. DNS 服务器的配置管理

配置域名服务器要确定如下因素：组织的大小、组织的位置和容错的要求。对于网络结构很小的组织来说，让网络客户端查询由 Internet 服务提供商(ISP)所维护的域名服务器远远要比自己去维护该域名服务器要简单、有效。大部分 ISP 都提供维护域名信息的收费服务。

如果要自行维护域名服务器，作为第二层域接入 Internet，那么必须将该组织的 IP 地址、域名通知给 InterNIC，并且最少要两个域名服务器。当然，也可以独立于 Internet，在组织内部设置自己的域名系统。

DNS 服务器的配置管理内容非常丰富，包括 DNS 服务器的安装、在现有服务器表中添加一个新的服务器、卸载服务器等。

1) 安装 Microsoft DNS Server

在 Windows 2003 上安装 DNS 服务的步骤如下：

(1) 从"控制面板"中单击"添加/删除程序"。

(2) 在"添加/删除程序"里单击"添加删除 Windows 组件"标签。

(3) 在"组件"中选择"联网服务"，然后单击"详细资料"。

(4) 在"联网服务"中，单击"域名服务系统(DNS)"，如图 4.12 所示。

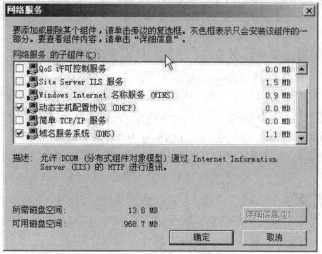

图 4.12　安装 DNS 服务

(5) 单击"确定"按钮。然后 Windows 2003 就会从安装盘上拷贝安装 Microsoft DNS Server 所必需的文件。

2) 添加一个 DNS 服务器

在 Windows 2003 上，可为"DNS 管理器"控制台添加一个 DNS 服务器，其步骤如下：

(1) 在"程序"菜单中选择"管理工具"，然后单击"DNS"。

(2) 在 DNS 的"操作"菜单中，单击"连接到计算机"。

(3) 从"选择目标机器"中，选择让该插件管理运行在本地的 DNS 服务器计算机还是远程计算机。

(4) 如果要管理远程计算机上的 DNS 服务器，则输入运行 Microsoft DNS 服务器的远程计算机的主机名。

3) 卸载一个 DNS 服务器

与添加 DNS 服务器相对应，在"DNS 管理器"控制台也可以卸载 DNS 服务器，其步骤如下：

(1) 在"程序"菜单中选择"管理工具"，然后单击"DNS"。

(2) 在 DNS "操作" 菜单中选择 "删除" 命令。如图 4.13 所示。

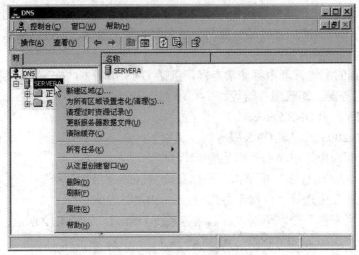

图 4.13　删除 DNS 服务器

(3) 在提示 "你肯定要从该服务器表中删除此服务器吗？" 时，单击 "确定"。

4) 改变 DNS 服务器的启动方法

缺省情况下，Microsoft DNS 服务器用 Windows 2003 注册表中所存储的信息引导及初始化 DNS 服务。但是，作为选项，也可以将 DNS 服务器配置成从一个文件启动。如果用文件的方法启动 DNS 服务器，则用于启动 DNS 服务器的文件必须是一个名字为 BOOT.DNS 的文本文件，且此文件要在该计算机的 \winnt\system32\dns 目录中。更改 DNS 服务器启动方法的步骤如下：

(1) 在 "程序" 菜单中选择 "管理工具"，然后单击 "DNS"。

(2) 单击想要改变启动方法的 DNS 服务器。

(3) 在 DNS 的 "操作" 菜单中，单击 "属性"，如图 4.14 所示。

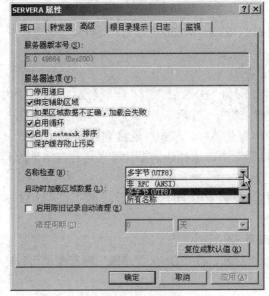

图 4.14　DNS 属性

(4) 单击"高级"选项卡。

(5) 在"启动方法"列表框中，选择"从注册表启动"或"从文件启动"或"从 DS 启动"即可。

5) 更改 DNS 服务器的名字检查方法

Microsoft DNS 服务器支持三种检查 DNS 名字的方法，即：

(1) 严格的 RFC(ANSI)，此方法为 DNS 名字严格地强制 RFC 兼容的命名规则，那些不兼容的名字将被视为错误名字。

(2) 非 RFC(ANSI)，此方法允许非 RFC 兼容的名字用于 DNS 服务器。

(3) 多字节(UTF8)。在缺省情况下，服务器使用非 RFC(ANSI)检查名字。该选项采用较松的名字检查，因此可使任何使用标准 ANSI 编码字符的 DNS 名能让 DNS 服务器接受，为其他 DNS 服务器与主机系统提供了最大的可操作性。

如果要改变名字检查方法，其步骤如下：

① 在"程序"菜单中选择"管理工具"，然后单击"DNS"。

② 单击想要改变名字检查方法的 DNS 服务器。

③ 在 DNS 的"操作"菜单中单击"属性"。

④ 单击"高级"选项卡。

⑤ 在"名字检查"列表中，从"严格的RFC(ANSI)"、"非RFC(ANSI)"或"多字节(UTF8)"中选择一种。

6) 将 DNS 服务器限制为只侦听所选的地址

在缺省情况下，Microsoft DNS 服务器将会侦听为 DNS 服务器配置的所有 IP 地址上的 DNS 通信，但也可在一个表中指定用于网络上侦听及提供服务的 IP 地址。此过程只在 DNS 服务器安装了多个 IP 地址并/或使用了多块网卡时才有用。选择 IP 地址的步骤如下：

(1) 在"程序"菜单中选择"管理工具"，然后单击"DNS"。

(2) 在 DNS 的"操作"菜单中单击"属性"。

(3) 在接口属性单中，选择"只侦听指定的 IP 地址"。

(4) 在 IP 地址编辑框中，键入一个让该 DNS 服务器计算机提供服务的 IP 地址，然后单击"添加"。

(5) 在必要的情况下键入其他 IP 地址。

2. 区域(zone)的配置管理

在 DNS 服务中，对区域的配置包括添加主要区域、添加辅助区域、删除辅助区域、启动一个区域和添加反向查找区域等。

1) 添加一个主要区域(Primary zone)或辅助区域(Secondary zone)

为 DNS 服务器添加一个区域的步骤如下：

(1) 在"程序"菜单中选择"管理工具"，然后单击"DNS"。

(2) 单击要添加区域的 DNS 服务器。

(3) 在 DNS 的"操作"菜单中单击"创建新区域"。

(4) 在"添加新区域向导"中，选择区域的类型为"标准主要区域"，如图 4.15 所示。

(5) 按安装向导的提示完成余下的过程。

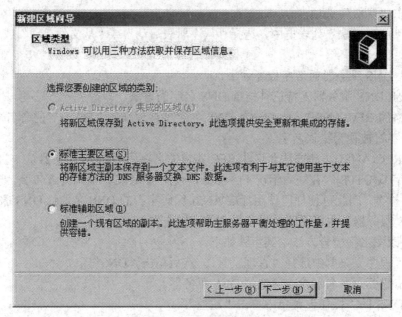

图 4.15　添加 DNS 区域

添加辅助区域采用步骤类似，只是在选择区域的类型时要选择"标准辅助区域"。

2) 删除辅助区域

从 DNS 服务器中删除一个辅助区域的步骤如下：

(1) 在"程序"菜单中选择"管理工具"，然后单击"DNS"。

(2) 将 DNS 的区域文件夹打开并右击选择想要删除的区域。

(3) 如果要删除的是一个向前(forward)区域，则展开"向前查找区域"文件夹；如果想要删除的是反向区域，则展开"反向查找区域"文件夹。

(4) 右击选择想要删除的区域。

(5) 在 DNS 的"操作"菜单中单击"删除"。

(6) 当提示确认删除该区域时，单击"确认"按钮即可。

3) 添加一个反向查找区域

添加一个反向查找区域的步骤如下：

(1) 在"程序"菜单中选择"管理工具"，然后单击"DNS"。

(2) 单击想要添加区域的 DNS 服务器。

(3) 在 DNS 的"操作"菜单中单击"创建新区域"。

(4) 在"添加新区域向导"中，选择区域的类型。

(5) 在"选择查找向导"页中，单击"反向查找"，然后单击"下一步"按钮。

(6) 在安装向导的提示下完成余下的过程。

4) 改变区域类型

在 DNS 服务器中可改变区域的类型，但要注意的是，将一个区域从辅助区域改为主要区域将影响其他区域的行为，包括如何动态更新、区域传输如何管理等。除此之外，如果一个区域改成"集成的 Active Directory"，则区域数据就将用活动目录服务存取及复制。

改变区域类型的步骤如下：

(1) 在"程序"菜单中选择"管理工具"，然后单击"DNS"。

(2) 展开 DNS 服务器，查看所有区域文件夹。

(3) 选择想要改变其类型的区域。

(4) 在 DNS 的"操作"菜单中单击"属性"。

(5) 注意当前的区域类型，然后单击"改变"。

(6) 从"选择区域类型"中选择新的区域类型(可以是"标准主要区域"，"集成的 Active Directory"以及"标准辅助区域")并单击"确定"按钮。

(7) 如果新的区域类型为辅助，在"主 IP 地址"中添加至少一个其他 DNS 服务器的 IP 地址，以处理存放在此区域的区域信息。

5) 为区域添加主机记录

如果要为区域添加一台新的主机，可采用的步骤如下：

(1) 在"程序"菜单中选择"管理工具"，然后单击"DNS"。

(2) 在希望添加新的主机的 DNS 服务器文件夹里，展开并查看所有区域。

(3) 单击想要添加新主机的区域。

(4) 在 DNS 的"操作"菜单中选择"新建"，然后单击"主机"。

(5) 然后在"主机名"中为新主机键入 DNS 计算机名；在"主机地址"中键入该主机的 IP 地址。

(6) 作为选项，单击"创建相关的 PTR 记录"为该主机，基于"主机名"和"主机 IP 地址"的，则在反向区域中创建额外指针记录。

(7) 单击"添加主机"将新的主机记录添加到该区域中。

此外，还可在区域中添加邮件交换器(MX)记录或别名(CNAME)记录。步骤与此类似。

6) 调整区域的刷新间隔

刷新间隔用于决定辅助区域以多长的时间间隔去探寻或请求区域的主要服务器刷新。

在缺省情况下，每个区域的刷新间隔被设置为 1 小时。但此缺省值是可以改变的，其步骤如下：

(1) 从"开始"指向"程序"，然后指向"管理工具"，然后单击"DNS"。

(2) 在存储主要区域的 DNS 服务器文件夹里展开并查看所有区域。

(3) 单击想要调整刷新间隔的区域。

(4) 在 DNS 的"操作"菜单中单击"属性"。

(5) 在"常规"属性标签中，验证区域类型为"主要区域"或"集成的 ActiveDirectory"。

(6) 单击"开始授权(SOA)"标签。

(7) 对于"刷新间隔"，从右边的列表中选择间隔使用的单位(分钟、小时或天)。然后在左边的编辑框中输入数字。

(8) 在间隔调整完成之后单击"确认"。

7) 配置动态 DNS

Windows 2003 的 DNS 服务支持动态更新，即 Dynamic DNS(DDNS)。DNS 中，当某个名字服务器要对其拥有权限的域作出变动时，则必须手动更新主名字服务器上的区域数据库文件。而 DDNS 中，网络内的服务器和客户端将会自动更新区域数据库文件。

(1) 动态更新：可以配置被授权服务器列表以启动自动更新，这个列表可包括辅名字服务器、域控制器(DC)及其他对客户端进行网络注册的服务器。比如运行 DHCP 或 WINS 的服务器。

(2) DDNS 和 DHCP：DDNS 可与 DHCP 服务交互作用以维护网络主机中名字到 IP 的同步映射。在默认情况下，DHCP 服务将把适当的客户端记录增加到区域，而当某个 IP 地址的租约用完时将清除区域中的记录。

(3) 配置区域使之使用 DDNS：

① 在 DNS 中，右击所要配置的向前或反向查找区域，然后单击"属性"。

② 在"常规"选项卡中，在"动态更新域"下根据需要单击下列选项之一：

· None——对此区域不允许动态更新。

· Allow Updates——对此区域允许所有 DNS 动态更新请求。

· Allow Secure Updates——只允许对此区域使用安全 DNS 的 DNS 动态更新。

Allow Secure Updates 只有当区域类型是"Active Directory Integrated"(集成了活动目录)时才会出现。如果单击 Allow Secure Updates，更新区域数据库中记录的请求者权限由后面的安全 DNS 更新协议中指定的方法来测试。

思 考 题

1．简述活动目录的概念、用途、特点及其组成。

2．试阐述域控制器的功能。

3．简述域用户账号的创建步骤。

4．如何定义和更改 Web/FTP 站点的 Home 目录？

5．简述 DHCP 服务的作用。

6．简述 DNS 服务的作用。

7．简述在一台 Windows 2003 计算机下创建一个或多个 Web 或 FTP 站点的方式及区别。

8．试描述 DHCP 客户机在申请地址时与 DHCP 服务器的会话过程。

9．试描述请求域名 www.abc.com.cn 时的解析过程。

第 5 章　网络管理平台与工具

建议学时：8 学时

主要内容：

(1) 网络管理平台的结构与功能；

(2) 网络管理平台的操作环境；

(3) 分布式网络管理平台的框架；

(4) 常见的网络管理平台；

(5) 对常用网络管理工具的选择。

5.1　网络管理平台

为了加快网络管理系统的开发效率，提高系统的可靠性，许多国际著名的通信与计算机公司推出了自己的网络管理平台软件，如 IBM 公司的 NetView，Cisco 的 CiscoWorks，CastleRock 的 SNMPc，HP 公司的 OpenView，SUN 公司的 Solstice Enterprise Manager 以及 Novell 公司的 ManageWise 等。网络管理平台一般都能提供以下支持：自动发现网络拓扑结构和网络配置、事件通知、智能监控、多厂商网络产品集成、存取控制、友好的用户界面、网络信息报告生成和编程接口等。

5.1.1　网络管理平台的功能与特征

本节以 CiscoWorks 为例介绍网络管理平台的具体功能及其特征。CiscoWorks 以五种网络管理功能为实施对象：差错(故障)管理、运行管理、配置管理(包括设备管理)、账户管理(包括在运行管理实施中)以及安全管理。在功能划分以及个别名词上与国际标准化组织(ISO)在 ISO/IEC7498-4 文档中的定义略有不同。

每种功能区可以实现的具体功能描述如下。

1. 故障管理

CiscoWorks 查错管理可实现如下功能：

(1) 用 Device Monitor 程序获得 Cisco 路由器上被监控的路由环境中特定设备的信息和接口信息。

(2) 用 Show 程序模拟路由器执行 Show 命令。

(3) 用 PathTool 程序显示从源设备到目的设备的动态图形化路径。

(4) 用 PathTool 程序分析用于连接实用程序和错误率信息的图形化路径。

(5) 用 Environmental Monitor(环境监控器)应用程序进入 CiscoAGS+ 和 7500 路由器环境监控卡获取温度和电压信息。

(6) 用 Health Monitor(设备状态监控器)应用程序，包括 Show 命令和 Real-Time Graphs(实时图形)程序获取设备信息和数据。

(7) 用 Contacts 应用程序迅速获取网络中与设备有关的管理和维护人员信息。

2. 运行管理

CiscoWorks 可以收集关于网络设备的状态和管理信息，并同时将信息显示到多个设备上，这样就可以根据 Internet 环境的需求变化进行操作。

使用 CiscoWorks 的运行管理，可以实现以下功能：

(1) 用 Polling Summary(轮询汇总)和 Real-TimeGraph 程序动态比较设备的统计数据。

(2) 用 Polling Summary 和 Real-TimeGraph 程序显示特定时间段内的历史数据。

(3) 用 Real-TimeGraph 程序动态绘制实时路由器信息，包括路由器的健壮性、接口的健壮性和协议传输状况。

(4) 用 Show 程序模拟路由器执行 Show 命令。

(5) 用 Device Polling(设备轮询)程序指定 MIB 对象以连续监控网络中设备。

(6) 用 Polling Summary 程序生成网络可变统计数据的轮询信息，以监控和比较网络组件的运行状况。

(7) 启动 Sybase Easy SQR 程序运行一个数据库报表，打印在 Polling Summary 程序中收集的轮询表信息。

(8) 用 Sybase Easy SQR 程序中标准的 SQL 或 VQL 语言为任意的数据库元素集合创建标准的用户报告格式。

3. 账户管理

账户管理是管理功能的子集，用来生成账户管理信息的应用程序就在这些功能子集中。账户管理所能实现的功能如下：

(1) 用 Show 程序模拟 Cisco 路由器执行 Show 命令以获取 IP 账户检验点的信息。

(2) 用 Device Polling 程序获取 Cisco 自身的 MIB 的对象信息。

4. 配置管理

CiscoWorks 的配置管理可实现以下功能：

(1) 用 Configuration Management(配置管理)程序动态获取网络中远程 Cisco 系统设备的配置参数。

(2) 编辑和浏览安装到 Cisco 设备上的配置文件。用 Configuration Management 程序浏览和查找配置文件中的文本内容。

(3) 用 Configuration Management 程序识别 Cisco 设备，选择合适的配置命令内容，启动安装命令。

(4) 用 Configuration Management 程序，通过阅读、编辑已加载的配置，在 Cisco 设备配置中，改变 Cisco 在线设备配置的参数。

(5) 用 Configuration Management 程序，从 UNIX 工作站的目录中读取配置文件并存储于数据库中。

(6) 用 Global Command Manager 或 Configuration Snap-in Manager 程序，在网络状态空闲时创建和发送全局或 Snap-In 命令管理网络并安排命令的执行。

(7) 用 Auto Install Manager(自动安装管理器)程序通过网络管理工作站远程安装新的路由器。

(8) 用 TACACS Manager 程序修改口令、管理账号期限等，以管理网络中的 TACACS 用户。

(9) 通过 Device Software Manager 程序对 Cisco 设备的系统软件或固件升级。

(10) 通过几种 CiscoWorks 应用程序使用域或用松散连接的设备组管理网络。

设备管理是配置管理功能的子集，以下是运行时能实现的主要管理功能：

(1) 创建、修改和维护完整的网络清单，包括硬件、软件、运行部件的发布层次，网络中相关负责人及地点，向有关网络设备、接口、合同等数据库中输入数据。

(2) 用 SyncW/Sybase 程序实现 CiscoWorks Sybase 数据库中的信息与 NMS 数据库中的信息同步。

(3) 用 Contact 程序迅速访问网络中相关设备的管理和维护人员。

(4) 组织设备域或者逻辑设备，方便对用户权限的维护，如一些用户只有监控设备权。这种设备组织是在 Security Manager(安全管理器)中建立的，但它却保存为设备信息的一部分，每一个 CiscoWorks 应用程序都可使用。

5. 安全管理

安全管理可实现以下功能：

(1) 建立选定 CiscoWorks 应用程序的权限检查。

(2) 根据特定用户所属的用户组或域建立安全权限，限制对设备配置文件、网络管理进程、设备数据库信息以及网络活动信息的访问。

(3) 创建域或松散设备组来帮助网络的安全管理。

(4) 修改或删除用户权限以确保 CiscoWorks 网络管理应用程序的正常使用。

5.1.2　网络管理平台的结构

为了实现网络管理的基本功能，必须考虑网络管理的结构模式。国际上网络管理结构模式可以分为集中式网络管理(Centralized Network Management)、分布式网络管理(Distributed Network Management)、分级式网络管理(Hierarchical Network Management)三种类型。集中式网络管理结构如图 5.1 所示，全网所有需要管理的数据，均存储在一个集中的数据库中。其优点是网络管理系统处于高度集中、易于全面决断的最佳位置，网络升级时仅需要处理这一点。由于所有数据均接到统一的中央数据库，所以易于管理、维护和扩容。其缺点是一旦出现故障，将导致全网瘫痪。此外，网络管理系统的链路承载的业务量很大，有时会超出负荷能力。集中式网络管理体系中由一个管理者对整个网络的运行进行管理，负责处理所有代理上的管理信息，它具有简单、价格低及易维护等优点，因而成为目前最为普遍的一种模式。采用这类管理方式的系统有 HP 公司的 OpenView NMS、Cabletron Systems 公司的 Spectrum、Castle Rock 的 SNMPc、IBM/Tivli 公司的 NetView 和 Sun Microsystems 公司的 NetManager 等网络管理系统。

下面以 OpenView 为例，介绍网络管理平台的结构。OpenView 是 HP 公司开发的网络管理平台，是一种在当前网络管理领域比较流行的、开放式、模块化、分布式的网络/系统管理解决方案。OpenView 既支持 SNMP 协议也支持 CMIP 协议，因此既可用于 TMN 网络管理系统的开发，也可用于非 TMN 网络管理系统的开发。OpenView 在其基本平台上集成了数百套由第三方开发者开发出的管理系统，提供了完整的网络/系统管理解决方案。用户在建设自己的网络管理系统时不再需要从底层的网络管理协议栈做起，可以使用网络管理平台提供的各种服务处理被管的对象。

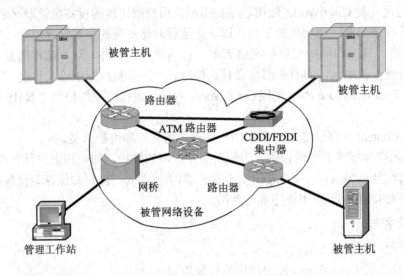

图 5.1　集中式网络管理结构

1. Openview 管理平台的体系结构

Openview 为终端用户和网络管理应用开发者提供了一个基于通用网络管理协议的应用设计模板和集成开发环境。它有众多的功能模块和丰富的 API 函数，核心产品是 HP OpenView 网络节点管理器(NNM，Network Node Manager)。NNM 可以实现对整个网络管理信息的收集和实时监控。

OpenView 管理平台的体系结构如图 5.2 所示，基本可以分为三层，第一层是公共管理服务层，第二层是数据处理层，第三层是管理应用层。这种分层结构不需要严格遵循，网络管理应用层也可以直接建立在第一层的基础上。

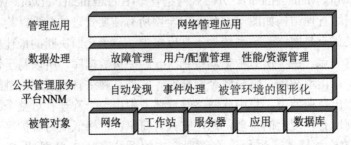

图 5.2　OpenView 管理平台的体系结构

公共管理服务层，是平台的基础，由 NNM 模块实现。该层提供了网络自动发现、事件处理和被管对象图形化表示等服务。

NNM 是一个多进程的集合，是 OpenView 的核心部件，包括后台进程和前台进程，主要的后台进程有 netmon、ovtopnd、ovwdb、snmpCollect、ovtrapd、pnd、ovactiond、ovlnd 和 ovrepld。这些进程的组织结构如图 5.3 所示。主要的前台进程有 ipmap，xnmloadmib 和 xnmbrowser。

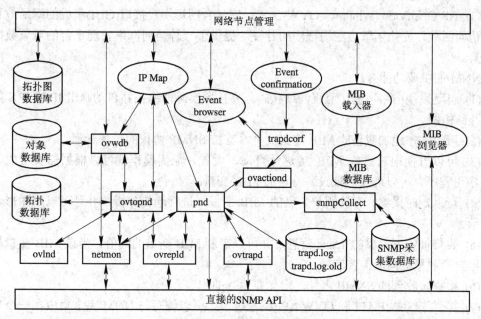

图 5.3　进程的组织结构

NNM 各进程间相互作用以实现轮询 SNMP 代理、发现网络节点和网络节点拓扑结构、维护拓扑数据库、控制对象数据库、接收陷阱信息、分发事件、自动处理事件、设置和采集网络节点的 SNMP 门限数据、检测门限、监控和复制远程数据收集站的数据、维护拓扑图中网络管理对象的状态显示、编译 MIB、浏览 MIB 数据库等必要的网络管理功能。

数据处理层建立在公共管理服务基础上，提供一些基本的管理应用，以实现配置管理、用户管理、故障管理等一些基本的管理功能，例如 IT/O、IT/A 及 PerView 等。这些应用与第一层紧密结合，可直接使用第一层提供的各种服务(如拓扑图、MIB 数据库等)。

管理应用层特定类型的网络管理应用程序，可以是第三方管理程序。每个管理程序具有自己的结构和功能，它们可以利用管理平台提供的各种数据和服务，实现特定类型网络设备的管理。

2. OpenView 的开发环境

OpenView 平台提供了应用程序二次开发和程序集成的工具和方法，主要有 NNM 开发工具包、应用程序集成方法和 OpenView 管理平台数据接口的开发。

1) NNM 开发者工具包

NNM Developer's Toolkit 提供了访问 NNM 功能所必需的一套应用程序开发接口(API，Application Program Interface)，设计目标是帮助开发者编制网络管理应用程序。应用程序通过调用这些接口函数完成 SNMP 协议操作，访问 NNM 内置数据库，实现 NNM 界面的处理工作。应用程序使用的协议数据单元按内部结构存储，处理方便，负责的 BER 编/解码和单元发送、接收等工作被管理平台所屏蔽，它包括以下工具包：

(1) HP OpenView SNMP API：提供对 SNMP 协议栈(SNMP vl 和 SNMP v2)的访问。

(2) SNMP Configuration API：提供对配置数据库的访问，可以动态地获取、更新和存储诸如 SNMP 超时和共同体名字的配置信息。

(3) HP OpenView Windows(OVW) API：它包含图形用户接口(GUI)集成的库函数和数据库访问函数，简化了管理应用程序的开发，提供了一种访问网络管理平台的对象数据库的工具。

NNM 的主要功能有：

(1) 自动发现网络环境，监视网络状态，并按照实际网络拓扑自动画出 IP 或 IPX 网络的拓扑结构图。

(2) 可以动态地加载新的 MIB 定义文件，支持 SNMP 协议的设备管理。

(3) 可以方便地对设备 MIB 值进行查询、设置，无需编程就可以根据需要生成新的 MIB 应用程序，可以连续监视设备特定的 MIB 变量。

(4) 可以定时采集、存储用户定义的 MIB 变量，进行趋势分析，并且可以用图形直观地显示。

(5) 收集被管理对象的 Traps 信息，并可以定制 MIB 变量的阈值，当该 MIB 变量越过阈值后向管理平台发送告警信号。

(6) 根据接收到的 SNMP 事件，定义要运行的程序。

(7) 提供了 SNMP API 和 OVW API 编程接口，可以编写与 NNM 完全集成在一个界面上的网络管理应用程序。

(8) 提供了与 WindowsNT，DMI，Web 等其他系统的集成。

2) 应用程序集成方法

应用程序注册文件(ARF，Application Registration File)可把自行开发的网络和系统管理应用程序集成到 OVW 用户界面里。ARF 给 OVW 提供以下的重要信息：

(1) 描述应用程序与 OVW 集成的结构——应用程序块 AB(Application Block)的说明。

(2) 用户触发应用进程的方法。

(3) 应用进程的管理方式。

(4) 应用程序的帮助信息的存放位置。

注册文件又分为三类，分别是：

(1) 菜单注册文件(Menu Registration File)：提供了通过下拉式菜单、弹出式菜单和工具条按钮把应用程序与 OVW 集成到一块的工具，通过修改菜单注册文件可以实现 OpenView 网络管理平台的菜单汉化工作。

(2) 符号类型注册文件(Symbol Type Registration File)：用于定义 HP OVW 中的符号类(class)和子类(subclass)。

(3) 域注册文件(Field Registration File)：用于定义构成对象的属性类型。

3) OpenView 管理平台数据接口的开发

OpenView 管理平台的数据接口主要由数据采集、数据传输和数据处理三部分组成。在具体设计时，通过对网络管理平台信息源和数据实时性要求分析，可以设计不同的数据采集、数据传输和数据处理策略。网络管理平台接口模块结构如图 5.4 所示。

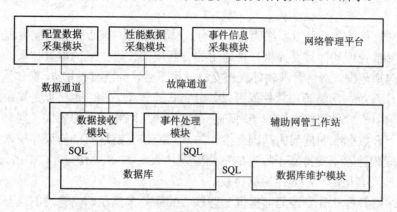

图 5.4　网络管理平台接口模块结构

数据采集部分包括配置数据、性能数据、事件信息的采集三部分：

(1) 性能数据采集模块主要负责从网络设备的 SNMP MIB 中定时采集能够反映网络设备运行状态的各种变量，从而为分析网络性能提供依据。由于性能数据的实时性要求不高，因此采用的是定时采集策略。

(2) 事件信息采集模块主要负责从网络中和网络管理平台上采集接收各种陷阱(Trap)信息和通告(Inform)信息，经过结构变化发送给数据接收模块。由于事件信息实时性要求非常高，因此采用即时触发采集策略，即一旦有事件到来，就触发采集动作，接收处理事件并即时发送给数据接收模块。

(3) 配置数据采集模块主要负责从 OpenView 内置数据库中获取网络配置数据。由于配置数据要求和网络实际保持一致，但网络配置变化不大，因此采用定时和即时触发相结合的混合采集策略。

数据传输部分由数据通道和故障通道组成。通道采用 Socket 编程技术建立的 TCP/IP 连接，能够保证信息传输的可靠性。数据通道用来传输网络配置和性能信息，由于这些数据对实时性要求不高，因而数据通道在有数据传输的需要时才建立。故障通道用来传输事件信息，要求具有很高的实时性，因此需要始终保持连接。

数据接收处理部分包括数据接收模块、事件处理模块。数据接收模块主要负责接收从管理平台发送来的各类数据，并将数据通道中的数据填写到事先定义好的数据库表格中，将故障通道中的事件信息及时保存到事件队列中，激活事件处理模块进行处理。事件处理模块主要负责对事件信息的处理，根据事件信息对配置信息库进行修改，将事件记录保存到数据库中。

5.1.3　网络管理平台的操作环境

网络管理的需求决定网络管理系统的组成和规模，网络管理系统无论其规模大小，基本上都是由支持网络管理协议的网络管理软件平台、网络管理支撑软件、网络管理工作平台和支撑网络管理协议的网络设备组成的。其中网络管理软件平台提供网络系统的配置、故障、性能及网络用户分布方面的基本管理，也就是说，网络管理的各种功能最终会体现在网络管理软件的各种功能的实现上，软件是网络管理系统的"灵魂"，是网络管理系统的核心。

网络管理软件的功能可以归纳为三个部分：体系结构、核心服务和应用程序。

首先，网络管理软件需要提供一种通用的、开放的、可扩展的框架体系。为了向用户提供最大的选择范围，网络管理软件应该支持通用平台，如既支持 Unix 操作系统，又支持 Windows 操作系统。网络管理软件既可以是分布式的体系结构，也可以是集中式的体系结构，实际应用中一般采用集中管理子网和分布式管理主网相结合的方式。同时，网络管理软件是在基于开放标准的框架的基础上设计的，它应该支持现有的协议和技术的升级。开放的网络管理软件除了支持基于标准的网络管理协议，如 SNMP 和 CMIP，也必须支持 TCP/IP 协议族及其他的一些专用网络协议。

其次，网络管理软件应该能够提供一些核心的服务来满足网络管理的部分要求。核心服务是一个网络管理软件应具备的基本功能，大多数的企业网络管理系统都要应用这些服务。各厂商往往通过提供重要的核心服务来增加自己的竞争力，通过改进底层系统来补充核心服务，也可以通过增加可选组件对网络管理软件的功能进行扩充。核心服务的内容很多，包括网络搜索、查错和纠错、支持大量设备、友好操作界面、报告工具、警报通知和处理、配置管理等。

再次，为了实现特定的事务处理和结构支持，网络管理软件中有必要加入一些有价值的应用程序，以扩展网络管理软件的基本功能。这些应用程序可由第三方供应商提供，网络管理软件集成水平的高低取决于网络管理系统的核心服务和厂商产品的功能。常见网络管理软件中的应用程序主要有高级警报处理、网络仿真、策略管理和故障标记等。

构成网络管理操作环境的体系结构、核心服务和应用程序三者之间是相互联系、密不可分的。体系结构提供一个系统平台，一个多种资源有机联系的场所；核心服务提供最基本、最重要的服务；应用程序满足具体的、个性化的需求。

5.2　分布式网络管理平台

随着网络规模和复杂度的迅速增大，集中式结构已暴露出一些难以克服的缺点，主要表现在：

(1) 管理中心需要处理所有的管理信息。所有的信息都涌向中央管理者，网络传输量大，容易引起阻塞。对网络传输速率和管理平台 CPU 要求高。

(2) 整个网络管理系统的运转都依赖于管理中心，一旦管理中心发生故障，管理系统都将崩溃，可靠性差。

(3) 固有的轮询机制导致了大量的网络传输和时间延迟，影响了网络管理的效率，也限制了网络规模的扩展性。

(4) 网络管理功能固定，难于修改和扩充，并且管理者对设备只能进行简单的管理操作，网络管理信息不能共享。

由此可见改变网络管理结构才能从根本上解决现有网络管理中存在的问题。目前，非集中式网络管理方法主要有分布式方法、层次化方法、前两种方法相结合的综合方法。

分布式管理采用一种对等式结构，网络管理功能被分布到多个管理者上，完成各自域内的网络逻辑管理(综合管理)，每个被管设备都是具有一定自我管理能力的自治单元。分布式网络管理能容纳整个网络的扩展，可靠性和管理性高，但由于缺乏完善的协议和通信机制的支持，目前还没有实质性的发展。

　　层次化网络管理也采用域管理模式，引入中层管理者(MLM，Middle-Level Manager)以减轻顶层管理者(MOM，Manager of Managers)的负担，减少网络传输，消除瓶颈，增加可靠性和扩展性，从而提高整个网络管理系统的性能。MOM 协调所有的管理通信和操作，较分布式网络管理容易实现，而且这种层次化的结构也易于与现有的网络管理系统集成。

　　综合方法结合了两者的优点，但当网络规模扩大时，Integrated Manager 和 Element Manager 的增多将导致管理关系复杂性的非线性增长。如图 5.5 所示为各种网络管理的体系结构框图。

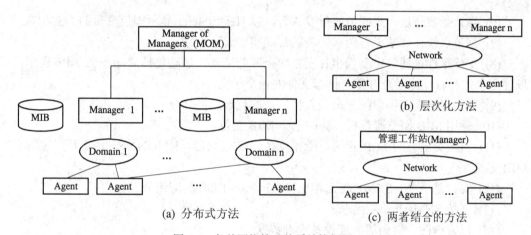

(a) 分布式方法　　(b) 层次化方法　　(c) 两者结合的方法

图 5.5　各种网络管理体系结构框图

　　支持分布式网络管理模式的框架，一般采用公共对象代理结构(CORBA，Common Object Request Broker Architecture)、分布式公共对象模型(DCOM，Distributed Common Object Model) 以及分布计算环境/分布管理环境(DCE/DME，Distributed Computing Environment/Distributed Management Environment)等框架结构。其中 CORBA 框架已被国际优先推荐采用，并已成为发展热点。

　　CORBA 是一种基于对象的客户/服务器(Client/Server)应用分布结构，作为一种对象需求代理(ORB，Object Request Broker)框架加以运用。这种框架允许对象采用不同的供应商，并跨越不同的网络和操作系统实施相互操作。CORBA 可以对所有对象实施操作，即便完全不知道它们的位置或所在点，或者它们采用何种语言。这一优点将在未来的通信信息网络中发挥重要作用。当前世界各大公司都在支持分布式网络管理模式，特别是 CORBA 的发展。LUCENT 公司贝尔实验室的专家们声称如果不是旧有系统和已生产的产品，他们不再赞成采用原有网络管理结构和模式(包括 Q3 接口)，而改为采用 CORBA 新技术。TMN 体系中采用的 Q3 接口，不仅不易统一管理各厂商的产品，而且程序中冗余度太大，很难适应多种业务的需求，每线用户的成本也很高。

　　CORBA 是正在发展的一种新技术，在未来的通信信息网络发展中具有广阔的应用前景，ITU-T 也正着手对 CORBA 进行研究。

5.3　网络管理平台举例

SNMPc 是基于 SNMP 的网络管理平台，运行在 Window 9x/NT 上，可以模拟和管理任何支持 SNMP 的厂家产品，SNMPc 具有如下特点：

(1) 支持任何 Windows Socket 兼容的 TCP/IP 协议栈。

(2) 将网络元素结构化组织成城市、建筑物、房间等，自动画出网络，支持多视图。

(3) 自动发现所有的 IP 和 IPX 节点并创建网络拓扑图。

(4) 使用标准的 Windows 图标表示代理节点和层次。

(5) 以用户指定的轮询间隔轮询节点，以不同的颜色显示不同的节点、端口和网络状态。

(6) 当计数器超过一定阈值时触发告警，以 HealthMeter 显示阈值变量的当前状态。

(7) 将节点统计计数以方图和列表的形式实时显示出来。

(8) 支持事件过滤，定制当事件发生时采取的活动，活动包括启动一个 API 程序，可以使用事件查看过滤器查看整个日志文件的一个子集。

(9) 使用表格视图编辑配置来自任何厂商的代理产品。

(10) 使用 MIB 浏览器查看、修改单个 MIB 变量。

(11) 引入第三方的 MIB 定义，除了支持标准的 MIB，RMON 外，还支持厂家特有的 MIB 定义。

(12) 支持基于 WinSNMP DLL API 和 Windows DDE 的应用开发接口。

(13) 支持 SNMP Proxy 代理。

(14) 以方框图、饼图等展现设备轮询数据。

(15) 图形化显示网络设备。

(16) 支持有关 RMON 的应用程序。

(17) 可与 CiscoView for Windows，HP OpenView for Windows 等集成使用。

5.3.1　SNMPc 简介

SNMPc 基于网络图，可以使用 SNMPc 菜单命令创建网络图，网络图文件包含用 SNMPc 画出的网络图和轮询网络设备所要求的信息。网络图由网段和网络设备组成的网络拓扑表示。

网络图中的网络元素称为"节点"，在网络图中以图标表示，有以下四种节点类型：

(1) 层次节点(Hierarchy)：层次节点表示一个网络子图，例如一座城市、一个建筑物或一个计算机机房。双击层次节点可以打开另一个网络子图。

(2) Goto 节点：指向层次节点的间接连接。双击 Goto 节点可以进入 Goto 节点指向的层次，多个 Goto 节点可指向同一层次节点。

(3) 代理节点(AgentNode)：代表可管理的支持 SNMP 代理的网络设备，每个代理节点有一个显示在网络图中的唯一的节点名，并有一个网络地址(IP 地址或 IPX 地址)，创建时可以赋予代理节点不同的图标。如果不改变图标，SNMPc 会根据节点响应的 ObjectID(如路由器 Router、桥接器 Bridge 或工作站 Workstation 等)自动地给出不同的图标。

(4) ping 节点：代表支持 IP 或 IPX 但没有运行 SNMP 代理的网络设备。SNMPc 可以轮询这些节点，像代理节点一样，ping 节点也需要一个网络地址。

每个节点都有相应的网络连接(每个接口对应一个网络连接)，层次节点是连接到某个网络子图的外部连接，代理节点和 ping 节点是实际存在的网络连接。

网络由 SNMPc 自动创建，每个节点连接到一个或多个网络，开始时 SNMPc 自动在图上画网络，其后，可以通过增加或删除网络汇接点来改变网络的显示。

选中的节点是 SNMPc 命令的执行目标，例如：要检查某个节点的 MIB 变量，必须先选中相应的节点，然后再使用编辑 MIB 变量菜单。

如图 5.6 所示，SNMPc 的窗口中的第一行为标题行，给出了打开的网络图名；第二行为菜单栏，提供了所有 SNMPc 操作命令；第三行为常用按钮栏，给出了 SNMPc 常用的命令按钮；状态行位于窗口界面的最下面，由四部分组成，第一部分给出了选中功能的提示，第二部分给出了登录的机器名，第三部分给出了登录的用户名，第四部分给出了用户级别。

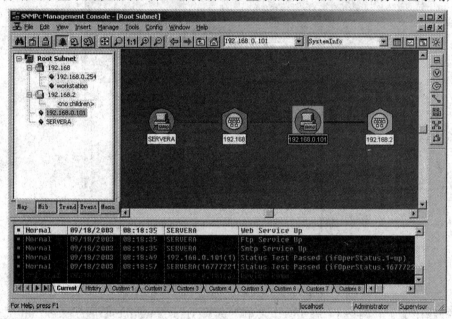

图 5.6　SNNPc 的窗口

5.3.2　人工创建网络图

本节将以两个路由器、一台服务器和一台工作站为例，介绍如何人工创建一个简单的网络图，如表 5.1 所示，每个节点有自己唯一的名字和 IP 地址。

启动 SNMPc 后，SNMPc 将显示一个空的网络图，当前节点和父名字分别是 No Children 和 Root Subnet。激活图窗口，在 Insert 菜单下选择 Map Object 选项的 Device 选项，出现 Map Object Properties 对话框，如图 5.7 所示。首先在 Label 框中输入节点的名字"路由器 1"，在 Address 框中输入 IP 地址。然后，在 Descr 中输入简短的节点描述，在 Icon 中可为对象选择一个图标，默认为 Auto 图标。如果对象为 SNMP 代理，则节点类型为 Agent，否则为

Device。单击"确定"按钮完成对象的添加。

表 5.1　创建网络图单元

节点名	IP 地址	端口 1 网络	端口 2 网络
服务器	192.168.0.1	网络 1	—
工作站	192.168.0.2	网络 1	—
路由器 1	192.168.0.101	网络 1	网络 2
路由器 2	192.168.1.101	网络 2	—

在 Insert 菜单下选择 Map Object 选项下的 Network 选项，出现类似如图 5.7 所示的 Map Object Properties 对话框。在 Label 框中输入"网络 1"。然后，在 Descr 中输入简短的节点描述。节点类型根据需要选择 Network、Ring Network 或 Business Network。单击"确定"按钮完成对象的添加。按相同步骤完成网络 2 的添加。

图 5.7　Map Object Properties 对话框

选择路由器 1 和网络 1，在 Insert 菜单下选择 Map Object 选项下的 ptop-Link 选项，将路由器 1 和网络 1 连接起来。以相同方法连接路由器 1 和网络 2。

用相同的方法加入节点路由器 2。在加入工作站节点时，因为它不支持 SNMP 代理，所以在 Map Object Properties 对话框中 Access 页面下的 Read Access Mode 应选择 ICMP Ping，其他的设置与路由器 1 设置相同。生成的网络拓扑如图 5.8 所示。

网络中的设备节点创建完成后，需要将网络图重新组织。网络通常是一种层次结构，如最低一级可能是一计算机房，上面一级是由许多房间组成的系，再上面是由很多系组成的学校等。可以使用层次节点勾画出由房间、建筑物、学校、城市等构成的节点群组。每个层次节点包含网络、节点甚至其他的层次节点。

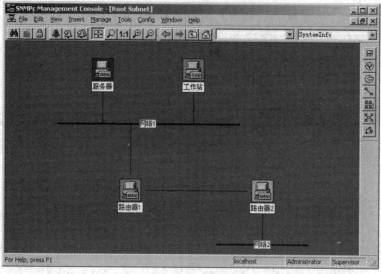

图 5.8　网络地图

创建层次节点的方法是在 Edit 内选择 Layout Submap，SNMPc 将自动把所有的网络转换成层次图标。双击层次图标将打开新的空图窗口，可以将路由器、服务器和工作站拖到新窗口中，如图 5.9 所示。

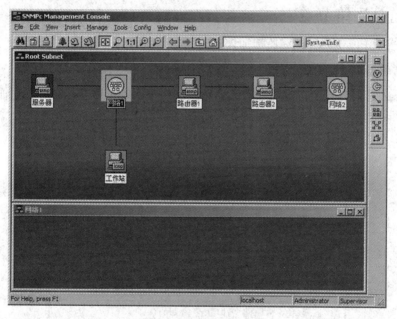

图 5.9　创建层次节点

5.3.3　使用自动发现创建网络图

除了人工创建网络图之外，还可以使用自动发现功能检测 SNMP 和 IP 节点，并将找到的节点加入到网络图中。具体方法是：使用 Config 菜单中的 Discovery Agents…选项打开相应的对话框，如图 5.10 所示。将 General 选项卡中 Enable Discovery 选项打开(该选项默认是打开的)，然后单击 Restart，SNMPc 将开始自动发现节点。

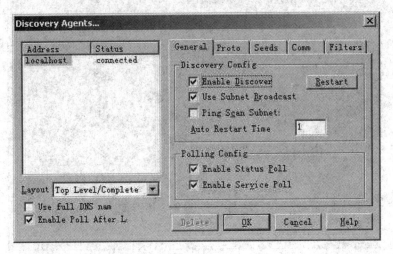

图 5.10　Discovery Agents…对话框

自动发现功能会将找到的路由器、每个子网所对应的层次节点加入到顶级网络图中。每个层次节点包含了相应子网中的所有节点。

5.3.4　监视网络节点

本节介绍如何使用 SNMPc 监视加入到网络图中的网络设备状态。

1. 正常轮询

SNMPc 通常会以某个特定的时间间隔轮询网络中的各个节点，然后将轮询获得的节点的状态以不同的颜色显示。表 5.2 给出了节点的颜色及状态描述。表 5.3 给出了端口的颜色及状态描述。

表 5.2　节 点 颜 色

节点颜色	节点状态描述
黄色	节点状态变量为 Down
绿色	节点响应正常
红色	几次轮询失败

表 5.3　端 口 颜 色

端口颜色	端口状态描述
蓝色	端口状态为 Up
黑色	无关于端口的信息(初始状态)
红色	端口状态为 Down

2. 执行轮询

除了执行正常的定时轮询外，管理员可以强迫 SNMPc 向一个节点立即发送轮询，而不必等待。选中要查看的节点，然后单击 Tools 中的 Polling Object…命令执行轮询，结果显示在如图 5.11 所示的窗体中。

图 5.11　轮询结果

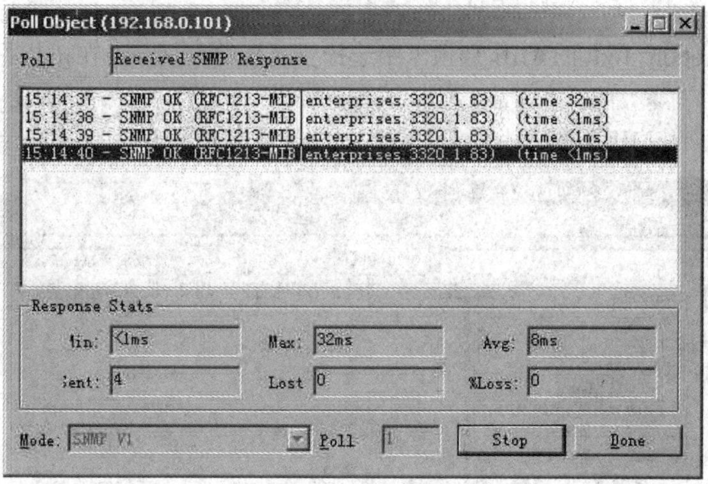

3. 事件日志

当 SNMPc 检测到一个错误时，其相应的信息将记录在日志文件中，信息的类型如表 5.4 所示。每写一个错误信息，管理计算机会发出"嘟嘟"声，同时 SNMPc 窗口中常用按钮上的"铃声"按钮会变为红色或粉红色。

表 5.4　可能的信息类型

类　型	描　　述
Info	非关键信息
Err	错误消息
Trig	发生超过阈值事件
Mib	MIB 编译错误或警告
Trap	从节点收到 Trap

从 View 菜单中选择 Event Log Tool，将在窗体下部显示当前日志文件。日志文件中的每个条目包括：告警类型、事件的日期和时间、节点名字(如果有的话)以及消息本身，并根据事件的不同优先级标出每个条目的不同的颜色。日志按钮的颜色则按当前日志文件中的最高优先级的颜色标出。

如果网络图中包含的节点不存在，SNMPc 在尝试跟它通信时将产生一个错误事件，这些事件也将在日志窗口中列出。

5.3.5　管理节点

本节介绍查看和修改被管理设备 SNMP 变量的命令。

1. 显示 MIB 表

显示 MIB 的方法有以下两种：

(1) 使用 Tool 菜单中的 MIB Brower 命令可以在一个 MIB 表中显示多个表实体，也可以输出表格、图表，并可以编辑单个表实体。图 5.12 是使用 MIB Brower 命令显示 sysDescr

变量的例子。

(2) 在 Selection Tool 的 MIB 选项卡中选择要观察的变量，并在拓扑图或 Map 选项卡中选择要观察的对象，然后在 View 菜单中选择 MIB Table 选项，就可以显示所需的全部信息。图 5.13 是使用 MIB Table 命令显示 192.168.0.254 节点的 IfEntry 表。

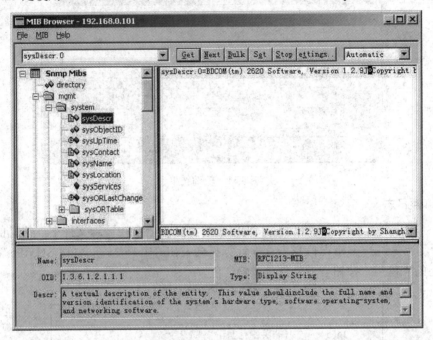

图 5.12　MIB Brower 窗体

图 5.13　MIB Table 窗体

2. 编辑表实体

选择相应的表实体，单击 Edit 按钮打开编辑表实体的对话框，如图 5.14 所示。

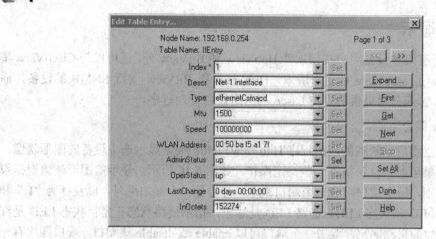

图 5.14　编辑表实体对话框

　　该对话框的第一垂直列为变量名，也就是所选表的字段名。在图 5.14 中，字段名分别为 Index，Descr，Type，Mtu 等。这些名字由 SNMPc 设置，不能修改。第二垂直列给出了变量值(列在下拉列表中)，允许修改的变量值后面的 Set 按钮为深颜色。修改完后，通过单击 Set 按钮，将相应的值写到对应的节点设备中。

3. 查看统计

　　实时显示表实体的方法有如下两种：

　　(1) 在 Selection Tool 的 MIB 选项卡中选择要观察的变量，并在拓扑图或 Map 选项卡中选择要观察的对象，在 View 菜单中选择 MIB Graph 选项，就可以以图形形式实时显示表实体。

　　(2) 在 MIB Table 中选择所要显示的项目，单击 Graph 按钮打开 Graph 窗体即可实时显示表实体。

　　图 5.15 是 192.168.0.254 设备端口 3 的 ifInOctets 变量曲线图的实例。

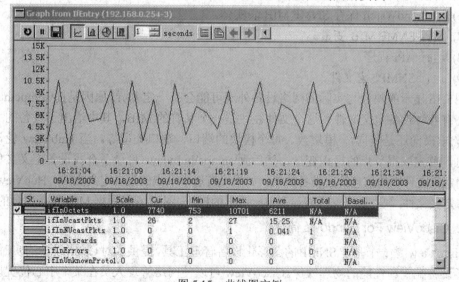

图 5.15　曲线图实例

5.3.6 设备显示

SNMPc 除了有两种设备用户接口软件 HubView 和 BitView 外，还可以与 CiscoView 集成使用。BitView 是 HubView 的更新版本，HubView 和 BitView 支持 SNMP 的设备，而 CiscoView 则是 Cisco 公司提供的支持 Cisco 的网络设备管理程序。

1. HubView 简介

双击代理节点将启动缺省的应用程序 HubView。HubView 显示选中设备的图形映像，并有一个定制菜单可对该设备执行一些特定操作，如图 5.16 所示。显示的图形映像根据设备的不同有所区别。每个端口对应一个端口映像，旁边是一个端口编号，以及标为"L"和/或"S"的链路 LED 和状态 LED。链路 LED 是绿色，指示链路状态正常；状态 LED 是红色，指示交换端口的自动隔离。双击一个端口可以 enable 或 disable 该端口。端口四周有一个闪烁的方框表明该端口已被选中。选中一个端口后可以使用菜单命令执行一些 SNMP 操作。

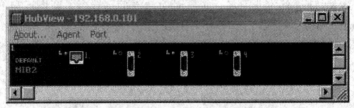

图 5.16　HubView 显示选中设备的图形映像

可以使用的 SNMP 操作有：

(1) 显示 SNMP MIB 表。

(2) 编辑 SNMP MIB 表实体。

(3) 列表显示 SNMP MIB 表实体。

(4) 以方框图的形式显示 SNMP MIB 表实体。

(5) 以曲线图的形式显示 SNMP MIB 表实体。

(6) 用 TrendWatch 保存 SNMP MIB 表实体。

(7) 设置 SNMP MIB 变量。

(8) 运行 API 程序。

(9) 运行 SNMPc 宏文件。

图 5.16 显示的映像与实际的网络设备外观可能会有一定差异，原因是在\snmpc\hubview 目录下有各种设备定义文件，这个文件往往是一个私有的 MIB，其中给出了设备的大小和模块方向(横向还是竖向)、模块数、每个模块的端口、端口类型等。当 HubView 轮询代理设备时，首先取得节点的标识变量，然后到\snmpc\hubview 目录下查找设备定义文件，最后使用定义文件中的信息给出设备映像。如果没有选中节点的设备定义文件，HubView 会使用缺省定义文件，缺省定义文件将显示单一水平的模块。图 5.16 是根据 MIB-II 接口画的端口。

2. CiscoView For Windows 简介

CiscoView 是一个基于 SNMP 的图形化设备管理工具，提供了对 Cisco 设备的实时监控，给出了设备配置和性能的物理映像。CiscoView 可以使网络管理人员在某个中心位置以图形化的方式查看、配置和监控网络设备的数据。Cisco 设备有很多种，设备的物理界面也各不相同，所以需要使用不同的设备包来得到它们的界面定义。

CiscoView 可以作为单独的程序打开。在与 SNMPc 集成使用时，可以将 CiscoView 设置为 SNMPc 的缺省应用程序，这样双击相应的节点就可以打开该节点的 CiscoView 界面。

CiscoView 的显示界面是产品的前(或后)面板，单击其上的不同组件可以执行控制功能和性能监视功能，可以显示和配置设备及其模块、子模块、端口、CPU、通道、网络服务等。选中要管理的组件(如端口等)，单击 Configure 菜单中的相应组件，就可以打开配置对话框。选中要管理的组件(如端口等)，单击 Monitor 菜单中的相应组件，就可以打开监视对话框。

3. Trend Reports 简介

Trend Reports 是一个后台应用，用于监视和保存由 SNMPc 获取的变量。Trend Reports 应用由 SNMPc 自动启动和停止。下面介绍 Trend Reports 的基本使用方法。

在 Selection Tool 中的 Map 页面选择需要监视的设备，在 Trend 页面上选择 Trend Reports 根节点，单击鼠标右键，在下拉菜单中选择 Insert Report，弹出如图 5.17 所示的 Insert Trend Report 窗体。在 Report 框中命名该报表，在 MIB Table 中选择要监视的变量，在 Poll 中选择轮询时间间隔，在 Devices 中增删要监视的设备，在 Export Destinations 页面中定制数据和图像输出的目的和输出时间，在 Export Filter 页面中设置输出过滤器，在 Page Layout 页面中对页面布局等细节进行调整。

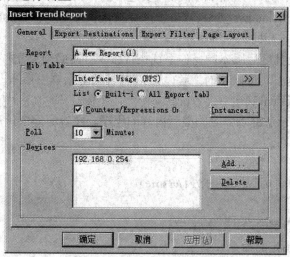

图 5.17　Insert Trend Report 窗体

选择生成的报告，单击鼠标右键，在弹出菜单中选择 View Report 可以查看生成的报表。

思 考 题

1. 简述网络管理平台的功能。
2. 比较集中式网络管理、分布式网络管理和分级式网络管理三种结构模式的优缺点。
3. 阐述网络管理软件各部分的功能特点及其相互关系。

第6章 常见网络工具及应用

建议学时：8 学时

主要内容：

(1) Windows 常见命令行工具的使用；

(2) 利用命令行工具排除常规网络故障。

6.1 命令行网络工具

Windows 提供了较为完善的网络功能，而且很多功能采用命令行方式提供。本章对常见的命令行命令进行介绍。Windows 2000 及其之后的 Windows 系列操作系统，例如面向消费者的 Windows XP、Windows Vista、Windows 7 和面向服务器的 Windows 2003、Windows 2008，命令行工具基本相同。

Windows 2000 及其之后版本的操作系统执行命令行时必须首先打开命令解释器，最常用的方法是单击"开始"，依次指向"运行"，在打开的对话框中填写"CMD"(不区分大小写)，然后按回车键或点击确定。

命令解释器是显示所键入命令的提示内容的程序。在解释器中使用 exit 命令可终止活动的命令解释器并返回。

语法：

CMD [[/c | /k] [/q] [/a | /u] [/t:fg] [/x | /y] string]

参数：

/c 执行 string 指定的命令，然后停止。

/k 执行 string 指定的命令并继续。

/q 关闭回显。

/a 创建 ANSI 输出。

/u 创建 Unicode 输出。

/t:fg 设置前景色和背景色。

string 指定要执行的命令。

6.1.1 ARP 命令

作用：显示、修改地址解析协议(ARP)生成的 IP 地址与 MAC 地址转换表。只有安装 TCP/IP 协议之后才能使用该命令。

格式：

> **ARP** *-s inet_addr eth_addr [if_addr]*
>
> **ARP** *-d inet_addr [if_addr]*
>
> **ARP** *-a [inet_addr] [-N if_addr]*

参数：

-a 通过查询 TCP/IP 显示对应的 ARP 项。如果指定了 inet-addr，则只显示指定主机的 IP 地址与 MAC 地址。

-g 与-a 参数相同。

inet_addr IP 地址。

-N if_addr 显示 if_addr 所指定的网络接口所对应的 ARP 项。

-d 删除地址转换表中 inet_addr 指定的主机项。可以通过通配符"*"删除所有主机。

-s 在地址转换表增添一个主机项，并将其 IP 地址(inet_addr)与 MAC 地址(eth_addr) 关联。该项是静态的。

eth_addr MAC 地址。

if_addr 指定需要修改的地址转换表接口的 IP 地址。如果不存在，将使用第一个可适用的接口。

实例：

(1) 在地址转换表中增加一个静态条目。

> ARP -s 157.55.85.212 00-aa-00-62-c6-09

(2) 显示本机的 IP 与 MAC 地址转换表。

> ARP -a

6.1.2 FTP 命令

作用：将文件传送到正在运行 FTP 服务的远程计算机或从正在运行 FTP 服务的远程计算机获取文件。FTP 可以交互使用。只有安装了 TCP/IP 协议之后才能使用该命令。

FTP 是一种服务，一旦启动，将创建 FTP 命令的子环境，通过键入 quit 子命令可以从子环境返回到 Windows 的命令解释器。当 FTP 子环境运行时，显示"ftp>"命令提示符。

格式：

> **FTP** *[-v] [-n] [-i] [-d] [-g] [-s:filename] [-a] [-w:windowsize] [computer]*

参数：

-v 不显示远程服务器响应。

-n 禁止自动登录到初始连接。

-i 多个文件传送时关闭交互提示。

-d 启用调试，并显示在客户端和服务器之间传递的 ftp 命令。

-g 禁止在本地文件和路径名中使用通配符字符(*和?)。

-s: filename 指定包含 FTP 命令的文本文件；当 FTP 启动后，文件中的命令将自动运行。参数中不允许有空格存在。

-w:windowsize 将传送缓冲区设置为 windowsize 字节，默认大小为 4096 字节。

computer 指定要连接的远程计算机的计算机名或 IP 地址。

子环境命令：

! 进入 COMMAND 环境，键入 Exit 回到 FTP 子环境。

append 以添加模式传输文件。

ascii 以 ASCII 方式传送文件(缺省值)。

binary 以二进制方式传送文件。

bye 终止远端 FTP 进程，并退出 FTP 环境。

cd 改变远端主机的工作目录。

close 终止远端的 FTP 进程。

delete 删除远端主机中的文件。

dir 列出远端工作目录中的文件目录详细信息。

disconnect 终止远端的 FTP 进程。与 close 命令相同。

get [remote-file] [local-file] 将文件从远端主机中传送至本地。

help 显示帮助信息。

lcd 改变本地主机的工作目录，如果缺省，就转到当前用户的主目录。

literal 发送任意 ftp 命令。

mdelete 批量删除文件。

mdir 列出远端主机的文件及目录的详细情况。

mget 从远端主机批量接收文件至本地主机。

mkdir 在远端主机中建立目录。

mput 将本地主机中的文件批量传送至远端主机。

open host name [port] 建立一个新的连接。

put 将本地主机中一个文件传送至远端主机。

pwd 显示该连接在远端主机上的工作目录。

rename 改变远端主机中的文件名。

rmdir 删除远端主机中的目录。

status 显示当前 FTP 连接的状态。

user 重新以其他用户名登录远端主机。

实例：

(1) 登录到 IP 地址为 192.168.0.1 的 FTP 服务器。

　　　FTP 192.168.0.1

(2) 匿名登录到 IP 地址为 192.168.0.1 的 FTP 服务器。

　　　FTP -A 192.168.0.1

(3) 登录到 IP 地址为 192.168.0.1 的 FTP 服务器并运行名为 auto.txt 文件中的 ftp 命令。

　　　FTP -s:auto.txt ftp.example.microsoft.com

6.1.3 Hostname 命令

作用：打印当前计算机(主机)的名称。该命令只有在安装了 TCP/IP 协议之后才可用。

格式：

Hostname

6.1.4　IPConfig 命令

作用：显示当前所有的 TCP/IP 网络配置值、刷新 DHCP 和 DNS 设置。使用不带参数的 IPConfig 只显示所有适配器的 IP 地址、子网掩码、默认网关。

格式：

IPConfig *[/?] [/all] [/renew [Adapter]] [/release [Adapter]]*

　　　　[/flushdns] [/registerdns]

　　　　[/showclassid Adapter] [/setclassid Adapter [ClassID]]

参数：

/all　显示所有适配器的完整 TCP/IP 配置信息。在没有该参数的情况下 IPConfig 只显示 IP 地址、子网掩码和各个适配器的默认网关值。适配器包括物理接口(如安装的网络适配器)和逻辑接口(如拨号连接)。

/renew [adapter]　更新所有适配器或特定适配器的 DHCP 配置。该参数仅在配置了 DHCP 的计算机上可用。

/release [adapter]　发送 DHCP RELEASE 消息到 DHCP 服务器，以释放所有适配器或特定适配器的当前 DHCP 配置并丢弃本机现有的 IP 地址配置。

/flushdns　清理并重设 DNS 客户解析器缓存的内容。如有必要，在 DNS 疑难解答期间，可以使用本过程从缓存中丢弃否定性缓存记录和其他动态添加的记录。

/registerdns　初始化计算机上配置的 DNS 名称和 IP 地址的手工动态注册。可以使用该参数对失败的 DNS 名称注册进行疑难解答或解决客户和 DNS 服务器之间的动态更新问题，而不必重新启动客户计算机。

/showclassid adapter　显示指定适配器的 DHCP 类别 ID。要查看所有适配器的 DHCP 类别 ID，可以使用通配符"＊"代替 Adapter。该参数仅在配置了 DHCP 的计算机上可用。

/setclassid Adapter [ClassID]　配置特定适配器的 DHCP 类别 ID。要设置所有适配器的 DHCP 类别 ID，可以使用通配符"＊"代替 Adapter。该参数仅在配置了 DHCP 的计算机上可用。如果未指定 DHCP 类别 ID，则会删除当前类别 ID。

实例：

(1) 显示所有适配器的基本 TCP/IP 配置。

　　IPConfig

(2) 显示所有适配器的完整 TCP/IP 配置。

　　IPConfig /all

(3) 更新"本地连接"适配器的由 DHCP 分配 IP 地址的配置。

　　IPConfig /renew "Local Area Connection"

6.1.5　Nbtstat 命令

作用：显示本地计算机和远程计算机的基于 TCP/IP 协议的 NetBIOS 统计资料、NetBIOS 名称表和 NetBIOS 名称缓存。使用不带参数的 Nbtstat 显示帮助。

格式：

　　　Nbtstat [[-a RemoteName] [-A IP address] [-c] [-n]

　　　[-r] [-R] [-RR] [-s] [-S] [interval]]

参数：

-a　通过远程计算机的名称列出名称表。

-A　通过远程计算机的 IP 地址列出名称表。

-c　列出 NetBIOS 名称缓存的内容及对应的 IP 地址。

-n　列出本地 NetBIOS 名称。"已注册"表明该名称已被广播(Bnode)或被 WINS(Windows Internet Naming Service)注册。

-r　列出通过 Windows 网络名称解析和广播获得 NetBIOS 的名称。

-R　重置 NetBIOS 名称缓存中的所有远程计算机名。

-S　列出会话线程表及客户端 IP 地址。

-s　列出会话线程表，并将远程计算机 IP 地址转换为 NETBIOS 名称。

-RR　将远程计算机名送至 Windows 网际命名服务并刷新。

RemoteName　远程主机名。

IP address　IP 地址。

interval　每隔 interval 秒刷新选中的统计项目，按 Ctrl+C 键停止重新显示统计信息。

实例：

(1) 显示 NetBIOS 计算机名为 SERVERA 的远程计算机的 NetBIOS 名称表。

　　　Nbtstat -a SERVERA

(2) 显示本地计算机的 NetBIOS 名称表。

　　　Nbtstat –n

(3) 每隔 5 秒以 IP 地址显示 NetBIOS 会话统计资料。

　　　Nbtstat -S 5

6.1.6　NET 命令

NET 命令是用来管理网络环境、服务、用户、登陆等本地信息的命令行命令。

格式：

　　　NET [ACCOUNTS | COMPUTER | CONFIG | CONTINUE | FILE | GROUP |

　　　HELP | HELPMSG | LOCALGROUP | NAME | PAUSE | PRINT |

　　　SEND | SESSION | SHARE | START | STATISTICS | STOP |

　　　TIME | USE | USER | VIEW]

在使用 NET 命令时可以通过在命令行模式下键入 NET HELP 获得该命令参数的帮助。下面将介绍 NET 命令常用的一些功能。

1. NET VIEW

作用：显示域列表、计算机列表或指定计算机的共享资源列表。

格式：

　　　NET VIEW [\\computername [/CACHE] | /DOMAIN[:domainname]]

参数：

\\computername　指定用户希望浏览其共享资源的计算机。

/DOMAIN:domainname　指定用户希望浏览的计算机所在的域。如果省略了域名，就会显示局域网络上的所有域。

/CACHE　显示指定计算机上的脱机客户资源缓存设置。

实例：

(1) 查看 A1 计算机的共享资源列表。

    NET VIEW A1

(2) 查看 D1 域中的计算机列表。

    NET VIEW /domain:D1

2. NET USER

作用：添加、更改和显示用户账号信息。该命令仅在服务器上运行，也可以写为 NET USERS。

格式：

    NET USER *[username [password | *] [options]] [/DOMAIN]*

        *username {password | *} /ADD [options] [/DOMAIN]*

        username [/DELETE] [/DOMAIN]

参数：

username　指需要进行添加、删除、修改或者浏览等操作的用户账户的名字。用户账户的名字不能超过 20 个字符。

password　分配或改变用户账户的密码。密码必须满足 NET ACCOUNTS /MINPWLEN 指定的最小长度的要求。它至多可以具有 14 个字符。当用户在密码提示符下输入密码时，密码不回显。

/ADD　将用户账户添加到用户账户数据库中。

/DELETE　从用户账户数据库中删除用户账户。

实例：

(1) 查看用户 A1 的信息。

    NET USER A1

(2) 新增一个用户 Demo，密码为 1234567。

    NET USER Demo 1234567 /ADD

3. NET USE

作用：建立或断开计算机与共享资源的连接，或显示计算机的连接信息。

格式：

    NET USE *[devicename|*] [\\computername\sharename[\volume] [password | *]]*

        [/USER:[domainname\]username]

        [/USER:[dotted domain name\]username]

        [/USER:[username@dotted domain name]

        [[/DELETE] | [/PERSISTENT:{YES | NO}]]

或

    NET USE *{devicename | *} [password | *] /HOME*

或

    NET USE *[/PERSISTENT:{YES | NO}]*

参数：

devicename　　与指定名字的资源建立连接，或者指定要切断连接的设备。有两种类型的设备名：磁盘驱动器(D:至 Z:)和打印机(LPT1:至 LPT3:)。

\\computername　　拥有共享资源的计算机的名字。如果计算机名中包含有空字符，要用双引号将双反斜线(\\)和计算机名包括起来。计算机名可以有 1~15 个字符。

\sharename　　指共享资源的网络名字。

password　　指访问共享资源所需要的密码。

*　密码提示符。在密码提示符下输入密码时，密码不回显。

/USER　　指定连接时的一个不同的用户名。

/DELETE　　取消一个网络连接，并且从永久连接列表中删除该连接。

/PERSISTENT　　控制对永久网络连接的使用。其默认值是最近使用的设置。

实例：

(1) 将共享资源//SERVERA/wwwroot 目录映射为 E 盘。

    NET USE e: //SERVERA/wwwroot

(2) 断开与共享//SERVERA/wwwroot 的连接。

    NET USE e: //SERVERA/wwwroot /delete

4. NET START

作用：启动服务，或显示已启动服务的列表。

格式：

    NET START *service*

service 选项如表 6.1 所示。

表 6.1　service 选项

选　项	服　务	功　能
alerter	警报器服务	将警报消息发送到与服务器相连的指定用户。警报消息可以提示用户安全、访问和用户对话等问题。警报消息作为普通消息从服务器发送到用户计算机。在用户计算机上，必须运行信使服务，才能够接收警报消息
brower	计算机浏览器服务	维持网络上最新的计算机的列表，并且向该列表提供所需要的程序
clipbook	剪贴簿服务	允许在网络上剪切和粘贴文本与图形
dhcp client	DHCP 客户服务	通过注册和更新 IP 地址以及 DNS 名称来管理网络配置。DHCP 客户服务支持从 DHCP 服务中获取 IP 地址。只有安装了 TCP/IP 协议后，该命令才可用

选项	服务	功能
eventlog	事件日志服务	可以记录由程序和 Windows 发出的事件消息。"事件日志"报告可用于诊断故障。可通过"事件查看器"查看报告。用户不能停止或暂停"事件日志"服务
messenger	信使服务	允许计算机接收邮件
netlogon	网络登录服务	验证登录请求并控制复制用户账户数据库
plug and play	即插即用服务	即插即用
remote access connection	远程访问连接管理器服务	只有安装了远程访问服务后，该命令才可用
manager routing and remote access	路由和远程访问服务	提供路由和远程访问服务
schedule	任务计划程序服务	在 at 命令指定的时间启动程序
Server	服务器服务	可以使网络上的用户分享服务器资源
Spooler	后台打印程序服务	将文件装载到内存以用来打印
workstation	工作站服务	可以连接并使用网络资源

5. NET PAUSE

作用：暂停正在运行的服务。

格式：

NET Pause *service*

6. NET CONTINUE

作用：重新激活挂起的服务。

格式：

NET CONTINUE *service*

7. NET STOP

作用：停止 Windows 的网络服务。

格式：

NET STOP *service*

8. NET STATISTICS

作用：显示本地工作站或服务器服务的统计记录。

格式：

NET STATISTICS *[WORKSTATION | SERVER]*

参数：

SERVER 显示服务器服务的统计结果。

WORKSTATION 显示工作站服务的统计结果。

实例：

显示服务器服务的统计信息。

NET STATISTICS server | more

9. NET SHARE

作用：创建、删除或显示共享资源。

格式：

NET SHARE *sharename*

　　　　　　sharename=drive:path [/USERS:number | /UNLIMITED]

　　　　　　　　　　[/REMARK:"text"]

　　　　　　　　　　[/CACHE:Manual | Automatic | No]

　　　　　　sharename [/USERS:number | /UNLIMITED]

　　　　　　　　[/REMARK:"text"]

　　　　　　　　[/CACHE:Manual | Automatic | No]

　　　　　　{sharename | devicename | drive:path} /DELETE

参数：

sharename　共享资源的网络名。

drive:path　指定被共享的目录的绝对路径。

/UNLIMITED　指定用户可以同时访问共享资源的不受限数目。

/DELETE　终止资源的共享。

实例：

(1) 以 share1 为共享名共享 C:\My Documents 目录，并将其描述为 the first documents shared。

　　　　NET SHARE share1="c:\My Documents" /remark:"the first document shared"

(2) 停止共享名为 share1 的网络资源共享。

　　　　NET SHARE share1 /delete

10. NET SESSION

作用：该命令仅在服务器上执行，列出或断开本地计算机和与之连接的客户端的会话，也可以写为 NET SESSIONS 或 NET SESS。

格式：

　　NET SESSION *[\\computername] [/DELETE]*

参数：

\\computername　列出命名的计算机的会话信息。

/DELETE　中断本地计算机和 computername 之间的会话，并且关闭本机上所有为该会话打开的文件。如果省略了计算机名，就会终止所有的会话

实例：

显示计算机名为 A1 的客户端会话信息列表。

　　　　NET SESSION //A1

11. NET CONFIG

作用：显示当前运行的可配置服务，或显示并更改某项服务的设置。

格式：

NET CONFIG [SERVER | WORKSTATION]

参数：

SERVER　显示关于服务器服务配置的有关信息。

WORKSTATION　显示关于工作站服务配置的有关信息。

12. NET ACCOUNTS

作用：显示或更新用户账号数据库、更改密码和更改账号的登录要求。

格式：

NET ACCOUNTS [/FORCELOGOFF:{minutes | NO}] [/MINPWLEN:length]

[/MAXPWAGE:{days | UNLIMITED}] [/MINPWAGE:days]

[/UNIQUEPW:number] [/DOMAIN]

参数：

/MINPWLEN:length　设置密码的最少字符数。字符数的范围是 0~14，默认值是 6 个字符。

/MAXPWAGE:{days|UNLIMITED}　设置密码有效的最大天数。UNLIMITED 选项表明无限制。/MAXPWAGE 选项不能小于/MINPWAGE 选项。

/MINPWAGE:days　设置用户不能改变密码的最小天数。其范围是 1~999，默认值是 90 天。0 表示没有限制。/MINPWAGE 选项不能大于/MAXPWAGE 选项。

实例：

将用户账号密码的最少字符数设置为 7。

NET ACCOUNTS /minpwlen:7

13. NET SEND

作用：将消息发送到网络上的其他用户、计算机或消息名。目标用户、计算机必须运行信使服务以接收邮件。如果发送消息到用户名，该用户必须登录并运行"信使"服务才能接收消息(参见 Net Start 命令)。

格式：

NET SEND {name | * | /domain[:name] | /usersmessage}

参数：

name　指定用于发送消息的目标用户名、计算机名或消息名。如果提供的信息包含空格，请使用双引号将文本包括起来。NetBIOS 名称限制为 16 个字符，因此长用户名在用作 NetBIOS 名时可能会出现问题。

*　将消息发送给域或工作组中所有名称的用户。

/domain[:name]　将消息发送给计算机域中的指定名称的用户。如果未指定 name，消息将被发送到指定域或工作组中的所有用户。

/users　将消息发送给所有连接服务器的用户。

message　消息文本。广播消息最多包含 128 个字符。

实例：

(1) 将消息 Hello!发送到用户 A1。

NET SEND A1 "Hello!"

(2) 将消息发送到与服务器连接的所有用户。

　　　　NET SEND /users "Hello!"

6.1.7　NNTSTAT 命令

　　作用：显示活动的 TCP 连接、计算机侦听的端口、以太网统计信息、IP 路由表及 IPv4 统计信息(对于 IP、ICMP、TCP 和 UDP 协议)。较高版本的 Netstat 命令还可以显示 IPv6 统计信息(对于 IPv6、ICMPv6、通过 IPv6 的 TCP 以及通过 IPv6 的 UDP 协议)。使用时不带参数，NETSTAT 显示活动的 TCP 连接。

　　格式：

　　　　NETSTAT *[-a] [-e] [-n] [-s] [-p protocol] [-r] [interval]*

　　参数：

　　-a　显示所有连接和侦听端口。服务器连接通常不显示。

　　-e　显示以太网统计。该参数可以与-s 选项结合使用。

　　-n　以数字格式显示地址和端口号。

　　-p　protocol 显示由 protocol 指定的协议的连接；protocol 可以是 TCP 或 UDP。如果与-s 选项结合使用，则 protocol 可以是 TCP、UDP、ICMP 或 IP。

　　-r　显示路由表的内容。

　　-s　显示协议统计。默认情况下，显示 TCP、UDP、ICMP 和 IP 统计。与-p 选项结合使用可以指定默认的子集。

　　interval　每隔 interval 秒刷新选中的统计项目，按 Ctrl+C 停止重新显示统计信息。

　　实例：

(1) 显示以太网统计信息和所有协议的统计信息。

　　　　NETSTAT -e -s

(2) 仅显示 TCP 和 UDP 协议的统计信息。

　　　　NETSTAT -s -p tcp udp

6.1.8　PathPing 命令

　　作用：该命令结合了 PING 和 Tracert 命令的功能，可以提供这两个命令无法单独提供的附加信息。PathPing 命令将数据包发送到最终目标途中所经过的每个路由器，然后根据从每个跃点(hop)返回的数据包进行统计。因为 PathPing 显示的是指定的所有路由器和链接的数据包的丢失程度，所以可据此确定引起网络问题的路由器或链接。

　　格式：

　　　　PATHPING *[-n] [-h maximum_hops] [-g host-list] [-p period] [-q num_queries [-w timeout] [-T] [-R]*

　　target_name

　　参数：

　　-n　不将地址解析为主机名。

　　-h maximum_hops　指定搜索目标的最大跃点数。默认值为 30。

-g host-list　允许沿着 host-list 将一系列计算机按中间网关(松散的源路由)分隔开来。

-p period　指定两个连续的探测(ping)时间间隔(以毫秒为单位)，默认值为 250 毫秒(1/4 秒)。

-q num_queries　指定对路由中的每个跃点的查询次数。默认值为 100。

-w timeout　指定等待应答的时间(以毫秒为单位)，默认值为 3000 毫秒(3 秒)。

-T　在向路由中的每个网络设备发送的探测数据包上附加一个 2 级优先级标记(例如 802.1p)。这有助于标识没有配置 2 级优先级的网络设备。该参数必须大写。

-R　查看路由中的网络设备是否支持资源预留设置协议(RSVP)，该协议允许主机计算机为某一数据流保留一定数量的带宽。该参数必须大写。

target_name　指定目的端，可以是 IP 地址，也可以是主机名。

实例：

跟踪路由并验证目的地 192.168.0.1 连接链路状况。

  PathPing 192.168.0.1

6.1.9　Ping 命令

作用：校验与远程计算机或本地计算机的连接。只有在安装 TCP/IP 协议之后才能使用该命令。

Ping 命令通过向计算机发送 ICMP 回应报文并且监听回应报文的返回，以校验与远程计算机或本地计算机的连接。对于每个发送报文，Ping 最多等待 1 秒，并打印发送和接收的报文数量。比较每个接收报文和发送报文，以校验其有效性。默认情况下，发送四个回应报文，每个报文包含 64 字节的数据(周期性的大写字母序列)。

可以使用 PING 程序测试计算机名和 IP 地址。如果能够成功校验 IP 地址却不能成功校验计算机名，则说明名称解析存在问题。

格式：

  PING [-t] [-a] [-n count] [-l size] [-f] [-i TTL] [-v TOS]

    [-r count] [-s count] [[-j host-list] \ [-k host-list]]

    [-w timeout] destination-list

参数：

-t　校验与指定计算机的连接直至用户中断此次操作。

-a　将地址解析为计算机名。

-n count　发送由 count 指定数量的 ECHO 报文，Windows 2000 及其以后版本的 Windows 默认值为 4，Windows 98 默认值为 3。

-l size　发送包含由 size 指定数据长度的 ECHO 报文。默认值为 64 字节，最大值为 8192 字节。

-f　在包中发送"不分段"标志。该数据包将不被路由上的网关分段。

-i TTL　将生存时间设置为 TTL 指定的数值。

-w timeout　以毫秒为单位指定超时间隔。

destination-list　指定要校验连接的远程计算机的 IP 地址或主机名。

实例：

(1) 验证目的地 192.168.0.1 并解析 192.168.0.1 的主机名。

    Ping -a 192.168.0.1

(2) 向 192.168.0.1 验证 10 次请求消息回应，每个消息的数据字段值为 1000 字节。

    Ping -n 10 -l 1000 192.168.0.1

(3) 验证目的地 192.168.0.1 并记录 4 个跃点的路由。

    Ping -r 4 192.168.0.1

6.1.10 Route 命令

作用：在本地 IP 路由表中显示和修改条目。

格式：

Route *[-f] [-p] [command [destination] [mask subnetmask] [gateway] [metric costmetric]]*

参数：

-f 清除所有不是主路由(子网掩码为 255.255.255.255 的路由)、环回网络路由(目标为 127.0.0.0，子网掩码为 255.255.255.0 的路由)或多播路由(目标为 224.0.0.0，子网掩码为 240.0.0.0 的路由)的条目的路由表。如果它与命令(如 add、change 或 delete)结合使用，路由表会在运行命令之前被清除。

-p 该参数与 add 命令一起使用时，将使路由在系统引导程序之间持久存在。默认情况下，系统重新启动时不保留路由。与 print 命令一起使用时，显示已注册的持久路由列表，忽略其他所有影响持久路由的命令。

command 指定下列的一个命令：

    print 打印路由。

    add 添加路由。

    delete 删除路由。

    change 更改现存路由。

    destination 指定路由的网络目标地址。

mask subnetmask 指定与网络目标地址相关联的子网掩码。子网掩码对于主机路由是 255.255.255.255，对于默认路由是 0.0.0.0。缺省的子网掩码为 255.255.255.255。

gateway 网关是指定的超过由网络目标和子网掩码定义的可达到的地址集的前一个或下一个跃点 IP 地址。对于本地连接的子网路由，网关地址是分配给连接子网接口的 IP 地址。对于要经过一个或多个路由器才可到达的远程路由，网关地址是一个分配给相邻路由器的、可直接达到的 IP 地址。如果是 print 或 delete 命令，可以忽略 gateway 参数，使用通配符来表示目标和网关。

metric costmetric 为路由指定所需跃点数的整数值(范围是 1～9999)，用来在路由表里的多个路由中选择与转发包中的目标地址最为匹配的路由。所选的路由应具有最少的跃点数，跃点数能够反映跃点的数量、路径的速度、路径可靠性、路径吞吐量以及管理属性。

实例：

(1) 显示 IP 路由表的完整内容。

Route print

(2) 显示 IP 路由表中以 10.开始的路由。

Route print 10.*

(3) 添加默认网关地址为 192.168.12.1 的默认路由。

Route add 0.0.0.0 mask 0.0.0.0 192.168.12.1

(4) 要添加目标为 10.41.0.0，子网掩码为 255.255.0.0，下一个跃点地址为 10.27.0.1 的永久路由。

Route -p add 10.41.0.0 mask 255.255.0.0 10.27.0.1

(5) 删除 IP 路由表中以 10.开始的所有路由。

Route delete 10.*

(6) 将目标为 10.41.0.0，子网掩码为 255.255.0.0 的路由的下一个跃点地址由 10.27.0.1 更改为 10.27.0.25。

Route change 10.41.0.0 mask 255.255.0.0 10.27.0.25

6.1.11　Telnet 命令

作用：该命令可以与支持 Telnet 服务的设备建立连接。Telnet 协议是一种远程访问协议，使用该协议可以登录到远程计算机、网络设备或专用 TCP/IP 网络。当登录到远程计算机后，用户将接收到命令提示符，但在默认情况下用户不能使用与桌面交互的应用程序。

格式：

    Telnet *[host [port]]*

参数：

host　远端设备的 IP 地址或者设备名。

port　连接远端设备的端口号，telnet 服务的缺省端口为 23。

6.1.12　TFTP 命令

作用：将文件传输到正在运行 TFTP 服务的远程计算机或从正在运行 TFTP 服务的远程计算机传输文件。因为 TFTP 协议不支持用户身份验证，所以用户必须登录，并且保证在远程计算机上有足够的操作权限。

格式：

    TFTP *[-i] computer [get | put] source [destination]*

参数：

-i　指定二进制传送模式(也称为"8 位字节")。在二进制传输模式中，文件一个字节接一个字节地逐字移动，在传送二进制文件时使用该模式。如果省略了-i，文件将以 ASCII 模式传送，这是默认的传送模式。此模式将 EOL 字符转换为回车符/换行符。在传送文本文件时应使用 ASCII 模式。文件传送成功后显示数据传输率。

computer　指定本地或远程计算机。

put　将本地计算机的文件 source 传送到远程计算机上，并存为 destination。

get　将远程计算机的文件 source 传送到本地计算机上，并存为 destination。

source　　指定要传送的文件。

destination　　指定将文件传送到的位置。如果省略了 destination，将与 source 同名。

实例：

从本地计算机将文件 users.txt 传送到远程计算机 vax1 上，并命名为 users19.txt。

　　　TFTP vax1 put users.txt users19.txt

6.1.13　TLNTADMN 命令

作用：Telnet 服务器是 Telnet 客户的网关。Telnet 是 TELecommunications NETwork 的简称，该服务提供了一种通过联网终端登录远程服务器的方式。当计算机上运行 Microsoft Telnet 服务时，用户可以使用 Telnet 客户端连接 Telnet 服务器。该命令可以管理本机的 Telnet 服务，并启动、停止或获得有关 Telnet 服务器的信息，也可以获得当前用户列表、终止用户会话或更改 Telnet 服务器注册表设置。

格式：

TLNTADMN

选项：

0　　退出此应用程序。

1　　列出当前用户。

2　　终止用户会话。

3　　显示/更改注册表设置。

4　　启动服务器。

5　　停止服务器。

6.1.14　Tracert 命令

作用：探测源节点到目的节点之间数据报文所经过的路径。

程序将包含不同生存时间(TTL)的 ICMP 回显数据包发送到目标，以决定到达目标所采用的路由。Tracert 先发送 TTL 为 1 的回显数据包，并在随后的每次发送过程中将 TTL 递增，直到目标响应或 TTL 达到最大值，从而确定路由。

格式：

Tracert [-d] [-h maximum_hops] [-j host-list] [-w timeout] target_name

参数：

-d　　不将地址解析为计算机名。

-h maximum_hops　　指定搜索目标的最大跃点数。

-j host-list　　指定沿 host-list 所指出的主机列表的稀疏路由源搜索。

-w timeout　　每次应答等待 timeout 指定的时间，单位为微秒。

实例：

(1) 跟踪名为 SERVERA 的主机的路径。

Tracert SERVERA

(2) 跟踪名为 SERVERA 的主机的路径并防止将每个 IP 地址解析为它的名称。

Tracert -d SERVERA

6.2 网络管理

6.2.1 测试 TCP/IP 配置

Ping 命令可以校验本机、本地主机(同一子网内的主机)或远端主机(不同子网的主机)连接的有效性,以下所有的命令均须在命令行状态下执行。

(1) 测试本机连接有效性。键入"Ping 127.0.0.1",该命令测试环回地址的连通性,即测试本机网络适配器或 TCP/IP 协议是否正常工作。如果测试失败,则应验证网络适配器的安装和 TCP/IP 协议的配置是否正确。

(2) 测试计算机 IP 地址连通性。键入"Ping 待测 IP 地址",如果待测 IP 地址为本机,则测试本机是否已经以该 IP 地址工作,如果待测 IP 地址为本地主机,则测试本机与该本地主机的连接。如果测试失败,则应验证是否在通过(1)测试的基础上正确地配置了该计算机的 IP 地址。

(3) 测试默认网关 IP 地址连通性。键入"Ping 待测网关 IP 地址",如果测试失败,则应在通过(2)测试的基础上验证默认网关 IP 地址是否正确以及网关是否运行。

(4) 测试远程主机 IP 地址连通性。键入"Ping 待测 IP 地址",如果测试失败,则应在通过(3)测试的基础上验证远程主机的 IP 地址是否正确,远程主机是否运行,以及本机和远程主机之间的所有网关是否运行。

(5) 测试DNS 服务器IP 地址连通性。键入"Ping 待测 DNS 服务器 IP 地址",如果测试失败,则应在通过(3)的基础上验证 DNS 服务器的 IP 地址是否正确,DNS 服务器是否运行,以及本机和 DNS 服务器之间的网关是否运行。

6.2.2 验证链路状况

1. 用 Ping 命令测试链路状况

在 TCP/IP 网络上,计算机可以通过发送 ICMP 回响请求消息来验证与另一台 TCP/IP 计算机的 IP 级连接。回响应答消息的接收情况将和往返过程的次数一起显示出来。Ping 命令是用于检测网络连接性、可达性和名称解析的疑难问题的主要 TCP/IP 命令。例如:

C:\>PING SERVERB

Pinging SERVERB [192.168.1.1] with 32 bytes of data:

Reply from 192.168.1.1: bytes=32 time=35ms TTL=63
Reply from 192.168.1.1: bytes=32 time=17ms TTL=63
Reply from 192.168.1.1: bytes=32 time=33ms TTL=63
Reply from 192.168.1.1: bytes=32 time=53ms TTL=63

Ping statistics for 192.168.0.1:

　　Packets: Sent = 4, Received = 4, Lost = 0 (0% loss),

Approximate round trip times in milli-seconds:

　　Minimum = 17ms, Maximum = 53ms, Average = 35ms

在上例中可以看到，在 SERVERB 主机的域名被解析为 IP 地址 192.168.1.1 时，每次向该地址发送 ICMP 数据包都得到正常返回的结果。每次 ping 的 TTL 生存时间都是 63，表明数据包经过路径的跃点数相同，有可能是同一条路径，但延迟时间不同且差异过大，表明该路径速率不稳定，存在阻塞现象。

2. 使用 Tracert 命令跟踪路径

Tracert 命令可以跟踪 TCP/IP 数据包从该计算机到其他远程计算机经过的路径。该命令使用 ICMP 响应请求并答复消息(与 Ping 命令类似)，获得关于经过每个路由器及每个跃点的往返时间(RTT)的数据并输出。例如：

C:>Tracert SERVERB

Tracing route to SERVERB [192.168.1.1]

over a maximum of 30 hops:

1	<10 ms	<10 ms	<10 ms	192.168.0.101
2	<10 ms	<10 ms	<10 ms	192.168.2.2
3	<10 ms	<10 ms	<10 ms	SERVERB [192.168.1.1]

Trace complete.

SERVERB 主机的域名被解析为 IP 地址 192.168.1.1，本机与 SERVERB 主机连接的链路路径为：

本机→192.168.0.101→192.168.2.2→SERVERB

从各节点反应时间均小于 10 ms 可知，该路径各节点工作状态良好，链路工作负荷较为合适。

3. 用 PathPing 测试链路状况

在 Ping 和 Tracert 两例中可以发现前者仅仅能得到两主机间的链路可连接性等信息，这些信息只能提供给用户对链路进行定性分析，却无法定位故障路径段的位置；而后者只能定位故障段，而无法得到链路的数据连接的可靠性等信息。而 PathPing 命令是针对以上问题对 Ping 命令和 Tracert 命令的综合。例如：

C:\>PathPing 192.168.1.4

Tracing route to 192.168.1.4 over a maximum of 30 hops

0	IBM-A	[192.168.0.2]
1	192.168.0.101	
2	192.168.2.2	

3   192.168.1.4

Computing statistics for 75 seconds...

		Source to Here	This Node/Link	
Hop	RTT	Lost/Sent =Pct	Lost/Sent =Pct	Address
0				IBM-A [192.168.0.2]
			0/100 = 0%	|
1	41ms	0/100 = 0%	0/100 = 0%	192.168.0.101
			13/100 =13%	|
2	22ms	16/100 =16%	3/100 = 3%	192.168.2.2
			0/100 = 0%	|
3	24ms	13/100 =13%	0/100 = 0%	192.168.1.4

Trace complete.

运行 PathPing 时，首先显示路径信息。此路径与 Tracert 命令所显示的路径相同。接着，将显示约 90 秒(该时间随着跃点数的变化而变化)的繁忙消息。在此期间，命令会从先前列出的所有路由器及其链接之间收集信息。测试结束时将显示测试结果。

在上面的示例报告中，This Node/Link、Lost/Sent=Pct 和 Address 显示 192.168.0.101 与 192.168.2.2 之间的链接丢失了 13%的数据包。跃点数 2 路由器也丢失了发送到它的数据包，但这种丢失不会影响它转发信息的能力。

在 Address 列中所显示的链接丢失速率(以垂直线 | 表示)表明造成路径上转发数据包丢失的链路拥挤状态。路由器所显示的丢失速率(由 IP 地址标识)表明该路由器已经超载。

6.2.3   测试 TCP/IP 连接

1. 使用 Ping 命令测试 TCP/IP

使用 Ping 命令测试TCP/IP的连接性，首先必须保证在命令行状态下，使用 IPConfig 命令测试网卡时网卡不处于"媒体已断开"状态。

然后使用Ping 命令对所需主机的 IP 地址进行测试。如果使用 Ping 命令后出现"Request timed out"提示，则应验证主机 IP 地址是否正确、主机是否运行，以及客户端和主机之间的所有网关(路由器)是否运行。

如果要使用 Ping 命令测试主机名称的解析功能，在 Ping 命令后键入所测试主机的主机名称即可。如果使用 Ping 命令后出现"Unable to resolve target system name"提示，则应验证主机名称是否正确及主机名称是否能被DNS 服务器解析。

2. 使用 NET VIEW 命令测试 TCP/IP

要使用 NET VIEW 命令测试 TCP/IP 连接，首先打开命令提示行，使用 IPConfig 命令确保网卡处于连接状态，然后键入 NET VIEW \\计算机名称。使用 NET VIEW 命令可以建立临时连接，列出相应计算机上的文件和打印共享。如果在指定的计算机上没有文件或打印共享，NET VIEW 命令将显示"There are no entries in the list"消息。

如果使用 NET VIEW 命令后出现"System error 53 has occurred"消息，则应验证主机名称是否正确、主机是否正常运行，以及客户端和主机之间的所有网关(路由器)是否运行。

如果使用 NET VIEW 命令后出现"System error 5 has occurred.Access is denied"消息，则应验证登录所用的账户是否具有查看远程计算机上共享资源的权限。

3. 解决 TCP/IP 连通问题

要进一步解决 TCP/IP 的连通性问题，应执行以下操作：

(1) 使用 Ping 命令 Ping 主机名称。如果使用 Ping 命令后出现"Unable to resolve target system name"消息，则表明计算机名称无法解析为 IP 地址。

(2) 使用 NET VIEW 命令连接主机的 IP 地址：NET VIEW \\IP 地址。

如果使用 NET VIEW 命令连接成功，表明主机名称被解析成错误的 IP 地址。

如果使用 NET VIEW 命令后出现"System error 53 has occurred"消息，则表明主机可能没有运行 Microsoft 网络服务的文件和打印共享。

4. 解决 IP 地址冲突问题

ARP 命令用于分析 IP 地址到以太网地址的转换问题，用户可以查看 ARP 表的内容，删除有问题的项并添加正确的项。添加正确的项在解决 IP 地址冲突问题时非常有用。

如果怀疑地址表中有不正确的项，可以使用 ARP 命令。ARP 表中的错误表现为某些命令对应错误的 IP 地址(如 FTP 或 Telnet)。ARP 表的问题通常源于多个系统使用同一个 IP 地址。此类问题的间歇性发生源于表中的地址与最先响应的 ARP 请求一致。

如果用户怀疑多个系统使用相同的 IP 地址，可用 ARP -a 命令显示地址解析表。示例如下：

```
C:>ARP –a


Interface: 192.168.0.2 on Interface 0x1000003
    Internet Address        Physical Address        Type
    192.168.0.1             00-d0-b7-b8-0f-9e        dynamic
    192.168.0.6             00-50-fc-3a-10-52        dynamic
    192.168.0.101           00-e0-0f-0c-1f-80        dynamic
```

如果每个主机的 IP 对应正确的以太网地址，用户就很容易检查 IP 地址与以太网地址的正确性。因此，在网络中添加主机时，应记录主机的 IP 地址与对应的以太网地址。如果保存此类记录，就很容易发现表中的异常。

6.3　网络协议失配故障的检测与排除

协议是网络通信实体之间必须遵循的一些规则的集合，它是用来描述进程之间进行交换过程的术语，是通信双方为了实现通信所进行的约定和所作出的对话规则。

协议的失配是指两台计算机用的协议不同而导致无法通信，比如一个为 TCP/IP 协议配置的工作站就不能与使用 IPX/SPX 协议配置的服务器通信。同时，协议失配也包括由于协议配置错误引起的网络故障，例如在 TCP/IP 协议中，没有指定 IP 地址会引起错误导致无法通信。

6.3.1　故障检测

1. 查看安装的各个协议是否绑定在网卡上

计算机通信的协议必须绑定在网卡上，然后通过网卡通信。通常在一台计算机上设置不止一个协议，在与其他设备通信前会预先协商好通信协议。把协议绑定到网卡上需要利用网络设备接口规范或开放数据链路接口协议栈来实现。对绑定在网卡上的每个协议需要进行正确地配置。

2. 使用工具检测各个协议是否正确

例如在 TCP/IP 协议中，可以使用 Ping 命令来检测协议是否正确，具体操作如下：

(1) 通过发送 Ping 的内部回送地址来判断是否安装了 IP 软件，如果发送成功，表明已安装了 IP 软件。如果发送失败，说明安装有误，需要重新安装 IP 软件。

(2) 向自己的计算机发送 Ping，如果发送成功，表明这台计算机的 IP 地址正确。否则，说明协议没有正确安装。同时可以测试 HOSTS 和 DNS。

(3) 向网关发送 Ping，看是否能到达网关，如果不能，则网关可能没有处于活动状态，需要检查网关。

(4) 向其他子网发送 Ping，如果失败，则可能是 HOSTS 文件有问题，需要检查 HOSTS 文件。

(5) 向非本域发送 Ping，如果失败，则有可能是 Internet 提供商出现问题。

如果上面的测试都通过，说明 TCP/IP 协议安装成功。

3. 查看已安装协议的全部配置参数是否正确

(1) 对于 IPX/SPX 协议网络，查看当前使用的数据帧的正确性。

(2) 对于 IPX/SPX 协议网络，检查数据帧类型的设置情况(自动检查数据帧类型或手工检查数据帧类型)。

(3) 对于 TCP/IP 协议网络，查看 IP 地址、子网屏蔽号和默认路由号的正确性。

(4) 对于 TCP/IP 协议网络，查看动态获取的 IP 地址的有效性。

(5) 对于 TCP/IP 协议网络，查看网段的域命名系统的有效性。

6.3.2　实例

下面以使用 Windows 操作系统的 PC 机为例来解决协议失配问题。假定该机正在使用TCP/IP 协议，可以按照以下步骤进行操作：

1. Ping 回送地址

首先要确定用户的 PC 机，以及在网络上要映射的资源。检查用户的工作站是否能 Ping回送地址(127.0.0.1)。注意，没有网卡也能获得回送地址，这是因为 TCP/IP 协议(协议栈)是内部的程序，计算机能和自己通话，如图 6.1 所示。

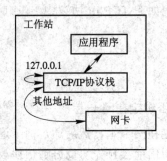

图 6.1　TCP/IP 协议栈和自身通话示意图

2. Ping 工作站的 IP 地址

如果用户不知道工作站的 IP 地址,可以查一下命令 IPConfig 的输出,该命令可以显示工作站的 IP 地址。

在本地 Ping 期间,有可能出现硬件错误,这时需要运行网卡上自带的网卡诊断程序。

如果不能 Ping 工作站自己的 IP 地址,表明存在着与此 IP 地址的冲突,则 TCP/IP 协议自动失效。

3. Ping 同一网段上另一个工作站的 IP 地址

如果能 Ping 本工作站,则可以检查是否能访问在同一网段上的另一个工作站。如果可以做到,这意味着涉及的工作站在数据链接层的工作正确,即它们能够进行本地呼叫。如果不行,则可能要处理数据链路问题。

如果不知道同一网段的工作站地址,则试着 Ping 广播地址。广播地址一般是本工作站的 IP 网络号,其中,节点号用 255 替换。例如 IP 地址是 120.224.10.8,网络掩码为 255.255.255.0,则广播地址为 120.224.10.255。

一旦 Ping 通了广播地址,便可以打开 ARP 表,这个表提供 IP 到 MAC 地址解析的信息。其方法是键入命令:

　　ARP -a

如果看到信息"No ARP Entries Found",说明有可能遇到问题了

如果这个网段上的其他用户都没有问题,可检查本工作站的电缆和网卡。

以下为 TCP/IP 协议栈连接的网卡工作正常时 Ping 广播地址所得到的结果(给出 MAC 到 IP 地址的对照表):

输入:

　　C:\>Ping 192.168.0.255

输出:

　　Pinging 192.168.0.255 with 32 bytes of data:

　　Reply from 192.168.0.255: bytes=32 time<l0ms TTL=255

　　Reply from 192.168.0.255: bytes=32 time<l0ms TTL=255

　　Reply from 192.168.0.255: bytes=32 time<l0ms TTL=255

　　Reply from 192.168.0.255: bytes=32 time<l0ms TTL=255

Ping statistics for 192.168.0.255:

Packets: Sent = 4, Received = 4, Lost = 0 (0% loss),

Approximate round trip times in milli-seconds:

Minimum = 0ms, Maximum = 0ms, Average = 0ms

输入：

C:\>ARP -a

输出：

Interface: 192.168.0.2 on Interface 0x1000003

Internet Address	Physical Address	Type
192.168.0.101	00-e0-0f-0c-1f-80	dynamic
192.168.0.254	00-50-ba-f5-a1-7f	dynamic

4. Ping 网段的路由器

试着 Ping 网段的路由器。如果能 Ping 通网段上的路由器，理论上也应该能 Ping 通网络上的路由器。

5. 按名称和 IP 地址 Ping 服务器

按名称和 IP 地址 Ping 服务器。如果 Ping IP 地址的结果正确，但 Ping 名称不正确，应当检查工作站的 DNS 配置或检查 DNS 服务器。如果 Ping IP 地址的结果不对，可以采用工作站到服务器的路由跟踪来寻找故障点。具体内容参见本书"网络故障及其处理"的相关章节。

思　考　题

1. 简述 FTP 命令中下列子命令的用法：

open	close	cd	ls	lcd
get	put	mget	mput	bye

2. 阐述 IPConfig 命令的用途，并解释其输出结果。

3. 简述 NET 命令中下列命令参数的主要功能及其用法：

VIEW　　　　　USER　　　　　　　　USE　　　SHARE　　　SEND

4. 试解释 Ping 命令中"Reply from"、"Request Timed Out"、"Destination host unreachable"三种反馈产生的原因？

5. 比较 Ping、Tracert 和 PathPing 命令的联系及区别。

6. 阐述 Ping、Tracert 和 PathPing 命令在网络故障检测中的作用。

7. 试解释如下 NETSTAT –a 命令执行结果的意义：

Proto	Local Address	Foreign Address	State
TCP	workstation-c:1029	workstation-c:0	LISTENING
TCP	workstation-c:ftp-data	192.168.0.99:1075	TIME_WAIT
TCP	workstation-c:1073	192.168.0.101:telnet	ESTABLISHED

第7章 网络工程实例分析与设计

建议学时：8 学时

主要内容：

(1) 网络工程设计基本原理；

(2) 案例设计。

7.1 基 本 原 理

7.1.1 网络规划基本原理及其作用

在进行网络规划时，首先要建立一个系统的概念。建设网络系统是一个非常复杂且技术性很强的工作，需要专门的系统设计人员按照系统工程的方法进行统一规划设计。构筑一个网络系统的全过程可分为三个阶段：规划设计、安装调试和运行维护。一个好的网络应该是：

(1) 保证网络系统具有完善的功能、较高的可靠性和安全性。

(2) 保证网络系统能发挥出更大的作用，能扩大应用范围。

(3) 具有先进的技术支持，有足够的扩充能力和灵活的升级能力。

(4) 保质保量按时完成系统的建立。

(5) 为网络的管理与维护、人员培训与提高提供最大限度的保证。

网络规划就是为将要建立实施的网络系统提出一套完整的设计和方案，满足用户提出的建网要求。在规划时，对建立一个什么形式、多大规模、具有哪些功能的网络等问题做出全面科学的论证，并对建网所需的人力、物力、财力投入等做出总体的计划。

物理规划包括：可行性研究与计划、需求分析(了解用户实际需求)、方案设计(构建网络基本结构)、设备选型(选定网络的每个组成部件)、投资预算(估算工程的全部开销)、编写网络规划技术文档等几个阶段。

1. 可行性研究与计划

可行性包括了技术的可行性和经费预算的可行性。

在技术上应该根据实际需要，考虑所选的网络技术本身是否能够得到技术和基础条件的保证，以及整个网络的传输通道、用户接口、所采用的服务器和整个网络的管理能力等。在这个阶段，应避免使用可能与某个具体厂家产品有关的功能术语，增强网络后期选择设备的灵活性。找出目前系统的局限性和原因，提出建议方案。

在经费预算可行性分析时，要考虑建网的软硬件设备投资、安装投资、培训和用户支持以及运维的费用。尤其是应该预算出用户培训和运维的费用，这是维持网络整个生命周期最关键的部分。有的单位往往只注重硬件投资，忽略了对软件的投入。一个网络建立起来后，如果没有可在网上运行的软件，实际上毫无价值。软件投资比例应为硬件设备投入的 1/3～2/3。

2. 需求分析

在方案设计前，需要进行多方面的用户调查和需求分析，只有弄清用户的真正需求，才能设计出符合要求的网络。一般调查应从以下几方面展开：

(1) 网络的物理布局：充分考虑用户的位置、距离、环境，并进行实地考察。

(2) 用户设备的类型和配置：调查现有的物理设备，包括个人计算机、主机、服务器和外设。

(3) 通信类型及通信负载：根据数据、语音、视频及多媒体信号的流量等因素进行估算。

(4) 网络应提供的应用服务：应包括电子邮件、共享数据及数据库、共享外设、WWW应用及办公自动化。

(5) 网络所需求的安全程度：根据需要选用不同类型的防火墙和安全措施。

3. 方案设计

方案设计主要由规划设计人员综合考虑前两项的调查情况制定。在总的设计思想指导下，选择合适的网络拓扑结构、网络产品、开发方法对原有系统进行升级改造。同时引入竞争机制，这样可压低投资价格，并得到多种可供选择的方案。一般在进行方案设计时，应遵守如下几条原则：

(1) 实用性：只有实用的网络才能反映用户自身的利益。

(2) 先进性：计算机及网络技术的发展非常迅速，在设计新的网络系统时，应保证采用先进技术。技术的寿命越长越好，一般应为 3 到 5 年或更长。

(3) 开放性：只有建设一个开放的网络系统，才能有更多的厂商支持，才能同其他网络进行互连，保持与常规网络良好的互通性。

(4) 可靠性：从选用的网络设备到网络结构上都要以可靠运行为前提，而且要留有一定冗余，保证在有故障情况下仍能够正常运行。

(5) 安全性：是网络中十分重要的问题，尤其是与其他网络互连时更为重要，通过设置各种安全防护措施，达到从网络用户级到数据传输级各个环节的安全。

(6) 经济性：在新建网络的同时，要注意保护原有网络的投资，更不能超前投入大量资金，为网络厂家提供新技术的试验场。

(7) 可扩充性：能为将来网络的发展及扩充留有接口。

4. 设备选型

组成一个网络系统需要大量设备，包括电缆、光纤、插头插座、连接器、中继器、网桥、集线器、交换机、路由器、网关、施工工具以及附属设备(如电源、机柜、空调、消防设备等)。因此要认真填制设备配置清单。在选择设备时应选用主流产品，这样可以保证技术及发展的可维持性。具体选型在后面介绍。

5. 投资预算

当方案定下来时，就要进行最后的投资预算，预算中除了考虑网络硬件设备外，还应包括网络工程施工、软件购置、安装调试、人员培训、售后服务、运行维护及应用软件开发等费用。

6. 编写技术文档

为了使网络规划工作正常有序地进行，应将网络规划工作归纳总结成一份完整的网络规划技术性文档，包括网络总体规划、可行性报告、用户需求、技术分析、网络基本体系结构和选型、网络建设达到的目的和网络建设费用预算等。

7.1.2　网络总体设计

在网络规划阶段，并不要求明确规定网络具体指标和实现方法，而是在网络总体设计时，对网络规划中提出的各项技术规范、设备选型、性能要求以及经费作进一步的分析，制定一个明确的网络总体实施方案，同时确定网络实际的物理结构与逻辑结构的关系。在网络总体设计中包括：网络采用的拓扑结构，网络采用的系统体系结构，网络设备的选型和技术参数，服务器的类型及容量，网络操作系统及采用的通信协议，网络传输通道及详细的技术指标，网络安全，可靠性措施，网络管理，应用系统的配置及开发等方面。

网络总体设计方案的好坏，直接影响整个网络系统的实施。因此可引入竞争机制，提供多个方案，扬长避短，与厂商签订合同时应明确各个方面的义务和责任。这是建设网络系统最基本，也是最重要的保证。

一个项目成功的关键在于系统的集成。系统集成项目合同金额高，涉及范围广泛，既有功能方面的要求，又有地域方面的要求：从硬件、软件包、客户编制的应用程序、中间件和操作系统到第三方承包商，包括集成商和外部资源提供者。系统集成专业人员是否了解商业需求、商业机构是否了解技术层面的问题、外部专家的建议、系统集成项目执行者等等，都是决定一个项目能否成功的重要因素。

7.1.3　网络拓扑结构的选择

网络拓扑结构的选择是网络设计的第一步，确定好框架结构，才能进行更细致的工作。网络拓扑结构的选择原则有以下几种：

1) 先进性与实用性相结合

网络应建立在用户需求调研的基础上，既考虑采用先进的组网技术，使所建立的网络在一段时间内保持先进性及可用性，适应近期及中远期业务的服务质量(QoS)需求，同时也必须保护原有的投资，使计算机网络资源得到充分利用，尽量采用成熟的组网技术，达到建网周期短、见效快的目的，还应兼顾选择国际新技术，选用具有发展潜力的网络作为主干。

2) 网络有效性原则

网络有效性体现在网络承载能力和对资源的共享能力两个方面，不同类型的网络在负荷加重(并发用户增加或业务占用频宽增加)情况下承载能力不同,高负荷下往往利用率下降,甚至出现拥塞与瓶颈。对于网络承载能力,令牌访问(如 Token Ring、FDDI)优于竞争访问(如以太网 CSMA/CD),交换型优于共享型。可以根据不同层次的信息流量采用不同的访问结构。

3) 网络实时性要求

对用于交互控制、实时监控的网络系统要求网络延时要小,如传输多媒体声像业务,对延时和延时变差都有严格要求。网络延时包括传播延时、发送延时、排队延时、处理延时以及协议转换延时,这些延时取决于传输距离、速率、缓存队列长度、处理器芯片以及网络负荷量。ATM 网络延时及延时变差最小,交换方式上交叉矩阵优于共享存储,重负荷下令牌控制延时优于竞争方式。

4) 网络可靠性及安全性

安全与可靠是组网的重要原则之一。在传统组网技术中为了保证网络可靠传输,应防止非法环路及广播风暴。网络设备应具备故障下旁路自愈功能、冗余备份(包括设备备份及链路备份)及自动切换功能。为了保证信息传输的完整性,降低信息丢失率、误码及错插,应采用先进的网络管理技术,进行实时采集并统计网络信息,监视网络运行状态,及时查找并排除故障。

网络安全性应防止非法用户进入,合理选择网络操作系统及系统软件,实施口令及访问权限保护、目录及文件保护。为了防止病毒感染,除了选择防病毒软件及硬件外,对网络制定严格的管理措施是非常必要的。在局域网与广域网互连点设置路由器和防火墙,前者用于互连,后者用于隔离、过滤与加密,如隔离非法用户及非法信息的入侵。防火墙分为多种等级,应合理选取。

5) 合理选择网络平台

合理选择网络平台及标准接口,可以保证网络的开放性、兼容性及互操作性。网络的软硬件平台包括:信息集成平台(包括 NOS、数据库等)、端到端通信平台 TCP/IP、应用支持平台、网络互连平台,以及网络管理平台(SNMP、RMON 等)。

6) 坚持网络建设与应用开发并行

一个良好的集成网络系统应包括网络系统与应用服务两部分,前者属于网络集成,后者属于信息集成。通常建网周期短,而应用开发时间长。应用软件开发一般在网络建设先期或同期进行。应用软件包括各种管理信息系统(MIS)、资料查询与检索系统、电子邮件、BBS、CAM/CAI 软件、办公自动化(OA)、处理与监控软件等。

7) 与广域网互连技术

企业网(或园区网)与广域网互连主要用于两个方面:

(1) 大量的分散用户(如家庭用户或布线系统尚未到达的孤立用户),主要用电话交换网(PSTN)拨号线路或少量的专线相连。分散的数据用户可采用仿真终端方式(运行 Terminate、ProCom、Kermit 等软件)或采用仿真主机方式(PPP/SLIP),借助 Modem 以中低速方式入网。

(2) 对分布于不同地理区域的企业内部局域网间互连或与 Intranet 相连,可通过 DDN 网、X.25 分组交换网或帧中继网实现远程传输与交换。局域网与广域网互连通过路由器实现协议转换。路由器的类型很多,应根据信息量、接口速率和广域网类型来合理选择。随着网络发展,与广域网互连的需求、投资将急剧增加,互连接口点可能形成网络瓶颈。因此合理选择互连中继线数量、信道传输速率、路由器性能以及备份链路将成为组网技术中不可忽视的问题。

7.1.4 网络设备的选型与比较

在组建计算机网络时，选择好的网络设备是至关重要的。网络设备的选择一般有两种含义：一种是从应用需要出发进行的选择；另一种是从众多厂商的产品中选择性价比高的产品。在组建计算机网络时，通常涉及的网络设备有 LAN 网络适配器、LAN 的集线器和交换器、LAN 互连的网桥和路由器、服务器、工作站、硬盘、磁带、光盘等存储驱动器，网络打印机等外设，网络传输媒体，网络操作系统，应用系统软件等。

1. 网络适配器

1) 网络适配器选择的一般原则

网络适配器也称为网卡或网板，是插入计算机(服务器、工作站)中实现与网络设备互连的接口设备，应该根据网络类型(如令牌环、Ethernet、Arcane、ATM、FDDI、快速以太网)来选择网络适配器的种类。网络适配器要与将要组建的或使用中的网络相适应。影响网卡性价比的因素有：媒体访问方法、原始的比特速率、网卡上有无处理器、网卡与主机的传送方式、网卡上输出的端口数、总线接口、是否支持全双工、是否具有不同速率的自适应功能。

(1) 媒体访问方法。媒体访问方法对网卡性能有重要的影响。IEEE 802.3 CSMA/CD 和 IEEE 802.5 令牌环在访问媒体的确定性上有很大差别：前者没有确定性；后者虽有确定性，但在用户不多、负载较轻的使用环境下不如 CSMA/CD 简单、快速。根据访问方式的不同，网卡分为 ATM 适配卡、FDDI 适配卡、100 Mb/s 高速以太网适配卡、传统局域网适配卡(10 Mb/s 以太网卡、4/16 Mb/s 令牌环卡、Arcane 网卡)。

(2) 原始比特率。原始比特率是给定媒体可能获得的最大比特率。实际上有效比特率要小得多，其原因是协议有一定量的额外开销。目前广泛使用的 Ethernet，原始速率为 10 Mb/s；TokenRing 的原始比特率为 4/16 Mb/s；100Base-T 和 100Base-VG-AnyLAN 等高速网的原始速率为 100 Mb/s；ATM 网卡的速率有 5 Mb/s、155 Mb/s、622 Mb/s 等；千兆以太网卡为 1 Gb/s。

(3) 网卡处理器。有的网卡自带处理器，有的则没有。在无处理器的情况下，所有处理都必须依靠网卡被置入的主机。这会占用主机资源。目前多数网卡都自带处理器。

(4) 网卡与主机的传送方式。网卡与主机的接口可使用下述三种方法或它们的任意组合实现。这三种方法是：共享存储器法、DMA 法、I/O 端口法。实践表明：共享存储器是三种方法中最快速的一种，I/O 端口是最慢的，DMA 则介于中间。

(5) 网卡上输出的端口数量。网卡是 PC 机和网络连接的接口，完成协议转换、数据传送等工作。有的网卡上只有一个接口，如 RJ-45；有的则有多个接口，如 BNC、AUI、光纤接口等。接口数不同，价格也不同。媒体接口可分为 ATM 接口、RJ-45 接口、BNC 接口、AUI 接口、光纤接口(FC 接口、ST 接口、SMC 接口、MIC 接口等)。

(6) 总线接口。网卡与主机传送速度取决于总线接口的数据宽度。常见的数据宽度有 8 位、16 位、32 位和 64 位。数据宽度越宽，数据传送越快。影响网卡与主机传送速度的另一种因素是主机总线类型。主机总线可分为 ISA 总线、EISA 总线、PCI 总线。

2) 几种典型的网卡

(1) ATM 网络适配卡。ATM 网卡从速率上分为 622 Mb/s、155 Mb/s、100 Mb/s、25 Mb/s，分别用于服务器、高档工作站、桌面系统。从传输介质上分为光纤接口(单模/多模)、UTP 和 STP(RJ-45)接口。由于 ATM 规范尚待完善，因此 ATM 网络适配卡选型应与 ATM 交换设备一致，采用同一厂家产品。选择时应注意：ATM 网络适配卡应支持 ATM UNI 接口；支持局域网仿真 LANE、服务器软件 IES、客户机软件 LAC，以便与桌面系统以太网互连互通；支持 PVC/SVC 的性能及 VC 数目；接口应与所用传输介质一致。

(2) FDDI 网络适配卡。FDDI 网卡速率为 100 Mb/s，服务器与工作站可双环接入(DAS)或单环接入(SAS)，传输媒体可以是单模光纤(SMF)、多模光纤(MMF)、5 类双绞线(UTP—5)，可采用 SC、ST、FC、MC、RJ-45 接口。FDDI 网络适配卡选型时应注意：根据网络设计需选择单环接入(M 口)或双环接入(A/B 口)方式；应与所需求的接口类型、总线类型(PCI、EISA 等)适配；适配卡性能(如 CPU、DMA 芯片及 RAM 大小等)；费用与保修期。

(3) 1000 Mb/s 的高速网卡。符合 IEEE 802.3z 建议，目前应用不多，这种速率的网卡主要用于服务器间的连接，用于工作站的极少。

(4) 100 Mb/s 高速以太网卡。高速以太网符合 IEEE 802.3u 建议，用于服务器或工作站以高速方式接入局域网的主干网或工作组，提供 100 Mb/s 速率。网络适配卡应根据设计要求配置，选型时应注意是否与计算机总线系统(EISA、ISA、PCI)一致；是否提供传输介质所需的接口(光口或 UTP、STP 接口)；是否支持全双工链路；卡内有无 CPU 及 RAM 大小。

(5) 10 Mb/s 以太网卡。10 Mb/s 以太网卡是最常用的桌面系统，也是目前局域网中使用最多的网卡类型。以太网适配卡用量较大、品种类型多，兼容卡杂牌货较多，价格差距也较大。

选型时不可过多地注重价格，以免采用不合格质量的低劣产品。主要应注意如下几点：

① 型号与标牌。

② 中断方式、I/O 地址、RAM 区地址是采用 DIP 开关还是软件配置，I/O 地址和中断支持则应多一些为好。对于中断，通常 8 位网卡至少应支持 4 种，16 位网卡应支持 6~8 种。I/O 地址至少要支持 4 种。这样可在安装网卡时避免与其他硬件冲突，对于 Windows 95 以上的用户可以选用即插即用的网卡，由系统自动识别和设置。

③ 总线系统应与实际所用的微机总线一致。

④ 物理接口(RJ-45、BNC、AUI)应与设计一致。网卡备有三种连接方式并不意味着可同时进行上述三种连接，它们是互斥的。也就是说，上述三种连接都可供选择，但同一时刻只能使用其中一种。因此，如果网络方案是 10Base-T 方式，选择网卡则不必带有 BNC 和 AUI 口，只需带 RJ-45 口就够了。这意味着价格的下降和可靠性的提高。

⑤ 所支持的操作系统。

⑥ 板内是否带 CPU 及 RAM 区容量。

⑦ 状态指示用来指示网卡的工作状态，便于了解其工作状态和进行诊断故障。工作状态一般用指示灯来指示，通常配置有电源指示、发送指示(Tx)、接收指示(Rx)、链路状态指示(Link)、超长指示(jabber)和碰撞(Collision)指示等。

⑧ 支持自举 ROM，意味着能使无盘工作站连接到网络上，通常应有两种网络操作系

统的自举 ROM。这种功能常作为一种选项。

2. 集线器

集线器(HUB)是中枢或多路交汇点，是以优化网络布线结构、简化网络管理为目标而设计的。HUB 以高性能、多功能和智能化为设计目标，不仅具有将多个节点汇集到一起的能力，而且采取了模块化结构，可根据需要选择各种模块。这些模块支持的传输媒体、与媒体的连接方式、通信协议等几乎无所不包。HUB 执行的功能主要有信号的再生和重发(转发)、碰撞检测和通告两种。

某一站点发送的数据首先到达 HUB，HUB 对此信号的幅度和相位失真进行补偿后，将再生的信号向与 HUB 相连的所有站点广播。由此可以看出，虽然这种网络在物理上是星型结构，但逻辑上仍是总线结构。

1) 箱式集线器网络设备

网络接口产品通常以模块方式插入机箱内，机箱一般分为交换集线机箱或以 Router 为主体的路由器机箱，机箱除电源外还包括多个插槽，可插入网管代理模块、各种网卡模块、交换模块、路由器模块等。不同模块间通过背板总线连接。背板总线连接方式分为单总线(TDM 时隙插入)和多总线方式，这种结构便于不同的模块相互连接和转换，形成主干网到桌面系统有机的汇集。

产品选型时可以比较下述几个方面：

(1) 背板总线速率。集线器背板总线速率、过滤率、转发率决定了重负荷下的承载能力，背板速率高的集线器可以避免拥塞瓶颈及数据丢失。

(2) 支持多种协议的网卡，如 ATM、千兆以太网、FDDI、10/100Base、T/FL 等。

(3) 是否具备一体化多层次交换能力，如第二层、第三层交换。显然，第三层交换(IP 交换)等效于第二层交换加路由功能，直接将路由器配置以 ASIC 技术嵌到网络设备内，多个 LAN 互连无需重复配置路由器。

(4) 智能 VLAN 功能。VLAN 将物理上分散在整个网络的计算机逻辑地进行分段，形成明显的广播或多点广播域，不仅提供组网的灵活性，而且增加网络的安全性。

(5) 开放性和可扩性。网络设备应具有良好的开放性，符合相应的国际规范(如 IEEE)，兼容性好。网络建立在统一平台的基础上(通信平台、应用支持平台、网络管理平台等)，便于主干网和子网间互连与互通。

(6) 交换方式。交换方式指端口交换、网段交换和模块交换。在端口交换方式下每个端口只能连接一个工作站，各端口的工作站可以进行交换；网段交换是一个端口可分配给多个 MAC 地址，可连接一个网段，网段间通过交换机进行交换；模块交换是不同机箱间进行交换，连入任何一种模块的用户，可以访问采用其他网络技术模块的用户。

(7) 网络时延。用于实时系统、多媒体传输与交换系统的闭环控制系统要求网络时延小，必须低于规定的门限。语音及图像传输系统对时延抖动敏感，因此应对时延及时延抖动提出要求，使其尽可能地降低。时延取决于发送时延、交换方式(共享存储、交叉矩阵等)、协议转换、传播时延等。

(8) 灵活性。灵活性是指改变网络拓扑结构、更改网络技术的方便性以及对网络协议改变的适应性。

(9) 安全性。网络作为各种应用的平台，应具有多种安全手段。目前，HUB 具有的安全手段有限，通常只限于向特定端口分配有限的 MAC 地址。有的交换式 HUB 甚至连这种能力都不具备。有的产品通过只允许某一特定端口支持特定协议来确保安全。上述两种安全如能通过软件实现，显然是一种好的策略。

(10) 可管理性。除了工作组小型网络环境外，几乎任何一种中大型网络都必须配备网络管理。因此所选的网络设备必须具有这种功能。在交换式 HUB 产品类中，通常能提供带内管理和带外管理两种管理方式。带内管理是基于网络来管理应用的连接，带外管理通常经串行连接器连于 HUB 中。前者从远程工作站提供快速方便的管理；后者即使在网络停止运行的情况下，也可对 HUB 进行设置和诊断。交换式 HUB 应能提供带内和带外两种管理机制，并应支持简单网络管理协议(SNMP)。

(11) 网络集线器产品扩充能力。网络集线器在向上向下扩充能力上有差异。向上是指连接高速上行链路，向下是指桌面系统的扩充能力(交换及共享以太网)。

(12) 容错能力，如冗余电源、负荷均衡、冗余链路、自愈旁路等。

2) 分体式集线器网络设备

分体式网络设备包括 FDDI、高速以太交换、10 Mb/s 以太交换、共享型 HUB、堆叠式(Stack)HUB 以及用于网络互连的分体式路由器等典型产品。其中 FDDI 及高速交换集线器设备主要用于主干网或部门级工作组；10 Mb/s 交换型或共享型 HUB 主要用于桌面系统；堆叠式 HUB 用于楼层信源点较多的环境，直接与微机工作站相连。路由器用于局域网与广域网的互连，分体式路由器多属于中低档路由器，提供的广域网端口(同步端口，ISDN 端口，异步端口)受限。

3) 几种典型的集线器

(1) ATM 交换机。选择 ATM 交换机时应考虑：

① ATM 交换机选型。主要根据用户需求及实际环境选择机型。

② ATM 交换机容量选取。容量取决于负荷大小，包括信源点数、峰值信息量和平均信息量。

③ ATM 交换机时延。取决于用户业务实时性需求，主要参数是时延及时延抖动。

④ 信息丢失率及误码率。在重荷下信息可能丢失，特别是对于突发率高的数据业务，可能因重荷而丢失信息。信息丢失率与交换方式、接入控制 CAC、流控技术、ABR 支持多种流控等有关。

⑤ IP 交换技术。此交换实现第三层交换，具有路由选择、自适应技术、地址解析 ARP、分段重装、互通平台等功能，而多数 ATM 产品尚只能提供第二层交换。同时应考虑 VLAN 分段功能。

⑥ 规范化。ATM 交换规范化程度直接影响到网络开放性和互连互通能力，包括用户网络接口(UNI)、网络节点接口(PNNI)、局域网仿真(LANE)、电路仿真、信令接口规范、虚拟电路方式(SVC/PVC)以及网络管理平台等。

⑦ 综合指标。综合指标及性价比，并应考虑系统升级的追加费用。

(2) FDDI 集线器。

目前 FDDI 集线器的分体式产品不多，通常以机箱式模块为产品主要形式，仅少数厂家提供单体式(Stand alone)FDDI。FDDI 集线器选型时应考虑：

① 接口类型。

② 交换功能。有的 FDDI 模块提供交换及路由功能，有的只具备 DI 功能。

③ 传输媒体类型。FDDI 可采用单模或多模光纤作为传输媒体，两个 FDDI 节点间单模光纤长可达 7 km，而多模光纤通常为 2 km。芯径与包径比应符合设备要求，多模光纤通常采用 62.5/125 或 50/125。局域网因楼宇间跨距通常在几千米以内，一般采用多模光纤。

④ 光缆中光纤的芯数应留有充分余地，敷设方式通常采用管道、直埋与架空，三者的包封方式、结构及强度应合理选择。

(3) 交换型以太网集线器。交换型以太网 HUB 分为 1000 Mb/s、100 Mb/s 及 10 Mb/s 三类。它们采用光纤、5 类 UTP 或 STP 及 3/4 类 UTP 电缆，按星型结构组网。交换型 HUB 每个端口提供独享带宽并具有网桥功能及 IEEE 802.1d 生成树算法，可灵活组建 VLAN。选型时应考虑：

① 背板带宽及转发速率。部分产品因带宽不够，负荷加重时会影响性能，造成数据丢失。

② VLAN 能力。虚拟局域网(VLAN)组网技术是交换型以太网的主要优点。

③ 交换功能。考虑选择全部端口交换或部分交换等，交换类型(端口交换、段交换、模块交换)等。

(4) 共享型 HUB。共享型 HUB 分为 100 Mb/s 及 10 Mb/s 两类，通常用于桌面系统。由于共享总线带宽采用 CSMA/CD 竞争型访问控制，因此重负荷下信道利用率降低，实际使用有效带宽急剧下降，并且时延增加，不能用于多媒体传输。采用共享型 HUB 不支持虚拟网段，子网间须加入网桥。100 Mb/s HUB 多采用 100Base-T 结构；10 Mb/s HUB 可采用 10Base-T、10Base-2 或 10Base-5 结构，可采用双绞线 UTP、细缆或粗缆。共享型 HUB 选型时可比较：

① 是否为智能 HUB。简易的 HUB 是非智能的，无 CPU 监测及管理。

② 可网管程度。是否具有网管代理，能否支持网络管理。

③ 端口数量及接口类型(RJ-45，BNC AUI)。

(5) 堆叠式 HUB。堆叠式 HUB 可通过 HUB 后盖板接口，用母线将多个 HUB 连在一起，用于楼层子网，支持大量工作站入网。堆叠式 HUB 通常只需其中一个 HUB 具有网管代理功能，堆叠式 HUB 属共享型 HUB，少数厂家也有交换型 HUB 产品，设备选型时可比较：

① 支持堆叠的 HUB 数量和背板能力。

② 应根据楼层的工作站数合理选取。

③ 可网管的能力。

④ 端口数。

(6) 混合式 HUB。混合式 HUB 指同一 HUB 支持多种协议或多种网结构，通常有交换与共享混合型(可同时提供交换端口及共享端口)、不同速率混合型(可提供 100 Mb/s 及 10 Mb/s 两类端口)、不同协议混合型(如支持几个 ATM 端口，几个 10 Mb/s/100 Mb/s 以太交换)、不同媒体混合型(部分端口支持光纤接口，部分支持 RJ-45 接口)等。混合型 HUB 使用灵活，便于上连主干网，下连桌面系统。设备选型时应注意：

① 同一 HUB 各类接口数量应与实际环境相匹配。

② 是否具有自适应功能。

(7) 路由器及网桥。路由器通常用于局域网与广域网的互连, 网桥用于多个 LAN 互连。它们提供路由选择、协议选择、过滤隔离功能。选型时应考虑:

① 端口类型, 即广域网口(PM, BRI, X.25, V.35, FR 等)。

② 广域网端口与局域网端口数量。

③ 路由选择算法(RIP, IGBP, OSPF, EGP 等)。

④ 是否支持异步端口及异步端口数量(异步端口用于经电话网通过拨号连到分散用户, 如家庭用户或远距离分散用户)。

3. 服务器

服务器是网络运行、管理和提供服务的中枢, 在网络系统中具有十分重要的意义。服务器的类型直接影响网络的整体性能。

1) 以主机类型分类

(1) 采用大型机、中型机和小型机作为网络服务器。使用这种服务器作为网络主机可使网络系统具有非常强的容错性和扩充性, 可以保证数据的完整和可靠。在金融、航空、铁路、电信等大型网络和安全可靠性要求极高的部门使用。但是, 大型机、中型机和小型机的操作方法一般来说都比较复杂, 应用软件的通用性比较差。

(2) 采用 PC 专用服务器作为网络服务器。一般的 PC 专用服务器把大型机和小型机超强的数据和事务处理能力、完善的数据保护能力、多级容错能力、较强的扩充能力和 PC 服务器的操作简单、兼容性强、价格低等特点融为一体, 尤其是一些关键技术的突破和采用, 使 PC 服务器的功能和指标得到进一步发展, 已经冲击了中小型机的市场, 有些 PC 服务器的性能可与小型机匹敌。这类服务器在当前和将来一段时期里代表着服务器的发展特点和趋势。

(3) 采用高档 PC 机作为服务器。随着 PC 机快速的发展, 功能愈来愈强, 采用 PC 机作服务器的优势在于价格低、兼容性强、扩充性能好、易操作、升级方便。但是由于 PC 机的性能较差, 用 PC 机作为服务器会经常遇到数据出错、丢失的现象, 在大容量的网络中会产生网络瓶颈, 容易造成死机现象。对于那些网点不多、网络通信量不大、数据的安全可靠性能要求不高的小型办公室和远程工作组的网络, 选用 PC 机作为服务器是比较适合的。

2) 从用途上分类

(1) 运算服务器。运算服务器是进行快速事务处理的运算系统, 它的性能主要取决于服务器中 CPU 的运算速度。衡量服务器运算速度时, 一般用每秒钟执行指令的平均次数(MIPS, Million Instructions Per Second)和综合评估指标(SPEG)来表示。

(2) 网络文件服务器。网络文件服务器是网络逻辑结构的中心, 主要为网络用户提供文件共享和存储服务。因此, 它要求有一个快速的 I/O 通道、快速响应的磁盘和海量的高速存储器。在建立网络时应用最多的就是文件服务器。

(3) 数据库服务器。数据库服务器主要提供数据库的存储、计算等事务处理, 要有功能较强的 CPU，更高速的 I/O 通道，以便于提高数据库的访问速度，减少网络瓶颈。一般用 TPC 标准衡量数据库服务器的性能，包括：基本性能、特定业务系统的处理性能、数据库性能、实时处理性能和复合数据处理性能等。

3) 影响服务器性能的主要因素

从服务器本身的选择来看，首先应该考虑 CPU 的性能；其次存储器的大小是影响服务器运行性能的另一个主要因素，内存大时，可以减少内存与外存间数据交换的次数，但用户不可能一次配置很大的内存和外存，可以根据需求逐步扩充，因此在选择服务器时，应选择内存扩展槽多的服务器。在选择内存时，多采用 ECC 校验的内存，该方法可以实现 2校 1。选择外存时，硬盘最好选用热交换的，可以在发生故障时，拔掉任何一个发生故障的硬盘，也可保证其他部分正常工作；也可选用带有容错的阵列式磁盘——RAID 磁盘。服务器的 CPU、内存、外存、I/O 通道控制器等必须协调一致，这样才能提高服务器的整体性能。

4) 服务器主流产品介绍

目前主要的 Unix 服务器产品有：

DEC:　　　AlphaServer(2000、4000、8000)。

SGI:　　　Origin 200、Origin 2000。

SUN:　　　UltraEnterprise。

IBM:　　　AS/400、RS/6000。

HP:　　　HP9000D、HP9000K、HP9000T。

4. 磁盘驱动器

为 PC 服务器选择合适的磁盘驱动器是一项重要工作。最重要的一点是要使所选的磁盘驱动器能适应网络操作系统。

目前可供使用的驱动器类型有如下五种：

(1) MFM(Modified Frequency Modulation)。

(2) RLL(Run Length Limited)。

(3) IDE(Integrated Drive Electronics)。

(4) ESDI(Enhanced Small Disk Interface)。

(5) SCSI(Small Computer System Interface)。

前两种驱动器已难以适应当前网络的需要，已逐渐被淘汰。

5. 局域网操作系统

网络操作系统(NOS，Network Operation System)是一种向连入网络的一组计算机用户提供各种服务的操作系统。网络操作系统与非网络操作系统的不同在于它们提供的服务有差别。一般来说，NOS 偏重于将与网络活动相关的特性加以优化，即经过网络来管理诸如共享数据文件、软件应用和外部设备之类的资源，而操作系统(OS，Operation system)则偏重于优化用户与系统的接口以及在其上面运行的应用。OS 和 NOS 在功能上的差别如表 7.1所示。

表 7.1 OS 与 NOS 功能区别表

OS	NOS
本地文件系统	由其他工作站访问的文件系统
计算机的存储器	在 NOS 上的计算机的存储器
加载和执行应用程序	加载和执行共享应用程序
对所连的外部设备进行输入/输出	对共享网络设备的输入/输出
在多个应用程序之间进行 CPU 调度	在 NOS 进程之间进行 CPU 调度

建立计算机网络的基本目的是共享资源。根据共享资源的方式不同，NOS 分为两种不同的机制。如果 NOS 软件对等地分布在网络上的所有节点，那么称之为对等式网络操作系统；如果 NOS 的主要部分驻留在中心节点，则称为集中式 NOS。在集中式 NOS 下的中心节点称为服务器，用中心节点管理资源的应用称为客户。因此，集中式 NOS 下的运行机制就是人们平常所说的"客户/服务器"方式。因为客户软件运行在工作站上，所以人们有时将工作站称为客户机。其实只有使用服务的应用才能称为客户，向应用提供服务的应用或系统软件才能称为服务器。

典型的网络操作系统有：Novell NetWare、Unix、Microsoft Windows NT 等。

7.1.5 网络实施

为了保证网络施工的质量，应做到如下几点：

(1) 明确要求、方法。施工负责人和技术人员要熟悉网络施工要求、施工方法、材料使用；并能向施工人员说明之，而且要经常在施工现场指挥施工，检查质量，随时解决现场施工人员提出的问题。

(2) 掌握环境资料。尽量掌握网络施工场所的环境资料，根据环境资料提出保证网络可靠性的防护措施。在布线时应注意以下几点：

① 为防止意外损坏，室外电缆一般应埋在地下的管道内；如需架空，则应架高(高 4 m 以上)，而且一定要固定在墙上或电线杆上，切勿搭架在电杆、电线、墙头甚至门框、窗框上。室内电缆一般应铺设在墙壁顶端的电缆槽内。

② 通信设备和各种电缆线都应加以固定，防止随意移动，影响系统的可靠性。

③ 要保护室内清洁美观的环境，室内要安装电缆槽，电缆放在电缆槽内，电缆进房间、穿楼层均需打电缆洞，全部走线都要横平竖直。

(3) 不同介质的安装方法。为保证通信介质性能，根据介质材料特点，提出不同施工要求。计算机网络系统的通信介质有许多种，不同通信介质的施工要求不同：

① 光纤。光纤铺设不应绞结；光纤弯角时，曲率半径应大于 30 cm；光纤裸露在室外的部分应加保护钢管，钢管应固定在墙壁上；光纤走地下管道时，应加 PVC 管，或用铠装光缆；光纤室内走线应安装在线槽内；光纤铺设应有胀缩余量，并且余量要适当，不可拉得太紧或太松，同时应留出两端熔接时的余量。

② 同轴粗缆。粗缆铺设不应绞结和扭曲，应自然平直铺设；粗缆弯角半径应大于 30 cm，安装在粗缆上的各工作站点间的距离应为 2.5 m 的整数倍；粗缆接头安装要牢靠，并且要

防止信号短路；粗缆走线应在电缆槽内，防止粗缆损坏；粗缆铺设拉线时不可用力过猛，防止扭曲；每一网络段的粗缆应小于 500 m，数段粗缆可以用粗缆连结器连接使用，但总长度不大于 500 m，连接器不可太多；每一网络段的粗缆两端一定要安装终结器，其中一个终结器必须接地；同轴粗缆可安装在室外，但要加防护措施，埋入地下和沿墙走线的部分要外加防护管，防止意外损坏。

③ 同轴细缆。细缆铺设不应绞结；细缆弯角半径应大于 20 cm；安装在细缆上的各工作站点间的距离应大于 0.5 m；每个细缆接头安装都要牢靠，且应防止信号短路或断开，影响整个网络运行；细缆走线应在电缆槽内，防止细缆损坏；细缆铺设时，不可用力拉扯，防止拉断；一段细缆应小于 183 m，183 m 以内的两段细缆一般可用"T"头连接加长；细缆两端一定要安装终结器，每段至少有一个终结器要接地；同轴细缆一般不可安装在室外，如要安装在室外应加装套管。

④ 双绞线。双绞线在走廊和室内走线应在电缆槽内，且平直走线；工作站到 HUB 的双绞线最长距离为 100 m，超过 100 m 的可用双绞线连结器(如 HUB)连接加长；双绞线机房内走线要捆成线扎，走线要有一定的规则，不可乱放；双绞线两端要标明编号，便于了解结点与 HUB 接口的对应关系；双绞线应牢靠地插入 HUB 和工作站的网卡上；结点不用时，不必拔下双绞线，不影响其他结点工作；双绞线一般不得安装在室外，安装在室外的部分应加装套管；选用八芯双绞线，自行安装 RJ-45 接头时，八根线都应按照 TIA568 标准安装好，不要只安装四根线而剪断另外四根线，双绞线外层护套一定要压在 RJ-45 接头的压舌下。

(4) 网络设备安装。为保证安装质量，在安装网络设备前，应首先阅读设备手册和设备安装说明书。设备开箱要按装箱单进行清点，对设备外观进行检查，认真详细地做好记录。对进口设备在接电源以前，一定要确定设备支持的电源是 110 V 还是 220 V，否则会因电源不配套，烧毁设备。

① 集线器、交换器、路由器的安装。设备应安装在干燥、干净的房间内或配电间内；设备应安装在固定的托架上或机箱内；固定设备的托架或机柜一般应距地面 500 mm 以上；插入网络设备的电缆线要固定在托架或墙上，防止意外脱落；多个设备在一起时，最好安装在标准的机柜内；网络设备安装地点一定要保证 24 小时供电，否则该房间的断电会影响连在它下面的所有用户的使用。

② 收发器的安装。选好收发器安装在粗缆上的位置(收发器在粗缆上安装时，两个收发器最短距离应为 2.5 m)；用收发器安装专用工具，在粗缆上钻孔，孔要钻在粗缆中间位置，要钻到底(即钻头全部钻入)；安装收发器连接器，收发器连结器上有三根针(中间一根信号针，信号针两边各有一根接地针)，信号针要垂直接入粗缆上的孔中，上紧固定螺栓；用万用表测信号针和接地针间电阻，粗缆两端粗缆终端器已安装好的话，电阻值约为 25 Ω，如果电阻无穷大，可能是信号针与粗缆芯没接触上，或收发器连结器固定不紧，或钻孔时没有钻到底，需要重新钻孔或再用力把收发器连结器紧密固定；安装好收发器，固定好螺钉；收发器要固定在墙上或托架上，不可悬挂在空中；安装收发器电缆时，收发器电缆首先与粗缆平行走一段，然后拐弯，以保证收发器电缆插头与收发器连接可靠。

③ 网卡安装。网卡安装不要选计算机最边上的插槽，最边上的插槽旁有机器框架，影响网络电缆的拔插，给调试带来不便；网卡安装与其他计算机卡安装方法一样，因网卡有

外接线，网卡一定要用螺钉固定在计算机的机架上；网卡安装时，要根据其总线的不同，安装在相应的总线槽内；如网卡的中断号和端口地址是用跳线选择的，安装前应首先选好中断和端口地址。

(5) 安装服务器和工作站时应注意：

① 服务器和工作站接电源后，逐台设备分别进行加电自检。

② 安装系统软件，配置网络参数(域名、IP 地址、网络等)，然后进行系统连机调试。

7.2   网络总体方案设计

7.2.1   网络系统的组成

网络系统一般由网络平台、服务平台、用户平台、开发平台、数据库平台、应用平台、网管平台、安全平台和环境平台等组成。其构成如图 7.1 所示。

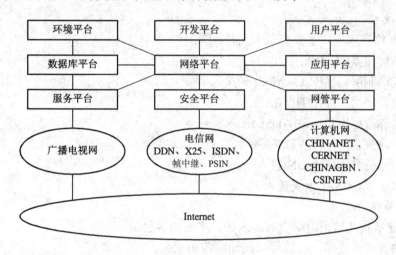

图 7.1   网络系统组成

1. 网络平台

网络平台是网络系统的中枢神经系统，由传输设备、交换设备、接入设备、网络互联设备、布线系统、网络操作系统、服务器和测试设备等组成，如图 7.2 所示。

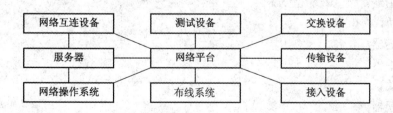

图 7.2   网络平台组成

1) 传输技术

常用的网络传输技术主要有以下几种：

(1) 同步数字体系(SDH)。

(2) 准同步数字体系(PDH)。

(3) 数字微波传输系统。

(4) 数字卫星通信(VSAT)。

(5) 有线电视网(CATV)。

2) 交换技术

常用的网络交换技术主要有以下几种：

(1) 异步传输模式(ATM)。

(2) 光纤分布式数据接口(FDDI)。

(3) 以太网(Ethernet)。

(4) 快速以太网(FastEthernet)。

(5) 千兆位以太网。

3) 接入技术

常用的网络接入方式主要有以下几种：

(1) 调制解调器(Modem)接入。

(2) 电缆调制解调器(Cable Modem)接入。

(3) 高速数字用户环路(HDSL)接入。

(4) 非对称数字用户环路(ADSL)接入。

(5) 超高速数字用环路(VDSL)接入。

(6) 综合业务数字网(ISDN)接入。

(7) TDMA 和 CDMA 无线接入。

4) 布线系统

目前，建筑物通常采用综合布线系统，主要内容包括：

(1) 传输介质：光缆、双绞线、同轴电缆和无线。

(2) 综合布线设备：信息插座、端口设备、跳接设备、适配器、信号传输设备、电气保护设备和支持工具。

(3) 桥架、金属槽、塑料槽、金属管、塑料管等。

5) 网络互联技术

常用的网络互联设备有以下几种：

(1) 路由器。

(2) 网桥。

(3) 中继器。

(4) 集中器。

(5) 网关。

(6) 交换器。

(7) 防火墙。

6) 网络操作系统

常用的网络操作系统有以下几种：

(1) Novell NetWare。

(2) Unix。

(3) Microsoft Windows NT。

(4) IBM LAN Server。

7) 服务器

常用的服务器有以下几种：

(1) Web 服务器。

(2) 数据库服务器。

(3) Mail 服务器。

(4) 域名服务器。

(5) 文件服务器。

8) 网络测试设备

常用的网络测试设备有以下几种：

(1) 电缆测试。

(2) 局域网测试仪。

(3) 光缆测试仪。

2. 服务平台

服务平台即网络系统所提供的服务，主要包括 Internet 服务、多媒体信息检索、信息点播服务、信息广播服务、远程计算与事务处理和其他服务，如图 7.3 所示。

1) 信息点播服务

常用的信息点播服务有以下几种：

(1) 视频点播(VOD)。

(2) 音频点播(AOD)。

(3) 多媒体信息点播(MOD)。

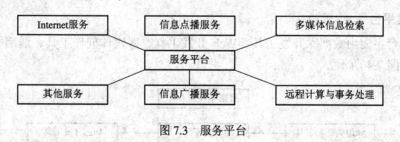

图 7.3　服务平台

2) 信息广播服务

常用的信息广播服务有以下几种：

(1) 视频广播，如 DVB。

(2) 音频广播，如立体广播。

(3) 数据广播。

3) Internet 服务

常用的 Internet 服务有以下几种：

(1) 万维网(WWW)。

(2) 电子邮件(E-Mail)。

(3) 新闻服务(News)。

(4) 文件传输(FTP)。

(5) 远程登录(Telenel)。

(6) 信息查询(Archie、Gopher、WAIS)。

4) 远程计算与事务处理服务

远程计算与事务处理服务主要有以下几种：

(1) 软件共享。

(2) 远程 CAD。

(3) 远程数据处理。

(4) 联机服务。

5) 其他服务

(1) 会议电视。

(2) 可视电话。

(3) IP 电话。

(4) 远程医疗。

(5) 远程教学。

(6) 监测控制。

(7) 多媒体综合信息服务。

3. 应用平台

应用平台主要包括网络上开展的各种应用，例如远程教育、远程医疗、电子数据交换(EDI)、管理信息系统(MIS)、计算机集成制造系统(CIMS)、电子商务、办公自动化、多媒体监控系统等。

4. 开发平台

开发平台主要由数据库开发工具、Web 开发工具、多媒体创作工具、通用类开发工具等组成，如图 7.4 所示。

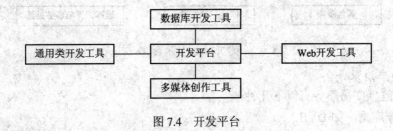

图 7.4　开发平台

1) Web 开发工具

常用的 Web 开发工具如下：

(1) HTML 开发工具。

(2) VRML 开发工具。

(3) Java 开发工具。

2) 数据库开发工具

常用的数据库开发工具如下:

(1) 公共网关接口(CGI)。

(2) 开放数据库连接(ODBC)。

(3) JDBC。

(4) VisualBasic、Delphi 和 PowerBuilder。

3) 多媒体创作工具

(1) 图形图像,如 PhotoShop、Visio、CorelDraw 等。

(2) 动画,如 3DStudio、Director、3DMax 等。

(3) 多媒体,如 AuthorWare 等。

4) 通用类开发工具

通用类开发工具很多,如 VisualBasic、C/C++等。

5. 数据库平台

1) 小型数据库

目前,广泛使用的小型数据库主要包括 Access、VisualFoxPro、Approach 等。

2) 大型数据库

目前,广泛使用的大型数据库主要包括 Oracle、Informix、Sybase、DB2。

6. 网络管理平台

1) 作为管理者的网络管理平台

作为管理者的网络管理平台主要有以下几种:

(1) HP OpenView。

(2) IBM Tivoli TME10。

(3) CA Uni-center TNG。

(4) Sun NetManager。

(5) Cabletron Spectrum。

2) 作为代理的网络管理工具

作为代理的网络管理工具主要有以下几种:

(1) Cisco Works。

(2) 3Com Transcend。

(3) Bay Networks Optivity。

7. 安全平台

目前,广泛使用的网络安全技术有以下几种:

(1) 防火墙,如 CheckPoint 的 FireWall-1 等。

(2) 分组过滤,通常由路由器来实现。

(3) 代理服务器，如 Microsoft Proxy Server 等。

(4) 加密与认证技术，如 WindowsNT Server 等都包括加密和认证技术。

8. 用户平台

1) PC+浏览器

用户使用个人计算机，需安装 Web 浏览器软件。目前，广泛使用的浏览器软件如下：

(1) Netscape Navigator 或 Communicator。

(2) Microsoft Internet Explorer。

2) 电视机+机顶盒

用户使用机顶盒，通过电视机来浏览信息，既可使用电话线，也可使用有线电视网 (CATV)，如 WebTV 等。

3) 办公软件

用户常用的办公软件有字处理、数据库、表格、简报等，如金山的 WPS 系列、Corel 的 WordPerfect 系列、Microsoft 的 Office 系列等。

9. 环境平台

环境平台主要包括机房、电源、防火设备和其他辅助设备等。

1) 机房

机房装修应符合国家标准 GB2887-89《计算站场地技术条件》中的主要技术指标。空调建议采用上送风恒温恒湿型。

2) 电源

网络电源设备是确保网络正常运行最重要的设施之一。通常采用智能型不间断电源 UPS，如 APC UPS 等，应包括网络监控软件和控制插件。

3) 其他辅助设备

其他辅助设备包括网络打印机、扫描仪、磁带机等。

7.2.2 XX 学校校园网案例

1. 用户需求

校园网用户需求主要有以下几点：

(1) 光纤千兆主干连接学校办公楼群、教学实验楼、图书馆等主要建筑。

(2) 各楼宇内采用超五类双绞线系统连接各楼层网间设备与用户信息设备，使计算机系统进行信息传输时达到百兆速率。

(3) 各布线系统符合交互式网络环境需求，支持多种媒体传输及局部科研应用。

(4) 光缆敷设利用现有管道直埋式敷设，楼内信息干线采用 PVC 线槽、线管敷设。

2. 用户需求分析

根据 XX 学校地理环境和各楼宇的位置及计算机设备的分布情况，在结构化布线方案中，信息主干线采用单模光纤，构成园区的一级网络链路。楼宇内采用朗讯超五类结构化双绞线布线系统，这是因为超五类结构化双绞线布线系统具有高可靠性，确保系统完全满足语音、高速数据网络的通信需求，并且其结构灵活、方便，对建筑物内不同系统应用提供完全开放式的支持。

3. 设计目标

(1) 先进性：系统具有高速传输的能力。水平系统传输速率达到 100 Mb/s，满足现在和未来数据的信息传输需求；主干系统传输速率达到 1000 Mb/s，同时具有较高的带宽，满足现在和未来的图像、影像传输需求。

(2) 灵活性：系统具有高度适应变化的能力。当用户的物理位置发生变化时可以在非常简便的调整下重新连接；布线系统适应各种计算机网络结构，如以太网、高速以太网、令牌环网、ATM 网等；布线系统具有一定的扩展能力。

(3) 实用性：系统具有使用方便、简单、低成本的特点。布线系统建立在满足各种需求的情况下，尽可能降低材料成本；布线系统具有操作简单、使用方便、易于扩展的特点。

4. 设计标准、规范和原则

1) 设计标准

EIA/TIA568：商用建筑物的电信布线标准。

EIA/TIA569：商用建筑标准中对电信路由和空间的规定。

EIA/TIA606：配线间的管理。

TSB67：商用建筑标准中对电信路径的建议规定。

CECS72.97：建筑与建筑群结构化布线系统设计规范。

IEEEE802.2：10BASE-T、100BASE-T、10BASE-5、10BASE-2 以太网标准。

IEEEE802.5：TOKEN RING 4M/16M 令牌环网标准。

IEEEE802.7：FDDI 网络标准。

IEEEE802.4：ARCNET 网络标准。

2) 设计规范

(1) 水平和骨干电缆系统采用星形拓扑结构，水平电缆线和设备电缆线最长不能超过 90 m，如果考虑跳线、接插线的长度，应从水平配线系统的 90 m 限额中减去。保证整条链路长度不超过 100 m。

(2) 对于每个建筑物，所选择的骨干电缆媒介(铜缆/光纤)应满足业务和距离的要求。如使用光缆，每个配线间至少有一条光纤。

(3) 在每个主配线终端和通信配线间的话音和数据终端应分开。

(4) 每个工作站或工作区域应有一条四对专用水平电缆。考虑到将来建筑物布线的需求，对于所有的水平配线场合，推荐安装相关的超五类元件。

(5) 对于使用全光纤网络的水平配线，每个工作站至少有一条光纤。

3) 设计原则

(1) 实用性：在遵守 T568A 标准的前提下，完全满足用户的所有需求，同时按照 TSB67 建议对于整体线路尽可能减少结点，做到节省资金，使系统具有最佳的网络拓扑结构，达到最佳性价比。

(2) 灵活性、开放性和扩展性：能支持任何厂家的网络产品，支持任意网络拓扑结构。可随着应用规模的扩大，在现有布线基础上，增加语音或网络站点的数量，实现语音与数据网络站点共享，通过简单增加设备就可实现增加多个语音或网络站点的数量。

(3) 先进性：系统能提供达到 1000 Mb/s 带宽的传输速率，满足现在和未来的需求。配线间能够满足多层次的交叉连接，通过简单的跳线实现网络复杂的变化和升级。

5. 设计规划

(1) 数据主配线间设在 1 号试验楼。

(2) 数据主干系统采用光缆。

(3) 楼宇内数据水平布线系统全部采用超五类非屏蔽双绞线(UTP、CAT5)。

(4) 数据系统采用模块化连接系统。

(5) 楼层水平主线槽采用 PVC 线槽敷设至各房间顶部。

(6) 垂直主干由主配线间沿通信竖井分别敷设至各水平配线间。

6. 设计方案

依据用户综合布线要求及系统集成建筑物设计的标准等级要求，对数据交换系统采用结构化布线系统之集中式和分布式网络管理相结合的方法进行设计，即把所有主要网络设备集中放置在 1 号实验楼的计算机机房内，同时利用分配线间(TC)和主配线间(MDT, Main Distribution Terminal)的可任意组合性兼顾各部门独立组网及距离的限制。

针对用户建筑物结构本身以及相应的功能需求，在 1 号实验楼内设计一个计算机主配线终端室 MDT，该主配线终端室在用户结构化布线系统中构成相应的主干终端系统，是整个校园数据、语音、影像传输系统的信息接口。

1) 拓扑结构图

由 1 号实验楼网络中心分别同 1 号办公楼、2 号办公楼、3 号办公楼、4 号办公楼、主教学楼、辅 1 教学楼、辅 2 教学楼、2 号实验楼等用光纤或双绞线进行单独连接。拓扑图如图 7.5 所示。

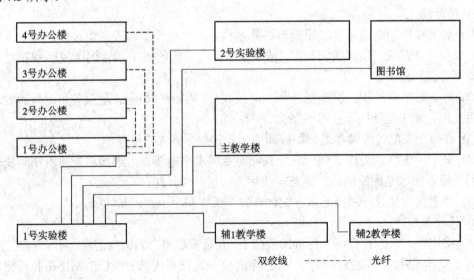

图 7.5　XX 学校校园网光纤布线图

2) 方案的优点

(1) 网络中心同各分布点之间都是单独连接的，提高了光纤传输速率。

(2) 任何一个分布点出现问题都不会影响到主机房和其他各个点的正常运行。

(3) 便于管理，能迅速查到故障原因。

3. 具体方案设计

(1) 用户需求如下：

① 楼宇内采用超五类双绞线。

② 楼内各房间内的走线采用标准扣合式表面安装管槽遮盖保护。

(2) 信息点分布概况(如表 7.2 所示)。

表 7.2　信息点分布表

楼　名	信息点	楼　名	信息点
1 号办公楼	10	2 号实验楼	10
2 号办公楼	18	辅 1 教学楼	19
3 号办公楼	12	辅 2 教学楼	23
4 号办公楼	12	图书馆	21
主教学楼	48		
1 号实验楼	39	总计	212

(3) 方案设计。根据用户要求及建筑物设计的标准等级要求，在 1 号实验楼设置一个主配线间，在其他楼宇内各设置分配线间。根据实用性、灵活性及满足需求的原则，每栋楼一般设置 1～3 个分配线间，分配线间用于连接主干线缆和水平线缆。

7. 工程测试与验收

1) 测试

测试仪器：FLUCK 网络电缆测试仪。

测试指标：近端串扰、衰减、阻抗、长度、ACR 值等指标。

2) 综合布线系统验收

(1) 外观验收：墙壁上信息插座安装是否美观，各层配线架是否平稳牢靠。

(2) 主配线间验收：双绞线布线系统测试包括连续性测试、开路、短路和连接正确性测试、衰减测试、近端串扰测试。

(3) 测试标准：TIA/EIA 568 标准。

(4) 测试仪器：FLUCK 网络电缆测试仪。

(5) 光纤系统中光纤衰减的测试：在光纤系统的实施过程中，涉及光纤的敷设、光缆的弯曲半径、光纤的熔接以及光纤的跳线，因设计的方法及物理布线结构的不同，导致网络设备间的光纤路径上光信号的传输衰减有很大不同。

此案例完全遵循 TIA/EIA 568 标准进行设计，使用星型的物理拓扑结构，使任意两个网络设备连接时，光信号的传输可绝对限制在 FDDI 或 IEEE 802.2 FOIRL(Fiber Optic Inter-Repeater Link)规定的范围之内。

根据标准规定和设计方法，应充分保证任意两段已接好的光缆中的光纤，连同跳线与连接线一起，总的衰减应在 9 dB(850 nm)之内。

思 考 题

1．简述一个设计良好的网络应具有的特点。

2．试简述如何对一个网络进行规划？

3．简述在集线器网络设备选型时应考虑的原则。

4．试简述选择网络拓扑结构时应考虑的原则。

5．试为某公司提出一个网络设计方案，满足如下要求：

(1) 公司共有 A、B、C、D、E、F 六个部门，分别拥有 20、30、45、35、25、5 台计算机。

(2) A、B、C、D、E 部门都有各自独立的文件服务器，且文件服务器通常不允许跨部门访问。

(3) F 部门的计算机可以访问 A、B、C、D、E 五个部门的文件服务器。

(4) 公司内部的计算机间采用公司内部的电子邮件系统和 IM(即时通讯)系统联系。

(5) 公司内部网络与 Internet 之间采用 100 Mb/s 光纤接入。

(6) 公司内部架设 Web 服务器，对 Internet 提供公司的形象和电子商务服务。

(7) 为保证安全，Internet 与公司内部网络间应采用防护措施，防止外界对内部网络未经授权的访问。

(8) 如有必要，可根据需要在网络中增添其他功能服务器。

第 8 章　网络管理的实现

建议学时：8 学时

主要内容：

(1) 使用 Windows 2003 实现用户管理；

(2) 使用 Windows 2003 实现性能管理；

(3) 使用 Windows 2003 实现故障管理；

(4) 使用 Windows 2003 实现远程访问管理；

(5) 使用 NET 命令进行网络管理。

8.1　网络管理系统平台简介

针对网络管理的需求，许多厂商开发了自己的网络管理产品，有一些产品已经形成了一定的规模，占有了大部分的市场。这些产品采用标准网络管理协议，提供通用的解决方案，形成了一个网络管理系统平台。网络管理系统的开发者采用不同的方法提供网络管理功能。有些系统强调把网络管理和系统管理集成在一起；而另外一些系统则把重点放在通过大量第三方软件的支持实现网络管理的普遍性。

8.1.1　选择网管系统的原则

选择网管系统的关键是了解网络环境和它的发展、网络所用设备的类型、网络是如何组织的、对于将来的发展有什么计划等。网管系统的选择是找到系统所要的特征和网管系统所能提供的特性之间的最适合点。

因此，在选择网络管理系统时，必须对各个方面进行仔细评价，然后选出最佳方案。为了有效地管理网络中的交换机、集成器、路由器、服务器、复用器等网络设备和资源，保证网络持续、高效、可靠、稳定地运行，必须配置功能齐全的网络管理软件。

选择网络管理软件时，需考虑以下主要因素：

(1) 能自动发现配置网络的拓扑结构和网络设备。

(2) 能自动检测、记录、报告、诊断和控制网络故障或错误。

(3) 遵从国际标准，具有良好的兼容性，能管理不同厂商的网络设备，支持第三方应用软件包。

(4) 具有良好的开发环境，界面亲切友好，提供 API 接口，具有良好的扩展性。

(5) 提供良好的服务，包括文档、培训等。

8.1.2 网络管理的基本内容

1. 用户管理

用户管理包括管理用户标识、用户账号、用户口令和用户个人信息等。

2. 配置管理

配置管理的目标是监视网络的运行环境和状态，改变和调整网络设备的装置，确保网络有效可靠地运行。

网络配置包括：识别被管理网络的拓扑结构；监视网络设备的运行状态和参数；自动修改指定设备的配置；动态维护网络等。

3. 性能管理

性能管理的目标是指通过监控网络的运行状态，调整网络性能参数来改善网络的性能，确保网络平稳运行。

网络性能包括网络吞吐量、响应时间、线路利用率、网络可用性等参数。

4. 故障管理

故障管理的目标是准确及时地确定故障的位置及其产生原因，尽快解除故障，从而保证网络系统正常运行。

故障管理通常包括故障检测、故障诊断和故障恢复。

5. 计费管理

公用数据网必须能够根据用户对网络的使用核算费用并提供费用清单。数据网中费用的计算方法通常要涉及几个互连网络之间的费用核算和分配问题。所以，网络费用的计算也是网络管理中非常重要的一项内容。

计费管理主要包括：统计用户使用网络资源的情况；根据资费标准计算使用费用；统计网络通信资源的使用情况；分析预测网络业务量等。

6. 安全管理

网络安全管理的目标是保护网络用户信息不受侵犯，防止用户网络资源的非法访问，确保网络资源和网络用户的安全。

安全管理的措施包括：设置口令和访问权限以防止非法访问；对数据进行加密；防止非法窃取信息；防治病毒等。

8.1.3 网络管理的实现

目前网络操作系统具有强大的网络管理功能，几乎能涵盖网络管理的基本内容，因此通常在不太复杂的网络(局域网)中直接使用网络操作系统来实现网络管理。也可选用专门的网络管理系统(软件)进行网络管理。下面介绍用于网络管理的网络操作系统和网管系统软件。

(1) 常见的用于网络管理的网络操作系统有：

· UNIX。

· LINUX。

- Windows 2000/2003/2008。
- NETWARE。

(2) 常见的用于网络管理的网管系统软件有：

- HP OpenView。
- HP Toptools。
- IBM Tivoli NetView。
- CISCO CiscoWorks。
- 3COM Network Supervisor。
- NAI Sniffer。
- CA Unicenter TNG。
- Novell Z.E.N.works。
- CISCO CiscoWorks2000。
- ENTERASYS Enterasys。

8.2 基于 Windows 2003 实现网络管理

本节将介绍如何应用 Windows 2003 Server 中的 SNMP 功能来实现多网络管理。

8.2.1 用户管理

Windows 2003 是一个多用户的操作系统，它可以供多名用户使用，下面介绍多用户管理的实现。

1. 基本用户管理

在 Windows 2003 中，要添加和删除用户，首先使用 Administrator 进行身份登录，在控制面板中双击"用户账户"图标，打开如图 8.1 所示的"用户和密码"窗口。

图 8.1 "用户和密码"窗口

1）设置用户的密码

在如图 8.1 所示的窗口中选择"要使用本机，用户必须输入用户名和密码"，将本计算机设置为必须登录才能使用。再选择需要更改密码的用户名，然后单击"设置密码"按钮，即可更改该用户的密码，如图 8.2 所示。

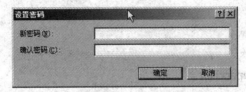

图 8.2　设置用户的密码

2）添加一个新用户

在如图 8.1 所示的窗口中单击"添加"按钮，即可添加一个新用户。Windows 2003 会弹出如图 8.3 所示的"添加新用户"窗口。

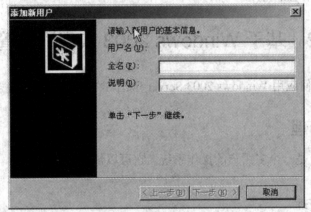

图 8.3　"添加新用户"窗口

在如图 8.3 所示的窗口中输入用户名、全名和说明之后，单击"下一步"按钮继续，会弹出如图 8.4 所示的窗口。在该窗口中设置用户的密码并进行确认，然后单击"下一步"按钮继续。在弹出的如图 8.5 所示的窗口中选择用户的类型，然后单击"完成"按钮，新用户就建立完毕了。

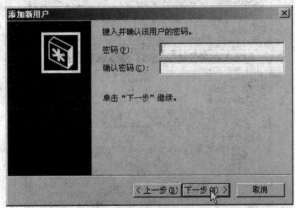

图 8.4　"添加新用户"窗口(续)

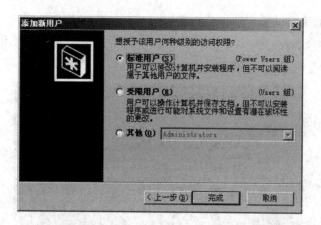

图 8.5　"添加新用户"完成窗口

3) 查看和更改用户属性

在如图 8.1 所示的窗口中选择用户，然后单击"属性"按钮，即可查看该用户的属性并进行更改。打开的"属性"窗口如图 8.6 所示，在该窗口中可以更改用户名、全名和对该用户的说明。还可以更改用户所拥有的访问权限，方法是单击"组成员"标签，打开"组成员"选项卡进行修改，如图 8.7 所示。

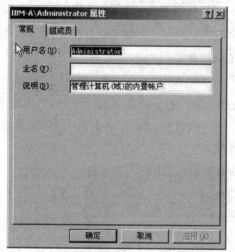

图 8.6　查看和更改用户

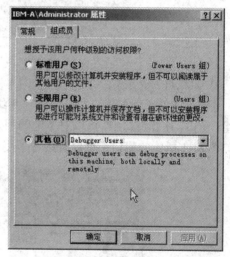

图 8.7　查看和更改用户属性(续)

4) 删除一个用户

如果想要删除一个用户，只需要在如图 8.2 所示的"用户和密码"窗口中，选择将要删除的用户，然后单击"删除"按钮，Windows 会弹出如图 8.8 所示的提示信息，要求作出确认。

图 8.8　用户删除确认

2. 用户管理的高级设置

进行用户管理的高级设置，需要在如图 8.1 所示的"用户和密码"窗口中单击"高级"标签，打开"高级"选项卡，如图 8.9 所示。

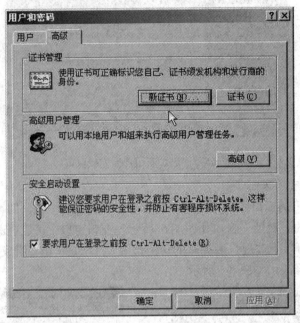

图 8.9　用户管理的高级设置

1) 高级用户管理

在如图 8.9 所示的窗口中，单击"高级"按钮，即可打开如图 8.10 所示的"本地用户和组"窗口，在此窗口中，可以对本地的用户进行统一的管理。展开"本地用户和组(本地)"，在如图 8.11 所示的窗口中可以直接管理用户或者组。

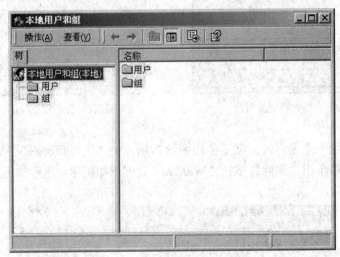

图 8.10　"本地用户和组"窗口

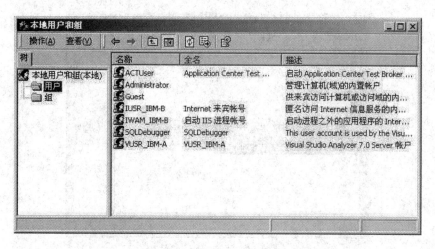

图 8.11　"本地用户和组"的管理方式

2) 直接管理用户

在图 8.1 所示的窗口中，直接双击用户，打开用户"属性"窗口，如图 8.12 所示。

在如图 8.12 所示的"常规"选项卡中，可以设置用户的全名、描述以及对密码的使用指导。

在如图 8.13 所示的"隶属于"选项卡中，可以查看用户当前所属的组。如果想把该用户添加到其他组中，那么只需单击"添加"按钮，在如图 8.14 所示的"选择组"窗口中选择想要添加到的组，然后单击"添加"按钮，最后单击"确定"按钮即可。这样该用户便获得了该组所拥有的权限。

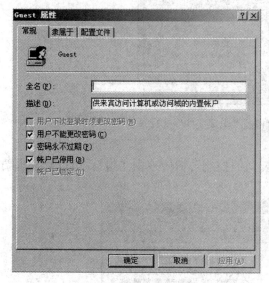

图 8.12　"常规"选项卡　　　　　　　图 8.13　"隶属于"选项卡

某些情况下，针对不同的用户，Windows 2003 需要使用不同的配置文件和启用不同的登录脚本，这部分需要在用户"属性"窗口的"配置文件"选项卡中配置，如图 8.15 所示。

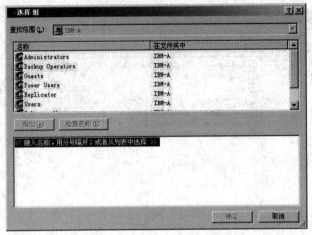

图 8.14 "选择组"窗口

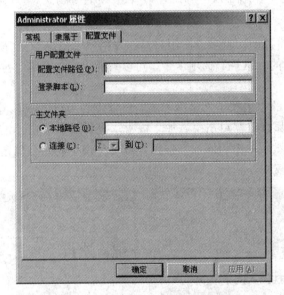

图 8.15 用户"属性"窗口的"配置文件"选项卡

3) 管理组

在如图 8.10 所示的"本地用户和组"窗口的控制台树中双击"组",可以管理当前 Windows 中所建立的组,如图 8.16 所示。

图 8.16 "本地用户和组"窗口

在如图 8.16 所示的"本地用户和组"窗口中直接双击某个组，即可打开该组的"属性"窗口，如图 8.17 所示。

图 8.17　组的属性窗口

在如图 8.17 所示的窗口中，单击"添加"按钮，即可将不属于该组的用户添加到该组中，或者让其他组获得该组所拥有的权限，如图 8.18 所示。

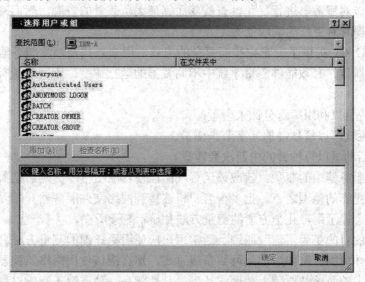

图 8.18　"选择用户或组"窗口

8.2.2　性能管理

管理员在使用 Windows 中的性能监视器和网络监视器等性能监视工具对网络性能进行监控之前，应了解一些网络性能方面的基础知识。

1. 网络性能优劣的判定标准

在计算机网络中，客户机工作的速度通常与它所访问网络的运行速度有关。因此，网络速度将会限制连接在网络上每台计算机的速度。从客户机的角度来看，网络带宽的可利用率与网络中服务器的响应速度是影响网络响应速度的两个最重要的因素。

在下面三种情况下，网络速度会限制客户机的速度：

(1) 有很多的计算机竞争使用单一共享介质的子网。

(2) 计算机处理数据的速度高于网络数据链路的传输速度。

(3) 网络服务器的性能过低而不能快速响应客户机的请求。

相反，如果网络立即可用，或者数据链路带宽大于客户机所能处理的数据总量以及服务器能够快速响应客户计算机请求，那么网络速度将不会限制网络客户机的速度。

因此，一个快速网络必定具备以下条件：

(1) 数据链路所支持的数据速率必须超出网络客户机处理数据的能力。

(2) 访问网络共享介质的竞争不能超过介质的负载限度。

(3) 服务器必须足够得快，以响应所有网络客户计算机的请求。

2. 网络性能瓶颈

网络性能瓶颈主要是指安装有 Windows 2003 操作系统的服务器限制网络性能的因素。服务器需要响应成百上千台客户机的请求，网络的性能不可避免地要受到服务器中瓶颈的影响，客户机必须花费许多时间等待服务器的响应。

管理员可以对服务器进行优化，查找其面临最大负载量的资源，然后减轻该资源的负载量，使服务器具有更好的响应能力。

Windows 2003 提供了一套完整而复杂的工具，用来查找及消除服务器和网络中的瓶颈。要想查找瓶颈，必须能够测量系统中不同资源的运行速度。不同资源有不同的衡量方法，例如：

(1) 网络流量以利用率百分比来衡量。

(2) 磁盘吞吐率以每秒钟的兆字节来衡量。

(3) 中断活动量以每秒钟的中断次数衡量。

要想查找服务器中的瓶颈，就应该运行性能监视器应用程序。然后把服务器的负荷降低至引起性能更坏的范围之下。把多台客户机连接到网络文件服务器开始复制文件。性能与网络监视器会提示用户几个方便的衡量方法并显示瓶颈所在。

查找瓶颈的目的是为了消除瓶颈。通常用户应使用更详细的测量方法，以确定使网络负载下降的具体原因。例如，如果网络负载过高，那么应该使用网络监视器确定哪一台计算机产生了过大的负荷及原因。使网络达到最高性能是一种连续不断的过程。消除了系统中的主要瓶颈之后，就又重新开始查找并消除下一个瓶颈。系统中总是有瓶颈存在，因为至少存在一种资源会导致其他资源的等待。因此，查找影响网络性能的瓶颈并且将其消除的工作需要管理员重复不断进行。

8.2.3 使用性能监视器监控网络

网络会出现很多性能问题，如果问题涉及网络硬件、线缆或网络流量，该问题就很难发现。性能监视器提供了测量通过服务器网络流量的计数器，网络流量及信息由重定向器和服务器软件处理。

利用性能监视器可以监视系统的运行情况，包括 CPU 工作效率、内存与硬盘的容量变化、网络流畅状况、资源分配现状等。可以将这些数据以图表表示或做成报表，也可以设置当系统发生异常情况时，自动发出警告信息。

性能监视器为监视系统的运行状况提供以下功能：

(1) 查看反映当前活动的计数器值的图表，并可动态更改。

(2) 可同时从多台计算机中查找数据。

(3) 及时反馈配置更改对计算机性能的影响。

(4) 可从图表、日志、警报中输出数据到电子表格或数据程序中进行编辑和打印。

(5) 创建多个警报，记录计数器值何时超过配置的值。

(6) 创建日志，使其包含来自不同计算机的各种数据，以便管理员随时查看收集到的信息。

(7) 从现有日志文件中创建报告。

(8) 保存图表、日志和警报的设置，甚至整个工作区的设置，使管理员在需要时可重新使用这些数据。

性能监视器界面如图 8.19 所示。

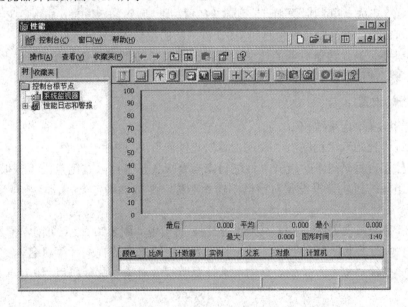

图 8.19　性能监视器界面

1. 图表的设置

监测图表设置的步骤如下：

(1) 直接单击右下方的图表窗口按钮。选择"立方图"、"线条图"等选项。

(2) 如果窗口上已有图表，可利用"清除"按钮将此图表清除。

(3) 按"+"或"添加数据项"按钮增加新的监视项目，将出现如图 8.20 所示的对话框。

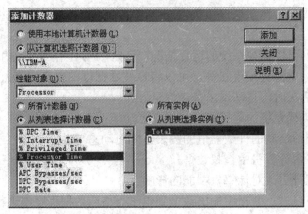

图 8.20　添加计数器对话框

(4) 在"从计算机选择计数器"的下拉列表框中输入所要监视的计算机名称。

(5) 从"性能对象"下拉列表框中选择监视的对象。对象是指在计算机上运行的处理机、内存、实体设备等项目。此处以"Processor"对象为例。

(6) 从"从列表选择实例"中选择一个实例。

(7) 从"从列表选择计数器"列表框中，选择一个计数器对象。每一个性能对象可以被细分为多个计数器对象。例如，当选择监视图中的"Processor"对象时，该对象由多个计数器对象组成，可以选择监视 CPU 执行某个线程(Thread)所花费的时间(%ProcessorTime)，也可以监视每秒钟 CPU 被中断的次数(Interrupt/sec)等。

(8) 如果要了解计数器对象的含义，可点击图 8.20 中的"说明"按钮。

(9) 设置完成后，单击"添加"按钮。

2. 警报的设置

建立警报设置的步骤如下：

(1) 通过"开始"、"程序"、"管理工具"、"性能"，打开性能界面。

(2) 在控制台目录树下，展开"性能日志与警报"子节点，右键点击"警报"。

(3) 在出现的新建警报设置对话框中输入名称，并按"确定"按钮。出现新建警报设置界面。

(4) 在新建警报设置界面上按"添加"按钮后将出现如图 8.20 所示的添加计数器对话框。

(5) 在"从计算机选择计数器"的下拉列表框中输入要监视的计算机名称。

(6) 从"性能对象"下拉列表框中，选择要监视的对象。此处仍以"Processor"为例。

(7) 从"从列表选择实例"中选择一个 Instance。

(8) 从"从列表选择计数器"下拉列表框中，选择一个 Counter。此处以"%ProcessorTime"为例。

(9) 设置完成后，单击"添加"按钮。

(10) 重复步骤(5)～(9)，选择其他要监视的项目。

(11) 当所有要监视的项目都选择完成后，单击"确定"按钮。

3. 警报选项的设置

警报选项的设置是在设置了警报监视项目后，在如图 8.21、8.22、8.23 所示的选项卡中填充信息来完成的。其中各项描述如下：

(1) 触发警报条件：当监视项目的数据低于或高于某一个设置数值时将触发警报报警。

(2) 将项目记入应用程序事件日志：当发生警报时，此信息将记录到应用程序日志中，可以利用"事件查看器"查看此警报日志。

(3) 发送网络消息：当发生警报时，可给网络上的其他用户或计算机发送警报消息，此时请选择"发送网络消息到"，并在文本框中输入用户名称或计算机名称。这时网络上的用户或计算机上会收到警报信息。

(4) 数据采样间隔：用来设置更新窗口数据的间隔时间，默认情况下是 5 秒。如果要定义间隔时间，可以在文本框中手工填入。

(5) 开始扫描与停止扫描：对数据监视的开始日期、时间和停止日期、时间。

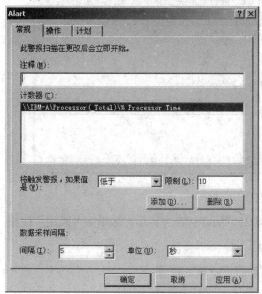

图 8.21 警报常规选项卡

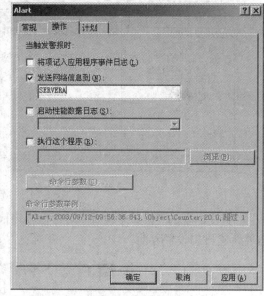

图 8.22 警报操作选项卡

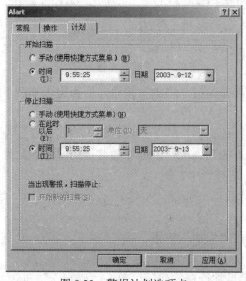

图 8.23 警报计划选项卡

4. 日志文件设置

前面所介绍的图表、警报及所利用的数据是即时数据。也可以将系统的运行状况记录下来，事后再利用图表、警报或报表的方式显示在"性能监视器"的窗口下。

建立日志文件的步骤如下：

(1) 通过"开始"、"程序"、"管理工具"、"性能"，打开性能界面。

(2) 在控制台根节点下，展开"性能日志和警报"子节点，如图8.24所示，单击"计数器日志"。

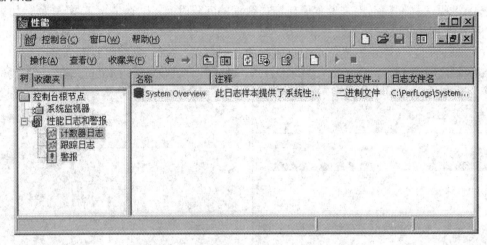

图8.24　"性能"界面

(3) 在出现的"新日志设置"对话框(如图8.25所示)中输入名称，并单击"确定"按钮，出现新建日志设置界面。

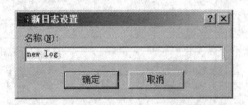

图8.25　新建日志设置对话框

(4) 在新建日志设置界面单击"添加"按钮之后将出现如图8.20所示的添加计数器对话框。

(5) 在"从计算机选择计数器"的下拉列表框中输入所要监视的计算机名称。

(6) 从"性能对象"下拉列表框中，选择要监视的对象。此处仍以"Processor"为例。从"从列表选择实例"中选择一个实例。

(7) 从"从列表选择计数器"列表框中，选择一个计数器对象。此处以"%ProcessorTime"为例。

(8) 设置完成后，单击"添加"按钮。

(9) 重复步骤(5)～(9)，选择其他要记录的项目。

(10) 所有要记录的项目都选择完成后，单击"确定"按钮。

5. 日志选项的设置

日志选项的设置是在设置了日志记录项目后，在如图 8.26、8.27、8.28 所示的选项卡中填充信息来完成的。其中各项描述如下：

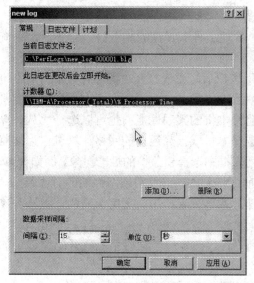

图 8.26　日志常规选项卡

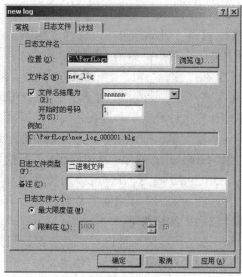

图 8.27　日志文件选项卡

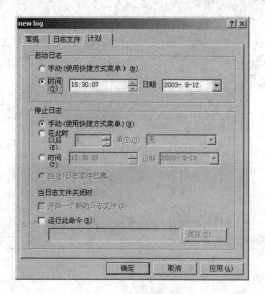

图 8.28　日志计划选项卡

(1) 数据采样间隔：用来设置更新窗口数据的间隔时间，默认情况下是 15 秒。如果要定义间隔时间，可以在文本框中手工填入。

(2) 日志文件名与日志文件类型：在文本框中输入日志文件名称(包括文件所在文件夹和路经)；日志文件类型可以选择二进制文件、八进制文件和十六进制文件等。

(3) 日志文件大小：对日志文件大小进行限定，例如 1000 KB。

(4) 启动日志与停止日志：数据记录的开始日期、时间和停止日期、时间。也可以手动控制日志数据记录的启动和停止。

利用上述记录功能产生的日志文件，可以作为性能分析的数据来源。

6. 性能监视器应用举例

下面我们举例说明如何使用"性能监视器"来监控网络性能。

(1) 打开"开始"菜单，选择"程序"、"管理工具"、"性能监视器"命令后，系统将打开"性能"窗口，如图 8.19 所示。

(2) 在"性能"窗口的工具栏中单击"+"按钮后，系统打开"添加计数器"对话框。

(3) 在"添加计数器"对话框中，用户首先需要选择希望监控的计算机，可以选定"使用本地计算机计数器"单选按钮使得监视器监控本机的某项性能；也可以选择"从计算机选择计数器"单选按钮，再从下拉列表框中选择本机或已经连接的网络计算机作为被监控的对象。接着，用户需要在"性能对象"下拉列表框中选择要监控的性能对象，例如 Server、DNS、DHCPServer 等。这里我们主要添加了前面提到的一些针对网络性能的对象类型。选定一种性能对象后，该对象的计数器便显示在计数器列表框中，选定所需的计数器对象并单击"添加"按钮即可。

(4) 单击"关闭"按钮后，系统将返回到"性能"窗口，这时系统就开始用选定的计数器对相应的对象进行监控，如图 8.29 所示。

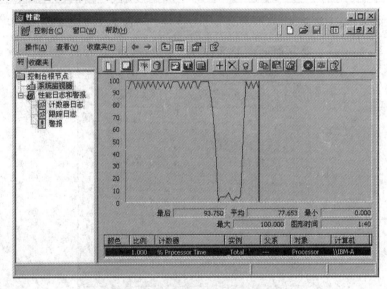

图 8.29　使用性能监视器监控网络

8.2.4　使用网络监视器监控网络

Microsoft 网络监视器是 Windows 2003 所包括的一个网络诊断工具，可运行在一台或者多台客户机和服务器上，能实现第三方网络分析器的许多功能。Microsoft 网络监视器为了能够通过网络从网络计算机上获取数据，需要在 Microsoft 网络监视器连接的任一台计算机上装入 Microsoft 网络监视器代理，Microsoft 网络监视器会通过网络直接与装在网络计算机上的协议堆栈中的监控代理打交道。Microsoft 网络监视器和网络代理交互作用，在本地计算机或者网络上的任何一台计算机上进行监控，达到捕获网络信息流量的目的。

Microsoft 网络监视器捕获信息流量的方式有：

(1) 捕获所有网络数据并用显示过滤器显示出有意义的数据包。

(2) 限制捕获通过捕获过滤器定义的数据。

(3) 直到特定触发器事件出现才停止捕获网络信息流量，可通过创建定制的捕获触发器在指定事件出现后停止数据捕获。

1. 网络监视器窗口

Microsoft 网络监视器的主屏幕主要由 4 个平铺窗格组成，分别为网络图表窗格、会话统计窗格、站点统计窗格和汇总统计窗格。打开"开始"菜单，选择"程序"、"管理工具"、"网络监视器"命令，即可打开"Microsoft 网络监视器"窗口，如图 8.30 所示。

1) 网络图表窗格

网络图表窗格主要是以图表的形式显示某一时刻网络的使用情况。其中包含五个条状图形，每个图形显示其对应值的实时读取结果。五个条状图形分别为：

(1) 网络利用：显示统计网络的利用百分比。

(2) 每秒帧数：显示网络上每秒传输的数据包帧数。

(3) 每秒字节数：显示统计网络上传输的字节数。

(4) 每秒广播：显示统计网络上每秒广播的数据包数。

(5) 每秒的多播：显示统计网络上每秒多播的数据包数。

通过网络图表窗格可快速查看网络的运行状况。图表上主要部分是"网络利用"、"每秒广播"和"每秒的多播"，如果这三部分显示的值比较高，则说明网络中可能有太多不必要的信息流量。

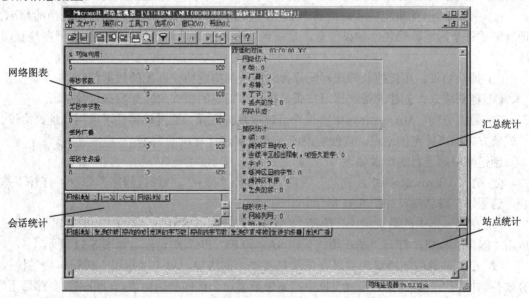

图 8.30　"Microsoft 网络监视器"窗口

2) 会话统计窗格

会话统计窗格显示不同网络计算机间会话的概要列表。

网络计算机被列为 1 和 2，标题 1→2，显示计算机 1(左列)向计算机 2(右列)发送的字节数；标题 1←2，显示计算机 2 向计算机 1 发送的字节数，标题"网络地址 1"和"网络地址 2"显示主机的 MAC 地址。如果发现一边的主机发送信息，而另一边的主机没有应答，则表明此种信息流是由 UDP 或者广播信息和多播信息组成。会话统计窗格对检测支配网络的主机有用。

3) 站点统计窗格

站点统计窗格显示所捕获的每个主机发送总帧数的概要信息。主机的传送情况通过发送和接收的帧数、发送和接收的字节数、直接帧发送数以及多播帧数和发送的广播信息来表示。

站点统计窗格在比较每台主机发送和接收到的信息时是非常有用的，如果一个单独的宿主计算机在网络中占据支配地位，则该主机的字节统计数将提升网络利用率。

4) 汇总统计窗格

汇总统计窗格显示的统计信息描述了检测到的网络流量，包括捕获到的帧和字节数、缓冲区里的帧和字节数、每秒网络的使用统计、网络接口的使用状况以及网络的状态统计。这些统计信息是作为时间的函数被捕获的。

汇总统计窗格在管理员全面监控网络活动、管理捕获文件以及观察错误时是非常有用的。

2. 捕获筛选器

由于许多协议都是同多个信源、信宿地址以及消息类型混合在一起的，因此网络数据的出现和消失都是随机的。在 Microsoft 网络监视器中可以判断数据通过网络时的方向，通过创建筛选器，指定是否将捕获接收自或发送至特定设备的数据，设置捕获接收自或者发送至指定地址的数据包。捕获筛选器使用以下几种参数对网络流量进行过滤：

(1) 网络地址：如果在捕获筛选器中配置了地址，Microsoft 网络监视器会用适当的 MAC 地址测试每个网络数据包。如果信息流量中包含有正确地址，该地址就会被收集在捕获缓冲区中。

(2) 捕获协议：可把捕获筛选器配置为只捕获与指定协议匹配的数据包。

(3) 捕获模式：创建的筛选器可按照数据包中指定的模式来匹配数据包数据。

(4) 数据方向：Microsoft 网络监视器可观察数据方向，通过该特性可以用地址、协议、模式或方向隔离特定的站点，以便观察流入或流出该计算机的数据。

创建捕获筛选器的步骤如下：

(1) 在"Microsoft 网络监视器"窗口中，选择"捕获"、"筛选程序"命令，打开"捕获筛选程序"对话框，如图 8.31 所示。

(2) 在列表框中的目录树中，选择"SAP/ETYPE=Any SAP or Any ETYPE"节点，然后单击"编辑"按钮，打开"捕获筛选程序 SAP 和 ETYPE"对话框，如图 8.32 所示。

(3) 在"被禁用的协议"列表框中选择要添加的协议，单击"启用"按钮可使该协议有效并添加到"启用的协议"列表框中；如果要添加全部的禁用协议，可单击"全部启用"按钮来完成。

(4) 要禁用已启用的协议，在"启用的协议"列表框中选择要禁用的协议，然后单击"禁用"即可。如果要禁用全部已启用协议，可单击"全部禁用"按钮。

(5) 单击"确定"按钮返回到"捕获筛选程序"对话框。

(6) 若要添加捕获筛选程序地址及设置数据方向，在目录树中先选择"AND(地址对)"节点，然后单击"地址"按钮，打开如图 8.33 所示的"地址表达式"对话框进行添加和设置。

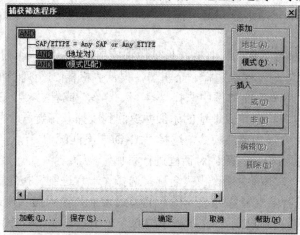

图 8.31　"捕获筛选程序"对话框

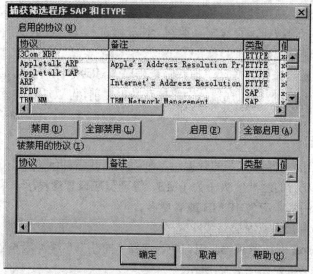

图 8.32　"捕获筛选程序 SAP 和 ETYPE"对话框

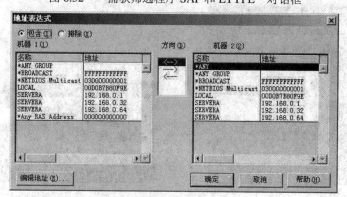

图 8.33　"地址表达式"对话框

(7) 在"地址表达式"对话框中，选择"包含"或者"排除"按钮。如果选择"包含"按钮，则意味着如果一个数据包符合捕获筛选程序的地址表达式，该数据包会被捕获；如果选择"排除"按钮，则意味着如果一个数据包符合捕获筛选程序的地址表达式要求，该数据包不会被 Microsoft 网络监视器所捕获，即使该数据包符合一个或多个地址表达式的要求。

(8) 单击"编辑地址"按钮，打开"地址数据库"对话框进行编辑。

(9) 从"机器(1)"列表框中选择一个机器，再从"机器(2)"列表框中选择一个与之对应的机器，然后从"方向"文本框中选择"<-->"、"-->"或者"<--"三个方向选项之一。

(10) 单击"确定"按钮完成地址的添加并返回到"捕获筛选程序"对话框。

(11) 在目录树中要添加捕获模式，选择"AND(图案匹配)"节点，单击"模式"按钮，打开如图 8.34 所示的"模式匹配"对话框进行添加。

(12) 在"模式"文本框中输入模式名称。选择"十六进制"按钮表示输入的模式为十六进制捕获模式；选择 ASCII 按钮表示输入的模式为 ASCII 码捕获模式。

(13) 在"偏移值(十六进制)"文本框中输入一个十六进制数以指定出现在帧中的多少字节处。要从帧的开始处开始搜索模式，则选择"从帧的开头"按钮，要从拓扑头之后开始搜索模式，则选择"从拓扑头信息末尾"按钮。

(14) 单击"确定"按钮保存设置并返回"捕获筛选程序"对话框。单击"保存"按钮，可将捕获筛选程序保存起来。

(15) 单击"确定"按钮，关闭"捕获筛选程序"对话框，捕获筛选程序配置完成。

(16) 使用 Microsoft 网络监视器从网络捕获数据之前，可以通过设置触发器来停止捕获或者执行命令文件。

3. 缓冲区设置

Microsoft 网络监视器可捕获的数据总量依赖于捕获缓冲区大小，首次启动 Microsoft 网络监视器时，其缺省的缓冲区大小为 1 MB，管理员应设置缓冲区，增大其值，因为一个良好的工作缓冲区的大小应为 10 MB 或者更多。

可参照下面的步骤来配置捕获缓冲区：

(1) 在"Microsoft 网络监视器"窗口中，选择"捕获"、"缓冲区设置"命令，打开"捕获缓冲区设置"对话框，如图 8.35 所示。

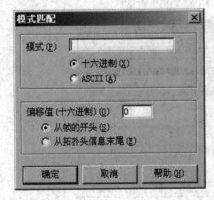

图 8.34 "模式匹配"对话框

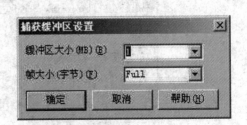

图 8.35 "捕获缓冲区设置"对话框

（2）从"缓冲区大小(MB)"下拉列表框中选择或者直接输入一个值，作为捕获缓冲区的大小。

（3）从"帧大小(字节)"下拉列表框中选择或者直接输入一个值，作为每帧捕获到的数据字节数目。

（4）单击"确定"完成设置。

4. 捕获数据

用 Microsoft 网络监视器捕获数据既快速又简单，创建捕获过滤程序和触发器，并设置缓冲区，然后选择"捕获"、"开始"命令开始捕获进程。捕获完毕，选择"捕获"、"停止且查看"命令以停止捕获进程并查看捕获缓冲区中的数据。

8.2.5　远程访问管理

1. 添加路由和远程访问服务器

在默认情况下，安装 Windows 之后，系统将本地计算机作为路由和远程访问服务器添加在控制台中进行使用和管理。但是，如果系统默认路由和远程访问服务器已经被删除或者要创建多个路由以及远程访问服务器进行路由和远程访问服务，就需要通过"路由和远程访问"控制台窗口进行路由和远程访问服务器的添加。添加路由和远程访问服务器的过程如下：

（1）以系统管理员的身份登录 Windows 2003 服务器，选择"开始"、"程序"、"管理工具"、"路由和远程访问"命令，打开如图 8.36 所示的"路由和远程访问"窗口。

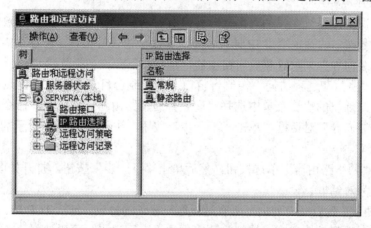

图 8.36　"路由和远程访问"窗口

（2）在默认状态下，将本地计算机列为路由和远程访问服务器。要添加其他服务器，在控制台目录树中，右键单击"服务器状态"节点，在弹出菜单中选择"添加服务器"，打开如图 8.37 所示的"添加服务器"对话框。

（3）在"添加服务器"对话框中，通过设置选项选择要添加的服务器，各选项设置如下：

① 选择"这台计算机"单选按钮，可将本地计算机上的路由和远程访问服务添加到控制台目录树中。

② 选择"下列计算机"单选按钮并在下面的文本框中输入计算机的名称或者 IP 地址，

则可将该计算机上的路由和远程访问服务器添加到控制台目录树中。

③ 选择"所有路由和远程访问计算机"单选按钮并在"域名"文本框中输入连接域的域名，则该域中的所有路由和远程访问服务器将被添加到控制台目录树中。

④ 选择"浏览 ActiveDirectory"单选按钮，可在活动目录中查找符合条件的路由和远程访问服务器。

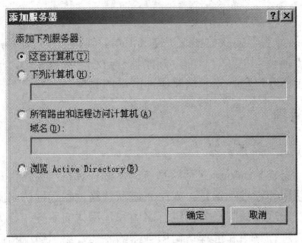

图 8.37　"添加服务器"对话框

(4) 完成服务器的选择之后，单击"确定"按钮即可。

2. 启动和配置路由器

在默认情况下，系统在添加路由器时并没有启动和配置路由服务，导致管理员无法完成设置请求拨号接口、确定端口 IP 地址以及选择路由协议等工作。管理员需要通过"路由和远程访问安装向导"来配置和启用路由器，步骤如下：

(1) 打开"路由和远程访问"控制台窗口，在控制台目录树中，右键点击要启用和配置的服务器，从弹出的快捷菜单中选择"配置并启用路由和远程访问"命令，打开"路由和远程访问安装向导"对话框，单击"下一步"按钮，进入如图 8.38 所示的"公共设置"对话框。

(2) 选择"网络路由器"单选按钮，然后单击"下一步"按钮，打开如图 8.39 所示的"路由的协议"对话框。

(3) 在"协议"列表框中列出了所有远程客户要求的协议，包括 TCP/IP、AppleTalk 等。如果管理员需要选择的协议在"协议"列表框中没有列出来，可以选择"否，我需要添加协议"单选按钮并单击"下一步"按钮进行添加。这里直接单击"下一步"按钮，打开"请求拨号连接"对话框。

(4) 如果要设置请求拨号路由，选择"是"单选按钮；如果不要设置请求拨号路由，选择"否"单选按钮。如果选择"否"单选按钮，则单击"下一步"按钮即可完成安装向导。这里选择"是"单选按钮，单击"下一步"按钮，打开如图 8.40 所示的"IP 地址指定"对话框。

(5) 根据服务器和网络安全需要设置 IP 地址的指定方法。如果管理员使用 DHCP 服务器，则应选择"自动"单选按钮，由 DHCP 服务器自动为远程访问客户分配地址；如果要加强路由访问的安全性，就选择"来自一个指定的地址范围"单选按钮进行远程访问客户的地址指定。这里选择"来自一个指定的地址范围"单选按钮，并单击"下一步"按钮，打开"地址范围指定"对话框。

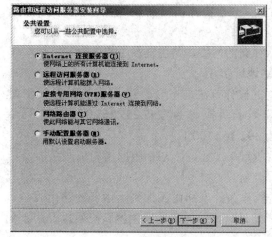

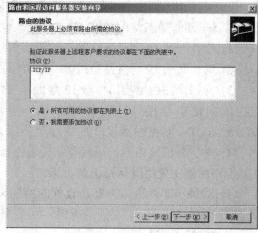

图 8.38 "公共设置"对话框   图 8.39 "路由的协议"对话框

图 8.40 "IP 地址指定"对话框

(6) 通过选择"新建"、"编辑"和"删除"按钮设置要使用的静态地址范围，然后单击"下一步"按钮，进入最后一步，向导提示管理员在使用路由器之前，还必须添加请求拨号接口、确认所有接口都有地址及在每一个接口安装和设置路由协议。最后单击"完成"按钮即完成配置和启动。

3. 设置静态路由的 IP 网际网络

静态路由的 IP 网际网络不使用路由协议在路由器间传递路由信息。所有的路由信息存储在每个路由器的静态路由选择表中。需要确保每个路由器在其路由表中有适当的路由，这样可以在 IP 网际网络的任意两个终点之间交换信息。

1) 部署静态路由

从网际网络上添加或清除新网络时，必须手动添加或清除到该新网络的路由。如果添加新路由器，则必须正确配置网际网络的静态路由设置。

在利用路由和远程访问控制台设置静态路由之前，管理员应根据网络情况部署静态路由，以便在具体实现过程中正确完成各种设置。如果静态路由用于 IP 网际网络，可以执行以下步骤来部署静态路由：

(1) 制作一张 IP 网际网络的拓扑图，显示独立的网络、路由器及主机的布局。

(2) 对于每个 IP 网络，指派唯一的 IP 网络地址(ID)。

(3) 向每个路由器接口指派 IP 地址。常用的操作方法是将给定 IP 网络的第一个 IP 地址指派到路由器接口。例如，对于一个带有子网掩码为 255.255.255.0 的 IP 网络 192.162.100.0，将路由器接口的 IP 地址指派为 192.162.100.1。

(4) 对于外围路由器，在具有邻接路由器的接口上配置默认路由(即指向邻接路由器)。在外围路由器上使用默认路由是可选的。

(5) 对每个非外围路由器，设置的路由需要作为静态路由添加到路由器的路由表中。每个路由由目标网络 ID、子网掩码、网关 IP 地址、到达网络的路由器跃点数以及用于到达网络的接口组成。

(6) 对于非外围路由器，将步骤(5)中设置的静态路由添加到每个路由器。可以使用路由和远程访问或 Route 命令添加静态路由。如果使用 Route 命令，需要使用-p 选项使静态路由保持持续。

(7) 当完成配置时，可使用 Ping 和 Tracert 命令测试主机之间的连通性，以检查所有的路由路径。

2) 添加默认静态 IP 路由

要使用静态路由的 IP 网际网络，必须在路由器中添加静态路由，以确定其接口、目标地址和网关等属性。添加默认静态 IP 路由步骤如下：

(1) 打开路由和远程访问控制台窗口，在控制台目录树中，展开路由器下的"IP 路由选择"节点，然后选择"静态路由"子节点。

(2) 在"静态路由"的快捷菜单中选择"新静态路由"命令，打开"静态路由"对话框，如图 8.41 所示。

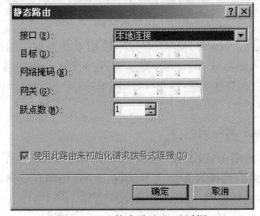

图 8.41　"静态路由"对话框

(3) 在"接口"下拉列表框中，选择要用于默认路由的接口。

(4) 在"目标"文本框中，输入 0.0.0.0。

(5) 在"网络掩码"文本框中，输入 0.0.0.0。

(6) 在"网关"文本框中，执行以下操作之一：

① 如果接口是请求拨号接口，启用"使用此路由来初始化请求拨号连接"复选框来初始化与路由匹配的通信的请求拨号连接。

② 如果路由接口是 LAN 连接，则输入与 LAN 接口在相同网段上的路由器接口的 IP 地址。

(7) 在"跃点数"中，键入 1。

(8) 单击"确定"按钮完成添加。

4. 设置 OSPF 路由的网际网络

1) 添加 OSPF 协议

默认情况下 OSPF 协议没有在路由器中，需要管理员在设置 OSPF 路由网络时把 OSPF 协议添加入路由器中，具体过程如下：

(1) 打开"路由和远程访问"窗口，在控制台目录树中展开服务器下的"IP 路由选择"节点。

(2) 选择"常规"子节点，点击右键，从弹出的快捷菜单中选择"新路由选择协议"命令，打开"新路由选择协议"对话框，如图 8.42 所示。

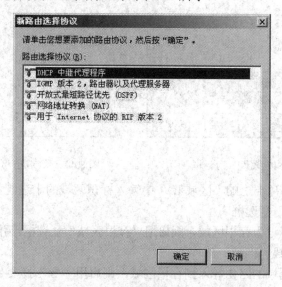

图 8.42　"新路由选择协议"对话框

(3) 在"路由选择协议"列表框中，选择"开放式最短路径(OSPF)"选项。

(4) 单击"确定"按钮，完成添加。

2) OSPF 全局设置

OSPF 全局设置是指 OSPF 属性的设置，包括 OSPF 常规设置、区域和虚拟接口的创建以及外部路由的选择等。

(1) 创建 OSPF 区域。在路由选择中，随着连接状态数据库的增长，路由计算时间将延长。针对这种情况，OSPF 将网际网络分成区域，这些区域通过一个主干区域的区域边界路由器(ABR)彼此连接。

OSPF 区域创建过程如下：

① 打开路由和远程访问控制台窗口，在控制台目录树中，展开"IP 路由选择"节点，选择 OSPF 节点。

② 右键单击 OSPF 节点，在弹出的菜单中选择"属性"命令，打开"OSPF 属性"对话框，并选择"地区"选项卡，如图 8.43 所示。

③ 在"地区"选项卡上，单击"添加"按钮，打开"OSPF 区域配置"对话框，如图 8.44 所示。

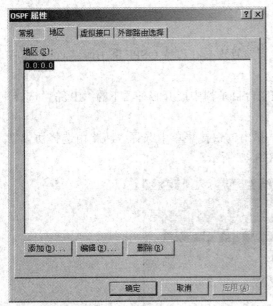

图 8.43　"OSPF 属性"对话框

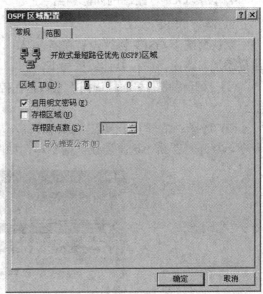

图 8.44　"OSPF 区域配置"对话框

④ 在"常规"选项卡上的"区域 ID"中输入标识区域的十进制数。要使用明文密码，启用"启用明文密码"复选框。

⑤ 若要将区域标记为存根区域，则启用"存根区域"复选框，并在"存根跃点数"微调器中设置存根跃点数。

⑥ 若要将其他区域的路由导入到存根区域，则启用"导入摘要公布"复选框。

⑦ 选择"范围"选项卡，在"目标"文本框中，输入范围的 IP 网络 ID，在"网络掩码"文本框中，输入范围的相关掩码，然后单击"添加"按钮完成一个区域范围的添加。

⑧ 若要删除范围，则在地址范围列表框中选择要删除的范围，然后单击"删除"按钮即可。

⑨ 区域设置完毕，单击"确定"按钮，返回到"OSPF 属性"对话框，然后单击"确定"按钮关闭对话框。

(2) 配置自治系统边界路由器。自治系统(AS)是指组织内的一组 OSPF 路由集合。在默认情况下，只有相应的直接连接网段的 OSPF 路由在 AS 内传播。外部路由是指不在 OSPF AS 内的任何路由，它们不能直接在 AS 内传播，只能通过一个或多个自治系统边界路由器 (ASBR)遍历整个 OSPF AS。ASBR 可以在 OSPF AS 内部公布外部路由。

配置 ASBR 过程如下：

① 打开路由和远程访问控制台窗口，在控制台目录树中，找到 OSPF 节点。

② 右击 OSPF 节点，然后选择"属性"命令，打开"OSPF 属性"对话框。

③ 在"常规"选项卡中，启用"启用自治区系统边界路由器"复选框。

④ 若要配置外部路由源，在"外部路由"选项卡上，则选择"接受来自所有路由源的路由，除选定的以外"或"忽略来自所有路由源的路由，除选定的以外"单选按钮，并启用或清除路由源旁边适当的复选框。

⑤ 若要配置外部路由筛选器，单击"路由筛选器"单选按钮，打开"OSPF 外部路由筛选器"对话框，如图 8.45 所示。

⑥ 根据需要选择"忽略列出的路由"或"接受列出的路由"，并在"目标"和"网络掩码"文本框中，输入要筛选的路由，然后单击"添加"按钮。如果要添加多个路由，可继续执行此步操作。

⑦ 单击"确定"按钮，返回到"OSPF 属性"对话框，然后单击"确定"按钮关闭对话框。

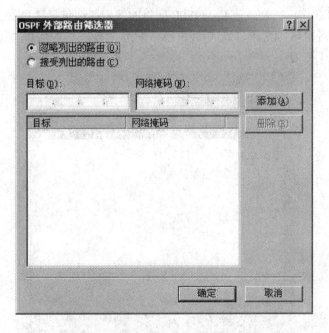

图 8.45 "OSPF 外部路由筛选器"对话框

(3) 添加虚拟接口。通常，ABR 和主干区域之间都有物理连接。当某些区域到主干区域的 ABR 物理连接不存在或无法实现时，可以使用虚拟连接将 ABR 连接到主干区域上。虚拟连接是区域的 ABR 和物理连到主干区域的 ABR 之间的逻辑点对点连接。要创建虚拟连接，需要为称为虚拟连接邻居的两个路由器配置中转区域、虚拟连接邻居的路由器 ID、匹配的呼叫和停顿间隔，及匹配的密码等。

创建虚拟连接过程如下：

① 打开路由和远程访问控制台窗口，在控制台目录树中右键点击 OSPF 节点，在弹出的菜单中选择"属性"命令，打开其属性对话框。

② 在"虚拟接口"选项卡上，单击"添加"按钮，打开"OSPF 虚拟接口配置"对话框。

③ 在"中转区域 ID"下拉列表框中，选择连接虚拟连接的传输区域。

④ 在"虚拟邻居路由器 ID"文本框中，输入路由器的 OSPF 路由器 ID。

⑤ 分别在"中转延迟"、"重传间隔"、"呼叫间隔"和"停顿间隔"微调器设置相应的值(以秒为单位)。

⑥ 如果配置主干区域带有密码，则在"明文密码"文本框中输入密码。

⑦ 单击"确定"按钮，返回到"OSPF 属性"对话框，再单击"确定"按钮关闭对话框。

3) OSPF 接口设置

(1) 将接口添加到 OSPF。OSPF 路由协议被添加之后，并没有确定路由器使用哪一个接口来传输路由信息，管理员需要手动将接口添加到 OSPF 路由器中，其步骤如下：

① 打开路由和远程访问控制台窗口，在控制台目录树中，选择 OSPF 节点。

② 右键点击 OSPF 节点，在弹出菜单中选择"新接口"命令，打开"开放式最短路径优先(OSPF)的新接口"对话框，如图 8.46 所示。

③ 在"接口"列表框中，选择要添加的接口，然后单击"确定"按钮。

(2) 配置 OSPF 接口的常规属性。OSPF 接口的常规属性包括接口的 IP 地址、区域 ID、路由器优先级、路由访问密码以及 OSPF 网络的类型等，这些属性直接影响路由信息的传送。

图 8.46 "开放式最短路径优先(OSPF)的新接口"对话框

OSPF 接口的常规属性配置过程如下：

① 打开路由和远程访问，在控制台目录树中选择 OSPF 节点。

② 在详细信息窗格中，右键单击配置的接口，在弹出菜单中选择"属性"命令，打开接口属性对话框，如图 8.47 所示。

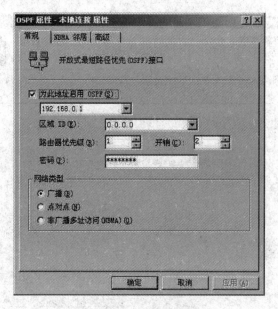

图 8.47　接口属性对话框

③ 在"常规"选项卡中，启用"为此地址启用 OSPF"复选框。如果接口上配置了多个 IP 地址，则"常规"选项卡将显示"IP 地址"框，需要为接口上的每个 IP 地址配置 OSPF 设置。

④ 在"区域 ID"下拉列表框中选择接口所属区域的 ID。

⑤ 通过"路由器优先级"微调器设置接口路由器的优先级，注意路由器优先级为 0，表明路由器不能成为指定的 OSPF 路由器。通过"开销"微调器设置基于接口发送数据包的开销数。

⑥ 如果接口所属区域启用了口令，则在"口令"文本框中键入口令。

⑦ 在"网络类型"选项区域中选择 OSPF 接口的类型，包括广播、点对点和非广播多址访问(NBMA)。

⑧ 单击"确定"按钮，保存设置。

5. 配置和启动远程访问服务

如果将本地计算机作为远程访问服务器，则需要进行配置和启用，才能向远程访问用户提供服务。启动和配置远程访问服务器的过程如下：

(1) 打开"开始"菜单，选择"程序"、"管理工具"、"路由和远程访问"命令，打开"路由和远程访问"控制台窗口。

(2) 在控制台目录树中，右键单击要配置和启用的远程访问服务器，然后选择"配置并启用路由和远程访问"命令，打开"路由和远程访问安装向导"对话框，单击"下一步"按钮，打开"公共设置"对话框。

(3) 若要使远程计算机能拨入服务器和服务器所在的网络，则可选择"远程访问服务器"单选按钮；若要使远程计算机能通过 Internet 连接到网络，则可选择"虚拟专用网络(VPN)服务器"单选按钮。这里选择"远程访问服务器"单选按钮，并单击"下一步"按钮，打开如图 8.48 所示的"远程客户协议"对话框。

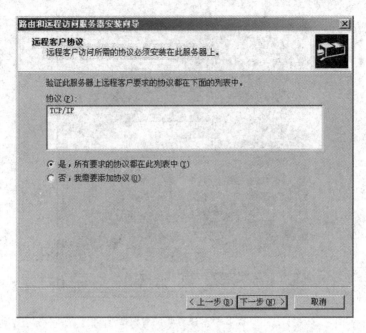

图 8.48 "远程客户协议"对话框

(4) 在"远程客户协议"对话框中,用户可以在"协议"列表中查看远程访问所使用的协议,如果要添加其他的协议,可选择"否,我需要添加协议"单选按钮,然后进行协议的添加。这里选择"是,所有要求的协议都在此列表中"单选按钮,并单击"下一步"按钮,打开"Macintosh 客户身份验证"对话框。

(5) 若要对远程客户分配地址范围,则可选择"来自一个指定的地址范围"单选按钮。这里选择"自动"单选按钮,使用 DHCP 服务器分配地址。单击"下一步"按钮,向导打开"管理多个远程访问服务器"对话框,如图 8.49 所示。

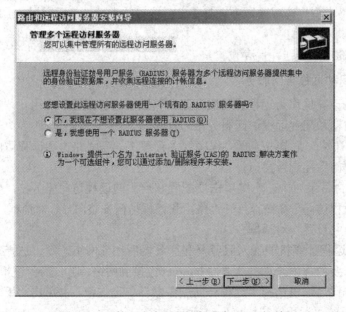

图 8.49 "管理多个远程访问服务器"对话框

(6) 远程身份验证拨号用户服务(RADIUS)服务器可以为多个远程访问服务器提供集中的身份验证数据库，并收集远程连接的计账信息。若要使用 RADIUS 服务器，可在"管理多个远程访问服务器"对话框中选择"是，我想使用一个 RADIUS 服务器"单选按钮。

(7) 单击"下一步"按钮，打开"RADIUS 服务器选择"对话框，输入主要的和辅助的 RADIUS 服务器名称并输入用于连接的共享密码。

(8) 单击"下一步"按钮进入最后一步，单击"完成"按钮，向导即开始安装远程访问服务器。

6. 添加和删除远程访问用户

当有新的远程访问用户需要访问远程访问服务器时，管理员可将该用户添加到用户组中，并赋予远程访问权限，则该用户就可进行远程访问了。

添加远程访问用户的步骤为：

(1) 打开"ActiveDirectory 用户和计算机"控制台窗口，创建一个新的用户账户。

(2) 右键单击新建的用户账户，在弹出菜单中选择"属性"命令，打开该用户的属性对话框，并选择"拨入"选项卡。

(3) 在"远程访问权限(拨入或 VPN)"选项区域中，选择"允许访问"单选按钮并进行如下属性设置。

① 远程访问权限(拨入或 VPN)：通过该属性设置，管理员可以允许或拒绝用户具有远程访问权限。

② 验证呼叫方 ID：如果启用了此属性，服务器将验证呼叫方的电话号码。如果呼叫方的电话号码与配置的电话号码不匹配，将无法连接。

③ 回拨选项：如果启用了此属性，则在连接建立过程中，服务器以呼叫方设置的电话号码或网络管理员设置的特定电话号码回拨呼叫方。

④ 指派静态 IP 地址：如果启用了此属性，当连接建立时，可以向用户指派特定的 IP 地址。

⑤ 应用静态路由：如果启用了此属性，当连接建立时，可以定义添加到远程访问服务器路由表上的一系列静态 IP 路由。

新用户的"拨入"属性设置好之后，单击"确定"按钮，即可使该用户成为远程访问用户。

当某个远程访问用户不再需要进行远程访问时，管理员应及时将其删除，以防止其他非法远程访问用户以该用户的身份进行远程登录。删除远程访问用户是指删除远程访问用户账户或者将用户的远程访问权限设置为"拒绝访问"。

删除远程访问用户的步骤为：在"ActiveDirectory 用户和计算机"控制台窗口的详细资料窗格中，右键选择要删除的用户账户，从弹出的快捷菜单中选择"删除"即可。如果该用户账户在本地网络中正在被用户使用，可以选择用户账户的属性对话框中的"拨入"选项卡，选择"拒绝访问"单选按钮即可。

7. 配置远程服务端口

运行远程访问服务器时，将安装的网络设备看成一系列的设备和端口。在预定义的情况下，Windows 远程访问服务使用两种 WAN 微型端口设备，一种是 PPTP 类型，一种是

L2TP 类型，管理员可分别对这两个端口设备进行配置，供远程访问服务使用。另外，管理员也可以安装其他端口设备并进行配置，用以提供远程访问服务。

配置远程服务端口的步骤如下：

(1) 打开"路由和远程访问"控制台窗口，在控制台目录树中，展开要配置端口的服务器节点，然后右键选择"端口"子节点，从弹出菜单中选择"属性"命令，打开"端口属性"对话框，如图 8.50 所示。

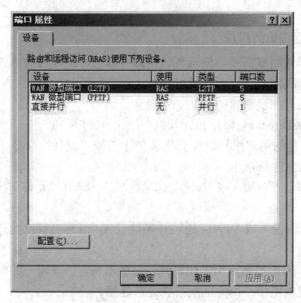

图 8.50 "端口属性"对话框

(2) 在"设备"列表框中列出了路由和远程访问服务可使用的端口设备，选择要配置的远程访问服务端口设备，然后单击"配置"按钮，打开"配置设备"对话框，如图 8.51 所示。

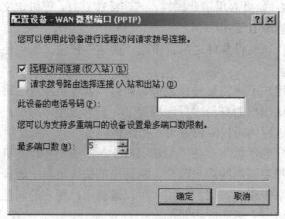

图 8.51 "配置设备"对话框

(3) 若要使此设备接受远程访问请求，则启用"远程访问连接(仅入站)"复选框。

(4) 若要为该端口设备设置电话号码，则在"此设备的电话号码"文本框中输入端口的电话号码。

(5) 调整"最多端口数"微调器的值，例如，设置其值为 30，这样就限制了支持动态端口的设备的端口数。

(6) 单击"确定"按钮，返回到"端口属性"对话框，再对其他端口进行设置，设置完毕，单击"确定"按钮即完成配置。

8. 停止和启动远程访问服务

用户可以根据需要停止或启动远程访问服务器的远程访问服务功能。要停止远程访问服务，需进行如下操作：

(1) 打开"路由和远程访问"控制台窗口。

(2) 在控制台目录树中单击"服务器状态"节点，详细资料窗格中列出已安装的远程服务器。

(3) 右键点击要停止的远程访问服务器，从弹出的快捷菜单中选择"所有任务"、"停止"命令，如图 8.52 所示，系统就开始停止远程访问服务，同时打开"服务控件"信息提示框。服务被停止后，该服务器的"状态"栏由"已启动"变为"已停止"字样。

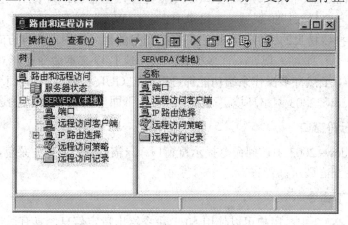

图 8.52　停止远程访问

远程访问服务被停止后，需要再将其启动时，不需要重新配置。要启动远程访问服务，需进行如下操作：

(1) 在"路由和远程访问"控制台窗口中，单击控制台目录树中的"服务器状态"节点。

(2) 右键单击要启动的远程访问服务器，从弹出的快捷菜单中选择"所有任务"、"开始"命令，系统就开始对远程访问服务进行初始化，同时打开一个"服务控件"信息提示框。完成初始化后，该服务器的"状态"栏由"已停止"变为"已启动"字样。

9. 禁用和删除远程访问服务

当远程访问服务器不再需要现有路由和远程访问服务配置时，可将该远程访问服务禁用。远程访问服务被禁用之后，服务器不被删除，但是，若要启用该服务器进行远程访问服务，则需要重新配置路由和远程访问服务。若要禁用路由和远程访问服务，则需进行如下操作：

(1) 打开"路由和远程访问"窗口，在控制台目录树中单击"服务器状态"节点，在详细资料窗格中列出已安装的路由和远程服务器。

(2) 右键单击要禁用的路由和远程访问服务器，从弹出的快捷菜单中选择"禁用路由和远程访问"命令，系统会打开"路由和远程访问管理"对话框，提示禁用服务器将删除其设置，单击"是"按钮即可禁用路由和远程访问服务。

删除路由和远程访问服务是通过删除路由和远程访问服务器实现的。服务器被删除之后，相应的服务就会被删除，在下一次添加该服务器时，不需要路由和远程访问服务配置，服务器会自动继承以前的配置。要删除路由和远程访问服务，需进行如下操作：

(1) 打开"路由和远程访问"窗口，在控制台目录树中单击"服务器状态"节点，在详细资料窗格中列出已安装的路由和远程服务器。

(2) 右键点击要删除的路由和远程访问服务器，从弹出的快捷菜单中选择"删除"命令，系统就会删除路由和远程访问服务器。

8.2.6　使用 NET 命令进行网络管理

尽管使用 Windows 的图形用户接口(GUI)很方便，但它也有局限性。例如，若要把所有可执行文件从一个目录拷贝到另一个目录中去，在 Windows Explorer 中，则先要排序文件列表，然后选择要拷贝的文件，再把它们拖放到目的地。使用命令行方式，只需改变适当目录并输入命令行即可。现在，许多操作系统都支持以文本命令行形式完成工作。在 Windows 2003 中，虽然许多操作系统功能都可以通过 GUI 完成，但有时使用实用的命令行工具可以使 Windows 2003 网络环境更高效地工作。下面以 NET 命令为例进行介绍。

1. 命令提示符窗口

若要在 Windows 2003 中访问命令提示符窗口，只需打开"开始"菜单，然后选择"运行"命令并输入 cmd 即可。

2. 使用 NET 命令

在 Windows 2003 中，用户可以使用 NET 命令给出特定信息。具有适当权限的用户，可以启动或停止服务并查阅用户信息和组信息。具体信息可参阅本书"常见网络工具及应用"一章中的有关内容。

Windows 系列的命令提示符交互方式不区分可执行命令的大小写。也就是说，Ping、ping 和 PING 是一样的。

思　考　题

1. 试比较 Administrators、Guests 和 Power Users 用户组的区别。

2. 简述工作良好的网络应具备的条件。

3. 如何用 NET 命令添加一个用户名为 abc、密码为 1234 的用户，并使其隶属于 guests 和 users 用户组。

4. 简述下列计数器的意义和用途：

Processor: % Processor Time　　　　　　　　　　Processor: % Interrupt Time

Process: % Processor Time

Network Interface: Packets/sec

Memory Pages: Available Bytes

System: File Read Bytes/sec

Network Interface: Bytes Total/Sec

Memory: Pages/sec

IP: Datagrams/sec

System: File Write Bytes/sec

第9章 网络数据报的捕获与分析

建议学时：8 学时

主要内容：

    (1) Sniffer Pro 的使用；

    (2) TCP 连接建立/中止的数据采集与分析；

    (3) ARP/TCP/UDP/ICMP /SNMP 协议的数据采集与分析；

    (4) Ping 数据采集与分析；

    (5) Tracert 数据采集与分析；

    (6) Netstat 数据采集与分析。

9.1 基 本 原 理

9.1.1 数据监听原理

以太网提供物理上的连接。在以太网中，所有的通信都是广播式的，也就是说，同一个网段的所有网络接口都可以访问在物理媒体上传输的所有数据，而每一个网络接口都有一个唯一的硬件地址，即网卡的 MAC 地址，大多数系统使用 48 位的地址，表示网络中的每一个设备。MAC 地址通常用 12 位十六进制的数字表示，前 6 位十六进制数字由 IEEE 统一分发，以确定厂商的唯一性，后 6 位由厂商负责管理。一般来说每一块网卡上的 MAC 地址都是不同的，每个网卡厂家得到一段地址，然后将这段地址分配给其生产的网卡。硬件地址和 IP 地址间可使用 ARP 和 RARP 协议进行相互转换。

在一个实际的系统中，数据的收发是由网卡来完成的，网卡接收到传输来的数据，检查数据帧的目的 MAC 地址，根据计算机上的网卡驱动程序设置的接收模式判断接收与否。如接收，则产生中断信号通知 CPU；如不接收，则将数据帧丢弃。CPU 得到中断信号产生中断，操作系统接收数据。通常网卡有如下接收模式：

    (1) 广播方式：能够接收网络中的广播信息。

    (2) 组播方式：能够接收组播数据。

    (3) 直接方式：只有目的网卡才能接收该数据。

    (4) 混杂(Promiscuous)模式：能够接收通过它的一切数据，而不管该数据是否是传给它的。

嗅探(Sniffer)是指将本地网卡(Network Interface Card，NIC)的工作状态设为混杂模式，捕捉与其连接的物理媒体上传输的所有数据的软件或硬件。Sniffer 工作在网络环境中的底层。它将拦截的数据通过相应的软件处理，可以实时分析数据的内容，进而分析所处的网络状态和整体布局。

Sniffer 一般用于分析网络的数据，以便找出所关心的网络中潜在的问题。例如，网络的某一段运行不畅，报文的发送比较慢，而故障点未知，此时就可以通过 Sniffer 的协助找出问题所在。

不同的 Sniffer 在功能和设计方面有很大区别。有些只能分析一种协议，而另一些能够分析几百种协议。Sniffer 可以是软件、硬件、甚至是软硬件的结合。常见的 Sniffer 软件有 NetXRay、Sniffer Pro、sniffit、snort、TCPdump 等。

只有将 Sniffer 放置于被检测的机器或网络附近，才能有效地收集所需要的信息；另外一个比较好的方法就是将 Sniffer 放在网关上。这样，系统管理员可以使用 Sniffer 来分析网络信息交通状况，并且找出网络发生问题的位置。安全管理员则可以同时使用多种 Sniffer，将它们放置在网络的不同位置，形成一个入侵警报系统。

工作于混杂模式的网络适配器可以接受任何一个在同一网段上传输的数据包，因此也就存在着利用各种 Sniffer 程序捕获网络上传递的密码、EMAIL 信息、文档等的可能性。表 9.1 列出了常见传输介质被监听的可能性。

表 9.1　常见传输介质安全性

传输介质	安全性	原　　因
Ethernet	较低	Ethernet 网是一个广播型的网络，Internet 上的大多数包监听事件都是运行在某台计算机中的包监听程序触发的。这台计算机和其他计算机、网关或者路由器形成一个以太网
FDDI Token Ring	较低	令牌网并不是一个广播型网络。实际上，带有令牌的那些包在传输过程中，平均要经过网络中一半的计算机，因此安全性较低，较高的数据传输率将使监听变得困难
电话线	低	电话线可以被一些与电话公司协作的人或者一些有机会访问到物理线路的人搭线窃听。在实际中，由于高速 Modem 覆盖了更多频率，因此比低速的 Modem 监听困难
通过有线电视信道的 IP 数据	较低	使用有线电视信道发送 IP 数据包要依靠 RF 调制解调器，RF 调制解调器使用一个 TV 通道用于上行，一个用于下行。在这些线路上传输的数据没有被加密，因此，可以被有能力在物理上访问 TV 电缆的人截获
微波和无线电	较低	无线电是广播型的传输介质，任何拥有无线电接收机的人都可以截获那些传输的信息

9.1.2　网络拓扑与数据监听

1. 网络拓扑类型

拓扑结构是指网络的物理布局及其逻辑特征。物理布局就像是描述办公室、建筑物或校园中如何布线的示意图，通常称为电缆线路。网络的逻辑是指信号沿电缆从一点向另一点进行传输的方法。

网络拓扑结构主要有三种：总线拓扑、环形拓扑和星形拓扑。

1) 总线拓扑

总线拓扑结构(Bus Topology)由从一台 PC 或文件服务器连向另一台的电缆组成，与链上的连接非常相像。与链一样，采用总线拓扑结构的网络有一个起始点和一个终止点，也就是与总线电缆段每个端点相连的终结器。传送包时，段中所有的结点都要对包进行检测，而且包必须在给定时间内到达目标。总线网络必须符合 IEEE 的长度规范，以确保包在期望时间内到达。总线拓扑结构如图 9.1 所示。

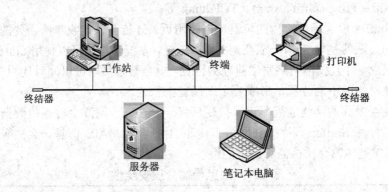

图 9.1　总线拓扑结构

终结器标示着段的物理终点，在总线网络中至关重要。终结器是一个电阻，如果没有终结器，信号将从原路径反射回去。信号的反射会影响网络时间的调配，并且反射信号会与网络上传输的新信号发生冲突。因此当没有终结器或终结器出错时，段上的通信不能进行。

传统的总线设计适用于小型网络。由于总线结构需要的布线远远少于其他拓扑结构，所以建设成本可以降到最低；同时，添加其他工作站、在房间或办公室中短距离扩展总线也非常便利。缺点是管理的成本非常高，例如，如果一个结点或电缆段发生故障，那么隔离故障段是很困难的，也就是说，一个有缺陷的结点、网络段或连接器会使整个网络瘫痪。另外，大量的网络信息流通量会使总线异常拥挤，需要添加网桥和其他设备来控制信息流量。

2) 环形拓扑

环形拓扑结构(Ring Topology)中，数据的路径是连续的，没有逻辑的起点与终点，因此也就没有终结器。工作站和文件服务器在环的周围各点上相连(见图 9.2)。当数据传输到环时，将沿着环从一个结点流向另一个结点，找到其目标，然后继续传输直到回到原结点。

在环形拓扑结构的开发早期，只允许数据沿一个方向传输，并在传输结点结束。新型高速环形技术采用两个环，使冗余数据可以沿相反的方向传输，因此，如果一个方向上的环中断了，那么数据还可以以相反的方向在另一个方向传输，最终到达其目标。

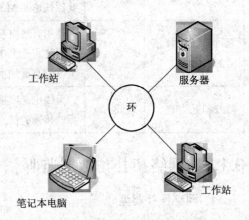

图 9.2　环形拓扑结构

因为用来创建环形拓扑结构的设备能轻易地定位出故障的结点或电缆问题，所以环形拓扑结构管理起来比总线拓扑结构要容易。这种结构非常适合于 LAN 中长距离传输信号的情况，在处理大量的网络信息流通量时要优于总线拓扑结构。

然而，环形拓扑结构的建设成本比总线拓扑结构高。一般情况下，环形拓扑结构的建设在开始时需要的电缆和网络设备比较多；而且，环形拓扑结构的应用不像总线拓扑结构那样广泛，因此供用户选择的设备选项较少，扩展高速通信的选项也不多。

3) 星型拓扑

星形拓扑结构(Star Topology)是现代网络的主流选择。星形拓扑结构的物理布局由与中央集线器相连的多个结点组成(见图 9.3)。集线器是一种将各个单独的电缆段或单独的 LAN 连接为一个网络的中央设备，有些集线器也被称为集中器或存取装置。单一的通信电缆段从集线器处向外辐射与终端连接。

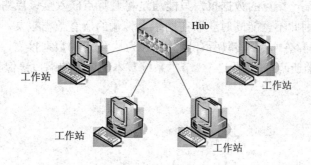

图 9.3　星型拓扑结构

星形拓扑结构的建设成本目前比总线网络和环形网络都要低，主要因为网络设备和电缆的成本较低。与环形拓扑类似，星形拓扑结构比传统的总线网络易于管理，可以轻易地把网络设备从网络中隔离出来，而对其他结点的服务不受影响。星形拓扑结构可以非常容易地通过连接其他结点或网络进行扩展，同时提供了将网络扩展为高速网络互连的最佳选项。星形拓扑结构是最流行的拓扑结构，因此适用于这种网络类型的设备范围也更广。

这种结构的缺点在于，集线器是单独的失效点。如果集线器失效了，所有连接在其上的结点都不能进行通信(除非集线器中内建有冗余提供备份措施)。另一个缺点是，星形拓扑结构需要的电缆比总线拓扑结构多，但星形拓扑结构的布线和连接器比总线结构的便宜。

2. 各连接类型的监听

监听的目的是获取所需的数据报，因此监听目标的选择是十分重要的。对于不同的网络拓扑结构，监听点(安装嗅探器的结点)的选取决定了所能监听到的信息量。

1) 总线拓扑

总线拓扑结构网络的信息总是在主干电缆上以广播的方式传播，因此在主干电缆上任意一点接收到的信息都是相同的，如图 9.4(a)所示，图中 ABCDE 各点都是等效的。所以对于总线拓扑的网络，只要将监听结点插入所要监听网络，即可获得在网络上传输的所有数据报。

2) 环形拓扑

环形拓扑结构网络与总线拓扑结构传输信息方式相似，信息在环形的主干电缆上以广播的方式传播，如图 9.4(b)所示，图中 ABCD 各点等效。所以对于环形拓扑的网络，只要将监听结点插入所要监听网络，即可获得在网络上传输的所有数据报。

3) 星型拓扑

监听点在星型拓扑结构网络中的位置根据中心结点的类型而不同。星型拓扑网络的中心结点分为 Hub 和 Switch 两种类型(两者联系和区别参见 2.2.5 节的"共享式与交换式网络"相关内容)。以 Hub 为中心的星型拓扑网络称为共享型网络，以 Switch 为中心的星型拓扑网络称为交换型网络。在共享式星型网络中，Hub 将各结点的数据报向所有端口广播，因此只要将监听点接入 Hub 的任一空闲端口或将监听点嵌入 Hub 至任一结点间的通信链路即可获取所有数据报(如图 9.4(c)所示)；在交换式星型网络中，Switch 仅仅将数据报向对应的端口转发，要获取某一结点的数据报，只能通过将监听点嵌入至该点的数据链路或对交换机进行端口镜像，因此不可能同时获取在网络上传输的所有数据报文。如图 9.4(d)所示，在交换型星型拓扑网络中，要获取所有目标或源为 A 结点的数据报文，只能在交换机处设置镜像端口，引出监听点 A′(参见 2.5.3 节"系统基本配置"的端口镜像相关内容)；或者将监听点置于 A″处。

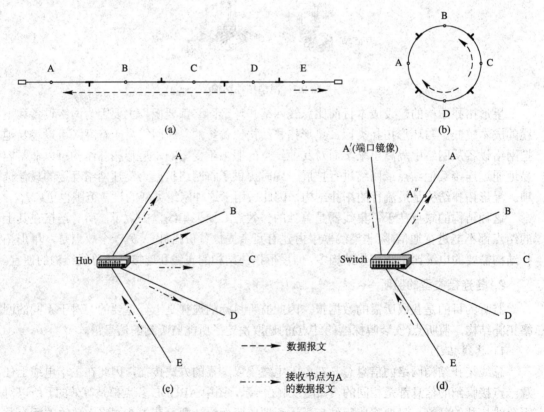

图 9.4   不同拓扑网络监听点示意图

综上所述，在不考虑通信链路保密性的前提下，交换式的星型拓扑结构是几种网络拓扑中数据保密性最好的网络拓扑，因此在实际中得到了广泛的应用。

9.2　常见 IP 数据报

IP 协议是世界上最重要的网际协议。因为 IP 协议的开放性，所以其他的如 OSI、Apple Talk，甚至 IPX 正在逐步被 IP 淘汰。IP 的功能由 IP 头结构中的数据定义。IP 头结构及其功能由一系列 RFC 文档和 IETF 创建时公开发表的一系列文档定义。1981 年 9 月出版的 RFC 791 是今天 IP 版本的基础文档，许多新的特性和功能在后续 RFC 文档中扩充。从结构角度讲，现在的 IP 是第 4 版，称为 IPv4；最新版本为第 6 版，称为 IPv6。但只有 IPv4 是当前被广泛接受的标准。

9.2.1　IPv4 头结构

IP 数据报头最小长度是 5 个字(20 字节，1 字=4 字节)，如果有其他选项报头可能会更长。IPv4 数据报中的数据(包括报头中的数据)以 32 位(4 字节)的方式来组织。IPv4 中包含至少 12 个不同字段，且在没有选项时长度为 20 字节，但在包含选项时长度可达 60 字节。数据报结构如图 9.5 所示。

(1) 版本号(VERS)：对于 IPv4 来说，版本为 4。

(2) 报头长度(HLENS)：范围是 5 至 15 个字。

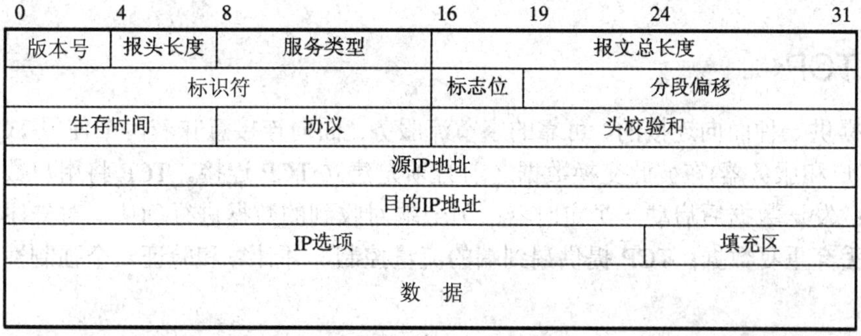

0	4	8	16	19	24	31
版本号	报头长度	服务类型		报文总长度		
标识符			标志位	分段偏移		
生存时间		协议	头校验和			
源IP地址						
目的IP地址						
IP选项				填充区		
数　据						

图 9.5　IPv4 头结构

(3) 服务类型(ToS，Type of Service)：表示数据报的服务类型，即处理的优先级，包括延时、吞吐量、可靠性或代价，在 IPv4 中的应用并不广泛。

(4) 报文总长度(Total Length)：以字节为单位。IP 数据报的长度最大为 65 535 字节，网络主机可以使用数据报长度来确定一个数据报的结束和下一个数据报的开始；当传送长度超过 65 535 字节的 IP 数据报时，大多数的链路层都会分片。主机一般要求接收的数据报不超过 576 字节。由于 TCP 把用户数据分成若干片，因此，一般来说这个限制不会影响 TCP。

(5) 标识符(ID)：该 16 位标识符由产生它的主机唯一指定给数据报，分段后的数据报共享同一个数据报 ID，有助于接收主机对分段的数据报重装。

(6) 标志位(FLG)：包括 3 个 1 位标志，标识报文是否允许被分段和是否使用了这些域。第一位保留并设为 0；第二位标识报文能否被分段：0 表示报文可以被分段，1 表示报文不能被分段；第三位只有在第二位为 0 时才有意义，这一位标识此报文是否是这一系列分段的最后一个，或者接收应用程序是否还希望有更多的段，0 指示报文是最后一个。

(7) 分段偏移(Fragment Offset)：接收主机同时使用标志位和分段偏移，以重组被分段的数据报。该值以 64 位为单位递增。

(8) 生存时间(TTL)：代表数据报在被丢弃前能够穿越的最大主机跳数，TTL 的初始值由源主机设置(通常为 32 或 64)，每经过一个处理节点减 1。当该字段的值为 0 时，报文就被认为是不可转发的，之后产生一个 ICMP 报文并发回源主机，不可转发的报文被丢弃。

(9) 协议(Protocol)：指明数据报中携带的净荷类型，主要标识所使用的协议，一般是指 TCP 协议、UDP 协议、ICMP 报文和 IGMP 报文。

(10) 头校验和(Header Checksum)：目的是保证报头的正确性，目的机、网络中的每个网关要重新计算报头的校验和，如果计算出的校验和与报文所含的校验和不同，就必须丢弃该报文。

(11) 源 IP 地址(Source IP Address)：指明数据报的发送方地址。

(12) 目的 IP 地址(Destination IP Address)：指明数据报的接收方地址。

(13) IP 选项(IP Options)：在 IPv4 中，IP 选项主要用于网络测试和调试。

(14) 填充区(Padding)：为了保证 IP 头长度是 32 位的整数倍，要填充额外的 0。

IPv4 的网际层是无连接的，网络中的转发设备可以自由决定通过网络的报文的理想转发路径；不提供任何上层协议如 TCP 所提供的应答、流控、顺序化功能；不能保证数据可到达正确目的地。这些功能是由 TCP/UDP 等上层协议完成的。

9.2.2 TCP

TCP 提供一种面向连接的、可靠的字节流服务。面向连接意味着两个使用 TCP 的应用(通常是客户和服务器)在彼此交换数据之前必须先建立 TCP 连接。TCP 将用户数据打包构成报文段；发送数据后启动一个定时器；另一端对收到的数据进行确认，对失序的数据重新排序，丢弃重复数据；TCP 提供端到端的流量控制，并计算和验证一个强制性的端到端检验和。

1. TCP 的服务

在一个 TCP 连接中，仅有两方相互通信。TCP 通过如下方式提供可靠连接：

(1) 用户数据被分割成 TCP 认为最适合发送的数据块。由 TCP 传递给 IP 的信息单位称为报文段或段(Segment)。

(2) 当 TCP 发出一个段后，启动一个定时器，等待目的端收到这个报文段的确认。如果不能及时收到一个确认信息，将重发这个报文段。

(3) 当 TCP 收到发自 TCP 连接另一端的数据，将发送一个确认信息。这个确认信息不是立即发送的，通常推迟几分之一秒。

(4) TCP 将保持首部和数据的检验和。这是一个端到端的检验和，目的是检测数据在传输过程中的任何变化。如果收到段的检验和有差错，TCP 将丢弃这个报文段并不对收到此报文段的事件进行确认(希望发送端超时重发)。

(5) 由于 TCP 报文段作为 IP 数据报来传输，而 IP 数据报的到达可能会失序，因此 TCP

将对收到的数据进行重新排序，以正确的顺序交给应用层。

(6) 由于 IP 数据可能会发生重复，TCP 的接收端必须丢弃重复的数据。

(7) TCP 提供流量控制。TCP 连接的双方都有固定大小的缓冲空间。接收端只允许发送端发送自身缓冲区所能接纳的数据量，防止发送信息较快的主机导致较慢主机的缓冲区溢出。

两个应用程序通过 TCP 连接交换字节流。TCP 不在字节流中插入记录标识符。我们将这称为字节流服务(Byte Stream Service)。一端将字节流放到 TCP 连接上，同样的字节流将出现在 TCP 连接的另一端。

另外，TCP 对字节流的内容不作任何解释，TCP 不知道传输的数据字节流是二进制数据，还是 ASCII 字符、EBCDIC 字符或者其他类型数据。对字节流的解释由 TCP 连接双方的应用层完成。

2. TCP 报文头

TCP 数据被封装在一个 IP 数据报中，如图 9.6 所示。

图 9.7 显示 TCP 首部的数据格式。如果不计任选字段，TCP 首部长度通常是 20 字节。

图 9.6　TCP 数据在 IP 数据报中的封装

0	15	16	31
源端口		目的端口	
初始序号			
确认序号			
首部长度 / 保留字段 / URG / ACK / PSH / RST / SYN / FIN		窗口大小	
校验和		紧急指针	
选　项			
数　据			

图 9.7　TCP 包首部

(1) 源端口(Source Port)：16 位的源端口字段包含了初始化通信的端口号。源端口和源 IP 地址的作用是标识报文的返回地址。

(2) 目的端口(Destination Port)：16 位的目的端口字段定义了传输的目的地端口号，指明接收报文的计算机上的应用程序地址接口。每个 TCP 段都包含源端和目的端的端口号，用于寻找发送端和接收端应用进程。这两个参数加上 IP 首部中的源端 IP 地址和目的端 IP 地址唯一确定一个 TCP 连接。一个 IP 地址和一个端口号也称为一个插口(Socket)。插口对(Socket Pair)(包含客户 IP 地址、客户端口号、服务器 IP 地址和服务器端口号的四元组)可唯一确定互联网中每个 TCP 连接的双方。

(3) 初始序号(Initial Sequence Number)：该序号是 32 位的无符号数，到达 $2^{32}-1$ 后又从 0 开始，表示在这个报文段中的第一个数据字节的编号。如果将字节流看作在两个应用程序间单向流动，则 TCP 用序号字段对每个字节进行计数。在动态路由网络中，报文很可能使用不同的路由，因此，报文可能乱序。利用初始序号字段可以纠正传输导致的乱序，从而重组分段报文。

(4) 确认序号(Acknowledgment Number)：TCP 使用 32 位的应答(ACK)域标识下一个希望收到的报文的第一个字节的编号，收到 ACK 报文的源计算机会知道哪些段已被收到。每个 ACK 号是应答报文的序列号，这个域只在 ACK 标志被设置时才有效。

(5) 首部长度(Data Offset)：长为 4 位，该字段以字(32 位)为单位计量 TCP 头长度。

(6) 保留字段(Reserved Bits)：是 6 位恒为 0 的域，为将来定义新的用途保留。

(7) URG：紧急指针有效。

(8) ACK：确认序号有效。

(9) PSH：接收方应该尽快将这个报文段交给应用层。

(10) RST：重置连接。

(11) SYN：同步序号，用来发起一个连接。

(12) FIN：发送端完成发送任务。

(13) 窗口大小(Window)：该字段表明接收端声明可以接收的 TCP 数据段大小。窗口大小为字节数，起始于确认序号字段指明的值，这个值是接收端期望接收的字节数。窗口大小是一个 16 位字段，因而窗口大小最大为 65 535 字节。

(14) 校验和(Checksum)：16 位的数据校验段是一个强制性字段，由发送端计算存储，接收端进行验证。校验对整个 TCP 报文段进行，包括 TCP 首部和 TCP 数据。如果收到的内容没有被改变过，双方的计算结果应该完全一样，从而保证了数据的有效性。

(15) 紧急指针(Urgent Point)：只有当 URG 标志置 1 时紧急指针才有效。紧急指针是一个正的偏移量，和序号字段中的值相加表示紧急数据最后一个字节的序号。TCP 的紧急方式是发送端向另一端发送紧急数据的一种方式。

(16) 选项(Option)：常见的可选字段是最长报文大小(MSS，Maximum Segment Size)。每个连接方通常都在通信的第一个报文段(为建立连接而设置 SYN 标志的那个段)中指明这个选项，指明本端所能接收的最大报文长度。

(17) 数据段(Data)：TCP 报文段中的数据部分是可选的。在连接建立和连接终止时，双方交换的报文段仅有 TCP 首部。如果一方没有数据要发送，仍然发送一个没有任何数据的首部来确认收到的数据。在处理超时的许多情况中，也会发送不带任何数据的报文段。

3. 建立 TCP 连接

为了建立一条 TCP 连接，双方进行如下通信(如图 9.8 所示)。

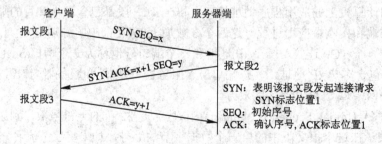

图 9.8　建立连接的三次握手机制

(1) 请求端(通常称为客户)发送一个 SYN 段，指明客户打算连接的服务器端口，以及初始序号(SEQ)。这个 SYN 段为报文段 1。

(2) 服务器发回包含服务器初始序号的 SYN 报文段(报文段 2)作为应答。同时，将确认序号设置为客户的 ISN 加 1，用以对客户的 SYN 报文段进行确认。一个 SYN 占用一个序号。

(3) 客户必须将确认序号设置为服务器的 ISN 加 1，用以对服务器的 SYN 报文段进行确认(报文段 3)。

上述三个过程的依次完成表明连接已建立,该过程也称为三次握手(Three-way Handshake)。

4. 中止 TCP 连接

建立一个连接需要三次握手，而终止一个连接要经过四次握手，它是由 TCP 的半关闭(half-close)特性造成的。由于 TCP 是全双工连接，每个方向的连接必须单独关闭，因此当一方完成数据发送任务后必须发送一个 FIN 标志来终止该方向的连接。当另一端收到一个 FIN 后，必须通知应用层对端已经终止了该方向的数据传送。发送 FIN 通常是应用层关闭连接的结果。

TCP 连接收到一个 FIN 标志只意味着对方已不再发送数据，但已方仍能发送数据，这是半关闭型应用。正常关闭过程如图 9.9 所示。

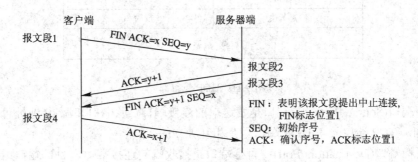

图 9.9　中止连接的四次握手机制

首先进行关闭的一方(即发送第一个 FIN)执行主动关闭，而另一方(收到这个 FIN)执行被动关闭。通常情况下一方完成主动关闭而另一方完成被动关闭，但也存在双方都执行主动关闭的特例。

图 9.9 中的报文段 1 发起终止连接，TCP 客户端发送一个 FIN，用来关闭从客户到服务器的数据传送。当服务器收到这个 FIN，它发回一个 ACK，确认序号为收到的序号加 1(报文段 2)。和 SYN 一样，一个 FIN 占用一个序号，同时 TCP 服务器还向应用程序传送一个文件结束符。接着这个服务器程序就关闭它的连接，TCP 端发送一个 FIN(报文段 3)，客户必须发回一个确认，并将确认序号设置为收到的序号加 1(报文段 4)。

9.2.3　UDP

UDP 是一个简单的面向数据报的运输层协议：进程的每个输出操作都可产生一个 UDP 数据报，并组装成一份待发送的 IP 数据报。UDP 协议与 TCP 等面向流字符的协议不同，应用程序产生的全体数据与真正发送的单个 IP 数据报可能没有什么联系。UDP 数据报封装成 IP 数据报的格式如图 9.10 所示。

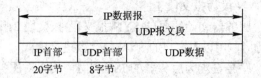

图 9.10　UDP 数据在 IP 数据报中的封装

　　UDP 不提供可靠性，它把应用程序的数据发送出去，但是并不保证它们能到达目的地。UDP 是小型的、资源占用率很低的一种传输层协议，实际操作比 TCP 快。因此，它适合于不断出现的、和时间相关的应用(如 IP 上传输语音和实时的可视会议)，以及其他的网络功能(如在路由器之间传输路由表更新，或传输网络管理/监控数据)。这些功能虽然对网络的可操作性很关键，但是，如果使用可靠的 TCP 传输机制会占用过多的网络资源。不提供可靠性的协议并不意味着是无用协议，而是被设计用于支持不同的应用类型。

　　UDP 报文头的各字段如图 9.11 所示。

0	15 16	31
源端口		目的端口
信息长度		校验和
数　据		

图 9.11　UDP 包首部

　　(1) 源端口(Source Port)：源端口是发送端的连接端口。源端口和源 IP 地址可作为报文的返回地址。TCP 端口号与 UDP 端口号是相互独立的。

　　(2) 目标端口(Destination Port)：目标端口是接收端的连接端口。目标端口用于把到达接收端的报文准确无误地转发。

　　(3) 信息长度(Total Length)：该字段为 16 位，存储 UDP 首部和 UDP 数据的字节长度，最小值为 8 字节。

　　(4) 校验和(Checksum)：是一个基于报文的内容计算得到的 16 位的错误检查域。接收端执行和发送端相同的数学计算，若两个计算值不同则表明报文在传输过程中出现了错误。

9.2.4　ARP

　　数据链路(如以太网或令牌环网)都有自己的寻址机制(常常为 48 位地址)，这是基于数据链路的任何网络层都必须遵从的。一个物理网络(如以太网)可以同时被不同的网络层使用。例如，一组使用 TCP/IP 协议的主机和另一组使用某种 PC 网络软件的主机可以共享相同的电缆。

　　当一台主机把以太网数据帧发送到位于同一局域网的另一台主机时，是根据 48 位的以太网地址来确定目的接口的，设备驱动程序从不检查 IP 数据报中的目的 IP 地址。

　　地址解析为这两种不同的地址形式提供映射，即提供 32 位的 IP 地址和数据链路层使用的任何类型的地址之间的转换。

ARP 为 IP 地址到对应的硬件地址之间提供动态映射，即将逻辑的 Internet 地址翻译成对应的物理硬件地址。动态表明这个过程是自动完成的，应用程序用户或系统管理员不必关心。

1. ARP 工作过程

假设在一个以太网中，客户端要将一个 IP 报文发送到服务器端，那么客户端必须把 32 位的 IP 地址转换成 48 位的以太网地址。

(1) ARP 以广播的方式发送 ARP Request 数据帧给以太网上的每个主机，如图 9.12 中的虚线所示。ARP 请求数据帧中包含目的主机的 IP 地址，意思是"如果你是这个 IP 地址的拥有者，请回答你的硬件地址"。

(2) 目的主机的 ARP 层收到这份广播报文后，识别出这是发送端在询问它的 IP 地址，于是发送一个 ARP 应答。这个 ARP 应答包含 IP 地址及对应的硬件地址。

(3) 收到 ARP 应答后，主机间通过使用 ARP 协议获得的硬件地址进行通信。

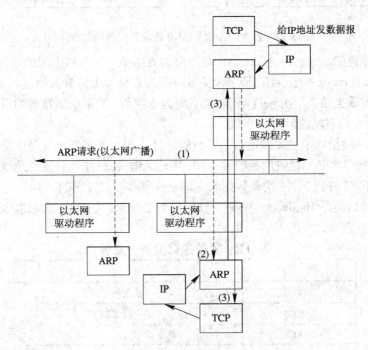

图 9.12　ARP 操作过程

ARP 要求网络接口有一个硬件地址。在硬件上进行的数据帧交换必须有正确的接口地址。TCP/IP 的地址是 32 位的 IP 地址，且知道主机的 IP 地址并不能让内核(如以太网驱动程序)发送数据帧给目的主机，内核必须知道目的端的硬件地址才能发送数据。

点对点链路不使用 ARP。当设置这些链路时(一般在引导过程进行)，必须告知链路每一端的 IP 地址，并不涉及以太网地址这样的硬件地址。

2. ARP 分组格式

在以太网上解析 IP 地址时，ARP 请求和应答分组的格式如图 9.13 所示(ARP 亦可用于解析其他类型网络的 IP 地址以外的地址，紧跟着帧类型字段的前四个字段决定了最后四个字段的类型和长度)。

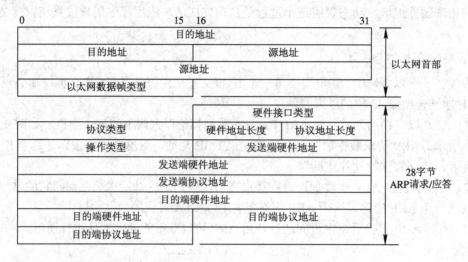

图 9.13　以太网传输的 ARP 请求和应答分组格式

(1) 目的地址(Destination Address)：该字段为 6 字节，存储以太网的目的地址。

(2) 源地址(Source Address)：该字段为 6 字节，存储以太网的源地址。

(3) 以太网数据帧类型(EtherType)：该字段为 2 字节，表示后面数据的类型。对于 ARP 请求/应答来说，该字段的值为 0x0608。

上述 3 个字段组成了以太网帧首部，目的地址为全 1 的特殊地址是广播地址，电缆上的所有以太网接口都必须接收广播的数据帧。因此 ARP 协议在询问硬件地址时将目的地址设置为 0xFFFFFFFFFFFF，表明该数据帧是向全体硬件接口发出的。

(4) 硬件接口类型(Hardware Type)：该字段为 2 字节，0x0001 表示以太网接口，其他接口对应的值见表 9.2。

表 9.2　硬件接口类型一览表

类　型	描　述
0x0001	以太网
0x0002	实验以太网
0x0003	X.25
0x0004	Proteon ProNET(令牌环)
0x0005	混沌网(chaos)
0x0006	IEEE 802.X
0x0007	ARC 网络

(5) 协议类型(Protocol Type)：该字段为 2 字节，标识发送设备所使用的协议，在 TCP/IP 中，这些协议通常是 EtherType，以 0x0008 表示。

(6) 硬件地址长度(Length of Hardware Address)：该字段为 1 字节。

(7) 协议地址长度(Length of Protocol Address)：该字段为 1 字节。

上述两个字段以字节为单位，对于以太网上 IP 地址的 ARP 请求或应答来说，它们的值分别为 6 和 4，表明硬件地址即 MAC 地址为 6 字节，协议地址即 IP 地址为 4 字节。

(8) 操作类型(Opcode)：该字段为 2 字节，区分协议的四种操作，即 ARP 请求(值为 1)、ARP 应答(值为 2)、RARP 请求(值为 3)和 RARP 应答(值为 4)。ARP 请求和 ARP 应答的帧类型字段值是相同的，因此必须用操作类型字段将其区分。

(9) 发送端硬件地址(Sender's Hardware Address)：该字段为 6 字节。

(10) 发送端协议地址(Sender's Protocol Address)：该字段为 4 字节。

(11) 目标端硬件地址(Target Hardware Address)：该字段为 6 字节。

(12) 目标端协议地址(Target Protocol Address)：该字段为 4 字节。

对于一个 ARP 请求来说，除目标端的硬件地址外的所有其他的字段都有填充值。当系统收到一份目标端为本机的 ARP 请求报文后，首先把硬件地址填进去，然后用两个目标端地址分别替换两个发送端地址，并把操作类型字段置为 2，最后把它发送回去。

9.2.5　ICMP

ICMP 是 IP 层的一个组成部分，通常由 IP 层或更高层协议(TCP 或 UDP)调用，主要功能是传递差错报文以及其他需要注意的信息。部分 ICMP 报文把差错信息返回至用户进程。ICMP 报文是在 IP 数据报内部被传输的，如图 9.14 所示。

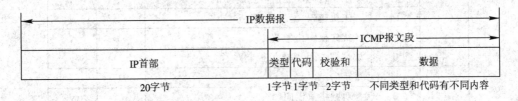

图 9.14　ICMP 数据在 IP 数据报中的封装

类型字段可以有 15 个不同的值，以描述特定类型的 ICMP 报文。某些 ICMP 报文还使用代码字段的值来进一步描述不同的条件。

检验和字段覆盖整个 ICMP 报文。对于 ICMP 报文来说，检验和是必需的。

1. ICMP 报文类型

ICMP 的报文类型由报文中的类型字段和代码字段共同决定，如表 9.3 所示。表中的最后两列表明 ICMP 报文是查询报文还是差错报文。对 ICMP 差错报文有时需要作特殊处理，因此需要对它们进行区分。例如，在对 ICMP 差错报文进行响应时，不能生成另一个 ICMP 差错报文(如果没有这个限制规则，可能会遇到一个差错产生另一个差错的情况，而差错继续产生差错，这样会产生无限循环)。

ICMP 差错报文包含 IP 的首部和产生 ICMP 差错报文的 IP 数据报的前 8 个字节，这样，接收 ICMP 差错报文的模块就会把它与某个特定的协议(根据 IP 数据报首部中的协议字段来判断)和用户进程(根据包含在 IP 数据报前 8 个字节中的 TCP 或 UDP 报文首部中的 TCP 或 UDP 端口号来判断)联系起来。

为了防止由于 ICMP 差错报文响应所引发的广播风暴，协议规定当接收端收到下列的报文时不会产生 ICMP 差错报文：

表 9.3　ICMP 报文类型

类型	代码	描　述	查询	差错
0	0	回显应答(Ping 应答)	√	
3		目的不可达:		
	0	网络不可达		√
	1	主机不可达		√
	2	协议不可达		√
	3	端口不可达		√
	4	需要进行分片但设置了不分片比特		√
	5	源站选路失败		√
	6	目的网络不认识		√
	7	目的主机不认识		√
	8	源主机被隔离(作废)		√
	9	目的网络被强制禁止		√
	10	目的主机被强制禁止		√
	11	由于服务类型为 ToS，网络不可达		√
	12	由于服务类型为 ToS，主机不可达		√
	13	由于过滤，通信被强制禁止		√
	14	主机越权		√
	15	优先权中止生效		√
4	0	源端被关闭(基本流控制)		√
5		重定向:		
	0	对网络重定向		√
	1	对主机重定向		√
	2	对服务类型和网络重定向		√
	3	对服务类型和主机重定向		√
8	0	请求回显(Ping 请求)	√	
9	0	路由器通告	√	
10	0	路由器请求	√	
11		超时:		
	0	传输期间生存时间为 0(Traceroute)		√
	1	在数据报组装期间生存时间为 0		√
12		参数问题:		
	0	IP 首部错误(包括各种差错)		√
	1	缺少必需的选项		√
13	0	时间戳请求	√	
14	0	时间戳应答	√	
15	0	信息请求(作废)	√	
16	0	信息应答(作废)	√	
17	0	地址掩码请求	√	
18	0	地址掩码应答	√	

(1) ICMP 差错报文(但 ICMP 查询报文可能会产生 ICMP 差错报文)。

(2) 目的地址是广播地址或多播地址的 IP 数据报。

(3) 作为链路层广播的数据报。

(4) 不是 IP 数据报第一个分片的数据报。

(5) 源地址不是单个主机的数据报。这就是说,源地址不能为零地址、环回地址、广播地址或多播地址。

2. Ping 程序与 ICMP 回显报文

Ping 程序的功能是对两个 TCP/IP 系统的连通性进行测试。该程序发送一份 ICMP 回显请求查询报文给主机,并等待返回 ICMP 回显应答,利用 ICMP 回显请求和回显应答报文,而不经过传输层(TCP/UDP)。

一般来说,如果不能 Ping 通某台主机,那么就不能连接到该主机。反过来,如果不能连接到某主机,就可以用 Ping 来确定问题出在哪里。Ping 还能测得本机到目的主机的往返时间,以确定该主机离我们有"多远"。但是随着网络安全意识的增强,出现了提供访问控制的网络设备,一台主机的可达性不仅取决于 IP 层是否可达,还取决于使用何种协议以及端口号。Ping 程序的运行结果可能显示某台主机不可达,但我们仍然可以使用该主机的服务。虽然如此,Ping 程序仍然是检查网络故障的较好工具之一。

通常称发送回显请求的 Ping 程序为客户,称被 Ping 的主机为服务器。大多数的 TCP/IP 实现都在内核中直接支持 Ping 服务器。ICMP 回显请求和回显应答报文如图 9.15 所示。

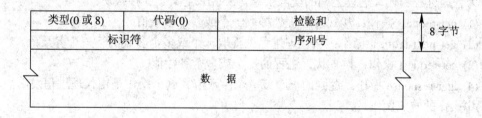

图 9.15　ICMP 回显请求和回显应答报文格式

对于其他类型的 ICMP 查询报文,服务器必须响应标识符和序列号字段。另外,客户发送的选项数据必须回显。序列号从 0 开始,每发送一次新的回显请求就加 1。Ping 程序打印出返回的每个分组的序列号,从而查看是否有分组丢失、失序或重复。对于 IP 服务来说,这三种情况都有可能发生。

9.2.6　SNMP

SNMP 通常用来管理网络设备并获取设备信息,通常用在 TCP/IP 网络中,尤其是大规模网络中。SNMP 可用来将自身的状态发送给特殊的 SNMP 服务器软件,显示错误隐患及其他可能出现的问题。网络管理员使用 SNMP 可以在一个地方获取所有支持 SNMP 的网络节点的信息,并且可进行远程配置。

SNMP 最初是为管理网络上的路由器而设计的。SNMP 是 TCP/IP 协议簇中的一员,但它并不依赖于 IP。目前大部分 SNMP 都使用 IP 协议,但 SNMP 仍是独立的协议(例如,它也可以用于 Novell 公司 SPX/IPX 中的 IPX 协议之上)。

SNMP 并不是单个协议，它由用于网络管理的三个协议组成。组成 SNMP 协议的三个部分及功能如下：

(1) 一个管理信息库 MIB(Management Information Base)。管理信息库包含所有代理进程的可被查询和修改的参数。RFC 1213[McCloghrie and Rose 1991]定义了第二版的 MIB，叫做 MIB-II。

(2) 关于 MIB 的一套公用的结构和表示符号，叫做管理信息结构(SMI，Structure of Management Information)。这个在 RFC 1155[Rose and McCloghrie 1990]中定义。例如：SMI 定义计数器是一个非负整数，它的计数范围是 0～4 294 967 295，当达到最大值时，又从 0 重新开始计数。

(3) 管理进程和代理进程之间的通信协议，叫做简单网络管理协议(SNMP，Simple Network Management Protocol)。在 RFC 1157[Case et al. 1990]中定义。SNMP 包括数据报交换的格式等内容。尽管可以在传输层采用各种各样的协议，但是在 SNMP 中，用得最多的协议还是 UDP。

上面提到的 RFC 所定义的 SNMP 叫做 SNMP v1，或者就叫做 SNMP。截至今日，又有一些新的关于 SNMP 的 RFC 发表，在这些 RFC 中定义的 SNMP 分别叫做 SNMP v2 和 SNMP v3。本节只介绍 SNMP v1 的主要内容。

1. 协议

为管理进程和代理进程之间的交互信息，SNMP 定义了 5 种报文：

(1) get-request 操作：从代理进程处提取一个或多个参数值。

(2) get-next-request 操作：从代理进程处提取一个或多个参数的下一个参数值。

(3) set-request 操作：设置代理进程的一个或多个参数值。

(4) get-response 操作：返回的一个或多个参数值。这个操作是由代理进程发出的。它是(3)中操作的响应操作。

(5) trap 操作：代理进程主动发出的报文，通知管理进程有某些事情发生。

前面的 3 个操作是由管理进程向代理进程发出的。后面两个是代理进程发给管理进程的(为简化起见，前面 3 个操作简称为 get、get-next 和 set 操作)。图 9.16 描述了这 5 种操作。

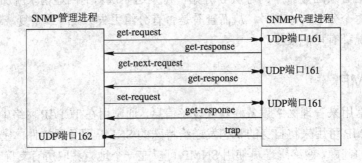

图 9.16　SNMP 的 5 种操作

前 4 种操作是简单的请求应答方式(也就是管理进程发出请求，代理进程应答响应)，而且在 SNMP 中往往使用 UDP 协议，可能发生管理进程和代理进程之间数据报丢失的情况，因此一定要有超时和重传机制。

管理进程发出的前面 3 种操作采用 UDP 的 161 端口。代理进程发出的 Trap 操作采用 UDP 的 162 端口。由于收发采用了不同的端口号，所以一个系统可以同时充当管理进程和代理进程。

图 9.17 是封装成 UDP 数据报的 5 种操作的 SNMP 报文格式。

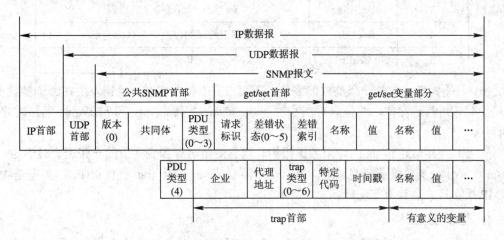

图 9.17　SNMP 报文格式

在图中对 IP 和 UDP 的首部长度进行了标注。各个字段的内容和作用如下：

(1) 版本字段是 0。该字段的值是通过 SNMP 版本号减去 1 得到的，显然 0 代表 SNMPv1。

(2) PDU(Protocol Data Unit)，协议数据单元，即分组。表 9.4 显示了各种 PDU 的值和相对应的类型名称。

表 9.4　SNMP 报文中的 PDU 类型

PDU 类型	名　　称
0	get-request
1	get-next-request
2	get-response
3	set-request
4	trap

(3) 共同体字段是一个字符串，是管理进程和代理进程之间的口令，是明文格式。默认值是 public。

(4) 请求标识。对于 get、get-next 和 set 操作，请求标识由管理进程设置，然后由代理进程在 get-response 中返回。这个字段可将服务器进程(即代理进程)发出的响应和客户进程发出的查询进行匹配，此外还允许管理进程对一个或多个代理进程发出多个请求，并且将返回的众多应答进行分类。

(5) 差错状态字段是一个整数，是由代理进程标注的，指明是否有差错发生。表 9.5 是参数状态、名称和描述之间的对应关系。

表 9.5 SNMP 差错状态的值

差错状态	名称	描述
0	noError	没有错误
1	tooBig	代理进程无法把响应放在一个 SNMP 消息中发送
2	noSuchName	操作一个不存在的变量
3	badValue	set 操作的值或语义有错误
4	readOnly	管理进程试图修改一个只读变量
5	genErr	其他错误

(6) 差错索引字段是一个整数偏移量，指明当有差错发生时，差错发生在哪个参数上。它是由代理进程标注的，并且只有在发生 noSuchName、readOnly 和 badValue 差错时才进行标注。

在 get、get-next 和 set 的请求数据报中，包含变量名称和变量值的一张表。对于 get 和 get-next 操作，变量值部分被忽略，也就是不需要填写。对于 trap 操作符(PDU 类型是 4)，SNMP 报文格式会有所变化。

2. 管理信息结构

SNMP 中，数据类型并不多。下面讨论这些数据类型，但不必关心这些数据类型在实际中是如何编码的。

(1) INTEGER：一个变量虽然定义为整型，但也有多种形式。有些整型变量没有范围限制，有些整型变量定义为特定的数值(例如，IP 的转发标志就只有允许转发时的 1 或者不允许转发时的 2 两种)，有些整型变量定义为一个特定的范围(例如，UDP 和 TCP 的端口号范围为 0 到 65 535)。

(2) OCTER STRING：0 或多个字节，每个字节值在 0～255 之间。对于这种数据类型和下一种数据类型的 BER(Basic Encoding Rules)编码，字符串的字节个数要超过字符串本身的长度。这些字符串是不以 NULL 结尾的字符串。

(3) DisplayString：0 或多个字节，但是每个字节必须是 ASCII 码。在 MIB-II 中，该类型的变量不能超过 255 个字符(0 个字符是可以的)。

(4) OBJECT IDENTIFIER：对象标识符。

(5) NULL：代表相关的变量没有值。例如，在 get 或 get-next 操作中，变量的值就是 NULL，这些值有待到代理进程中获取。

(6) IpAddress：4 字节长度的 OCTER STRING，是以网络顺序表示的 IP 地址。每个字节代表 IP 地址的一个字段。

(7) PhysAddress：OCTER STRING 类型，代表物理地址(例如 6 个字节的以太网物理地址)。

(8) Counter：非负的整数，可从 0 递增到 $2^{32}-1$(4 294 976 295)，达到最大值后归 0。

(9) Gauge：非负的整数，取值范围为从 0 到 4 294 976 295(或增或减)。达到最大值后锁定，直到复位。例如，MIB 中的 tcpCurrEstab 就是这种类型的变量，它代表目前在

ESTABLISHED 或 CLOSE_WAIT 状态的 TCP 连接数。

(10) TimeTicks：时间计数器，以 0.01 秒为单位递增，不同的变量可以有不同的递增幅度，所以在定义这种类型的变量时，必须指定递增幅度。例如，MIB 中的 sysUpTime 变量就是这种类型的变量，代表代理进程从启动开始的时间长度，以百分之一秒的数目来表示。

(11) SEQUENCE：这一数据类型与 C 程序设计语言中的结构体类似。一个 SEQUENCE 包括 0 个或多个元素，每个元素又是另一个 ASN.1 数据类型。例如，MIB 中的 UdpEntry 就是这种类型的变量，代表在代理进程中目前"激活"的 UDP 数量("激活"表示目前被应用程序所用)。在这个变量中包含两个元素：

① IpAddress 类型中的 udpLocalAddress，表示 IP 地址。

② INTEGER 类型中的 udpLocalPort，0～65 535，表示端口号。

(12) SEQUENDE OF：这是一个向量的定义，其中所有元素具有相同的类型。如果每一个元素都具有简单的数据类型，例如整数类型，就可得到一个简单的向量(一个一维向量)。但是，SNMP 在使用这个数据类型时，其向量中的每一个元素都是一个 SEQUENCE(结构)，因而可以将它看成为一个二维数组或表。例如，名为 udpTable 的 UDP 监听表(listener)就是这种类型的变量。它是一个二元的 SEQUENCE 变量。每个二元组就是一个 UdpEntry，如图 9.18 所示。在 SNMP 中，对于这种类型的表格并没有标注它的列数。

udpLocalAddress	udpLocalPort		
一个IpAddress类型的变量	范围在0～65 535的整型变量	SEQUENCE (udpEntry)	SEQUENCE OF udpEntry
...	...		

图 9.18　表格形式的 udpTable 变量

3. 对象标识符

对象标识是一种数据类型，它指明一种"授权"命名的对象。"授权"的意思就是这些标识不是随便分配的，而是由一些权威机构进行管理和分配。

对象标识是一个整数序列，以点"."分隔。这些整数构成一个树型结构，类似于 DNS 或 Unix 的文件系统。对象标识从树的顶部开始，顶部没有标识，以 root 表示(这和 Unix 中文件系统的树遍历方向非常类似)。

图 9.19 显示了在 SNMP 中用到的这种树型结构。所有的 MIB 变量都从 1.3.6.1.2.1 这个标识开始。

树上的每个结点同时还有一个文字名，例如标识 1.3.6.1.2.1 就和 iso.org.dod.internet.memt.mib 对应。实际上，管理进程和代理进程进行数据报交互时，MIB 变量名是以对象标识来标识的，当然都是以 1.3.6.1.2.1 开始的。

在图 9.19 中，除了给出了 MIB 对象标识外，还给出了 iso.org.dod.internet. private.enterprises(1.3.6.1.4.1)这个标识，这是为厂家自定义而预留的。

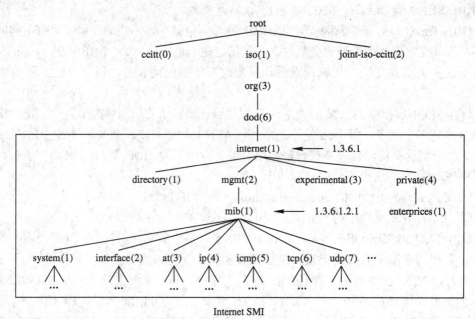

Internet SMI

图 9.19 管理信息库中的对象标识

9.3 Wireshark 使用

Wireshark 能够捕获网络数据包,并显示数据包的内容,是一种开源的网络包分析工具。Wireshark 支持 UNIX、Linux、OS X 和 Windows 等多种操作系统平台,能够实时捕获数据包,显示详细的协议信息,通过多种方式显示、统计、过滤、分析数据包,支持多种捕获程序的格式等。通过使用 Wireshark,可以辅助网络管理员解决网络问题,辅助网络安全工程师检测安全隐患,辅助开发人员测试协议执行情况,帮助学习网络协议。

数据报的捕获可以采集网络中传输的数据报并将其解码,用户可以通过该功能获取网络传输的详细信息和内容,并根据这些信息分析网络活动、解决问题。

Wireshark 能够支持多种网络接口的捕捉(以太网,令牌环网,ATM 等),支持根据捕获文件的大小、捕获持续时间、捕获到包的数量等多种机制触发停止捕获,捕获时支持实时解码数据包,能够设置过滤以减少捕获包数量。

9.3.1 数据报捕获

Wireshark 支持以如下四种方式启动数据报捕获。

(1) 使用工具栏"▓"图标,打开"Capture Interfaces"对话框,浏览可用本地网络接口(见图 9.20),选择需要进行捕获的接口启动捕获。

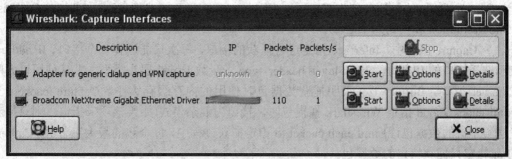

图 9.20　浏览可用本地网络接口

在图 9.20 中，Description 列是从操作系统获取的接口信息。IP 列是解析的各接口的第一个 IP 地址，如果接口未设 IP，则显示"Unknown"。Packets 列是该对话框打开后，此接口捕获到的包的数目。Packets/s 列是最近一秒该接口捕获到的包数目。Stop 按钮是停止当前运行的所有捕获。Capture 按钮是从选定接口，使用最后一次捕获的设置立即开始捕获。Options 按钮是打开该接口的"Capture Options"对话框，见图 9.21。Details 按钮是打开对话框显示接口的详细信息。Close 按钮是关闭当前对话框。

（2）使用工具栏"🖳"图标，启动"Capture Options"对话框开始捕获。

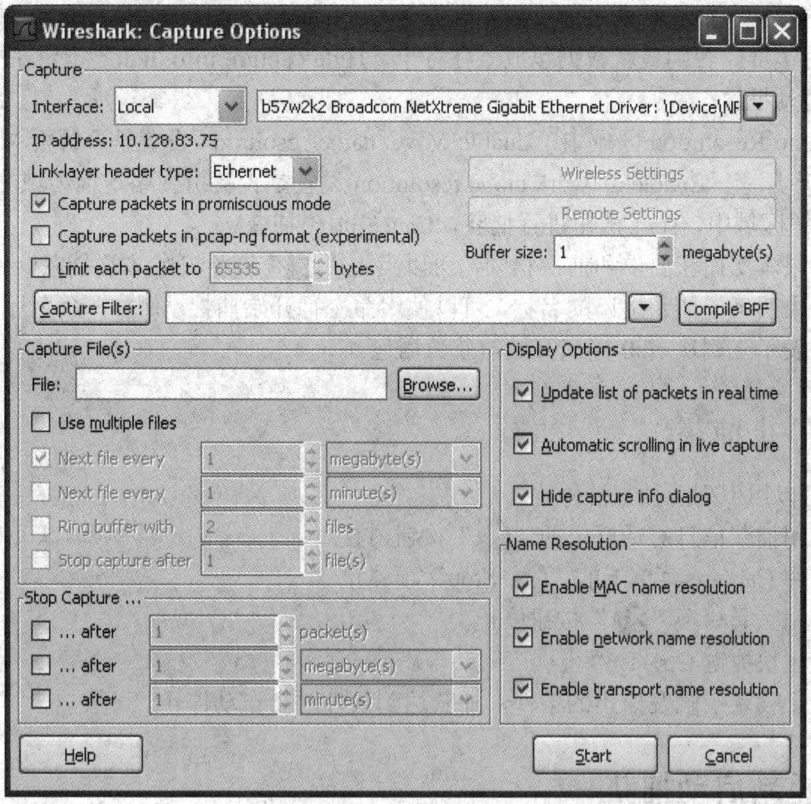

图 9.21　Capture Options 对话框

Capture Options 对话框分为 Capture、Capture File(s)、Stop Capture…、Display Options、Name Resolution 和按钮六个区域。

· Capture 区域中，Interface 指定进行捕获的接口，每次只能选择一个接口。IP address 表示选择接口的 IP 地址。Link-layer header type 表示数据链路层头类型，默认使用以太网 (Ethernet)类型。Buffer size 表明捕获数据包时使用的内存缓存大小。Capture packets in promiscuous mode 指定 Wireshark 捕捉包时，接口为混杂模式(如果该项未指定，则只捕获发送给本机的数据包)。Limit each packet to 指定捕获过程中，每个包的最大字节数。Capture Filter 指定只捕获特定的数据包。

· Capture File(s)区域中，File 指定捕获数据存储的文件名，空白表明数据存储在临时文件夹。Use multiple files 表明指定条件达到临界值时，将自动生成一个新文件。Next file every n megabyte(s)/minutes(s)指定捕获文件容量或持续时间达到指定值，将切换到新文件。Ring buffer with n files 指定生成 n 个文件的环形缓冲池。Stop caputure after n file(s)指生成指定数目文件后停止捕获。

· Stop Capture…区域中，...after n packet(s)表明在捕获到指定数目数据包后停止捕获。...after n byte(s)/kilobyte(s)/megabyte(s)/gigabyte(s)表明在捕获到指定容量的数据后停止捕获。...after n minute(s)表明在达到指定时间后停止捕获。

· Display Options 区域中，Update list of packets in real time 指定实时更新捕获数据，未选定该选项则在捕获结束之前不显示数据。Automatic scrolling in live capture 指定有数据进入时实时滚屏，否则最新数据包放置在行末。Hide capture info dialog 指定在捕获时隐藏捕获信息对话框。

· Name Resolution 区域中，Enable MAC name resolution 设置是否解析 MAC 地址的前 24 位生产厂家。Enable network name resolution 设置是否解析网络地址为域名。

· 按钮区域中，start 按钮进行捕获，Cancel 退出捕获。

(3) 如果本次捕获要求和前次相同，可以点击"▣"图标开始本次捕获。

(4) 如果明确了捕获接口的名称，可以使用命令行开始捕捉。例如，命令行"wireshark -i eth0 -k"表示立刻从 eth0 接口开始捕获数据包。

9.3.2　停止捕获

捕获可以用下列五种方法停止：

(1) 使用捕获信息对话框上的"▣"按钮停止。

(2) 使用 Capture 菜单下的"▣ Stop"项停止。

(3) 使用工具栏项"▣"按钮停止。

(4) 使用快捷键 Ctrl+E 停止。

(5) 如果设置了触发停止的条件，捕获达到条件时会自动停止。

9.3.3　重新启动捕获

运行中的捕获可以被重新启动，但将删除上次捕获的所有包。以下两种方式可以实现重新启动捕获：

(1) 使用 Capture 菜单项的 "[Restart" 项重启。

(2) 使用工具栏项 "" 项重启。

9.3.4　数据报分析

在捕获过程中、捕获完成后或者打开先前保存的包文件时，点击列表面板中的包，可以在看到这个包的详情(见图 9.22)。

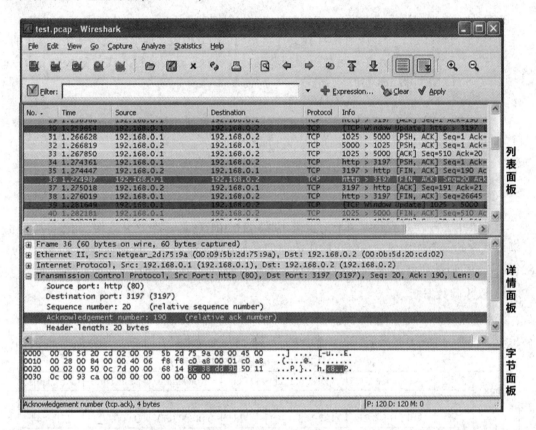

图 9.22　包详情面板

该窗口主要部分分为列表面板(Packet List Panes)、详情面板(Packet Detail Panes)、字节面板(Packet Byte Panes)三个部分。列表面板中每行显示捕获到的一个包，选择其中任何一个包，其具体情况会显示在详情面板和字节面板中。

(1) 列表面板：显示捕获包的各项主要的信息。No.显示包在此次捕获中的编号，即使使用过滤后编号也不会改变。Time 显示包的捕获时间戳。Source 显示包的源地址。Destination 显示包的目标地址。Protocal 显示包的协议类型。Info 显示包内容的附加信息。

(2) 详情面板：以树状方式显示包列表面板选中包的协议及协议字段。

(3) 字节面板：以 16 进制转储方式显示当前选择包的数据。左侧显示包数据偏移量，中间栏以 16 进制表示包内容，右侧显示为对应的 ASCII 字符。根据包数据的不同，有时候包字节面板可能会由多个页面组成。

9.4 数据采集与分析

本节将通过实例对数据报进行采集，并对数据报格式和各种连接的建立方式进行分析。

9.4.1 TCP 连接

TCP 是一个面向连接的协议。一方向另一方发送数据之前，都必须先在双方之间建立一条连接。本小节将以一个实例详细介绍 TCP 连接是如何建立的以及通信结束后是如何终止的。

首先，打开 Sniffer Pro 并开启数据报捕获功能，然后打开命令行方式并键入如下命令：

C:\>**TELNET 192.168.0.101** <回车>

Welcome to BDCOM Multi-Protool 2600 Series Router

router1>**QUIT**　　<回车>

遗失对主机的连接。

　　C:\>_

TELNET 命令在对应的端口上与主机 192.168.0.101 建立一条 TCP 连接。此服务类型正是需要观察的一个连接建立与终止的服务类型，不需要与服务器进行任何数据交换。此时，Sniffer Pro 可以捕获到 TCP 连接建立及终止的所有数据报(如表 9.6)。

1. 以太网数据帧

IP 数据报的结构是相同的，区别只是其中的内容不同，因此 Sniffer Pro 捕获到的七个数据报中的任意一个都有足够的代表性来说明 IP 数据报。数据报 1 的十六进制码如表 9.7 所示。

表 9.6　TCP 连接建立和终止数据报

Frame	Satus	Source	Destination	Len	Rel.Time	DeltaTime	Abs.Time
					Summary		
1	M	[192.168.0.2]	[192.168.0.101]	78	0:00:00.000	0.000.000	17:48:44
	TCP: D=23 S=1031 SYN SEQ=3267238601 LEN=0 WIN=35040						
2		[192.168.0.101]	[192.168.0.2]	60	0:00:00.001	0.001.561	17:48:44
	TCP: D=1031 S=23 SYN ACK=3267238602 SEQ=1382140933 LEN=0 WIN=2920						
3		[192.168.0.2]	[192.168.0.101]	60	0:00:00.001	0.000.042	17:48:44
	TCP: D=23 S=1031 ACK=1382140934 WIN=35040						
4		[192.168.0.101]	[192.168.0.2]	60	0:00:01.136	1.135.158	17:48:45
	TCP: D=1031 S=23 FIN ACK=3267238611 SEQ=1382141021 LEN=0 WIN=2920						
5		[192.168.0.2]	[192.168.0.101]	60	0:00:01.136	0.000.063	17:48:45
	TCP: D=23 S=1031 ACK=1382141022 WIN=34953						
6		[192.168.0.2]	[192.168.0.101]	60	0:00:01.154	0.017.186	17:48:45
	TCP: D=23 S=1031 FIN ACK=1382141022 SEQ=3267238611 LEN=0 WIN=34953						
7		[192.168.0.101]	[192.168.0.2]	60	0:00:01.154	0.000.950	17:48:45
	TCP: D=1031 S=23 ACK=3267238612 WIN=2920						

表 9.7　数据报详细内容

Address	HEX															
	0	1	2	3	4	5	6	7	8	9	A	B	C	D	E	F
0000000	00	e0	0f	0c	1f	80	00	07	95	17	25	63	08	00	45	00
0000010	00	40	00	40	40	00	40	06	b8	c0	c0	a8	00	02	c0	a8
0000020	00	32	04	07	00	17	c2	be	1a	c9	00	00	00	00	b0	02
0000030	88	e0	d3	41	76	81	02	04	05	b4	01	03	03	00	01	01
0000040	08	0a	00	00	00	00	00	00	00	00	01	01	04	02		

在表 9.7 中 0x00 字节至 0x0d 字节属于以太网数据帧头，其内容为：

Destination Address：　　　　　00-E0-0F-0C-1F-80　　//MAC 地址

Source Address：　　　　　　　00-07-95-17-25-63　　//MAC 地址

Ethertype：　　　　　　　　　 0800　　　　　　　　//IP 协议

表中 0x0e 到 0x21 字节为 IP 数据报头，0x22 至 0x4d 字节为 TCP 数据报头。对应的内容见表 9.8。

表 9.8　IP 数据报和 TCP 数据报报头

项　目	内　容	地　址
IP 数据报报头		
Version	4	0x0E(高 4 位)
Header Length	20 (Bytes)	0x0E(低 4 位)
Type of Service	00	0x0F
Total Length	64 (Bytes)	0x10~0x11
Identification	64	0x12~0x13
Flags		0x14(高 3 位)
. 1	1 (不分段)	
. . 0	0 (段尾)	
Fragment Offset	0 (Bytes)	0x14(低 5 位)~0x15
Time to Live	64 (Seconds/Hops)	0x16
Protocol	6 (TCP)	0x17
Header Checksum	B8C0 (Correct)	0x18~0x19
Source Address	[192.168.0.2]	0x1A~0x1D
Destination Address	[192.168.0.101]	0x1E~0x21
TCP 数据报报头		
Source Port	1031	0x22~0x23
Destination Port	23 (Telnet)	0x24~0x25
Initial Sequence Number	3267238601	0x26~0x29
Acknowledgement Number	0	0x2A~0x2D
Data Offset	44	0x2E(高 4 位)
Reserved Bits		0x2E(低 4 位) 0x2F(高 2 位)

项　目	内　容	地　址
TCP 数据报报头		
Flags	02	0x2F(低 6 位)
．　．　0　．　．　．　．	No Urgent Point	0
．　．　．　0　．　．　．	No Acknowledgement	
．　．　．　．　0　．　．	No Push	
．　．　．　．　．　0　．	No Reset	
．　．　．　．　．　．　1　．	SYN	
．　．　．　．　．　．　0	No FIN	
Window	35040	0x30～0x31
Checksum	0xD341	0x32～0x33
Urgent Point	30337	0x34～0x35
Option follow		
Maxium Segment Size	1460	0x36～0x39
Window Scale Option	3	0x3B～0x3D
Timestamp Option		
Timestamp Value	0	0x42～0x45
Timestamp echo reply	0 (必须设为 0)	0x46～0x49
SACK-Permitted Option		0x4C～0x4D

2. 建立和终止连接

为了建立一条 TCP 连接，双方进行如下通信(如图 9.23 所示)：

(1) 请求端(通常称为客户)发送一个 SYN 报文段指明客户打算连接的服务器的端口，以及初始序号(SEQ，图中为 3267238601)。这个 SYN 报文段为报文段 1。

(2) 服务器发回包含服务器的初始序号的 SYN 报文段(报文段 2)作为应答，同时，将确认序号设置为客户的 ISN 加 1，确认客户的 SYN 报文段。SYN 将占用一个序号。

(3) 客户必须将确认序号设置为服务器的 ISN 加 1，确认服务器的 SYN 报文段(报文段 3)。

这三个报文段完成连接的建立。发送第一个 SYN 的一端将执行主动打开(Active open)。接收这个 SYN 并发回下一个 SYN 的另一端执行被动打开(Passive open)。当一端为建立连接而发送它的 SYN 时，应为连接选择一个初始序号。ISN 随时间而变化，因此每个连接都将具有不同的 ISN。RFC 793[Postel 1981c]指出 ISN 可看作是一个 32 位的计数器，每 4 ms 加 1。选择序号的目的在于防止在网络中被延迟的分组在以后又被传送，从而导致某个连接的一方对它作出错误的解释。

图 9.23 中的报文段 4 发起终止连接，它在键入 QUIT 命令后由 Telnet 客户端关闭连接时发出。服务器收到 QUIT 命令后向 TCP 客户端发送一个 FIN，用来关闭从服务器到客户的数据传送。

当客户机收到这个 FIN，发回一个 ACK 时，确认序号为收到序号加 1(报文段 5)。与 SYN 相似，FIN 将占用一个序号。同时客户机向服务器传送一个文件结束符，接着这个客户机就关闭它的连接，导致 TCP 端发送一个 FIN(报文段 6)，服务器发回一个确认，并将确认序号设置为收到序号加 1(报文段 7)。在图 9.23 中，发送 FIN 将导致应用程序关闭它们的连接，这些 FIN 的 ACK 是由 TCP 软件自动产生的。

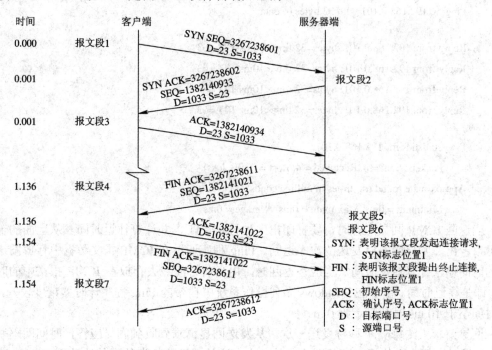

图 9.23　建立终止 TCP 连接

3. 建立连接超时

有很多情况导致无法建立连接，其中一种情况是服务器主机没有处于正常状态。为了模拟这种情况，我们断开服务器主机的电缆线，然后向它发出 TELNET 命令。表 9.9 显示了 TCP 连接建立超时的情况。

表 9.9　TCP 连接建立超时

Frame	Satus	Source	Destination	Len	Rel.Time	DeltaTime	Abs.Time
			Summary				
1	M	[192.168.0.2]	[192.168.0.101]	78	0:00:00.000	0.000.000	17:48:38
	TCP: D=23 S=1031 SYN SEQ=2123224848 LEN=0 WIN=35040						
2		[192.168.0.2]	[192.168.0.101]	78	0:00:03.190	3.190.708	17:48:41
	TCP: D=23 S=1031 SYN (Retransmission) SEQ=2123224848 LEN=0 WIN=35040						
3		[192.168.0.2]	[192.168.0.101]	78	0:00:09.753	6.562.559	17:48:48
	TCP: D=23 S=1031 SYN (Retransmission) SEQ=2123224848 LEN=0 WIN=35040						

客户间隔多长时间发送一个 SYN 试图建立连接，决定了客户端可能等待的时间。第 2 个 SYN 与第 1 个的间隔是 3.19 秒，第 3 个与第 2 个的间隔是 6.56 秒。当客户端在三次发送 SYN 后仍然收不到 SYN 回应，客户端停止对服务器的连接尝试。

9.4.2　Ping

在局域网上运行 Ping 程序输出结果的一般格式如下：

C:\>Ping 192.168.0.101

Pinging 192.168.0.101 with 32 bytes of data:

Reply from 192.168.0.101: bytes=32 time<10ms TTL=63
Reply from 192.168.0.101: bytes=32 time<10ms TTL=63
Reply from 192.168.0.101: bytes=32 time<10ms TTL=63
Reply from 192.168.0.101: bytes=32 time<10ms TTL=63

Ping statistics for 192.168.0.101:
    Packets: Sent = 4, Received = 4, Lost = 0 (0% loss),
Approximate round trip times in milli-seconds:
    Minimum = 0ms, Maximum = 0ms, Average = 0ms

当返回 ICMP 回显应答时，要打印出序列号和 TTL，并计算往返时间。从上面的输出中可以看出，回显应答以发送的次序返回。Ping 程序通过在 ICMP 报文数据中存放发送请求的时间值来计算往返时间。当应答返回时，用当前时间减去存放在 ICMP 报文中的时间值，即是往返时间。由于在 Windows 系列操作系统中自带的 Ping 程序计时器精度较低，往返时间小于 10 ms 时都显示为 0 ms。

回显请求大约每隔 1 秒钟发送一次，从发送回显请求到收到回显应答，时间间隔基本相似。通常，第 1 个往返时间值要比其他的大，这是由于目的端的硬件地址不在 ARP 高速缓存中，在发送第一个回显请求之前要发送一个 ARP 请求并接收 ARP 应答。

用 Sniffer Pro 对数据进行捕获，可得到如表 9.10 所示数据。

表 9.10　Ping 程序数据报

Frame	Satus	Source	Destination	Len	Rel.Time	DeltaTime	Abs.Time
			Summary				
1	M	000795172563	Broadcast	60	0:00:00.000	0.000.000	17:53:51
	ARP: C PA=[192.168.0.101] PRO=IP						
2		00E00F0C1F80	000795172563	60	0:00:00.001	0.000.457	17:53:51
	ARP: R PA=[192.168.0.101] HA=00E00F0C1F80 PRO=IP						
3		[192.168.0.2]	[192.168.0.101]	74	0:00:00.001	0.000.017	17:53:51
	ICMP: Echo						
4		[192.168.0.101]	[192.168.0.2]	74	0:00:00.001	0.001.050	17:53:51
	ICMP: Echo reply						
数据报为 Echo 和 Echo Reply，与 3，4 重复，略							

1. ARP 数据

Sniffer Pro 采集到的数据分为两个部分。第一个部分为前两个数据报，是 Ping 程序查询 IP 地址为 192.168.0.101 的设备的硬件地址的 ARP 请求和回应，其具体内容如表 9.11 所示。

在表 9.11 中两个数据报的 0x00 字节至 0x0d 字节属于以太网数据帧头。由于两个数据报均为 ARP 协议的数据报，因此 0x0c 至 0x0d 的数据均为 0806；第一个数据报为了查询地址，因此目的地址项为 FF-FF-FF-FF-FF-FF，表明数据报以广播方式发送；第二个数据报为目的地址的回复，因此该项目的地址的内容为第一个数据报的源地址。

表 9.11　ARP 数据报详细内容

Address	HEX															
	0	1	2	3	4	5	6	7	8	9	A	B	C	D	E	F
报文 1																
0000000	ff	ff	ff	ff	ff	ff	00	07	95	17	25	63	08	06	00	01
0000010	08	00	06	04	00	01	00	07	95	17	25	63	c0	a8	00	02
0000020	00	00	00	00	00	00	c0	a8	00	65	00	00	00	00	00	00
0000030	00	00	00	00	00	00	00	00	00	00						
报文 2																
0000000	00	07	95	17	25	63	00	e0	0f	0c	1f	80	08	06	00	01
0000010	08	00	06	04	00	02	00	e0	0f	0c	1f	80	c0	a8	00	65
0000020	00	07	95	17	25	63	c0	a8	00	02	00	00	00	00	00	00
0000030	00	00	00	00	00	00	00	00	00	00						

表中 0x0e ～ 0x3b 字节为 ARP 数据报，对应的内容见表 9.12。

表 9.12　ARP 数据报

项　目	内　容	地　址
数据报 1		
Hardware type	1 (Ethernet)	0x0E～0x0F
Protocol type	0800 (IP)	0x10～0x11
Length of hardware address	6 (Bytes)	0x12
Length of protocol address	4 (Bytes)	0x13
Opcode	1 (ARP Request)	0x14～0x15
Sender's Hardware Address	000795172563	0x16～0x1B
Sender's Protocol Address	[192.168.0.2]	0x1C～0x1F
Target Hardware Address	000000000000	0x20～0x25
Target Protocol Address	[192.168.0.101]	0x26～0x29
Frame Padding		0x2A～0x3B
数据报 2		
Hardware type	1 (Ethernet)	0x0E～0x0F
Protocol type	0800 (IP)	0x10～0x11
Length of hardware address	6 (Bytes)	0x12
Length of protocol address	4 (Bytes)	0x13
Opcode	2 (ARP Reply)	0x14～0x15
Sender's Hardware Address	00E00F0C1F80	0x16～0x1B
Sender's Protocol Address	[192.168.0.101]	0x1C～0x1F
Target Hardware Address	000795172563	0x20～0x25
Target Protocol Address	[192.168.0.2]	0x26～0x29
Frame Padding		0x2A～0x3B

2. ICMP 数据

Sniffer Pro 采集到的数据第二部分为 ICMP 报文，由 Echo 和 Echo reply 报文组成。前者为 192.168.0.2 主机向 192.168.0.101 设备发送的回显请求，后者为 192.168.0.101 设备的回应报文，其具体内容如表 9.13 所示。

在表 9.13 数据报的 0x00 字节至 0x0d 字节属于以太网数据帧头，由于 ICMP 数据报是附加在 IP 数据报内，因此 0x0c 和 0x0d 字段分别为 0x08 和 0x00。表中 0x0e 到 0x21 字节为 IP 数据报报头，0x22 至 0x49 字节为 ICMP 数据，对应的内容见表 9.14。

表 9.13　ICMP 数据报详细内容

Address	HEX															
	0	1	2	3	4	5	6	7	8	9	A	B	C	D	E	F
报文 3																
0000000	00	e0	0f	0c	1f	80	00	07	95	17	25	63	08	00	45	00
0000010	00	3c	00	73	00	00	40	01	f8	96	c0	a8	00	02	c0	a8
0000020	00	65	08	00	4a	5c	02	00	01	00	61	62	63	64	65	66
0000030	67	68	69	6a	6b	6c	6d	6e	6f	70	71	72	73	74	75	76
0000040	77	61	62	63	64	65	66	67	68	69						
报文 4																
0000000	00	07	95	17	25	63	00	e0	0f	0c	1f	80	08	00	45	00
0000010	00	3c	00	bc	00	00	ff	01	39	4d	c0	a8	00	65	c0	a8
0000020	00	02	00	00	52	5c	02	00	01	00	61	62	63	64	65	66
0000030	67	68	69	6a	6b	6c	6d	6e	6f	70	71	72	73	74	75	76
0000040	77	61	62	63	64	65	66	67	68	69						

表 9.14　ICMP 数据报

项　目	内　容	地　址
数据报 1		
Type	8 (Echo)	0x22
Code	0	0x23
Checksum	4A5C (Correct)	0x24～0x25
Identifier	512	0x26～0x27
Sequence Number	256	0x28～0x29
Data	(32 Bytes)	0x2A～0x49
数据报 2		
Type	0 (Echo reply)	0x22
Code	0	0x23
Checksum	525C (Correct)	0x24～0x25
Identifier	512	0x26～0x27
Sequence Number	512	0x28～0x29
Data	(32 Bytes)	0x2A～0x49

很显然，在 Echo 和 Echo reply 中 Data 数据段的内容是无意义的，但两者完全相同，原因是 ICMP 报文必须有 Data 数据段的负载，同时 Ping 程序也可以通过检验回复报文中的 Data 数据是否与回显请求中的相同，以判断目标是否真收到了回显请求。

9.4.3　Tracert

在局域网上运行 Tracert 程序，输出结果的一般格式如下：

C:\>Tracert 192.168.2.2

Tracing route to WORKSTATION-C [192.168.2.2]

over a maximum of 30 hops:

1	16 ms	<10 ms	<10 ms	192.168.0.101
2	<10 ms	<10 ms	15 ms	192.168.200.2
3	<10 ms	<10 ms	16 ms	WORKSTATION-C [192.168.2.2]

Trace complete.

用 Sniffer Pro 对数据进行捕获，可得到如表 9.15 所示数据。

表 9.15　Tracert 程序数据报

Frame	Satus	Source	Destination	Len	Rel.Time	DeltaTime	Abs.Time
				Summary			
1	M	[192.168.0.14]	[192.168.2.2]	92	00:00.0	0.000.000	17:02
	WINS: C ID=32823 OP=QUERY NAME=*<000000000000000000000000000000><00>						
2		[192.168.2.2]	[192.168.0.14]	289	00:00.0	0.006.341	17:02
	WINS: R ID=32823 OP=QUERY STAT=OK						
3	#	[192.168.0.14]	[192.168.2.2]	106	00:00.0	0.028.533	17:02
	ICMP: Echo						
4	#	[192.168.0.101]	[192.168.0.14]	70	00:00.0	0.001.500	17:02
	ICMP: Time exceeded (Time to live exceeded in transit)						
5	#	[192.168.0.14]	[192.168.2.2]	106	00:00.0	0.000.621	17:02
	ICMP: Echo						
6	#	[192.168.0.101]	[192.168.0.14]	70	00:00.0	0.001.403	17:02
	ICMP: Time exceeded (Time to live exceeded in transit)						
7	#	[192.168.0.14]	[192.168.2.2]	106	00:00.0	0.000.538	17:02
	ICMP: Echo						
8	#	[192.168.0.101]	[192.168.0.14]	70	00:00.0	0.001.543	17:02
	ICMP: Time exceeded (Time to live exceeded in transit)						
9		[192.168.0.14]	[192.168.0.101]	92	00:00.0	0.006.041	17:02
	WINS: C ID=32825 OP=QUERY NAME=*<000000000000000000000000000000><00>						

续表一

Frame	Satus	Source	Destination	Len	Rel.Time	DeltaTime	Abs.Time
				Summary			
10	#	[192.168.0.101]	[192.168.0.14]	70	00:00.0	0.001.458	17:02
	ICMP: Destination unreachable (Port unreachable)						
11	#	[192.168.0.14]	[192.168.0.101]	92	00:01.5	1.498.320	17:02
	WINS: C ID=32827 OP=QUERY NAME=*<000000000000000000000000000000><00>						
12	#	[192.168.0.101]	[192.168.0.14]	70	00:01.5	0.001.488	17:02
	ICMP: Destination unreachable (Port unreachable)						
13	#	[192.168.0.14]	[192.168.0.101]	92	00:03.0	1.500.674	17:02
	WINS: C ID=32829 OP=QUERY NAME=*<000000000000000000000000000000><00>						
14	#	[192.168.0.101]	[192.168.0.14]	70	00:03.0	0.001.462	17:02
	ICMP: Destination unreachable (Port unreachable)						
15		[192.168.0.14]	[192.168.2.2]	106	00:05.6	2.552.672	17:02
	ICMP: Echo						
16	#	[192.168.200.2]	[192.168.0.14]	70	00:05.6	0.004.974	17:02
	ICMP: Time exceeded (Time to live exceeded in transit)						
17		[192.168.0.14]	[192.168.2.2]	106	00:05.6	0.000.690	17:02
	ICMP: Echo						
18	#	[192.168.200.2]	[192.168.0.14]	70	00:05.6	0.004.970	17:02
	ICMP: Time exceeded (Time to live exceeded in transit)						
19		[192.168.0.14]	[192.168.2.2]	106	00:05.6	0.000.784	17:02
	ICMP: Echo						
20	#	[192.168.200.2]	[192.168.0.14]	70	00:05.6	0.004.723	17:02
	ICMP: Time exceeded (Time to live exceeded in transit)						
21		[192.168.0.14]	[192.168.200.2]	92	00:05.6	0.008.206	17:02
	WINS: C ID=32831 OP=QUERY NAME=*<000000000000000000000000000000><00>						
22	#	[192.168.0.14]	[192.168.200.2]	92	00:07.1	1.497.390	17:02
	WINS: C ID=32833 OP=QUERY NAME=*<000000000000000000000000000000><00>						
23	#	[192.168.0.14]	[192.168.200.2]	92	00:08.6	1.502.140	17:02
	WINS: C ID=32835 OP=QUERY NAME=*<000000000000000000000000000000><00>						
24		[192.168.0.14]	[192.168.2.2]	106	00:11.1	2.504.080	17:02
	ICMP: Echo						
25		[192.168.2.2]	[192.168.0.14]	106	00:11.1	0.005.462	17:02
	ICMP: Echo reply						
26		[192.168.0.14]	[192.168.2.2]	106	00:11.1	0.000.603	17:02
	ICMP: Echo						

续表二

Frame	Satus	Source	Destination	Len	Rel.Time	DeltaTime	Abs.Time
			Summary				
27		[192.168.2.2]	[192.168.0.14]	106	00:11.1	0.005.134	17:02
	ICMP: Echo reply						
28		[192.168.0.14]	[192.168.2.2]	106	00:11.1	0.000.608	17:02
	ICMP: Echo						
29		[192.168.2.2]	[192.168.0.14]	106	00:11.1	0.004.871	17:02
	ICMP: Echo reply						
30		[192.168.0.14]	[192.168.2.2]	92	00:11.2	0.006.061	17:02
	WINS: C ID=32837 OP=QUERY NAME=*<00000000000000000000000000><00>						
31		[192.168.2.2]	[192.168.0.14]	289	00:11.2	0.006.336	17:02
	WINS: R ID=32837 OP=QUERY STAT=OK						

(1) Tracert 输出 "Tracing route to WORKSTATION-C [192.168.2.2]" 时，数据报为 1、2，作用是使用 NetBIOS 名字服务查询，获取 192.168.2.2 设备的名称。

(2) 报文 3～8 为本机向设备 192.168.2.2 发出 3 个 TTL 为 1 的报文，由路由器 192.168.0.101 返回 TTL 定时器超时的报文，此时本机测定该段链路的响应时间，Tracert 输出 "1   16 ms   <10 ms   <10 ms"。

(3) 报文 9～14 为本机向设备 192.168.0.101 使用 NetBIOS 名字服务查询，请求获得设备的名称，但 192.168.0.101 不支持 NetBIOS 查询，返回错误信息，此时 Tracert 输出 "192.168.0.101"。

(4) 报文 15～20 为本机向设备 192.168.2.2 发出 3 个 TTL 为 2 的报文，由经路由器 192.168.0.101 后，由路由器 192.168.200.2 返回 TTL 定时器超时的报文，此时本机测定该段链路的响应时间，Tracert 输出 "2   <10 ms   <10 ms   15 ms"。

(5) 报文 21～23 为本机向设备 192.168.200.2 使用 NetBIOS 名字服务查询，请求获得设备的名称，但 192.168.200.2 不支持 NetBIOS 查询且不响应非本地的 UDP 数据报，因此无返回信息，此时 Tracert 输出 "192.168.200.2"。

(6) 报文 24～29 为本机向设备 192.168.2.2 发出 3 个 TTL 为 3 的报文，由经路由器 192.168.0.101 和 192.168.200.2 后，由主机 192.168.2.2 返回 ICMP Echo reply 报文，此时本机测定该段链路的响应时间，Tracert 输出 "3   <10 ms   <10 ms   16 ms"。

(7) 报文 30 为本机向设备 192.168.2.2 使用 NetBIOS 名字服务查询，请求获得设备的名称，报文 31 为 192.168.2.2 返回 NetBIOS 名字，此时 Tracert 输出 "WORKSTATION-C [192.168.2.2]"。

9.4.4 UDP 数据

UDP 是一种小型的传输层协议，操作执行快，适用于承载传输小批量的数据和一些与时间相关的数据(如 WINS 协议、SMB 协议等)。例如，以 Sniffer Pro 采集如下命令行数据，该命令向子网内所有的计算机发送一个 "Hello!" 的消息：

C:\>**NET Send * Hello!** <回车>

消息已经送到域 WORKGROUP。

C:\>

采集的数据报如表 9.16 所示，具体内容见表 9.17。

NET Send 语句发送的数据报的 0x00 字节至 0x0d 字节属于以太网数据帧头，其目标地址为 FF-FF-FF-FF-FF-FF，很显然，这个数据报将向所有的网络设备发送。

在 IP 网络中，非子网掩码覆盖范围为全 1 的 IP 地址属于广播地址(例如，在 192.168.0.0 网络中，子网掩码为 255.255.240.0，则该网络广播地址为 192.168.15.255)，向该地址发送的所有的数据报将向全子网广播。由于 NET Send 命令将 "Hello!" 消息发送到工作组中所有的计算机上，因此在表中 0x0e 到 0x21 字节的 IP 数据报头中，目标地址为 192.168.0.255。

表 9.16　NET Send 发送的数据报

Frame	Satus	Source	Destination	Len	Rel.Time	DeltaTime	Abs.Time
			Summary				
1	M	[192.168.0.2]	[192.168.0.255]	234	0:00:00.000	0.000.000	2003-06-02 17:55:44
	SMBMSP: Write mail slot \MAILSLOT\MESSNGR						

表 9.17　数据报详细内容

Address	HEX															
	0	1	2	3	4	5	6	7	8	9	A	B	C	D	E	F
0000000	ff	ff	ff	ff	ff	ff	00	07	95	17	25	63	08	00	45	00
0000010	00	dc	01	c6	00	00	40	11	f5	f9	c0	a8	00	02	c0	a8
0000020	00	ff	00	8a	00	8a	00	c8	90	45		...				
...							...									
00000e0	4f	55	50	00	21	21	21	21	21	00						

0x22～0x29 字节为 UDP 数据报头(见表 9.18)，0x2A 至 0xe9 字节为封装在 UDP 数据段内的 NetBIOS、SMB 协议数据。

表 9.18　UDP 数据报报头

项　目	内　容	地　址
Source Port	138 (NetBIOS-dgm)	0x22～0x23
Destination Port	138 (NetBIOS-dgm)	0x24～0x25
Length	200	0x26～0x27
Checksum	9045 (Correct)	0x28～0x29

9.4.5 SNMP 数据

1. SNMP Query/Set Utility 使用

SNMP Query/Set Utility(以下简称 SNMPUtilG)是 Windows 2000 Support Tools 内置的一个图形化的 SNMP 信息浏览器，用户可以使用该工具获取网络上支持 SNMP 的设备信息，可以以图形界面的方式完成 GET、Get-Next 和 Set 等基本的 SNMP 操作。

安装完 Windows 2000 Support Tools 软件后可以通过如下方式运行该软件：

(1) 在"程序"内 Windows 2000 Support Tools 内 Tools 项下点击 SNMP Query Tools 直接运行。

(2) 在命令行方式 Windows 2000 Support Tools 安装目录下键入 SNMPUtilG 运行程序。

该软件开始时默认获取信息的设备 IP 地址为回环地址 127.0.0.1，获取的对象 ID 为.1.3.6.1.2.1，默认通信密钥为 public，用户可以根据自己的需要改变 IP 地址、获取对象 ID 和密钥。

SNMPUtilG 选择获取信息的设备必须正在运行 SNMP 服务，并允许通过网络访问该设备。如果用户选择了其他密钥，该密钥必须在设备上存在并具有读权限。

在 SNMP Function to Execute 下拉框中，用户可以选取运行的 SNMP 功能。选项包括：

(1) GET the value of the current object identifier。

(2) GET the NEXT value after the current object identifier (this is the default)。

(3) GET the NEXT 20 values after the current object identifier。

(4) GET all values from object identifier down (WALK the tree)。

(5) WALK the tree from WINS values down。

(6) WALK the tree from DHCP values down。

(7) WALK the tree from LANMAN values down。

(8) WALK the tree from MIB-II down (Internet MIB)。

2. SNMP 数据采集

本节将通过对 SNMP Query/Set Utility 程序采集 SNMP 信息的数据进行捕获来获得 SNMP 数据报。

当 SNMPUtilG 运行后，将 Node 设为 192.168.0.254，Community 设为 private，CurrentOID 设为.1.3.6.1.2.1.1，单击 Execute Command，可获得设备 192.168.0.254 的部分 SNMP 值，如表 9.19 所示。

表 9.19 SNMPUtilG 获取 SNMP 值

类 型	值
IP Address	192.168.0.254
OID	1.3.6.1.2.1.1.1.0
Value	D-Link Fast Ethernet Switch DES-3225G
Type	OCTECT_STRING
Full OID Text	System.sysDescr.0

Sniffer Pro 捕获 SNMPUtilG 采集数据的过程，可获得主机与设备间通信的数据报如表 9.20 所示，具体内容如表 9.21 所示。

在表 9.21 数据报的 0x00 字节至 0x0d 字节属于以太网数据帧头，由于 SNMP 数据报通常是通过 UDP 协议传送的，利用了 IP 数据报，因此 0x0c 和 0x0d 字段分别为 0x08 和 0x00。表中 0x0e 到 0x21 字节为 IP 数据报报头，0x22 到 0x29 字节为 UDP 数据报报头，在该段数据中可得知 SNMP 利用的 UDP 端口为 161。在报文 1 中 SNMPv1 数据为 0x2a 至 0x50 字节，报文 2 中 SNMPv1 数据为 0x2a 至 0x77 字节，对应的内容见表 9.22。

表 9.20　SNMPUtilG 与设备通信数据报

Frame	Satus	Source	Destination	Len	Rel.Time	DeltaTime	Abs.Time
				Summary			
1	M	[192.168.0.2]	[192.168.0.254]	81	0:00:00.000	0.000.000	17:55:44
	SNMP: GetNext system						
2		[192.168.0.254]	[192.168.0.2]	2	0:00:00.001	0.001.216	17:55:44
	SNMP: GetReply sysDescr = D-Link Fast Ethernet Switch DES-3225G						

表 9.21　数据报详细内容

Address	HEX															
	0	1	2	3	4	5	6	7	8	9	A	B	C	D	E	F
报文 1																
0000000	00	50	ba	f5	a1	7f	00	07	95	17	25	63	08	00	45	00
0000010	00	43	01	1f	00	00	40	11	f7	3a	c0	a8	00	02	c0	a8
0000020	00	fe	04	0b	00	a1	00	2f	0f	15	30	25	05	01	00	04
0000030	07	70	72	69	76	61	74	65	a1	17	02	01	07	02	01	00
0000040	02	01	00	30	0c	30	0a	06	06	2b	06	01	02	01	01	05
0000050	00															
报文 2																
0000000	00	07	95	17	25	63	00	50	ba	f5	a1	7f	08	00	45	00
0000010	00	6a	00	1f	00	00	ff	11	39	13	c0	a8	00	fe	c0	a8
0000020	00	02	00	a1	04	0b	00	56	e5	45	30	4c	02	01	00	04
0000030	07	70	72	69	76	61	74	65	a2	3e	02	01	07	02	01	00
0000040	02	01	00	30	33	30	31	06	08	2b	06	01	02	01	01	01
0000050	00	04	25	44	2d	4c	69	6e	6b	20	46	61	73	74	20	45
0000060	74	68	65	72	6e	65	74	20	53	77	69	74	63	68	20	44
0000070	45	53	2d	33	32	32	35	47								

表 9.22 SNMP 数据报

项　目	内　容	地　址
数据报 1		
SNMP Version	1	0x2c～0x2e
Community	private	0x2f～0x37
Command	Get next request	0x38～0x39
Request ID	7	0x3a～0x3c
Error status	0 (No Error)	0x3d～0x3f
Error index	0	0x40～0x42
Object	{1.3.6.1.2.1.1} (system)	0x49～0x4e
Value	NULL	0x4f～0x51
数据报 2		
SNMP Version	1	0x2c～0x2e
Community	private	0x2f～0x37
Command	Get response	0x38～0x39
Request ID	7	0x3a～0x3c
Error status	0 (No Error)	0x3d～0x3f
Error index	0	0x40～0x42
Object	{1.3.6.1.2.1.1.1.0} (system)	0x49～0x50
Value	D-Link Fast Ethernet Switch DES-3225G	0x51～0x77

分析表 9.22 中的两个数据报可知，SNMPUtilG 在向设备 192.168.0.254 发出 Get next request 命令后，设备返回了 Get response 命令，并将所请求的信息附在数据报内。这样，通过 SNMP 的 get request-response 命令组，用户就完成了对设备信息的采集。

9.4.6 网络嗅探设备检测

通常，嗅探器不可能被检测出来，因为嗅探程序是一种被动的接收程序，属于被动触发，只会收集数据包，而不发送任何数据。尽管如此，在某些情况下，网络设备的其他一些特性可能会暴露嗅探器的位置(如图 9.24 所示)。

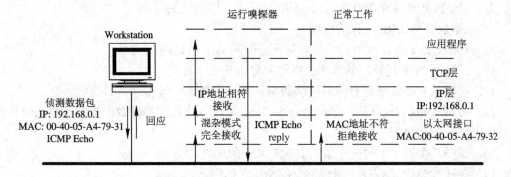

图 9.24　嗅探设备侦测示意图

(1) 怀疑 IP 地址为 192.168.0.1 的机器装有嗅探程序，它的 MAC 地址确定为 00-40-05-A4-79-32。

(2) 确保机器是运行在这个局域网中间。

(3) 将 Ping 该 IP 地址的 ICMP Echo 报文中的以太网帧头的目标 MAC 地址改为 00-40-05-A4-79-33 并发送。

(4) 如果获得应答，说明很有可能有嗅探器存在。

事实上，以太网接口接收所有的数据包，然后分析报头，核对 MAC 地址，如果与本身 MAC 地址一致，则去掉以太网帧头后的数据包传送给上层，否则将数据包抛弃。IP 层核对下层传来的数据包报头里的 IP 地址，与自身 IP 地址相符且校验正确，则去掉报头向上层传送。

由于发送的 ICMP Echo 报文的 MAC 地址事实上是不存在的，因此正常工作的以太网接口抛弃此报文，所以不能获得应答。而运行嗅探器程序的以太网接口是工作于混杂模式，并不核对 MAC 地址，因此该报文可以到达 IP 层，并通过检测获得 ICMP Echo reply。

这种检测网络嗅探设备的方法已经得到了广泛的应用，但是很多的计算机操作系统(比如 Windows)和部分嗅探器都开始支持 MAC 地址过滤，因此这种方法已经不能保证完全有效，当这种方法得不到一个回应时也并不能保证网络中没有嗅探器存在。用户可以采用类似 Anti-Sniff 等检测网络嗅探设备的软件来检测，这些软件采用了更多的方法对网络中的各种设备进行测试，因此检测的准确性更高。

思 考 题

1. 比较 OSI 模型和 TCP/IP 模型，并简述两者间的对应关系。

2. 举例分析数据进入协议栈后的封装过程。

3. 比较网卡各接收模式的异同，并举例分析网卡在直接模式下接收和丢弃数据的过程。

4. 试简述 TCP 服务如何保证数据的可靠性。

5. 举例说明 TCP 建立连接和关闭连接的过程。

6. 比较 TCP 和 UDP 的异同点，及 TCP/UDP 与 IP 的关系。

7. 简述 TCP 协议在 TCP/IP 协议簇中的地位、作用及原因。

8. 试举例分析 ARP 工作的过程。

9. 试捕获 Tracert 运行时的网络数据流并分析其工作过程。

10. 试捕获 Ping 运行时的网络数据流并分析其工作过程。

11. 试捕获 PathPing 运行时的网络数据流并分析其工作过程。

12. 用 wireshark 软件捕获 PathPing 和 Tracert 命令执行过程的数据报文，并比较分析两者的工作原理和流程。

13. 试举三个以上不同例子说明 ICMP 协议的用途。

14. 简述 SNMP 协议三个组成部分的功能和作用。

第 10 章 网络故障及其处理

建议学时：8 学时

主要内容：

(1) 常见的网络系统故障；

(2) 网络故障的分析与检测方法；

(3) 排除网络故障常用的工具；

(4) 网络故障的解析。

10.1 常见的网络系统故障

10.1.1 网络系统故障概述

一个网络系统通常由硬件、软件和连接介质等几个部分组成。

1) 网络硬件

计算机：服务器、工作站、终端机等，它们的组成部件如主板、内存、硬盘、接口与通道等的故障一般可通过机器的自检及常规硬件测试程序检查出来。服务器故障将引起整个网络工作异常，而工作站故障一般只影响该工作站本身。

网络设备：网卡、中继器、调制解调器、集线器、路由器、网关、网桥、交换机等，它们的故障是网络系统故障的主要原因。

2) 网络软件

网络软件由网络操作系统、网络管理软件、网络通信软件与网络应用软件等组成。软件配置错误，软件组合使用冲突，网络通信协议失配等都会引起严重的网络系统故障。

电脑病毒与黑客入侵也会引起严重的网络系统故障。

3) 连接介质

常见的网络连接介质有屏蔽双绞线、非屏蔽双绞线、同轴线缆、光纤等。连接介质的故障是引起网络系统故障最常见的原因。

4) 其他故障原因

因电源、地线等引起故障，静电、无线电干扰引起故障，以及因网络信息流量过大而引起的网络瘫痪等。

10.1.2 通信媒介故障

网络故障很容易发生在通信媒介上，常见故障主要有线缆断开、线缆短接、连接故障、信号衰减。

通信媒介故障是网络失效的最常见原因之一，例如一个接头松开或终结器连接不良，都会引起整个总线型网络工作瘫痪，因此当网络故障发生时，网络管理员和网络工程技术支持人员往往一开始就是检查网络的通信媒介。特别是在重新配置计算机、更换网卡、去掉或更新驱动器等硬件更改之后，和在对系统有危险的测试之前应先检查布线。

确定通信媒介出现故障后，应从以下几方面着手定位故障所在：

(1) 对于总线型网络，首先检查终结器是否正常。

(2) 确保各个线缆牢固的连接在各个计算机上，其接头处没有松动。

(3) 确信所有线缆没有超过使用的规定长度。表 10.1 给出了各种通信媒介的最大连接长度。

表 10.1　各种通信媒介的最大连接长度

通信媒介	最大长度/m
细同轴电缆	185
粗同轴电缆	500
UTP	100
STP	100
光纤(多模)	2000
光纤(单模)	20 000

(4) 确保各个线缆是同类的，如果不是同类线缆，则必须用诸如路由器、网桥等专用设备进行连接，而且要确保这些设备正常工作。

(5) 利用线缆测试设备(如数字万用表、时域反射仪等)对网络通信媒介进行检查，判断线缆是否短路、断路。

(6) 检查网络中的计算机数目是否符合规定，如果数目超过规定，有可能造成信号衰减过多。

10.1.3　计算机故障

1. 服务器故障

服务器出现故障的原因：

(1) 磁盘存储空间太小。

(2) 内存与缓冲存储器不足。

(3) 服务器设置不正确。

(4) 数据通道带宽不足。

2. 工作站故障

工作站出现故障的原因：

(1) 工作站本身硬件故障。

(2) 网卡配置不正确。

(3) 连接线缆有问题。

(4) 工作站的软硬件配置冲突。

10.1.4　通信设备故障

网络出现故障，可能是网络问题，也可能是通信设备问题。通信设备的故障会引起网络瘫痪或网络通信性能降低。

排除通信设备故障，可以从以下几方面着手：

1. 网卡

网卡是网络中常出故障的设备。网卡引起故障的可能包括：

(1) 网卡松动。

(2) 网卡损坏。

(3) 网卡的配置发生错误。

(4) 网卡与系统不兼容。

(5) 网卡的驱动程序与网卡不匹配。

在排除网卡故障的过程中，可以从以下几方面着手：

1) 观看网卡的指示灯

网卡背面应该有两个指示灯，一个是"连接指示灯"，用于显示网卡已在 OSI 模型的数据链路层中和网络建立了连接。在正常的情况下，它应该在计算机工作期间一直亮着，另一个是"信号传输指示灯"，在正常的情况下，该灯在计算机发送和接收数据时"闪烁"。

2) 查看网卡的设置是否正确

网卡的配置参数有：

(1) 中断请求向量 IRQ。

(2) I/O 端口地址。

(3) 存储器基地址。

(4) 收发类型。

以上参数设置发生任何错误，或与其他的设备发生冲突，网卡将不能正常工作。因此应该确保它们设置正确且没有冲突。

3) 网卡的驱动程序

确保网卡的驱动程序与网卡是匹配的，且版本没有过时。

2. 路由器

路由器引起故障的可能包括：

(1) 路由器设置不正确。

(2) 路由器硬件故障。

(3) 路由协议问题。

3. 交换机

交换机引起故障的可能包括：

(1) 交换机硬件故障。

(2) 线路连接与端口故障。

(3) 交换机软件问题。

10.1.5　协议失配

计算机网络通信，除了需要通信设备与通信媒介之外，还需一组互相认同的协议，如果两台计算机的协议不同，它们之间必定有其他的设备来进行协议转换，否则就无法通信，协议失配会造成网络通信失败。协议失配是指两台计算机用的协议不同而导致无法通信。同时，协议失配也包括由于协议配置错误引起的网络故障。

排除协议失配故障，可以从以下几方面着手：

(1) 查看计算机安装了哪些协议，各个协议是否绑定到网卡上。

(2) 利用工具检测各个协议是否正确。

(3) 查看已安装协议的所有配置参数是否正确：

① 对于 IPX/SPX 协议网络，应查看当前使用的数据帧的正确性；查看自动检测数据类型设置或手工检测数据包类型设置下是否能正常工作。

② 对于 TCP/IP 协议网络，应查看 IP 地址、子网屏蔽号和默认路由号填写的正确性；验证动态 IP 地址获得的有效性与网段域命名系统的有效性。

10.1.6　网络堵塞

网络堵塞是指网络的一部分或整个网络性能下降，主要体现在网络的传输速度降低。引起网络堵塞的原因很多，确定引起网络堵塞原因最好的办法是利用协议分析器或网络监视器，对网络使用的带宽、高峰使用次数和正在传输的数据帧进行监视。对于网络堵塞故障的排除，可以从以下几方面着手：

(1) 如果网络堵塞从网络建成后就一直存在，则可能是网络规划不合理。

(2) 用户数的大量增加会引起网络堵塞。

(3) 网络中大量发送数据帧的计算机工作不正常，原因可能为不正常网卡发送了大量不必要的数据包导致网络阻塞，或计算机正在运行某个产生大量数据包的应用程序。

(4) 检查网络上的传输协议，如果协议过多，会导致网络速度减慢。

10.1.7　网络风暴

网络风暴是指由于网络上过多的广播数据帧几乎占满了网络整个带宽而导致网络速度极慢的一种故障。引起网络风暴的可能原因有：

(1) 网卡故障。

(2) 集线器故障。

(3) NetBEUI 网络上过多的广播信息。

10.2　网络故障的分析与检测方法

一个网络出现故障是不可避免的。网络故障出现后，应该采取行之有效的措施来分析与检测网络故障。本节将介绍几种常见的网络故障的分析与检测方法。

10.2.1   分离法

故障分离法是一种故障的结构化分析方法。这种方法对网络故障的定位和排除采用逐步分析和循环重复形式，直到解决网络故障为止。

该方法可分为以下几个步骤：

(1) 确定故障优先级。

(2) 收集故障有关信息。

(3) 确定可能引起故障的原因。

(4) 进行故障分离测试。

(5) 分析测试结果，排除网络故障。

(6) 记录故障排除过程、总结经验。

故障分离法的工作流程如图 10.1 所示。

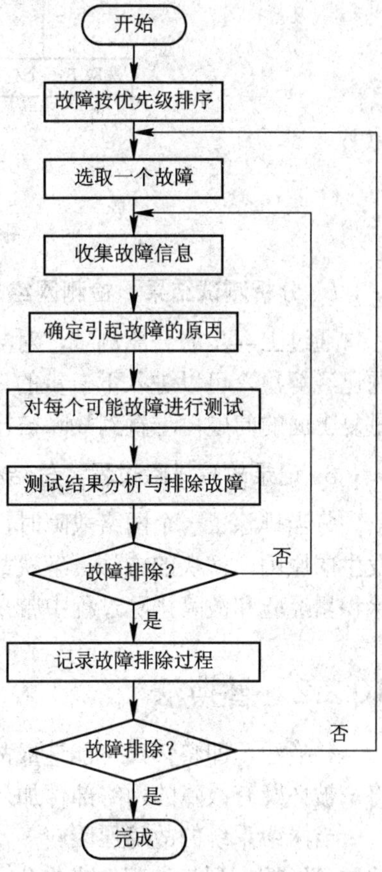

1. 确定故障优先级

当网络出现的故障不止一个时，把所有故障按照一定的原则排成一个队列，按照这个队列的先后顺序逐个地排除。

故障排队的原则是，根据故障的重要性及它的影响程度，把紧迫问题放在前面，一般性问题放在后面。

2. 收集故障有关信息

与故障有关的信息能帮助我们进行分析和定位故障。信息主要来源于故障现象、用户报告、网络操作系统所提供的网络监视工具与监视软件报告等。

3. 确定可能引起故障的原因

在收集故障信息的基础上，根据自己的经验和有关的资料对收集到的故障信息进行评价和分析，以充分的理由来确定发生故障的可能原因。确定原因时要把所有可能的原因排成一个列表，并且把原因按可能性由大到小进行排列。

图 10.1   故障分离法的工作流程

4. 进行故障分离测试

对网络故障进行分离测试就是根据上一步列出的可能原因，按照其排列顺序逐个的进行测试，寻找问题的真正原因。

这个步骤是个反复过程，需要对所有可能的问题一个一个地进行过滤，一直到发现故障的原因，并通过测试来排除故障。如果故障已经排除，就没有必要再测试其他的原因，但如果没有找到故障所在，就必须把列表中的所有项进行分离测试。图 10.2 给出了它的流程图。

对故障进行分离测试时，应该为每一步操作做好记录，同时对改动的文件和系统配置要进行备份，以便在需要恢复时可以还原。

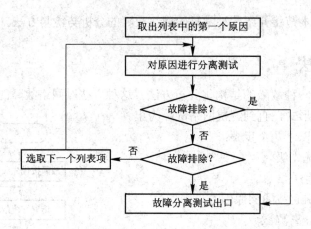

图 10.2　障分离测试的工作流程

5. 分析测试结果，检测网络故障

通过上一步的分离测试，对测试结果进行研究，并进行网络故障检测与排除。如果问题已经解决，可以进入下一步的任务；如果问题没有解决，则需要重新开始收集信息，再重复上面的问题，一直到故障被排除为止。

6. 记录故障排除过程、总结经验

每当排除了一个网络故障时，应该记录解决该问题的过程文档。内容包含故障的现象、发生的原因、解决的方法、解决故障时对硬件和系统设置作出的改动等，为下一次故障排除积累经验和故障排除过程中带来的新问题作出佐证。

10.2.2　替换法

替换法，即将怀疑可能造成故障的网络部件用其他已证实正常的网络部件替换，或者将一被怀疑有故障的网络部件加入到正常的网络环境中，由此验证出错部件。

当网络系统的故障原因较多，且涉及面较广时可以使用分离法来缩减问题的范围。如问题已经缩小到某种部件或成分，观察其是否有问题，我们可以用替换法，拿一个已确认正常的部件来替换，检查是否能解决问题。

10.2.3　参照法

参照法将网络中的故障部分与能正常工作的部分进行比较，从而发现由于"不同"而得到具体出问题的环节。

此方法尤其适用于用户设置和工作站配置等引起的网络故障检测。

有时，当已把问题归结到某一个部件上时，可以把它全部替换成"好"的部件，即采用替换法，这样可避免分析过多的问题。

如果报告故障的用户很多，则应该从日志着手，分析这些用户的工作站和配置有何不同，这样有利于建立相同的配置。

10.2.4　咨询法

有时，最好解决问题的方法就是找到曾遇到过或可能遇到过同样问题的专家和同行。Internet、硬件技术资料、硬件制造商的技术支持、软件技术支持、杂志和技术期刊与知识库光盘等都是进一步解决疑难的手段。向技术支持咨询是排除网络故障不可缺少的好办法。

10.2.5　软件检测法

该方法利用软件进行网络故障的检测，它利用设备的诊断命令和网络管理软件来帮助用户监控和维护网络系统。

1. 使用设备诊断命令

下面以路由器为例介绍设备诊断命令。

1) show 命令

show 命令是一个功能强大的监控和维护网络工具，可以用它来监视路由器的工作与常规的网络操作：判断出现故障的接口、节点与介质；确定网络通信流量及其时间；查看网络硬件与通信设备的状态。

2) debug 命令

debug 特权 EXEC 命令可以提供丰富的接口通信流量信息、网路中各节点产生的出错信息、协议诊断信息包，以及其他对网络维护有用的数据。

debug 命令可以帮助用户分析网络中出现的问题。

3) ping 命令

ping 命令用于检查主机的可连接性以及网络的连通性。对于使用 TCP/IP 协议网络系统，ping 是检查网络连通性的最常用手段。对 IP 来说，ping 命令发送 ICMP 回应信息。如果一个工作站接收到了一个 ICMP 回应信息，它会返回一个 ICMP 答复回应信息。

在网络工作正常情况时，一般使用 ping 命令来观察和记录在正常条件下该命令的工作状态，在以后出现故障时就可以通过与正常工作状态对比来检测和排除故障。

下面以 ping 命令为例介绍域名解析服务器(DNS)的故障检测。

可以键入 ping webname 来确定 DNS 服务是否正常工作。如果 DNS 正在工作，ping 外部主机的结果如下：

C:\>ping www.fudan.edu.cn

Pinging www.fudan.edu.cn [202.120.224.4] with 32 bytes of data:

Destination host unreachable.

Destination host unreachable.

Destination host unreachable.

Destination host unreachable.

Destination host unreachable 信息说明指定的主机不能连接，但 DNS 工作正在进行，因为 www.fudan.edu.cn 后面跟着它们的 IP 地址 202.120.224.4。如果 DNS 没有工作，结果将会如下：

C:\>ping www.fudan.edu.cn

Bad IP address www.fudan.edu.cn

该例没有从 DNS 名中解析到 IP 地址。来自 Windows 的 Bad IP address www.fudan.edu.cn 信息表明域名解析失败。

4) tracert 命令

tracert 命令是用来在向目的地传输过程中探测跟在路由器后面的信息包。tracert 命令可用于当数据包超过了其寿命值时检测路由器产生的错误信息。

同 ping 命令一样，在网络工作正常时一般使用 tracert 命令观察和记录在正常条件下该命令的工作状态，在以后出现故障时就可以通过与正常工作状态对比来检测和排除故障。

下面以 tracert 命令为例，首先按名称和 IP 地址 ping 服务器。

如果 ping IP 地址结果正确，但 ping 名称不正确，应当检查工作站的 DNS 配置或检查 DNS 服务器。

如果 ping IP 地址结果不对，跟踪路由地址，如图 10.3 所示。

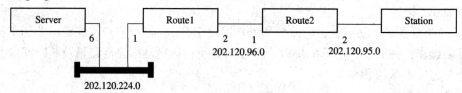

图 10.3　路由跟踪举例

下面给出了从工作站到服务器的路由跟踪：

C:\>tracert 202.120.224.6

Tracing route to mail.fudan.edu.cn[202.120.224.6]

over a maximum Of 30 hops

110ms 10ms 10ms 202.120.95.1

260ms 70ms 61ms 202.120.96.2

360ms 71ms 60ms mail2.blibdoolpoolp.com [167.195.165.15]

Trace complete

tracert 的输出显示了所有经过的路由器的信息，当发现 tracert 停止时，就能找出最可能的出错地点。例如，在本例中 tracert 停在 202.120.95.1 处，不再到达下一站点(202.120.96.2)，那么就说明广域链路出了问题或路由器 1 出了故障。对 202.120.95.1 测试成功而对 202.120.96.2 测试失败将能说明路由器 2 工作正常。

2. 使用网络管理工具软件

网络管理工具软件通常包含网络管理软件、远程监控软件和交换机管理软件等。

1) 网络管理软件

网络管理软件主要功能有：

(1) 监视设备的应用环境和接口信息，显示设备的状态，检测并提取网络设备环境的数据。

(2) 显示和分析两个设备之间的路径，以搜集使用的错误数据。

(3) 收集网络的历史数据以进行性能趋势和通信流量模式的离线分析。

例如 HP OpenView 的 NNM(Network Node Manager)能够提供管理网络的智能手段，监控整个网络的各种设备，并能够自动收集设备的运行状况。NNM 可以发现网络上的 TCP/IP 和 Level2 设备，并将这些信息以直观的图形格式表示出来。NNM 持续地监控网络上新的设备和网络设备状态，发现和监控功能还可以探测到位于广域网上的设备，并且以多层次映射图的方式显示了哪些设备和网络分段工作正常，哪些部分需要引起注意。

NNM 对于一般的系统平台和网络设备均可自动识别，而开放平台的优势在于集成第三方厂商开发模块后，对于特定的设备将拥有更加丰富的管理功能。例如在安装了 CiscoWorks for OpenView 之后，Cisco 的网络设备在 NNM 视图中都有特殊的图标来表示，每台路由器和交换机的类型和型号在图中都可一目了然，并且通过菜单中新增加的 CiscoWorks 命令集可以对网络设备的端口流量等进行远程监控和管理。

当报警浏览器上显示出主要设备的故障事件时，NNM 的关联引擎就能够分析事件流并找到故障的根本原因，能够协助网络管理人员迅速地找到网络故障的根源。NNM 的远程用户存取功能提供了从 Internet 的任何地点存取网络的灵活性。

可见，NNM 的网络设备状态监控、故障分析、远程用户存取等功能实现了防患于未然的网络管理。

2) 远程监控软件

远程监控软件从远程监控代理处搜集并显示信息，查看网络的启动并引起对潜在问题的注意，从任何远程局部网段或交换连接中获得有助于排除故障的数据。

NAI 提供的 Sniffer Pro 采用网上监听的方式收集过往的数据包，并通过分析这些数据包来获取有关目前网络状况的数据，同时 Sniffer Pro 还将建立一个特定网络环境下的目标知识库，来帮助网络管理员了解网络的运行状况，为网管人员判断网络问题、管理网络区域提供了非常宝贵的信息。

实时监控网络状况是 Sniffer Pro 的强项，但并不是全部。Sniffer Pro 的专家分析系统能够自动检测诸如拒绝连接、吞吐量降低等多种网络故障征兆，及时阻止其发展成为致命的网络性能问题，并且能够根据当前的网络运行状况提出优化方案，以提高网络的运行效率。Sniffer Pro 的专家分析系统主要包括路由专家分析系统、交换机专家系统、数据库专家分析系统、Microsoft 专家分析系统、帧中继专家分析系统、网络专家分析系统、ATM 专家分析系统等部分。

以前对网络进行安全检测的产品，难以及时发现隐藏在网关、群件和端口等环节的安全隐患，对病毒是一种被动和间断的检测方式，这些严重影响了网络的安全。而 Sniffer Pro 系统对网络具有主动和适时检测功能，当网络性能降低，应用程序运行缓慢时，Distributed Sniffer System/RMON(DSS/RMON)探测器可以找出网络通信瓶颈和造成服务器性能降低的设备的错误配置。在发现问题的同时，及时实施快速隔离，为故障的进一步解决和减少故障涉及范围提供保障。

3) 交换机管理软件

交换机管理软件提供了管理虚拟局域网(VLAN)的功能。对 VLAN 设计和设置确认给出网络物理结构的精确表示；可获取 VLAN 中具体设备和连接接口的设置信息，报告配置冲突，确定和排除各个设备的配置故障；能快速检测 VLAN 交换端口状态的变化。

10.3 排除网络故障中常用的工具

使用工具有助于在排除网络故障过程中得到更多的信息，更精确的定位故障，使故障尽快得以排除。常用的工具有数字万用表、时域反射仪、线缆测试器、断路测试盒、FOX盒、误码率测试仪、网络分析仪、网络监视器。

10.3.1 数字万用表

数字万用表是一种检测线缆的基本设备。它可以测量线缆的电压、电流、电阻、电容等物理参数。利用数字万用表可以判断线缆是否断开、判断线缆是否短接、判断线缆是否与其他导体短路。

10.3.2 断路测试盒、FOX盒、误码率测试仪

断路测试盒、FOX盒、误码率测试仪是用来测量计算机、打印机、调制解调器、信道服务单元、数据服务设备以及其他数字化接口的测量工具。这些设备可以监控数据线状况，分析和控制数据，以及诊断数据通信系统故障。

10.3.3 线缆测试器

线缆测试器不仅可以用来检测线缆的物理连通性，即用来检测屏蔽双绞线、非屏蔽双绞线以及同轴线缆，显示相关电阻、阻抗和信号衰减等信息，还可以显示错误数据帧的数目、超量与迟到冲突、堵塞错误、报警状态等多种信息量。

1. 线缆测试仪器的精度

对布线现场认证使用的测试仪器，其测试精度十分重要。

TSB-67标准明确定义了现场测试仪的精度级别，无论是测试基本连接还是通道，作为认证布线的测试仪器必须要达到二级精度。生产厂家给出的精度指标应由独立的认证机构承认。精度一般是有时间限制的，一般来说，测试仪的精度只能保持半年至一年，所以当用户在选择5类线缆这种高精度测试仪器时，购买后要掌握国际标准校正的过程和方法，以保证测试仪器的正确性和权威性。

2. 线缆测试仪器的主要功能

线缆测试仪有两个主要的功能：一是测试或验证布线的电气传输性能；二是查找布线系统的故障。

3. 故障诊断

线缆测试仪器能否提供一系列的故障诊断能力来定位已发现的线缆系统故障。表10.2中的第一列列出了在TSB-67的测试中可能出现的链路故障，第二列列出了测试这些故障可能使用的诊断测试方法。

TDx 是结合数字脉冲与数字信号处理技术对 NEXT 进行测试的方法。它能以图形方式显示被测试链路的串扰情况。模拟频率扫描技术测量的是链路整体的 NEXT 值，因此，测试只能报告给用户该链路"合格"或"不合格"的结果，而采用 TDx 技术的好处是测试仪器可以指出链路中较高的串扰信号发生的位置。

表 10.2　故障类型及相应的诊断测试

故 障 类 型	诊断测试
Wire map/Connectivitye errors(连接故障)	TDR
Open(开路)	TDR
Short(任意两对或多对短路)	TDR
Miswired(线对错)	TDR
Transposed pair(跨接)	查看线标
Polarity reversal(反接)	查看线标
Split pair(串绕)	TDR 或 TDx
Attenuation(衰减)	链路长度测试
	TDR
	DC Loop
	阻抗
Next(近端串扰)	TDx

10.3.4　时域反射仪

时域反射仪是一种能定位通信媒介故障的设备，如果电缆(或光纤)中发生断路、短路、卷曲、扭结等故障，可以定位故障发生的大概位置。

时域反射仪是利用脉冲信号来实现的。时域反射仪向网络上定时发射脉冲信号，这个脉冲信号到达断点或短路点后会反射回时域反射仪，时域反射仪根据该脉冲信号发出到反射回之间的时间长短来计算发生故障的距离。

光纤是使用光学时域反射计来测量的。光学时域反射计可以精确地测量光纤的长度，定位光纤的故障点、测量光纤的衰减，以及测量连接或连接器丢失等。

10.3.5　网络监视器

网络监视器可连续跟踪通过网络的信息包，给出任一时刻网络行为的历史记录。

网络监视器收集诸如信息包的大小、数量、错误的信息包、全部连接的使用、主机数及其 MAC 地址，以及主机和其他设备之间通信的详细资料。这些数据同样可以用来建立简档，查找通信流量过载，编制网络扩展计划，探测网络的入侵者，建立基线性能，以及更有效地分配通信流量。

10.3.6　网络分析仪

网络分析仪是一种功能强大的故障排除工具，用于维护大型的网络。它能对信号进行捕获、解码、发送，通过检查数据帧内部数据来确定网络故障。网络分析仪还可以通过综合网络的配置和工作信息来检测一些故障类型，例如，线路连接问题、网络的瓶颈、网络设置的错误、协议的冲突、应用程序的冲突等。

1. 网络分析仪的分类

网络分析仪可以分为电缆扫描器和数据包侦错器两种基本类型。

(1) 电缆扫描器主要用于检验网络线路的电特性，可以检验任何特定电缆线路是否出现了故障。一些较复杂的扫描器还能监听线路中的信号以查看网络中是否存在物理或数据连接问题。

(2) 数据包侦错器主要用于监听数据链路传输，它们能够物理地监听那些并不是发送给它们的数据包。由于数据包侦错器从线路中捕获了整个数据链路的数据包，用户可以使用相关软件来解码这些数据包，查找协议和应用程序方面的问题。

2. 网络分析仪的操作

大多数网络分析仪具有捕获与解码两种方式的操作。

1) 捕获

分析仪可以执行一些统计数字的收集工作，包括每一个站的错误数量、每一站传递/接收包的数量以及网络的利用率等。

虽然在分析仪上可捕获的数据资源有限，但我们通常并不需要捕获线路中的所有数据。即使真的要捕获所有数据，关心的主要是统计量的收集，而不是真正有兴趣查看数据包中包含的特定内容。实际上我们只对特定协议、特定工作站与特定服务器的数据感兴趣。

捕获特定的数据包有助于找到某特定问题的解决方案，用户通过分析仪可以得到关于网段的总体概貌。

例如，在某一网段上，当网络运行很慢时，可以利用分析仪，对该段上数据进行计量分析。这个分析仪很可能分析到以下几个问题：每一站的错误、每一站接收的帧、每一站传输的帧、网络的整体利用率。

2) 解码

捕获完数据后，分析仪将把数据包中的位和字节转换成人们能看懂的形式。即完成MAC、协议、服务等三种类型的转换。

3) 网络分析仪的专家模式

一些网络分析仪具有专家模式，它包括在捕获过程中，可以猜测网络有什么错误，查看工作站在响应请求时的延迟，发现 IP 地址冲突以及其他简单的问题。

3. 使用分析仪的技巧

(1) 每一种分析仪的功能都不一样，应选择最适合的分析仪。

(2) 筛选数据。

筛选数据有几种类型的筛选器可以使用：

① 站筛选器——要捕获哪一个工作站或服务器的数据。

② 协议筛选器——TCP/IP、IPX/SPX 以及 NetBEUI。

③ 服务筛选器——显示哪些服务。

④ 通用筛选器——在一个数据包中的十六进制值。

不是每种类型的筛选器都能被所有的分析仪支持,最好选择通用筛选器。

分析仪可以使用两种方法筛选:

① 捕获前筛选:当不想缓存因无用的数据而溢出时这一方法很有用。

② 捕获后筛选:在已经捕获了有问题的普通数据后想进一步研究时,这一方法很有用。

10.4　网络测试

10.4.1　延误时间的测量分析

用分析仪分析网络延误时间的一般技术归纳如下:

(1) 从工作站网段对整个往返时延进行分析。

(2) 选择源/目的网络地址对进行过滤。

(3) 对包进行分析,如 ping 包、客户机命令/服务器响应包或 LLC 轮询。

(4) 对分析仪摘要显示中的应答包使用 delta 时间。

(5) 为准确起见,采用接近或小于 64 字节的包且此时不测量带宽。

(6) 采集尽可能多的样本。

通过几次取样,可以建立一个基准,即使网络非常繁忙,因为具有最小增量(delta)时间的样本很可能最接近真实情况中的响应时间。

接着要计算多个采样的平均 delta 时间,平均时间和最佳事件时间之间的差别取决于服务器与客户机之间所有网络组件的连接。通过每周在设定时间(例如每周一上午 10:00)进行计算,可以获得长期的基准和变化趋势。

通过该测试获得的基准十分有用,最佳事件响应时间的变动可以反映出网络结构的变化。一方面,帧中继提供商改变指定永久虚电路(PVC)的路径会导致出现较大的最佳事件响应时间。另一方面,最佳事件时间稳定但平均响应时间增加(或减少)反映的是网络用户或应用的变动。

出于一致性的考虑,用户可能会选择运行像 ping 这样的简单应用来收集数据。在一个场地,从同一个网络段上的一台工作站(一台路由器向帧中继提供服务)执行 ping 命令,同时 ping 几个远程路由器。从该工作站的网络段上采集大约一个小时的包,保存起来用作以后的分析。在以后的时间重复这种操作,就可以标出上面提到的帧中继 PVC 的变动情况。

把一个采集过滤器设在工作站的 IP 地址上,在工作站上对几个远程路由器做 ping 操作,持续几分钟。通过对采集缓冲显示中的一个特殊路由器进行过滤,就能够了解采集期间响应时间的特性。在大负荷的网络中,可能会看到更严重的响应时间波动。

为更进一步说明延误时间,可以把分析仪换个位置或者使用多个分析仪(如图 10.4 所示),再次对命令和应答包之间的最佳 delta 时间进行检验,就可以很好地获得延误时间瓶颈与位置之间的关系。在图 10.4 中,最大的落差发生在分析仪 2 和分析仪 3 之间,这两个分析仪分别位于广域网的两侧。

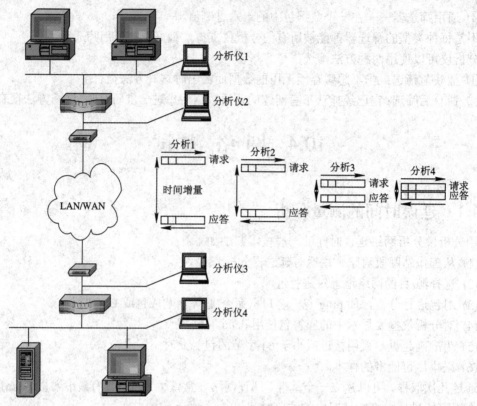

图 10.4 用分析仪确认延误时间

10.4.2 吞吐量的测量分析

当用户从服务器上往他们自己的工作站下载文件(或反之)，而沙漏(计时器)长时间停止不动时，也会抱怨"网络太慢"。这就需要再次分析文件传送，看看实际吞吐量是好是坏。

在这种情况下，首先需要做的事情就是计算理想条件下的吞吐量。如果用的是 10 Mb/s 以太网，将带宽除以 8 位(1 字节)，得出 1250 000 B/s，也就是超过 1 MB/s。接着，使用下列常用的步骤迅速获取吞吐量：

(1) 在工作站和服务器之间的路径上选取任意一个网络段。总的吞吐量不会高于用户和服务器之间最慢链路的吞吐量，所以从何处开始分析都没有关系。

(2) 对所选的源/目的网络地址对进行过滤。

(3) 利用摘要显示中的累加时间和累加字节。如果规程分析仪不能显示上述数据，那么可以用绝对时间，根据交替进行文件的读或写的偏移量，计算出这段时间内传送了多少字节。

(4) 利用文件传送(如 FTP，NFS，NCP，Packet Burst 或 SMB)进行分析。

(5) 为了准确地确定平均和可能的最大吞吐量，使用接近主要网络段中最大 MTU 的包。

(6) 对少量包进行多次采样。

最后一步是至关重要的。换句话说，每次计算超过 20～30 个连续包的吞吐量，以便查看在短时间间隔内最佳的吞吐量是多少。选取从文件打开到文件关闭的整个间隔，可以得出总的平均吞吐量。

同计算延误时间一样，最佳情况的"突发"值与平均值之间的差别取决于服务器与工作站之间所有网络组件的竞争。每周在固定时间进行这种测试可以得出长期的变化趋势。

假定对 10 Mb/s 以太网网络段上用户的一个文件传输进行分析并得出平均吞吐量约为 150 KB/s。由于这个吞吐量低于理论上的最大值 1250 KB/s，几乎就是理论值的 1/10，所以用户难免要抱怨。如果较短时间间隔的最佳吞吐量达到 800 KB/s，那么许多用户对网络资源的利用率就很高，可以达到局域网或服务器的使用率。

另一方面，如果小间隔的最佳情况仅仅是 160 KB/s，那么很可能是网络中某个地方的通道带宽较窄。如果查询网络文档，发现服务器与用户之间有一个满负荷的 T1 存在，那么，160 KB/s 实际上是相当不错的。大体上来看，8 bit × 160 KB/s = 1.2 Mb/s，或者说为 T1 带宽 1.544 MB/s 的 78%。如果在这个性能级别上，用户经常抱怨远程文件传送太慢，那么，一个解决办法就是增加网络带宽，当然这也取决于远程传送大文件的频繁程度。也可以告诉用户，不要期望远程文件传送和本地文件传输一样快。

客户机自身的故障也会导致吞吐量低下，使用如下方法就可以确认这一点。

首先，把 TCP 窗口增加到 64 KB，允许服务器在给工作站发送一个带打开窗口的 TCP 应答之前可以发送最多 64 KB 的数据。由于用户的硬盘驱动器非常慢，在 64 KB 的数据块写到硬盘之后才能打开 TCP 窗口。结果是非常快地从服务器发来数据，然后服务器等待，接着又很快地从服务器发来数据，再等待。虽然峰值吞吐量已接近以太网的带宽，但平均吞吐量实际上反倒改善了，因为同时要在服务器和客户机之间进行反复的读写操作，有时候还是要追求网络的"整体最佳"。

10.4.3　基本的线缆测试

在诊断电缆布线方面的潜在问题时，主要应该考虑电缆布线出现问题的原因。由于外界的电磁泄漏或内部信号的反射，造成电缆线路上出现了不应该有的信号时，或者当电缆对信号的衰减达到了信号消失的程度时，就会导致网络发生故障。噪声信号可能通过两个途径进入电缆：

(1) 由于接触到某些能产生噪声的设备，噪声信号就会直接进入电缆。产生噪声的设备包括电机、配线、计算机设备以及使用或携带电能的任何设备，所有此类设备都会产生一定的电噪声。

(2) 较大的噪声源产生感应噪声(电信号通过空间耦合)。如果电缆中阻抗不匹配，没有设置端子，或者电缆严重弯曲，就会引起信号反射。

上述噪声源都会在网络线路内部产生噪声。

当信号通过阻抗极高的地区时，信号就会衰减。当电缆反复折弯，造成电导体断裂或接近断裂，或者电触点出现腐蚀，或者接触面存在其他污物，都会导致信号衰减。

如果在分析仪中记录了一个网段上出现了介质方面的问题，或者 SNMP 问题，例如以太网上的 CRC 错误，或令牌环网上的线路出错，那么线缆测试仪可以帮助用户进行准确的故障定位。

基本线缆测试仪可检查短路、开路和线对的分离，并根据时间域反射(TDR)测试计算线缆的长度。较高级的功能包括测试线缆近端串扰、探测线对的分离、测试线缆噪声或者信号与噪声之比。

短路的线缆在其内部有一条或多条线相互交叉。开路的线缆在两端没有端接，比如以太网同轴线上没有端接器，或者五类线的 RJ-45 连接器在集线器端口上接触不良。

当使用 10Base-T 或 100Base-T 收发器或收发器内嵌的 NIC 卡时，会注意到有一个"链路集成"指示灯，通常是绿色的 LED。收发器发送一个定期的链路脉冲，用于探测线对的另一端。

当链路的 LED 灯亮时，只是说明链路接收方是良好的，还需要检查线缆的另一端及其连接，以便确定链路另一端的 LED 灯也是亮的。如果链路的一端是好的，另一端也是好的，工作站接收不到它发送信息的任何响应时，最简单的方法是检查两端的 LED 灯亮否，查看线缆连接的方法。

较复杂的测试 TDR 是在一根线缆中测试一个脉冲及其反射之间的时间延迟，这根线缆没有端接来吸收信号。很明显，这个测试需要从集线器上拔下五类线的远端，或者，如果使用同轴电缆，则去掉另一端的端接器。假定告诉线缆测试仪要测试的线缆类型，TDR 测试在两英尺(1 英尺=30.48 厘米)内通常很精确。这条信息对于设置特定线缆的传播速率(信号相对于光速的传输速度)是很必要的。对于不同厂家产品来说，测试结果可能会有点不同。对于"相同类型的"线缆(如三类线)来说，不同厂家的产品之间的差异也可能很小。TDR 测试的目的是为了得到一个大概的数字，这样就知道在布线时是否超过了最大的推荐距离。需要确定线缆的长度时，TDR 测试也很方便。

分离线对(Split Pair)是当发送和接收信号在单根线上传送而没有对应的线(即绕在双绞的第一根线上的第二根线)来帮助过滤掉外界的噪声和来自相邻线对的串扰。当不正确地连接一个接线柱，或者当把那些 RJ-45 连接器连接到不正确的线上时，就常常出现分离线对的情况。568-A 认证五类线应该总是直连的，即同样颜色的线在两端的接法是相同的。不良的 NEXT 常常是分离线对的指示。

图 10.5 说明的是使用 RJ-45 连接器时适用于各种技术和标准的正确线对接法。值得注意是第 2 对总是连接到第 3 针和第 6 针上。这是以太网的接收线对，是令牌环的发送线对(很明显，我们不能在一个连接器上既支持以太网也支持令牌环，但仍然要满足整个标准)。常见的错误是把第 1 对线连接到第 1 和第 2 根针上(目前是对的)，然后第 2 个线对连接到第 3 和第 4 根针上(错误的)，等等。如图 10.6 中说明的那样，就会导致以太网和令牌环中的分离线对。

半双工以太网要比分离线对的令牌环容错能力更好一些。令牌环的工作方式是在接收和发送线对上总是有一个信号，即使在没有数据发送的时候。如果没有帧发送，则令牌会用特殊的信号在环上流动，这个信号叫做"空闲"位，在令牌之后发送。由于在令牌环的两个线对上总是有一个信号，所以，在两个线对之间就会有很大的干扰机会，对于分离线对来说，干扰机会会更多，因为没有对应的线绕在正在发送数据的线外。

对于半双工的以太网，接收方总是空闲的，除非有冲突。对全双工的以太网，正确的连接更是关键，因为可能会使用两个线对同时接收和发送帧。

即使线对连接正确，串扰也是不可避免的，尤其是在 100 Mb/s 这样高的数据速率的情况下。因此，能够测量近端串扰(NEXT)是很重要的。针对不同的 LAN 速率和线缆类型，

NEXT 需要在不同的频率下进行测试，所以要保证线缆测试仪具有很好的灵活性。

NEXT 是通过在一个线对上发送信号，测量一个被动线对(passive pair)接收到这个信号或串扰的程度。这两者之间的差异表现在 NEXT 值上，通常用分贝(dB)表示，这个值越小越好。如果对于一个给定线对来说测量结果是相同的(即有 0dB 的差异)，那么，被动线对100%地传送所发送的信号。

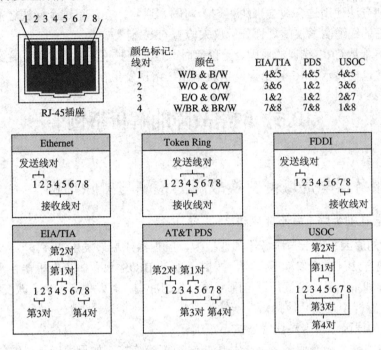

图 10.5　常见的 RJ-45 连接器的接法和颜色标记

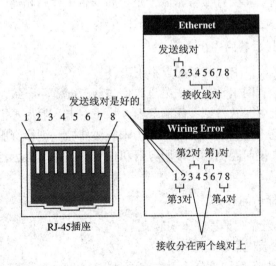

图 10.6　不正确的连接可能导致分离线对的问题

也应该测量线缆两端的 NEXT，因为信号在线缆上传送时会受到减弱(损耗)的影响。在传送时，另一个线对很可能收不到较弱的信号，这就是要在信号最强的地方、在近端线缆测试仪能够到达的地方测量 NEXT 的原因。

如果在数据位发送过程中有干扰，例如过多的线缆噪声，那么，在以太网中可能会遇到 CRC(也叫做 FCS 或帧校验序列错误); 在令牌环上会遇到线路错误(线路错误是由插入到环中的一个工作站探测到的 CRC 不匹配错误)。如果怀疑线缆上有噪声，那么，带有噪声测试功能的线缆测试仪将是重要的测试工具; 否则，就可能会通过更换怀疑有问题的线缆或者再换一种方法使用这条线缆来纠正这个问题。通常，在纠正这个问题之前或之后，要保证用一台好的线缆测试仪或规程分析仪来检查 CRC 计数。

干扰并不总是 CRC 错误的原因。无论何时，当冲突扩展到以太网帧头之外时，以太网中的冲突常常也会显示 CRC 包错误，也就是说，错误发生在包头中。

10.5　网络故障的解析举例

10.5.1　服务器与局域网交换故障的检测与排除举例

1. 服务器在安装网卡后不能启动

(1) **可能的原因**: 网卡与服务器其他板卡、监视器或端口发生冲突。

故障解决方法: 重新启动服务器，按提示进入 BIOS 设置。查看机器各个接插板卡使用的端口地址和中断号，注意是否与网卡的设置相冲突。若发现有冲突，改变网卡的配置，或在 BIOS 设置屏中改变其他接口板卡的配置。

(2) **可能的原因**: 网卡与线缆连接不正确。

故障解决方法: 检查服务器网卡是否与线缆正确连接，如果网卡与线缆的连接不好，将导致文件服务器挂起。将文件服务器网卡至少和一台工作站相连。完成后重新启动文件服务器，即可正常。

2. 服务器在安装最后卷后中止

可能的原因: 服务器网卡安装或配置不正确。

故障解决方法: 检查网卡设置，如果设定值与网卡配置不一致，则更改网卡设定值; 如果网卡设置与实际配置一致，则关闭服务器，拔下网卡，然后再把网卡正确地插入服务器插槽。在确信网卡已正常安装的前提下，仍未解决问题，则检查服务器网卡与线缆的连接是否牢固与正确。如果问题仍存在，服务器和任一台工作站上运行通信检测程序，检查工作站与服务器的通信。

3. 服务器硬盘不能访问

(1) **可能的原因**: 磁盘驱动程序未安装。

故障解决方法: 安装磁盘驱动程序。

(2) **可能的原因**: 服务器硬盘分区丢失或硬盘损坏。

故障解决方法: 关闭服务器，打开机箱，检查硬盘连接是否牢固，以及查看是否已装上硬盘; 试着从服务器控制台进行硬盘重新分区。如果仍没解决问题，则说明文件服务器硬盘坏，更换好的硬盘，重新安装网络系统。

4. 工作站找不到服务器

(1) **可能的原因**：服务器网络协议没有与网卡驱动程序绑定。

故障解决方法：运行 BIND 命令，将网络协议与驱动程序连接在一起。

(2) **可能的原因**：服务器或工作站网卡安装不正确，或是没有正确设置。

故障解决方法：检查服务器或工作站网卡是否正确安装，设置与实际配置是否一致，如有不一致的情况，则分别在服务器和工作站上设置与网卡实际配置一致。

(3) **可能的原因**：线缆有故障。

故障解决方法：检查服务器或工作站网卡与线缆的连接情况，检查线缆系统是否正确终接，检查线缆系统是否有"脱线"的地方。

(4) **可能的原因**：服务器或工作站硬件有冲突。

故障解决方法：检查服务器或工作站网卡是否与其他硬件的配置相冲突。

5. 文件服务器的响应速度变慢

(1) **可能的原因**：服务器或工作站网卡速度变慢或有故障。

故障解决方法：更换文件服务器或工作站网卡。

(2) **可能的原因**：服务器速度未达到最大速度。

故障解决方法：将服务器 CPU 速度置到最大值。

(3) **可能的原因**：服务器硬磁盘速度变慢或有故障。

故障解决方法：硬盘可能已失效或正在失效，此时应更换硬盘。

6. 网上的服务器不能相互识别

(1) **可能的原因**：服务器或工作站的硬件设置不正确。

故障解决方法：检查服务器或工作站网卡是否正确安装，设置与实际配置是否一致，如有不一致的情况，则分别在服务器和工作站上设置与网卡的实际配置相一致。

(2) **可能的原因**：网络地址或网间地址发生冲突。

故障解决方法：查看每个服务器的内部网络号是否有相同，要求每个文件服务器应有不同的 IP 内部网络号。但如果两文件服务器是通过网桥/路由器连接的，则应具有不同的网络号。

7. 客户机不能连接到局域网内或远程网上的服务器

(1) **可能的原因**：客户机或服务器配置错误。

故障解决方法：确认客户机和服务器上运行的软件是当前版本，配置正确，并且装载正确。在客户机方，检查其网络驱动程序和 net.cfs 文件中指定的配置；在服务器方，确定已生成了相应的 SAP，并且正确装入了所有的 NLM。用户可以使用 TRACK ON 命令监视路由和 SAP。检查客户机和服务器上的封装方法，确保双方相互匹配。

(2) **可能的原因**：网络号不匹配。

故障解决方法：连接到相同线缆的服务器必须绑定相同的外部网络号。如果网络号不匹配，数据包就不能正确传送。同局域网中所有服务器必须具有相同的网络号，如果网络号不匹配，重新配置产生冲突的服务器，使其具有相同的网络号。

(3) **可能的原因**：硬件故障或传输介质故障。

故障解决方法：检查所有与客户机、服务器有关的网卡、集线器端口、交换器及其他硬件。替换所有发生故障的硬件设备。

检查所有的线缆和连接，确定线缆完好，连接正确，并且接触良好。

(4) **可能的原因**：路由器接口不正常关闭。

故障解决方法：使用路由器上的 SHOW 命令检查路由器接口的状态，检验接口和电话协议处于正常运行状态。如果接口被人为关闭，使用接口配置命令打开接口。

(5) **可能的原因**：路由器硬件问题。

故障解决方法：检查所有的路由器端口、接口处理器和其他路由器硬件。确保接口卡安装牢固，硬件没有受损。替换出错的硬件。

(6) **可能的原因**：路由协议问题。

故障解决方法：配置错误和使用其他路由协议导致连接故障和性能故障。

8. 设置虚拟线路失败

(1) **可能的原因**：两个末端点上都没有配置虚拟环路。

故障排除方法：使用 show port 命令验证两个末端点上是否配置了虚拟环路。要创造环路，两个末端点上都必须配置虚拟环路。如果一个末端点上没有配置虚拟环路，要对其进行重新配置。对于每个虚拟环路，在每个末端必须指定节点、卡和端口以及所需要的带宽。

(2) **可能的原因**：端口处于无效模式。

故障排除方法：检查虚拟环路是否被配置在无效的端口上。使用 show port 命令检查端口的状态。如果端口处于无效模式，使用 set port 命令激活端口。

(3) **可能的原因**：带宽或者其他的环路属性不匹配。

故障排除方法：如果虚拟线路的属性配置不合法，就不能设置虚拟线路。特别要重新检查带宽的值。虚拟线路的最大速率不能大于端口。如果虚拟线路使用的是允许带宽，那么它就不能超过这个带宽。担保的速率必须等于最大速率。

(4) **可能的原因**：带宽不够。

故障排除方法：没有足够的带宽来支持虚拟环路，环路就不能建立。检查并调整线路单元的带宽，使线路单元的带宽大于需要带宽，以便总线上能够支持虚拟环路。

9. 与局域网或者广域网连接不上

(1) **可能的原因**：IP 地址配置错误或者没有指定。

故障排除方法：检查是否有 IP 地址被配置到广域网交换上。确定有一个 IP 地址被配置到可以连接交换的设备上。如果在两个设备上错误配置 IP 地址或者没有指定，就要改变或者增加正确的 IP 地址。

(2) **可能的原因**：子网屏蔽配置错误。

故障排除方法：检查是否能够从同一子网的设备上连接交换；检查正在进行连接的设备上的子网屏蔽与局域网交换上的子网屏蔽。如果两个设备上的子网屏蔽没有被正确指定，要恰当配置有正确子网屏蔽的交换或者设备。

(3) **可能的原因**：在交换或者服务器上没有指定的缺省网关。

故障排除方法：检查广域网交换设备(所有的服务器和其他末端系统)上是否配置了缺省网关。如果其中的任何一个设备没有指定缺省网关，使用直接相连的广域网上的路由器接口 IP 地址，配置一个缺省网关。

(4) **可能的原因**：虚拟局网配置错误。

故障排除方法：确定所有应当通信的节点连接到同一虚拟局网的接口上。如果端口被分配到不同的虚拟局网上，那么连接上的设备就不能进行通信；如果一个端口属于两个或者更多的虚拟局网，确定虚拟局网只是由重叠端口进行连接；如果存在其他形式的连接，就会出现不稳定的网络拓扑结构。消除两个虚拟局网之间的无关连接。

10.5.2 路由器故障的检测与排除举例

1. 路由器无法从 TFTP 服务器引导

(1) **可能的原因**：网络没有连接或连接断开。

故障解决方法：从 ROM 或闪存引导路由器；使用 ping 命令发送信息到广播地址 (255.255.255.255)。如果服务器没有应答，使用 show 命令寻找相关服务器在 ARP 表中的表项。用显示 IP 路由命令，查看 IP 路由选择表。找到服务器的网络或子网表项。

(2) **可能的原因**：TFTP 服务器关闭。

故障排除方法：检查 TFTP 服务器是否开放，这可以通过从引导服务器到自身连接 TFTP 来完成。如果服务器开放，就说明 TFTP 服务器连接成功；如果 TFTP 服务器关闭，将它初始化，初始化过程根据引导服务器类型的不同会有所不同。

(3) **可能的原因**：路由器映像所在目录不正确。

故障排除方法：检查服务器配置文件是否指向路由器映像所在的目录；如果没有，将路由器映像移至正确的目录；确定在网络上可以进入 TFTPBOOT 目录。

(4) **可能的原因**：路由器系统映像文件类型不正确。

故障排除方法：检查路由器系统映像文件的类型。若类型不正确，则修改文件的类型。

(5) **可能的原因**：IP 地址错误。

故障排除方法：检查服务器配置文件中主机的 IP 地址是否正确。如果主机 IP 地址不正确，则改正。

(6) **可能的原因**：默认网关命令丢包或错误。

故障排除方法：用 show 命令查看路由器配置。检查定义默认网关的全局命令。如果命令丢失，在配置文件中加入该命令；如果命令存在，确认它指出了正确的 IP 地址。

(7) **可能的原因**：引导系统命令配置错误。

故障排除方法：用 show 命令查看路由器配置。检查引导服务器地址(IP 地址或 MAC 地址)。如果指定的地址错误，用引导系统全局命令指定正确的地址。

(8) **可能的原因**：引导文件名错误。

故障排除方法：用 show 命令查看路由器配置。检查路由器是否设置了引导文件。确认文件名是正确的，如果必要，可修改文件名。

(9) **可能的原因**：配置表设置错误。

故障排除方法：检查用户的系统配置表。手工引导时，配置表必须设置为 0x0，另外，也可用默认系统映像或引导系统全局设置命令指定的映像引导。

2. 无效路由造成无法进行网络引导

(1) **可能的原因**：相邻路由器上的路由选择路径问题。

故障排除方法：检查相邻路由器能否连接服务器；用 tracert 命令检测服务器的路径。用 show 命令检查 ARP 表或者查看 IP 路由表；将路由器重新写入 ARP 和路由表后，重新引导路由器。

(2) **可能的原因**：路径重复。

故障排除方法：关闭除引导路由器所用的接口之外的所有接口；在相邻路由器上用接口设置命令使它不能响应代理 ARP 后，重新引导路由器。

3. 连接(ping)远程路由器失败

(1) **可能的原因**：包装不匹配。

故障排除方法：检查 Cisco 设备上的包装类型(当把 Cisco 设备同非 Cisco 的设备进行连接时，必须都使用 IETF 包装)。如果 Cisco 的设备没有使用 IETF 包装，在 Cisco 设备配置 IETF 包装。

(2) **可能的原因**：PVC 无效或者被删除。

故障排除方法：查看接口的 PVC 状态。如果表明 PVC 无效或者被删除，说明通向远程路由器的路径上有问题。检查远程路由器或者联系用户的供应商以检查 PVC 的状态。

(3) **可能的原因**：访问清单配置错误。

故障排除方法：使用 show 命令，检查路由器上是否配置了访问清单。如果访问清单已被配置，取消访问清单后检测可连接性。如果连接能够正常运作，一次启用一个访问清单，同时检查启用每个清单后的连接情况。如果启用访问清单阻塞了连接，要确定该访问清单配置的正确性。继续检测访问确定，直到所有的访问确定都被恢复，并且连接能够正常运作。

4. 主机不能通过路由器访问网络

(1) **可能的原因**：IP 地址丢失或配置错误。

故障排除方法：

① 如果主机不能与路由器另一端的网络通信，尝试从路由器连接(ping)远程网络。如果连接(ping)成功，转到步骤②。如果连接(ping)失败，使用 show 中命令验证路由器是否可以访问网络。如果没有到网络的路由，检查网络和路由器配置。

② 从主机 IP 地址连接(ping)路由器，以验证主机连接处于激活状态。如果连接(ping)失败，使用 netstat gate 命令检查网络的路由。如果不存在到网络的路由，确定主机是否正在路由器中使用缺省路由。

(2) **可能的原因**：主机配置错误。

故障排除方法：在主机上使用 netstat gate 命令，检查主机是否从 RIP 更新获取路由。如果没有发现 RIP 路由，从路由器连接(ping)主机 IP 地址，以验证主机的连接处于激活状态。

如果连接(ping)失败，验证主机上是否运行了路由后台监控程序。使用 show 命令查看 RIP 路由更新计数器是否增加。

5. 路由器始终处于 ROM 监控模式

可能的原因：配置表设置错误。

故障排除方法：在 ROM 监控提示符"＞"下，输入 B 引导系统；如果在 NVRAM 存在系统配置，系统不显示任何信息。按下 RETURN 键继续。如果在 NVRAM 没有系统配置，将出现设置菜单。跳过设置过程；用 show 命令检查配置表的设置。找到无效的配置表设置。默认值是 0x101，它禁用 Break 键，并强制路由器从 ROM 引导。

6. 网络服务无故中断

可能的原因：路由不稳定。

故障排除方法：在多路由器的互联网络上通信流量过载将导致有的路由器不能正常工作，将导致路由频繁改变。

使用 show 命令检查通信流量。检查每个接口的通信负载。如果负载低于 50%，重新配置定时器值，使发送 RTMP 更新加快，可能解决这个原因；如果负载超过 50%，用户可能需要对网络进行分段，以减少每个网段上的路由器数目(通信流量因此减少)。使用 debug 命令检测路由是否被错误删除。如果路由被错误删除，使用全局配置命令改正错误。建议定时器值设为 10，30 和 90，定时器的缺省值为(10，20，60)。

7. 路由从路由表中丢失

(1) **可能的原因**：网络路由器配置命令丢失或错误。

故障排除方法：用 show 命令查看路由器设置。确定对每一个路由器接口所属的网络都运行了网络路由器配置命令；确认在使用的路由选择协议中，处理器 ID、地址以及其他变量都已正确指定。

(2) **可能的原因**：路由过滤器配置错误。

故障排除方法：使用 show 命令检查可疑的路由器，查看所有 distribute-list 路由器配置命令是否已在路由器上配置。如果在路由器上配置了 distribute-list 命令，用 no version 命令使之关闭。

在使路由器上的所有分配列表失效后，使用 clear ip route 命令清除路由选择表。查看在使用了 show ip route 命令后，路由是否在路由表中出现。如果路由已在路由表中正确出现，distribute-list 命令引用的访问列表可能会被设置为拒绝某种更新。为判明哪一个列表有问题，依次打开分布表，直到路由不在路由表中出现。

用 show 命令确认有问题的列表没有拒绝不当的更新。如果访问列表拒绝某个地址的更新，确认它不拒绝接收路由更新的路由器的地址。如果用户改变了访问列表，用 distribute-list 命令将分布表设为有效。使用 clear ip route 命令检查丢失的路由信息是否在路由表中存在。如果路由出现，则对路径中的所有的路由器重复上述步骤，直到所有分布表都打开后路由仍正确出现。

(3) **可能的原因**：子网掩码不匹配。

故障排除方法：使用 show 命令查看主干网上每一个路由器的配置。用 show ip interface 命令，检查每个接口指定的子网掩码。如果同一网络上的一个或多个接口有不同的子网掩码，则存在子网掩码不匹配；如果同一网络上的两个接口有不同的子网掩码，就必须用 IP 地址掩码接口命令修改其中一个接口的子网掩码。

(4) 可能的原因：路由无法在自治系统和路由选择协议之间重分配。

故障排除方法：在运行多个协议的网络边界路由器上用 show 命令检查。对于启用路由选择协议的路由器全局设置命令的表项，如果运行的只是 IGRP(内部网关路由选择协议)，检查是否指定的自治系统号相同；如果路由器在同时运行多个协议，找到重分配路由器配置命令表项。确认路由选择信息可以在协议之间正确交换。如果用户要在自治系统或不同的路由选择协议之间重分配静态路由，可使用重分配静态路由配置命令。

8. 路由器无法建立网上邻居

(1) **可能的原因**：网络路由器配置命令丢失或配置错误。

故障排除方法：用 show 命令检查对应接口的 OSPF(开放最短路径优先协议)是激活的。如果命令的输出表明应该运行 OSPF 的接口没有运行，用 show 命令检查路由器配置。

确定是否对每一个应当运行 OSPF 的接口，都指定了网络路由器配置命令。用上述步骤检查网络上的其他 OSPF 路由器。检查所有相邻路由器上的 OSPF 是否都已正确设置，以便建立邻居关系。

(2) **可能的原因**：访问列表配置错误。

故障排除方法：用 show 命令检查可疑的路由器上是否配置了访问列表。如果路由器上有 IP 访问列表并且是激活的，用相应的命令关闭它。关闭了路由器的所有访问列表后，用 show 命令检查路由器现在是否可以建立正常的邻居联系了。如果可以，可能是访问列表滤掉了 OSPF hello 信息包。为确定是哪一个列表的故障，一次只启动一个列表，直到路由器无法建立网上邻居。检查列表，看看 OSPF 使用的 89 端口是否在过滤通信流量。如果列表拒绝 OSPF 通信流量，输入一个允许以建立正确的邻居关系。如果用户改变了访问列表，在输入了 clear ip ospf neighbor 命令后，再输入 show ip ospf neighbor 命令查看邻居关系是否已正常建立。如果路由器已经建立了邻居，对路径中的其他路由器也进行上述步骤，直到所有的访问列表都启动后，仍然可以正常地建立邻居关系。

(3) **可能的原因**：虚拟连接和 stub area 设置不匹配。

故障排除方法：虚拟连接无法设置为穿过 stub area。检查路由器是否设置为 stub 区域的一部分，又设置作为虚拟连接一部分的 ABR。用 show 命令找到如下命令条目：

    area 2 stub

    area 2 virtual-link l92.168.100.10

如果有这些命令，就可能是配置错误。解决方法是删除其中一个命令。

10.5.3 TCP/IP 故障的检测与排除举例

1. 本地主机无法访问远程主机

(1) **可能的原因**：没有设置默认网关。

故障排除方法：确定本地主机和远程主机是否设置了默认的网关。如果默认的网关设置不正确或根本没有设置默认网关，可以在本地主机上改变或添加默认网关。

(2) **可能的原因**：路由配置错误或丢失路由的默认路径。

故障排除方法：如果主机可以发送信息，检查主机的路由表，目标为默认路由器，默认路由输入应当指向可到达远程主机的路由。如果没有默认路由，手工配置默认的网关。

(3) **可能的原因**：DNS 主机列表不全。

故障排除方法：输入 Unix-host% host address 命令，这里的 address 是服务器、路由器或其他网络节点的 IP 地址。如果该命令输出的结果是"Host not found"，但是用户可以用主机的 IP 地址建立连接而用主机名无法建立连接的话，可尝试用主机名连接其他主机。如果其他主机用名字可以建立连接，那么，可能是主机列表不全。将网络上的每一个主机的主机名加入 DNS 列表中。如果用主机名无法建立任何连接，可能是 DNS 关闭。

(4) **可能的原因**：一个或多个路由器上的路由没有激活。

故障排除方法：使用 trace 命令判断出现问题的路由器。当找到有疑问的路由器后，检查该路由器上的路由是否打开。输入 show ip route 命令，查看路由表是否装入了路由信息。

如果 show ip route 命令显示没有从路由选择协议表项，则使用 show runing-config 命令。找到路由器路由选择协议的全局设置命令，它应当是激活的。如果路由器上的路由选择没有激活，则用路由器全局设置命令打开正确的路由选择协议。在路由器设置模式下，输入正确的网络命令。

(5) **可能的原因**：多个路由器上的路由配置错误。

故障排除方法：用 show 命令检查路由器的路由选择表。

2. 从错误的接口或协议获得路由

可能的原因：Split horizon 无效。

故障排除方法：在远程路由器上使用 show 命令，查看路由器设置，确认 Split horizon 是否有效，检查 show 命令的输出是不是：

Sprit horizon is enabled

如果 Split horizon 无效，在远程路由器接口上输入中 split-horizon 接口设置命令。

3. 路由器新接口上的路由选择不能正常工作

(1) **可能的原因**：接口或 LAN 协议关闭。

故障排除方法：使用 show interface 命令查看接口是否关闭。如果显示接口状态是关闭的，用接口设置命令打开接口。用 show interface 命令查看现在接口是不是已经打开。如果接口仍然是关闭的，那么可能是硬件或传输介质出现了问题。

(2) **可能的原因**：网络路由器配置命令设置错误或丢失。

故障排除方法：用 show 命令查看路由器设置。确定对该接口已经指定了一个网络路由器配置命令；确定对用户所用的路由选择协议、地址和其他变量都是正确设置的。

(3) **可能的原因**：接口没有 IP 地址。

故障排除方法：使用 show ip interface 命令检查路由器是否启用或是否具有 IP 地址。如果没有接口具有 IP 地址，用接口设置命令设置接口的 IP 地址。

4. 用某些软件连接主机时失败

可能的原因：访问列表或过滤器配置错误。

故障排除方法：使用 show 命令检查路径中的每一个路由器上是否设置了 IP 访问列表。如果路由器的 IP 访问列表有效，使用相应的命令将它关闭。在将路由器的全部访问列表关闭后，判断被怀疑有问题的软件是否可以正常运行。如果软件运行正常，访问列表可能阻塞通信流量。为了判断是哪一个列表有问题，一次只打开一个列表，直到软件不工作时，检查有问题的列表是否从 TCP 或 UDP 端口过滤通信流量。

如果访问列表拒绝访问某个 TCP 或 UDP 端口，确定它不拒绝访问可疑软件所使用的端口。对这些端口输入明确的允许命令。如果用户改变了访问列表，将列表设置为有效，观察软件能否依旧正常工作。如果软件运转正常，对所有有问题的列表重复上述步骤，直到将所有的列表打开后，软件仍能正常工作为止。

5. 发送 BOOTP 以及其他 UDP 广播时的故障

(1) 可能的原因：IP 帮助地址说明丢失或配置不当。

故障排除方法：在从主机上接收信息包的路由器上使用 debug 命令，查看命令的输出，观察是否正在从主机接收信息包。如果路由器可以从主机接收信息包，那么可能是主机或应用软件有问题；如果路由器不能从主机接收信息包，使用 show 命令检查首先从主机接收信息包的路由器接口配置。找到接口设置命令。确定指定的地址没有问题。如果没有配置 IP 帮助地址，或指定地址错误，则使用接口设置命令增加或修改帮助地址。

(2) 可能的原因：UDP 广播被发往非默认端口。

故障排除方法：指定 IP 帮助地址，确认只有从默认 UDP 端口的广播才被发送。UDP 广播发送到其他端口需要进一步的设置。

(3) 可能的原因：UDP 广播在某个 UDP 端口上发送失效。

故障排除方法：使用 show 命令，寻找任何全局设置命令表项。这些表项使指定端口禁止 UDP 通信流量的发送。如果 UDP 广播在某个 UDP 端口失效，输入全局设置命令。

(4) 可能的原因：访问列表或其他过滤器设置错误。

故障排除方法：使用 show 命令检查路径中每个路由器的配置。查看是否在路由器上配置了访问列表。如果路由器上有一个有效的访问列表，用相应的命令使之失效。在使全部访问列表失效后，测定 BOOTP 或其他 UDP 广播是否正常发送。如果广播正常发送，可能是访问列表阻塞通信流量。

将有问题的访问列表单独列出，使某一时刻只有一个访问列表有效，直到广播不再发送。检查有问题的访问列表，看它是否过滤了 UDP 端口的通信。如果访问列表拒绝某个 UDP 端口，确认它不拒绝用来发送广播的端口。如果用户修改过访问列表，使之有效并检查广播是否仍然正常发送。如果问题依旧存在，继续前面所述步骤，直到广播通信正确发送。

6. 性能下降，建立到服务器的连接需要相当长的时间

(1) 可能的原因：DNS 客户端的 resolv.conf 文件配置错误。

故障排除方法：检查 DNS 客户端/etc 目录下的 resolv.conf 文件。

(2) 可能的原因：没有设置逆向查询 DNS。

故障排除方法：如果 DNS 服务器没有设置逆向查询，那么，末端系统的逆向查询就会超时，从而造成建立连接耗时过长。

(3) 可能的原因：DNS 主机列表不全。

故障排除方法：输入 Unix-host% host ip-address 命令，这里的 ip-address 是服务器或其

他网络节点的 IP 地址。如果该命令的结果输出是"Host not found",但是用户可以用主机的 IP 地址建立连接,而用主机名不行,可能是主机列表不全。将网络上的每一个主机的"地址-主机名"都加入 DNS 的主机列表。

10.5.4　ISDN 故障的检测与排除举例

1. 路由器不拨号

(1) **可能的原因**:接口中止。

故障排除方法:键入 show 接口命令检查 ISDN 的接口。如果命令输出表明接口运行停止,运行重新激活接口的命令,使接口激活;如果接口或者协议终止,检查所有的线缆和拨号连接。检测与排除硬件和介质中的错误。

(2) **可能的原因**:丢包或者错误配置 dialer map 命令。

故障排除方法:使用 show 命令来查看路由器的设置,检查是否有 dialer map 接口配置命令为用户所使用的协议而进行了设置。如果没有为用户正在使用的协议而配置 dialer map,就为每个协议创建 dialer map;如果已经存在拨号框,确定下一个跨距定址是否与当地的接口地址在同一个子网上;如果用户想要广播通信,就要确定广播关键词已经在用户的拨号框声明中已经指定。

(3) **可能的原因**:没有配置拨号组。

故障排除方法:使用 show 命令来查看路由器的配置。检查现在的接口里面是否已经有 dialer map 接口配置命令。如果当地的接口不属于拨号组,使用拨号组号接口配置命令把接口配置成拨号组的一部分。

确定组号在相互关联的 dialer-list global configuration 命令里面是相同的。

(4) **可能的原因**:丢包或者错误配置拨号列表。

故障排除方法:使用 show 命令查看路由器的配置。检查现在的接口里面是否有拨号列表接口的命令项。如果没有配置任何拨号列表,键入 dialer-list protocol 或者 dialer-list list global configuration 命令把拨号组与访问列表联系起来。确定 dialer-list 命令存在拨号组和拨号器,否则在进行拨号之前要创建访问列表或者拨号组。

(5) **可能的原因**:丢包或者错误配置访问列表。

故障排除方法:使用 show 命令查看路由器的配置。要检查在 dialer-list 命令里访问清单数目是否被指定,要参见现在使用的 access-list 命令项。如果涉及的访问清单没有被界定,拨号界面就出现。配置访问清单,它会确定有效的通信,一定要确信 dialer-list 命令正确地设定了清单。如果已经有了访问列表,并且 dialer-list 命令对其进行了正确地界定,要确定用户所启动的拨号被访问清单界定为有效。

(6) **可能的原因**:丢包 pri-group 命令。

故障排除方法:使用 show 命令查看路由器的配置,检查是否有 pri-group 命令项。如果命令已经存在,使用 pri-group 命令配置 controller。

2. 拨号不能通过

(1) **可能的原因**:速率设定不匹配。

故障排除方法：使用 show 命令查看路由器的配置。在当地或者远程路由器上检查拨号框界面配置命令项。把配置到路由器接口上速率的设定与用户 ISDN 服务的速率相比较。两个速率必须相同。为了设定路由器上的速率，要使用拨号框命令中的速率关键词。如果用户不知道 ISDN 服务的速率是多少，就要与 ISDN 的提供者进行联系。

(2) **可能的原因**：拨号框配置错误。

故障排除方法：使用 show 命令查看路由器的配置。检查拨号框接口配置的命令项。确定每个拨号框都包括远程 BRI 的电话号码。如果远程 BRI 的电话号码在每个拨号框声明中都被指定，但是拨号仍然不通，第一次拨号失败后，就没有剩下号码可用来尝试。

确定电话号码被配置，使用 clear 命令清除接口，然后重新拨号。

(3) **可能的原因**：SPID 配置错误。

故障排除方法：使用 show 命令查看路由器的配置。检查接口配置的命令项。检验命令项中的 SPID 是否为服务提供者分派给用户的那个 SPID。

(4) **可能的原因**：线缆不正确。

故障排除方法：确定用户使用的是直线式 RJ-45 线缆。检查线缆时，把它的两端放在一起。如果引线的顺序相同，就表明线缆是直线式的。如果线缆的引线颠倒，就表明它是转动式的。如果用户使用的是转动式线缆，就要把它替换成直线式的。

(5) **可能的原因**：端口没有连接到正确的设备或者端口上。

故障排除方法：打开的 ISDN BRI 端口必须连接到 NT1 设备上。如果路由器没有内置的 NT1，必须配置一个 NT1，并把它连接到 BRI 端口上。确定 BRI 或者终端适配器安装到 NT1 的 S/T 端口。

(6) **可能的原因**：第一层的逻辑状态挂起。

故障排除方法：检查 NT1 上的状态灯。如果 NT1 的状态灯没有表现出任何问题，检查 NT1 的开关以设定欧姆终止。如果已经存在，把开关设定在 100 欧姆。循环加载 NT1，检查 show isdn status privileged 命令的输出，命令的输出应该是"Layer 1 active"。

如果路由器仍然不拨号，使用 clear 命令清除 BRI 的端口。重新检查 show isdn status 命令的输出，查看第一层是否有效。如果第一层不是有效的，检查载波以确定已经连接。

(7) **可能的原因**：硬件问题。

故障排除方法：使用 show isdn status privileged 命令。命令的输出应该是"Layer 1 active"。如果输出不是"Layer 1 active"，验证配置开关留下是否正确；检查连接 BRI 或者终端适配器与 telco jack 或者 Wl 的线缆，如果损坏就更换；确定 NTl 运行情况正常，如果有错误或者硬件故障现象，就进行更换；确定路由器运行正常。如果有错误或者硬件故障现象，就进行更换。

3. 拨号不通(PR1)

(1) **可能的原因**：速率不匹配。

故障排除方法：使用 show 命令查看路由器的配置。检查在当地和远程路由器拨号框接口配置的命令项。把配置在路由器接口上的速率设定与用户 ISDN 服务的速率进行比较。两者必须相同。要设定路由器上的速率，使用拨号框命令中的速率关键词。

(2) **可能的原因**：拨号框配置错误。

故障排除方法：使用 show 命令查看路由器的配置。检查拨号框接口配置的命令项，确定每个拨号框都包含远程 PRI 的电话号码。如果远程 PRI 的电话号码在每个拨号框声明中都被正确指定，但是仍然不通过，第一次服务失败后，就没有可用来再进行尝试的号码。确定电话号码被配置，然后使用 clear 命令清除接口，再尝试拨号。

(3) **可能的原因**：号码正在使用。

故障排除方法：运行 debug isdn events privileged 命令，打开 ISDN 检测与排除。如果检测与排除的输出是"用户正忙"，说明远程 ISDN 号码在正常使用中。

(4) **可能的原因**：组帧或者线路编码不匹配。

故障排除方法：使用 show 命令，检查当前配置在 MIP 卡上的组帧和线路编码的类型。把配置的组帧和线路编码同 CSU 上的配置的检测与排除比较，配置在 MIP 卡和 CSU 上的组帧和线路编码必须相同。如有必要，改变组帧和线路编码的类型，使其在 MIP 卡和 CSU 上相同。在路由器上，使用 controller 配置命令，来配置 MIP 卡上的组帧和线路编码。

(5) **可能的原因**：使用线缆不正确。

故障排除方法：确定用户正在使用的是直线式的 DB-15 线缆。如果使用的是其他任何线缆，就要对其更换。

(6) **可能的原因**：端口没有连接到正确设备或端口上。

故障排除方法：路由器 ISDN 的 PRI 端口必须连接到 CSU 设备上，如果端口不是连接到 CSU 上，就需要建立一个 CSU，把 PRI 端口连接到它的上面。

4. 同远程路由器没有通信

(1) **可能的原因**：CHAP 配置错误。

故障排除方法：运行 debug ppp chap privileged 命令。ping 远程路由器，查找信息"Passed chap authentication"。如果没有看到该信息，就运行 show 命令查看路由器的配置。确定 ppp authentication chap interface configuration 命令已经配置到当地和远程路由器上。

检查用户名全局配置命令项，确定用户名使用的是远程路由器主机名。确定在当地和远程路由器上的口令相同。

(2) **可能的原因**：PPP 包装没有配置到接口上。

故障排除方法：运行 show 命令查看接口的状态。检查输出以便发现包装 PPP 接口配置命令是否存在。如果 PPP 包装没有配置，运行包装 PPP 的命令配置该接口。重新检查配置命令的运行输出以验证 PPP 包装正在使用。

(3) **可能的原因**：没有通向远程网络的路由。

故障排除方法：键入 show route privileged 命令。如果没有通向远程的路由，用户就需要运行对于用户正在使用协议的适当命令，来加上静态路由。用户也需要配置流动静态路由，一旦主站链路下降，用户仍然有通向远程网络的路由。

(4) **可能的原因**：拨号框命令配置错误。

故障排除方法：运行 show 命令查看路由器的配置。检查拨号框接口配置命令项。确定拨号框指向正确的下一个跨距定址。也应当确定下一个跨距定址同当地 DDR 接口地址在同一个子网上。

(5) **可能的原因**：丢失拨号组命令。

故障排除方法：拨号组命令必须配置在当地和远程路由器接口上。运行 show 命令查看路由器的配置。查看 dialer-group 接口配置命令项。如果远程路由器接口没有 dialer-group 命令项，用户必须在接口上配置一个拨号组。使用 dialer-group group-number 接口配置命令。确定组号同拨号清单命令项中所提及的组号相对应。

5. 端到端没有通信

(1) **可能的原因**：终端系统上没有配置缺省网关。

故障排除方法：检查当地和远程终端系统。确定终端系统是否被配置指定了缺省网关。如果该系统没有配置缺省网关，必须配置一个；如果已经存在缺省网关，确定它是指向正确的地址。缺省网关应该指向当地路由器局域网的接口。

(2) **可能的原因**：没有通向远程网络的路由。

故障排除方法：键入 show route privileged 命令。如果没有通向远程的路由，用户就需要运行对于用户正在使用的协议适当的命令，来加上静态路由。用户也需要配置流动静态路由，一旦主站链路下降，用户仍然有通向远程网络的路由。

6. 运行速率慢

(1) **可能的原因**：保留队列太小。

故障排除方法：检查 ISDN 接口中输入或者输出的丢包情况，如果接口上没有过分的丢包，就使用适当的清除计数器特权执行命令清除接口的计数器，重新检查接口上的丢包情况。如果值在递增，就应当增加输入输出保留队列的大小。

为不断丢失数据包的接口增加保留队列的大小。小幅度增加这些队列的大小，直到用户在显示接口的输出中再也看不到丢包的情况。

(2) **可能的原因**：线路质量差。

故障排除方法：检查 ISDN 接口上输入或者输出的错误。如果接口上有过多的错误，使用适当清除计数器的特权执行命令清除接口计数器。重新检查接口上的错误，如果值在增加，这可能是线路质量差的结果。把线路的速率降低到 56 Kb/s，然后查看错误率是否会减少或者停止。检查用户的载波看是否能够采取措施提高线路的质量。

思 考 题

1. 试列举常见的网络系统故障类型，并举例说明。
2. 试举例说明常见网络故障的分析和检测方法。

参 考 文 献

[1] 谢希仁. 计算机网络. 7 版. 北京：电子工业出版社，2017.

[2] Stevens WR. TCP/IP 详解卷 1：协议. 北京：机械工业出版社，2000.

[3] Stevens WR. TCP/IP 详解卷 2：实现. 北京：机械工业出版社，2000.

[4] Stevens WR. TCP/IP 详解卷 3：TCP 事务协议、HTTP、NNTP 和 UNIX 域协议. 北京：机械工业出版社，2000.

[5] WiresharkUser's Guide. http://www. wireshark. org.

[6] Sanders，Chris. Practical Packet Analysis. No Starch Press，2007.

[7] Russel C，Crawford S. Microsoft Windows 2000 Server Administrator's Companion. Microsoft Press，2000.

[8] AckermanP O，Aschauer C. Microsoft Windows 2000 Professional Resource Kit. Microsoft Press，2000.

[9] Rodriguez A，Gatrell J，Karas J，Peschke R. TCP/IP Tutorial and Technical Overview. IBM，2001.

[10] 王达. 华为交换机学习指南. 北京：人民邮电出版社，2014.

[11] 王达. 华为路由器学习指南. 北京：人民邮电出版社，2014.

[12] 华为技术有限公司. HCNA 网络技术学习指南. 北京：人民邮电出版社，2015.

[13] 华为技术有限公司. HCNA 网络技术实验指南. 北京：人民邮电出版社，2014.

[14] Perlman. 网络互联：网桥·路由器·网桥和互联协议. 北京：机械工业出版社，2000.

[15] 吴礼发，谢希仁，等. 网络原理与技术教程. 北京：北京希望电子出版社，2002.

[16] 修文群，赵宏建，等. 宽带城域网建设与管理. 北京：科学出版社，2001.

[17] 徐超汉. 智能建筑综合布线系统设计与工程. 北京：电子工业出版社，2002.

[18] 刘国林. 综合布线系统工程设计. 北京：电子工业出版社，1998.

[19] 黎连业. 网络综合布线系统与施工技术. 北京：机械工业出版社，2000.

[20] 赵小林，宋煜炜. 网络规划技术教程. 北京：国防工业出版社，2002.

[21] 21 世纪计算机网络工程丛书编写委员会. 网络技术基础. 北京：北京希望电子出版社，2000.

[22] 石硕，林莉，杨鉴等. 交换机/路由器及其配置. 北京：电子工业出版社，2003.

[23] 杨心强，邵军力，等. 数据通信与计算机网络. 北京：电子工业出版社，1998.

[24] 曹文君，阎华，等. 计算机网络管理理论与实践教程. 成都：电子科技大学出版社，2002.

[25] Desai A. 使用技术：WindowsNT 低成本网络管理. 北京：电子工业出版社，2000.

[26] 张卫民，刘宏芳，陆成新，等. 中文版 Windows 2000 网络管理基础教程. 北京：人民邮电出版社，2000.

[27] Ray J. TCP/IP 开发使用手册. 北京：机械工业出版社，1999.

[28] 张巍. 用 BackOffice 建立 Intranet/Extranet 应用. 北京：中国铁道出版社，2000.

[29] 蔡开裕，范金鹏，等. 计算机网络. 北京：机械工业出版社，2001.

[30] 杨家海，任宪坤，王沛渝，等. 网络管理原理与实现技术. 北京：清华大学出版社，2000.

[31] 刘后铭，洪福明. 计算机通信网. 西安：西安电子科技大学出版社，1996.

[32] 陈海涛，岳虹，田艳芳，等. Windows 2000 DNS 技术指南. 北京：机械工业出版社，2000.

[33] Shay W A. 数据通信与网络教程. 北京：机械工业出版社，2000.

[34] Fluke Network. FLUKE OneTouch SeriesII Network Assistant 用户手册. 1999.

[35] Fluke Network. FLUKE DSP-4000 Series Cable Analyzer 用户手册. 2000.

[36] Palmer M. 局域网与广域网的设计与实现. 北京：机械工业出版社，2000.

[37] 区益善. 计算机网络工程手册. 北京：电子工业出版社，1994.

[38] WestNet Learning Technologies. 周常庆，译. 网络分析与设计. 北京：中国电力出版社，2003.